Die Bonus-Seite

Ihr Vorteil als Käufer dieses Buches

Auf der Bonus-Webseite zu diesem Buch finden Sie zusätzliche Informationen und Services. Dazu gehört auch ein kostenloser **Testzugang** zur Online-Fassung Ihres Buches. Und der besondere Vorteil: Wenn Sie Ihr **Online-Buch** auch weiterhin nutzen wollen, erhalten Sie den vollen Zugang zum **Vorzugspreis**.

So nutzen Sie Ihren Vorteil

Halten Sie den unten abgedruckten Zugangscode bereit und gehen Sie auf **www.galileodesign.de**. Dort finden Sie den Kasten **Die Bonus-Seite für Buchkäufer**. Klicken Sie auf **Zur Bonus-Seite / Buch registrieren**, und geben Sie Ihren **Zugangscode** ein. Schon stehen Ihnen die Bonus-Angebote zur Verfügung.

Ihr persönlicher **Zugangscode**: ke3d-jq8u-zina-ptwf

Lukas Adda

Face to Face

Erfolgreiches Facebook-Marketing

Galileo Press

Liebe Leserin, lieber Leser,

Social Media boomt und steht im Fokus modernen Marketings! Facebook nimmt in der unüberschaubaren Menge an Sozialen Netzwerken die unangefochtene Spitzenstellung ein. Neben der privaten Nutzung zum bloßen Zeitvertreib, ist Facebook heute ein wichtiger Bestandteil erfolgreicher Unternehmenskommunikation. Es bietet Selbständigen und Unternehmen ein schier grenzenloses Potenzial für Social Marketing.

Sie wollen das Netzwerk sinnvoll und gewinnbringend für Ihre Produkte oder Dienstleistungen nutzen? Von der Erstellung der eigenen Facebook-Seite über effektives Empfehlungsmanagement bis zu erfolgreichen Werbekampagnen und Marketingstrategien liefert Ihnen »Face-to-Face« Erläuterungen und inspirierende Beispiele. Für Ihren Einstieg in erfolgreiches Facebook Marketing bietet unser Autor Lukas Adda Ihnen einen verständlichen Weg in die vernetzte Welt.

Haben wir Ihr Interesse an Social Media Marketing geweckt? Dann schauen Sie sich doch auch unseren Titel »Follow me!« (*http://www.galileocomputing.de/3028*) an. Wenn Sie selbst Applikationen für Facebook entwickeln möchten, ist »Facebook-Programmierung« (*http://www.galileocomputing.de/2991*) genau das richtige Buch!

Um die Qualität unserer Bücher zu gewährleisten, stellen wir stets hohe Ansprüche an Autoren und Lektorat. Falls Sie dennoch Anmerkungen und Vorschläge zu diesem Buch formulieren möchten, so freue ich mich über Ihre Rückmeldung.

Ihr Stephan Mattescheck
Lektorat Galileo Computing

stephan.mattescheck@galileo-press.de
www.galileocomputing.de
Galileo Press · Rheinwerkallee 4 · 53227 Bonn

Auf einen Blick

Der Name Galileo Press geht auf den italienischen Mathematiker und Philosophen Galileo Galilei (1564–1642) zurück. Er gilt als Gründungsfigur der neuzeitlichen Wissenschaft und wurde berühmt als Verfechter des modernen, heliozentrischen Weltbilds. Legendär ist sein Ausspruch *Eppur si muove* (Und sie bewegt sich doch). Das Emblem von Galileo Press ist der Jupiter, umkreist von den vier Galileischen Monden. Galilei entdeckte die nach ihm benannten Monde 1610.

Lektorat Stephan Mattescheck, Erik Lipperts
Korrektorat Annette Lennartz
Fachgutachten Philipp Roth, allfacebook.de
Covergestaltung Barbara Thoben
Titelbild Zoe, Sabine Tress, 2010, 15 × 15 cm, Acryl und Spraypaint auf Leinwand
Klappenillustration Leo Leowald
Typografie und Layout Vera Brauner, Maxi Beithe
Herstellung Maxi Beithe
Satz SatzPro, Krefeld
Druck und Bindung Offizin Andersen Nexö, Leipzig

Dieses Buch wurde gesetzt aus der Linotype Syntax Serif (9,25/13,25 pt) in FrameMaker. Gedruckt wurde es auf chlorfrei gebleichtem Offsetpapier.

Gerne stehen wir Ihnen mit Rat und Tat zur Seite:
stephan.mattescheck@galileo-press.de bei Fragen und Anmerkungen zum Inhalt des Buches
service@galileo-press.de für versandkostenfreie Bestellungen und Reklamationen
britta.behrens@galileo-press.de für Rezensions- und Schulungsexemplare

Bibliografische Information der Deutschen Nationalbibliothek
Die Deutsche Nationalbibliothek verzeichnet diese Publikation in der Deutschen Nationalbibliografie; detaillierte bibliografische Daten sind im Internet über *http://dnb.d-nb.de* abrufbar.

ISBN 978-3-8362-1842-9

1. Auflage 2012

Inhalt

Geleitwort

Immer mehr Unternehmen werden im Social Web aktiv und bemühen sich um einen möglichst konstruktiven Dialog mit ihren Kunden. Dabei wird die Kommunikation mit den Kunden durch den Einsatz sozialer Kanäle fundamental verändert, sowohl positiv als auch negativ. Beispiele dafür findet man inzwischen genügend. Vor allem eine Plattform begeistert die Massen: **Facebook**.

Mit über 800 Millionen Nutzern ist Facebook zu einer Größe angewachsen, die sich vor einiger Zeit noch kaum jemand vorstellen konnte. Das enorme Wachstum lockt auch Unternehmen in Scharen an, welche unter anderem die über 20 Millionen Nutzer in Deutschland ansprechen wollen. Und tatsächlich, wer es versteht, Facebook zu nutzen, profitiert enorm. In vielen Branchen gehört eine eigene Facebook-Seite inzwischen bereits zum guten Ton. Große Marken schaffen es schon lange, Millionen von Facebook-Nutzern zu versammeln, und stellen mit der interaktiven Kommunikation auf Facebook somit manchmal schon ihre klassische Homepage in den Hintergrund. Dabei sind die Möglichkeiten von Facebook schier grenzenlos und reichen von Facebook-Seiten über den »Gefällt mir«-Button, Facebook-Gruppen und die Facebook Chronik bis hin zur komplett eigenen Facebook-Anwendung. Nur wer sich selbst im Klaren darüber ist, was diese Tools genau sind, kann auf Dauer erfolgreich werden.

Viele Unternehmen werden in Facebook nur aktiv, weil andere es Ihnen bereits vorgemacht haben, und vergessen darüber völlig, sich über den Sinn der Marketingmaßnahme Gedanken zu machen. Alles dreht sich allein um die Anzahl an Fans; um diese zu steigern, ist jedes Mittel recht, und so werden eifrig iPads verlost – die Konkurrenz tut es doch schließlich auch. Über wirkliche Ziele oder eine langfristige Strategie wird erst später nachgedacht.

Um diese Strategie zu definieren, muss man Facebook verstehen und sich den Grund für den radikalen Wandel der Unternehmenskommunikation bewusst machen. Facebook bringt die Kommunikation auf Augenhöhe, denn genauso wie der Nutzer mit einem Freund kommunizieren kann, kann er dies auch mit jedem Unternehmen auf Facebook. Auf der komplett öffentlichen Pinnwand werden Fragen gestellt und Kritik geäußert, genauso wie Lob ausgesprochen. Der Nutzer oder auch Kunde legt dabei an ein Unternehmen auf Facebook dieselben Maßstäbe wie an die eigenen Freunde. Er will ernst genommen werden und erwartet die Antwort nicht in Tagen, sondern vielmehr in Stunden. Besonders diese Aktualität des Mediums stellt viele Unternehmen vor neue Herausforderungen und erfordert die

Implementierung neuer Prozesse – Prozesse, die eine flachere Hierarchie abbilden und es so erlauben, schnell, gut und öffentlich auf Nutzerfeedback einzugehen.

Besonders in Krisen hat Facebook das Potenzial, die Kommunikation auf ein neues Level zu bringen. Ob positiv oder negativ, wird maßgeblich davon beeinflusst, wie ein Unternehmen in den ersten Minuten und Stunden reagiert und es versteht, die eigene Strategie umzusetzen. Basis für vieles ist ein gutes Community-Management und die laufende Betreuung der eigenen Facebook-Maßnahmen.

Lukas Adda gelingt in seinem Buch die richtige Mischung aus Theorie und Praxis, die sowohl Anfänger als auch fortgeschrittene Nutzer anspricht. Der umfassende Blick auf die Funktionen, die Facebook Unternehmen bietet, ist die Voraussetzung, um entscheiden zu können, welche Facebook-Präsenz denn nun wirklich zum eigenen Unternehmen passt. Stück für Stück werden Sie an das Thema und die Philosophie von Facebook herangeführt. Dabei werden anfängliche Probleme, wie etwa doppelte Seiten innerhalb von Facebook oder die Sicherung einer eigenen URL, genauso behandelt wie die korrekte Ansprache von Fans und Kunden auf Facebook. Gleichzeitig wird der Bogen zur Zielsetzung und Strategiefindung geschlagen, die das Grundgerüst für ein Zusammenspiel aller Maßnahmen bilden. Ein großer Teil des Buches widmet sich auch dem Einblick in die Facebook-Anwendungen, welche es einem Unternehmen erlauben, – integriert mit vielen Facebook-Funktionen – eigene Ideen zu realisieren.

Mit guten Büchern wie diesem beginnt die Reise erst. Facebook verändert sich schnell und veröffentlicht fortlaufend über 900 Änderungen pro Jahr. Wer allerdings einmal Gefallen an der blauen Welt von Facebook gefunden hat, der wird die Abwechslung lieben lernen. Sehen Sie dabei nicht nur die Mehrarbeit der vielen Änderungen von Facebook, sehen Sie die neuen Chancen, die sich Ihnen eröffnen, wenn Sie diese Änderungen vor der Konkurrenz nutzen. Deshalb werden Sie aktiv!

Philipp Roth
Chief Editor & Founder, allfacebook.de
Freelancer und Berater, roth-wiese.de

roth-wiese.de*

allfacebook.de
Der inoffizielle Facebook Blog

Vorwort zu diesem Buch

Können Sie sich noch an das Jahr 2004 erinnern?

Ich helfe Ihnen ein wenig auf die Sprünge: 2004 ist Horst Köhler Bundespräsident geworden, gegen den irakischen Ex-Diktator Saddam Hussein wurde Anklage erhoben, in Deutschland demonstrierten Tausende gegen das Harz-IV-Gesetz, russische Spezialeinheiten stürmten eine Schule in Beslan und befreiten Geisel – über 300 Menschen kamen dabei ums Leben, George Bush gewann zum zweiten Mal die Präsidentschaftswahlen und durfte für weitere vier Jahr ran, der Vorstand von Karstadt-Quelle verkündete die Streichung von 5.500 Stellen, MoMA war zu Gast in Berlin und vieles mehr. Erfolge und Tragödien aller Art passierten früher wie heute. Die Ereignisse unterscheiden sich von unseren heute aber schon allein dadurch, dass sie – so schlimm sie teilweise auch waren (!) – so »leise« waren. Nicht leise im akustischen Sinne, sondern im Hinblick auf ihre Geräuschentwicklung im Netz! Selbstverständlich gab es auch bereits vor sieben, acht Jahren Blogs, Foren und kleinere Netzwerke. Die Anzahl deren tatsächlicher Nutzer war aber noch sehr begrenzt. Das hatte zwangsläufig zur Folge, dass sich auch weitaus weniger Menschen im Netz über Themen austauschten und sich Informationen langsamer verbreiteten. Aber nicht nur die geringe Anzahl der Teilnehmer war der Grund für das stumme Web. Auch die Technologien waren (noch) nicht auf eine konversationsbasierte Kommunikation ausgerichtet. Medien, Unternehmen und private Websites funktionierten weitestgehend noch nach dem klassischen Sender-Empfänger-Prinzip, wie wir es jahrzehntelang im traditionellen Marketing kannten. Erst mit dem Einzug von User-Generated-Content-Plattformen und deren speziellen Technikschwerpunkten (Videos, Fotos, Netzwerk) – kurz dem Web 2.0 – wurde dem World Wide Web eine globale Stimme gegeben. Eben in diesem Jahr – 2004 – startete die kleine und damals noch unbedeutende Plattform *facemash.com*, die binnen weniger Jahre zum Sprachrohr für Tausende Unternehmen, Millionen Kunden und gar Regierungen werden sollte. Das heutige Facebook macht das Internet zum lautesten Ort der Welt.

Das Internet wird laut

Im Jahr 2004 nutzten gerade einmal 33,9 Mio. Deutsche das Internet, um sich zu informieren. 2011 lag dieser Anteil bereits bei 51,7 Mio. Die Bevölkerung im Internet hat also binnen sieben Jahren massiven Zuwachs bekommen. Viele Faktoren haben diese Entwicklung beeinflusst, die zudem auch dazu führten, dass immer mehr dieser Netzmenschen eine Stimme bekommen haben, die sie mehr und mehr auch gelernt haben, gezielt einzusetzen. Frühere Webstars wie StudiVZ und MySpace haben einen großen Einfluss auf die Entwicklung des Internets genommen. Aber erst durch das Facebook-Netzwerk und dessen aggressive Innovationskraft ist der Internetraum zu einem wichtigen und relevanten Lebensraum für User rund um die Welt geworden, in dem sich gefreut, gestritten, gebrüllt und gelacht wird. Die eingangs aufgelisteten Themen rund um Gesellschaft, Politik und Wirtschaft werden mittlerweile so stark im Netz und speziell auch im Netzwerk diskutiert, dass die daraus entstehenden Meinungen oftmals den Verlauf der weiteren Nachrichten beeinflussen. Das Individuum Mensch verbindet sich im Netz zu einer Masse, die auch die Belange Ihres Unternehmens bereits beeinflusst oder aber noch beeinflussen wird.

Wo Leben, da auch Business

Mittlerweile hat das Netzwerk so einen massiven Sog auf User und Unternehmen entwickelt, dass sich die Frage, ob ein Facebook-Auftritt notwendig ist, längst nicht mehr stellt. Die Community ist zu einem Lebensraum geworden, in dem Meinungen ausgetauscht werden. Empfehlungen, aber auch negative Meldungen von Freunden und Freundesfreunden können sich rasend schnell verbreiten. Aufgrund dieses Phänomens hat das Empfehlungsmarketing im modernen Kommunikationsmix eine völlig neue und wichtige Bedeutung innerhalb des unternehmerischen Marketings erhalten. Facebook bietet Ihnen eine bisher nie dagewesene Möglichkeit, mit Ihren (potenziellen) Kunden in Kontakt zu treten. Diese neue Art der Ansprache ist jedoch auch neuen Regeln unterworfen, die meist mit den bekannten klassischen Methoden nichts mehr gemein haben. Nutzen Sie Ihre Chance, und begeistern Sie User und Fans.

Dieses Buch hilft Ihnen, diesen »neuen« Lebensraum von Millionen von Menschen besser zu verstehen, gibt Ihnen einen Überblick über die Möglichkeiten und ein wichtiges Werkzeug an die Hand, um eigene Marketingmaßnahmen erfolgreich umzusetzen.

Aufbau des Buches

Um Sie noch schneller an das gewünschte Ziel oder in diesem Fall zu dem gewünschten Themenfeld zu bringen, ist das Buch in vier Charaktertypen untergliedert. Sie können also entweder einen Charakter wählen, der Ihnen hinsichtlich der Motivation zur Nutzung von Facebook am ehesten zusagt, und sich nur über spezielle Themengebiete informieren oder einfach das gesamte Buch von vorne bis hinten durchlesen. Sie haben die Qual der Wahl.

Der Einsteiger

»Ich kenne Facebook bereits ein wenig, steige aber erst jetzt tiefer in das Thema ein. Als Einstieg wünsche ich mir aber zuallererst das große Ganze. Woher kommt Facebook? Wer sind die Nutzer? Wie hat sich das klassische Marketing bezogen auf das Netzwerk verändert?«

Kapitel, die Sie vielleicht besonders interessieren könnten:

- **Kapitel 1, »Was bisher geschah ...«**, zeigt die Historie des Netzwerks auf und präsentiert die wichtigsten technologischen Entwicklungen.
- **Kapitel 2, »Facebook-Marketing – User kennen und verstehen«**, widmet sich schwerpunktmäßig den Bewohnern des Netzwerks. Erst wenn Sie Ihre Nutzer und deren Bedürfnisse kennen, können Sie auch adäquat agieren und reagieren.
- **Kapitel 3, »Unternehmenskommunikation im radikalen Wandel«**, zeigt Ihnen auf, wie sich das veränderte Nutzerverhalten auf Ihre Unternehmenskommunikation auswirkt.

Der Planer

»Ich kenne mich mit Facebook bereits ganz gut aus, möchte jetzt aber im Detail die unterschiedlichen Präsenzen kennenlernen, um für mein Unternehmen eine geeignete und erfolgreiche Facebook-Strategie zu entwickeln.«

Kapitel, die Sie vielleicht besonders interessieren könnten:

- **Kapitel 4, »Welche Facebook-Präsenz zu Ihrer Unternehmung passt«**, präsentiert die wichtigsten Arten der Präsenzen und macht auch auf Formen aufmerksam, die für Ihr Unternehmen nicht geeignet sind.
- **Kapitel 5, »Ihre Ziele brauchen eine Strategie«**, führt Sie durch die spannende Phase der Strategie- und Konzeptentwicklung einer Facebook-Aktivierung.
- **Kapitel 10, »Was Applikationen sind, und wieso Sie so wichtig für Ihre Kampagne sind«**, soll Sie zu neuen Facebook-Maßnahmen im Zusammenhang mit Applikationen inspirieren. Machen Sie mehr aus Ihren Ideen!

Der Praktiker

»›Let's get ready to rumble.‹ Ich habe bereits eine Strategie im Kopf und möchte jetzt einfach nur noch loslegen. Angefangen beim Aufsetzen einer Facebook-Seite über die Pflege bis hin zur Integration und Nutzung weiterer Funktionen möchte ich alles wissen.«

Kapitel, die Sie vielleicht besonders interessieren könnten:

- **Kapitel 6, »Facebook-Integration und Umsetzung von Seiten«**, zeigt Ihnen, was Sie alles beachten müssen, um eine eigene Facebook-Seite (inklusive Timeline und Chronik) aufzusetzen.
- **Kapitel 7, »Laufende Betreuung von Facebook-Seiten«**, zeigt Ihnen, wie Sie Facebook-Seiten richtig führen und was Sie in diesem Zusammenhang alles beachten sollten.
- **Kapitel 9, »Integration weiterer Facebook-Features«**, beleuchtet weitere Facebook-Funktionen, die Ihnen helfen können, für mehr Interaktion und Bekanntheit zu sorgen (z. B. die Nutzung von Facebook Social Plugins).
- **Kapitel 11, »Facebook-Kampagnen – ganzheitliche Nutzung von Facebook-Diensten«**, macht mehr aus Ihrer Idee und führt Fallbeispiele auf, die Ihnen aufzeigen sollen, wie Sie Ihre Netzwerk-Präsenz mit Hilfe weiterer Plattformen optimieren können.
- **Kapitel 14, »›Bei mir tut sich nichts!‹ – Public-Relations-Tipps für Ihre Facebook-Präsenz«**, kann Ihnen kurzfristig bei Engpässen helfen und präsentiert interessante Postingideen und -mechaniken.

Der Analytiker

»Mich interessieren mehr die Welt der Zahlen und die Messbarkeit von Kommunikationsaktionen. Wie erstelle ich eine Facebook-Werbeanzeige, und wie kann ich meine Kommunikation kontrollieren, bzw. welche Möglichkeiten des Monitorings bieten sich mir in Bezug auf Facebook?«

Kapitel, die Sie vielleicht besonders interessieren könnten:

- **Kapitel 8, »Einsatz von Facebook Ads«**, richtet den Blick auf die relevantesten Optionen hinsichtlich des erfolgreichen Werbens im Netzwerk.
- **Kapitel 12, »Monitoring und Krisenkommunikation – wenn die Konversation mit den Kunden aus dem Ruder läuft«**, zeigt auf, wie Sie sich auf den Fall der Fälle (Issues und Krisen) vorbereiten und welche Prozesse Ihnen helfen, wenn es mal ganz dick kommen sollte.

- **Kapitel 13, »Das erfolgreiche Messen Ihrer Aktivitäten«**, stellt Ihnen das Messinstrument Facebook-Statistik vor und zeigt auf, welche Bedeutungen hinter den Zahlen stecken.

QR-Codes in diesem Buch

Vertiefende Informationen und erklärende Beispiele finden Sie in Form von QR-Codes. Nutzen Sie Ihr Smartphone, und schauen Sie sich kurze Videos an. Starten Sie bitte Ihre QR-Reader-App auf Ihrem Smartphone, und richten Sie die Kamera auf den abgebildeten Code. Nach erfolgreicher Erkennung und einer kurzen Freigabe, mit der sich das Handy ins Internet einwählen kann, startet der jeweilige Film automatisch. Bitte beachten Sie, dass URLs nicht zeitlos verfügbar sind.

Weiterer Hinweis zur Aktualität des Buches

Während der finalen Entstehungsphase des Buches hat das Netzwerk die neuen Facebook-Seiten eingeführt. Selbstverständlich enthält dieses Buch bereits alle diese Neuerungen. Jedoch haben zu diesem Zeitpunkt noch nicht alle aufgeführten Unternehmen diese Umstellung vollzogen. Daher möchte ich Sie darauf hinweisen, dass einige Abbildungen eventuell noch im alten Design abgedruckt sind.

Danksagung

Ich möchte mich bei meiner Familie bedanken, die immer mit motivierendem Zuspruch parat stand und mich auch während der sonst so besinnlichen Weihnachtszeit 2011 stets angetrieben hat, weiterzumachen.

Ebenfalls sehr danken möchte ich auch den folgenden Personen, die mich auf unterschiedliche Art und Weise unterstützt haben: Sabine Andersen, Alexander Bogner, Johannes Wedenigg, Christoph Bauer, Madlen Nicolaus, Bastian Scherbeck, Flo Fodermeyer, Dave Cartwright, Christoph Bühlen.

Besonderer Dank geht an Philipp Roth von allfacebook.de und an den Galileo Press Verlag, der für dieses Buchprojekt an mich herangetreten ist. Großer Dank gilt an dieser Stelle Stephan Mattescheck, der mit seiner Geduld und seinem konstruktiven und fundierten Feedback dieses Buch erst möglich gemacht hat.

Viel Spaß und Freude beim Lesen!

Lukas Adda
München

1 Was bisher geschah ...

Facebook ist nicht einfach nur ein Login. Die weltgrößte Community ist nicht mehr wegzudenken, beheimatet Millionen von »Bewohnern« und Akteuren, die alle individuell agieren und reagieren. Das A und O: in die Community reinhören, sie kennen und verstehen.

Facebook, Facebook, Facebook. Tippen Sie dieses Wort in die Internetsuchmaschine ein, dann bekommen Sie im Netz über 15 Mrd. Treffer, die sich alle in irgendeiner Art und Weise mit dem Social Network beschäftigen. Schon allein diese Erkenntnis ist ein Indikator dafür, dass es sich hierbei nicht nur um einen bloßen Begriff oder kurzzeitigen Hype handelt, sondern dass viel mehr dahintersteckt – oder besser stecken muss! Facebook gleicht einer Revolution, die nicht nur unser aller Leben und Verhalten nachhaltig prägt und verändert, sondern auch die lange gelernten und in vielen Jahrzehnten penibel entwickelten Marketingregeln hochkarätiger Marken- und Werbestrategen komplett auf den Kopf gestellt hat. Mit der stetig steigenden Anzahl von Mitgliedern und dem Siegeszug der weltgrößten Community stellt sich nicht nur für große Marken, Organisationen und Institutionen die Frage, wie sie aktiv und effizient mit den Nutzern in Kontakt treten können, sondern auch für Selbstständige, Freiberufler, Kleinst- und Einzelunternehmer und den Mittelstand ist Facebook eine unverzichtbare Plattform geworden, auf der das Marketing neuen Spielregeln folgt.

1.1 Februar 2004 – Startschuss für die Veränderung der Marketingprinzipien

Die Geburtsstunde des neuen, alles verändernden Marketings war der 04. Februar 2004. Das war der offizielle Startschuss für die bislang größte Gemeinschaft der Menschheitsgeschichte. Gemeinsam mit den Harvard-Studenten Eduardo Saverin, Dustin Moskovitz und Chris Hughes entwickelte und gründete Mark Zuckerberg eine Universitätsplattform, die es den dortigen Studenten ermöglichte, mit ihren Kommilitonen digital in Verbindung zu bleiben. Das anfängliche Intranet namens Thefacebook markierte den Start für die größte Community, die schon bald von Hunderten Millionen genutzt werden sollte (Abbildung 1.1).

Abbildung 1.1 Februar 2004 – der Startschuss für Facebook

Mit einer Hand voll Usern startete die Plattform, auf welcher sich Studenten der Harvard Universität virtuell treffen und Daten miteinander austauschen konnten. Nach der Registrierung wurde der Neuankömmling aufgefordert, Daten von sich preiszugeben, wie beispielsweise Namen, Studienfach, Semesterzahl und Ähnliches. Die Funktionsmöglichkeiten waren damals noch sehr rudimentär und übersichtlich. So konnten die Mitglieder des Campus nach anderen Mitgliedern und Kommilitonen suchen, sich über sie informieren und nachschauen, wer mit wem den Hörsaal besucht. Zu Beginn waren die heute elementaren und wichtigen Funktionen wie Status-Updates, Foto- und Videouploads und die uns geläufige Schaltfläche »Gefällt mir« noch nicht erfunden, ohne die das heutige Marketing nicht mehr auskommt. Das Beitreten zu Fanpages, Gruppen und anderen Subcliquen war noch genauso wenig etabliert wie das »Teilen« von Informationen oder das Spielen von Social Games – von mobiler Nutzung gar nicht erst zu sprechen.

Dennoch ließ der Erfolg der Seite nicht lange auf sich warten, und so wurde Facebook sehr bald für weitere Studenten in den Vereinigten Staaten freigegeben. Die Erlaubnis, dass sich auch High-School-Schüler und Mitarbeiter von Unternehmen bald darauf ebenso registrieren durften, brachte die Expansion im eigenen Land erst richtig in Schwung. Der internationale Sprung gelang Facebook mit der Ausweitung auf ausländische Hochschulen, der im späteren Verlauf die Freischaltung für alle Nutzer weltweit folgte.

1.1.1 Bindung mit Hilfe von Funktionen und Entertainment

Facebook war geboren und ermöglichte es Mitgliedern weltweit mit den eigenen Freunden, Bekannten und Familienangehörigen mühelos mit nur wenigen Klicks in Verbindung zu bleiben. Doch wäre die Plattform nicht zu dem geworden, was sie heute ist, hätten ihre Entwickler nicht früh erkannt, dass es weitere Funktionen braucht, die sich drastisch auf die Verweildauer des einzelnen Users auswirkt. Diese Funktionen dienten dazu, die Nutzer zu unterhalten und so eine stärkere Bindung zwischen User und Plattform zu ermöglichen. Die Entwicklung solcher Funktionen brachte schnell den Erfolg mit sich und sicherte das baldige Wiederkommen der Mitglieder.

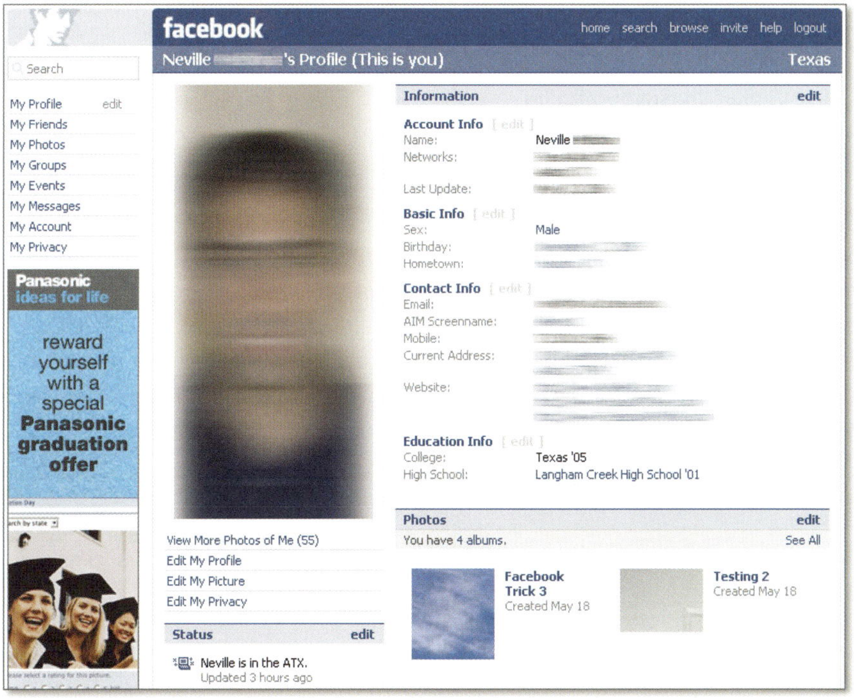

Abbildung 1.2 Das Facebook-Profil eines Users im Jahr 2005

Mit den Jahren hat Facebook seine Funktionen stetig weiter ausgebaut (Abbildung 1.2), mit denen sich User unterschiedlichster Nationalität, sozialer Herkunft und verschiedenen Bildungsgraden selbst präsentieren (mehr dazu auch in Abschnitt 2.1.4, »Unterschiedlicher Umgang mit der eigenen Selbstdarstellung«) und Informationen austauschen können. Für Unternehmen aller Art bedeutet dies eine entscheidende Entwicklung, da sich künftig ihre Marketingmaßnahmen zur Promotion ihrer Produkte und Dienstleistungen zielgenau auf die Bedürfnisse und Angaben der User konzentrieren können.

1.1.2 Applikationen – der Meilenstein für die totale Öffnung

Der eigentliche Coup gelang Facebook im Mai 2007 mit der Öffnung der eigenen Plattform für externe Anbieter. Bis zu jenem Zeitpunkt war alles, was sich auf und in Facebook abspielte und von Nutzern verwendet wurde, von Facebook selbst entwickelt und programmiert. Entwicklern stand nach der Öffnung auf Facebook eine Programmierschnittstelle zur Verfügung, mit der sie Programme schreiben und auf Facebook einstellen konnten. Mit diesem Schritt eröffnete die Community nicht nur Marken eine völlig neue Art, um mit ihren Fans und Kunden in Kontakt zu treten, sondern sorgte geradezu für einen Boom in der Entwicklerszene. Erst durch das Zulassen von »fremden Anwendungen« wurde es Marken und Agenturen gestattet, selbst konzipierte und entwickelte Kampagnen über Facebook laufen zu lassen.

Das hatte zwei große Vorteile für Facebook:

1. eine Vielfalt an Angeboten für die Mitglieder
2. die Übergabe der Haftung an die jeweilige Marke

Der Daumen wird zum unverzichtbaren Marketingsymbol

Aber nicht nur innerhalb der Community sind Unternehmen und deren Marketingmaßnahmen scheinbar keine Grenzen gesetzt. Der Siegeszug der Applikationen setzte sich weltweit mit den sogenannten Social Plugins fort. Im Mai 2010 machte die »Gefällt mir«-Schaltfläche (umgangssprachlich auch häufig als »like« bezeichnet) den Anfang und beförderte den erhobenen Daumen zum Symbol einer neuen Marketingära.

»Gefällt mir« setzt neue Maßstäbe im Marketing

Kein Motiv symbolisiert die neue Ära besser als die Like-Schaltfläche. Egal welche Form der kommerziellen Nutzung Sie mit Facebook geplant haben, dieses Social Plugin wird Ihr treuer Begleiter. Mit dem Einbetten dieser Funktion ist es jedem User (der auch im Netzwerk registriert ist) möglich, seine Sympathie für ein Unternehmen oder für alle anderen Arten von Meldungen von unterschiedlichen Absendern zu zeigen. Die Funktion erfreut sich aber nicht nur innerhalb des Netzwerks einer sehr großen Beliebtheit. Kurz nach der Einführung des Social Plugins für externe Seitenbetreiber stand der rasanten Verbreitung und Einbettung auf Nicht-Facebook-Seiten nichts mehr im Wege.

Die unterschiedlichen Anwendungen ermöglichten es Unternehmen, Medien und anderen Websitebetreibern, sich optimal auf ihre Besucher einzustellen und die angebotenen Inhalte »teilbar« für jeden User (der auch Mitglied von Facebook ist) zu machen und somit deren virale Kraft und ihren Freundeskreis auf Facebook zu nutzen. Plötzlich war es den Usern mit Hilfe des Daumens möglich, den Freunden auf Facebook zu zeigen, welche Produkte und Dienstleistungen sie auf »externen«

Plattformen gut fanden. So wurden Meldungen nicht nur lediglich von dem User konsumiert, sondern die Onliner empfahlen auch automatisch mit ihrem Klick auf »Gefällt mir« die Informationen ihren Freunden in der Community. Die Einführung des Social Plugins »Gefällt mir« war jedoch erst der Anfang in einer Reihe von weiteren Funktionen, die sich externe Websitebetreiber und Marketingschaffende bald danach kostenlos und einfach innerhalb ihrer eigenen Seiten einbetten konnten. Je nach Anforderung stehen Ihnen seither unterschiedliche Plugins zur Verfügung. Eine Auflistung der aktuellsten Plugins und wann Sie diese zu welchem Zweck verwenden, finden Sie im Detail erläutert in Abschnitt 9.1, »Verwendung von Facebook Social Plugins auf Ihrer Website«.

1.1.3 Die grenzenlose Vernetzung von Menschen, Dingen und Plattformen

Mit der Einführung des Open Graphs (aus der hauseigenen Entwicklung) schlägt das Netzwerk einen weiteren strategischen Weg ein, der einem Quantensprung gleichkommt. Das offene Protokoll soll eine völlig neue Generation von Netz schaffen und Menschen und Webseiten miteinander verbinden. Das Ziel ist nicht weniger als dem gesamten Netz weltweit eine soziale Komponente hinzuzufügen und somit Marken und User noch stärker an Facebook zu binden. Diese totale Vernetzung mit allem und jedem ist durch den Einsatz und Freigabe der sogenannten Social Graphs möglich (Abbildung 1.3).

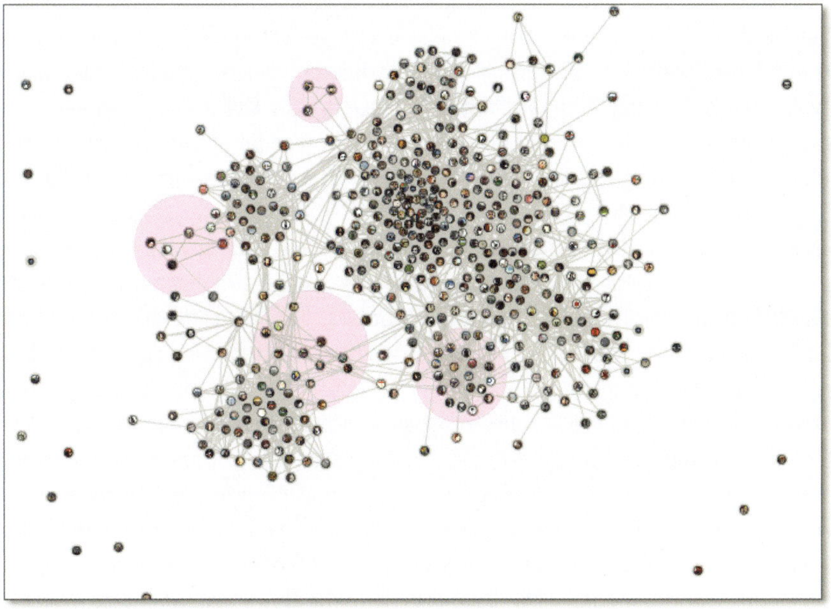

Abbildung 1.3 Ein Social Graph visualisiert die Beziehung zu anderen Usern.

Gut zu wissen: Social Graph – wichtig für Ihr Marketing!

Der Social Graph bezeichnet die Gesamtheit an Daten eines Nutzers. Dabei wird eine Reihe unterschiedlicher Informationen über einen User gesammelt, zusammengefügt und in Relation zu anderen Usern gesetzt. Diese können beispielsweise beinhalten: Anzahl der Freunde, Interessengebiete, Wohnort, gelikete Fanpages etc. Da Facebook mit seinen Hunderten von Millionen Usern zu den größten zusammenhängenden Kollektiven gehört, ist der Social Graph dieser Mitglieder besonders interessant und aufschlussreich für Unternehmen. Die Weiterentwicklung des Social Graphs ist der Open Graph, der das Marketing künftig entscheidend beeinflussen wird (Abbildung 1.4). Erfahren Sie mehr über seine Einsatzmöglichkeiten in Abschnitt 1.5, »Die nächste Generation hat bereits begonnen – Facebook Open Graph«.

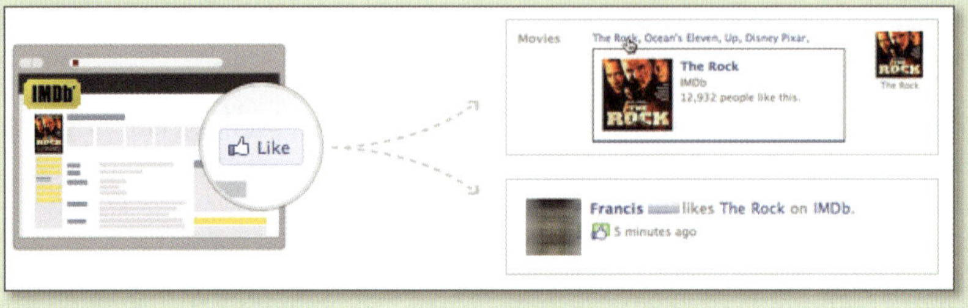

Abbildung 1.4 Facebook Open Graph vernetzt Websites mit der Community.

1.1.4 Facebook – wann und wo immer Sie wollen

Im Zuge der Verbreitung von Smartphones und weiteren mobilen Endgeräten entwickelte Facebook Funktionen und Anwendungen, die den Mitgliedern auch unterwegs die Möglichkeit bieten, mit den Freunden in Kontakt zu bleiben. Um diesem Bedürfnis gerecht zu werden, stellte Facebook seinen Usern mobile Applikationen für ihre Smartphones (für unterschiedliche Fabrikate und Marken) zur Verfügung (Abbildung 1.5). Das stetig steigende Verlangen der Mitglieder nach Mobilität und Kommunikation sowie der rasante Erfolg von Location-Based-Services-Technologien (beispielsweise von foursquare.com) befriedigte das Netzwerk mit der Einführung von Facebook Places (Facebook Orte). Mit Hilfe dieser Funktion »In der Nähe« können Mitglieder die Orte auswählen, an denen sie sich gerade befinden, und den Freunden mitteilen, was sie dort tun. Im weiteren Verlauf wurde die Ortsfunktion auch generell in die »normalen« Statusmeldungen eingefügt. Mitglieder, können sich im Timeline-Profil die Orts-Updates zudem auch auf einer Karte anzeigen lassen. Diese Entwicklung öffnete den Community-Strategen eine weitere wichtige Tür: die Vernetzung von Läden und Geschäften (offline) mit dem Netzwerk (online) – Facebook Deals (Facebook Angebote) war geboren (Einführung in Deutschland: Januar 2011)! Erfahren Sie mehr über Facebook Orte in Kapitel 4, »Welche Facebook-Präsenz zu Ihrer Unternehmung passt«.

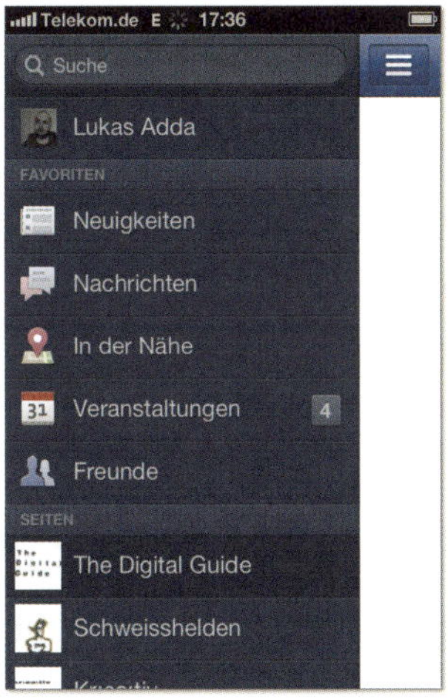

Abbildung 1.5 Facebook-Applikation für das iPhone

Wichtiger Hinweis: Wie bereits erwähnt, ist es das Bestreben von Facebook, mehr Mitglieder mit den lokalen Geschäften zu verbinden. Facebook Angebote sollen die Lösung bringen. Das Netzwerk experimentiert derzeit aber noch an dieser Option für Unternehmen. Zur finalen Entstehungszeit dieses Buchs hat die Community das Feature »Facebook Deals« (in den USA) mit ausgewählten Partnern getestet.

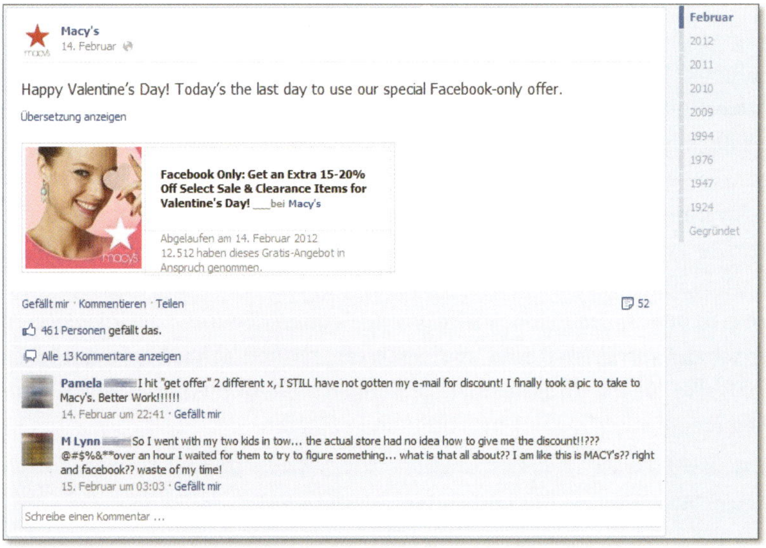

Abbildung 1.6 Facebook Deals (Facebook Angebote) sollen Fans in die Geschäfte locken

Im Testbeispiel des New Yorker Kaufhauses »Macy's« werden von dem Seitenbetreiber zeitlich limitierte Angebote an die Fans kommuniziert (in diesem Beispiel:

Spezielle Valentinstags-Angebote). Diese müssen nur auf das Angebot klicken und bestätigen, dass sie dieses Angebot wahrnehmen möchten. Der User muss jedoch zustimmen, dass das gleichnamige Angebot in der persönlichen Timeline des Fans gepostet wird und somit die Freunde ebenfalls über dieses Schnäppchen informiert werden. Im weiteren Verlauf erhält der User zum Abschluss eine E-Mail zugeschickt, die er ausgedruckt an der Kasse vorzeigen soll, um so von dem Rabatt zu profitieren. Bislang ist diese Funktion in Deutschland noch nicht freigeschaltet (Stand: März 2012).

Interaktiver Infopart

Nutzen Sie Ihr Smartphone, und schauen Sie sich die Entwicklung von Facebook in Form eines kleinen YouTube-Clips an. Um ihn anschauen zu können, starten Sie bitte Ihre QR-Reader-App auf Ihrem Smartphone, und richten Sie die Kamera auf den abgebildeten Code. Nach erfolgreicher Erkennung und einer kurzen Freigabe, mit der sich das Handy ins Internet einwählen kann, startet die Facebook-Geschichte 2004 bis 2012 in Form eines YouTube-Films.

1.2 Chancen und Risiken für kleine und mittelständische Unternehmen

Es wird viel geschrieben und diskutiert über die Chancen und Risiken für Unternehmen in Facebook. Die Entscheidung darüber, ob Sie und Ihr Unternehmen nun in dieses Netzwerk einsteigen sollten oder nicht, ist bereits gefallen, sonst hätten Sie nicht dieses Buch in der Hand. Ich möchte Sie gleich vorweg beruhigen: Sie haben die richtige Wahl getroffen. Das bedeutet aber leider nicht, dass nun alles klar ist und die »Schwarmintelligenz« in Form von *Crowdsourcing* den restlichen Job für Sie übernimmt. Die Euphorie und die Begeisterung darüber, dass es nun tatsächlich losgeht, führt nicht selten bereits am Anfang zu Fehlern und unüberlegten Handlungen (wie z. B. dem Anlegen eines falschen Facebook-Accounts), die im weiteren Verlauf nur schwer korrigierbar sind und einen erheblichen Zeitaufwand nach sich ziehen. Das Risiko für Ihr Unternehmen ist vergleichsweise niedrig, wenn Sie nur ein paar elementare »Spielregeln« beachten und befolgen.

Gut zu wissen: Was ist unter Crowdscouring zu verstehen?

Crowdscourcing ist eine Maßnahme, die sich besonders unter Marketing- und Werbetreibenden großer Beliebtheit erfreut. Dabei handelt es sich, ähnlich wie beim Outsourcing, um eine Auslagerung von Aufgaben.

Beim Crowdsourcing werden jedoch keine Produktionseinheiten aus dem Unternehmen ausgelagert, sondern die Intelligenz einer Masse angezapft und genutzt. So wird beispielsweise einer Community zu einem bestimmten Thema eine bestimmte Aufgabe oder Fragestellung übermittelt. Die Mitglieder können nun ihre kreativen Ideen und Vorschläge einbringen und bewerten lassen. Der oder die Gewinner werden meist für ihre Einreichungen belohnt. Weitere Informationen zum Crowdsourcing erhalten Sie über den QR-Code.

1.2.1 Viele Chancen für Ihr eigenes Marketing auf Facebook

Da Sie nun im Social Web oder, genauer gesagt, in Facebook starten, eröffnen sich Ihren Marketingbestrebungen völlig neue Welten. Die Chancen ergeben sich daraus, dass Ihnen das Netzwerk Möglichkeiten bietet, die Sie mit Ihrem bisherigen Marketing kaum realisieren konnten. Um wirklich von sich reden zu machen und eine breite Aufmerksamkeit auf sich zu ziehen, hat es bislang häufig aufwändiger TV-Spots, Printanzeigen und teurer Medienschaltungen bedurft. Finanziell ist so etwas meist nur von großen Unternehmen zu stemmen. Mit Facebook hat sich dieses Blatt aber nun komplett gewendet. Das bedeutet aber nicht, dass es keine Spots, Plakate und andere Werbeinstrumente mehr braucht, das genaue Gegenteil ist der Fall.

Content is King!

Content, Content, Content – noch nie waren (visuelle) Inhalte so wichtig für das moderne Marketing. Denn erst diese machen Ihr Unternehmen zum Gespräch in der Community. Mit nahezu jeder Art von Inhalten (Videos, Fotos, Grafiken, Animationen etc.) können Sie Geschichten erzählen. Selbstverständlich braucht es für die Nutzung von diesem Material eine vorab entwickelte Strategie, die mit kreativen Maßnahmen umgesetzt wird. Der Content ist aber eines der wichtigsten Elemente einer jeden erfolgreichen Marketingbestrebung. Sie können also schon jetzt mit dem Horten Ihres Materials beginnen (das die eigene Firma betrifft). Durchforsten Sie alle Ihre Archive und längst vergessenen Ordner. Legen Sie einen separaten Speicher im Laufwerk an, der alle Aufnahmen, Motive und andere Inhalte sammelt. Im Zuge dieser Inventur werden Sie vermutlich schnell entdecken, dass sich daraus viele spannende Geschichten erzählen lassen, die Ihre künftigen Fans interessant finden werden.

Die Art der Informationsdistribution ist jedoch um einiges leichter und effizienter geworden. Erst eine Facebook-Seite macht Ihr Geschäft sichtbar und bildet einen Ort, über den gesprochen wird. Zielgerichtete Strategien, kreative Maßnahmen und nicht zuletzt ein professionelles Community-Management helfen auch einem »kleinen« Unternehmen, ein Maximum an Output rauszuholen.

Unternehmensgeschichte präsentieren

Mit Hilfe des Index auf Ihrer Facebook-Seite können Sie beispielsweise auf sehr individuelle Art und Weise Ihre Unternehmensgeschichte präsentieren. Kramen Sie also Bilder aus Ihren Archiven heraus, die Ihre Historie am besten und eindrucksvollsten beschreiben, und füllen Sie sukzessiv Ihre Facebook-Chronik auf. Dieses Auffüllen können Sie zusätzlich auch in Ihrem Redaktionsplan mit integrieren. So haben Sie zwei Fliegen mit einer Klappe geschlagen: Fans über die Geschichte informieren und ausreichend »Stoff« für Ihren Contenplan.

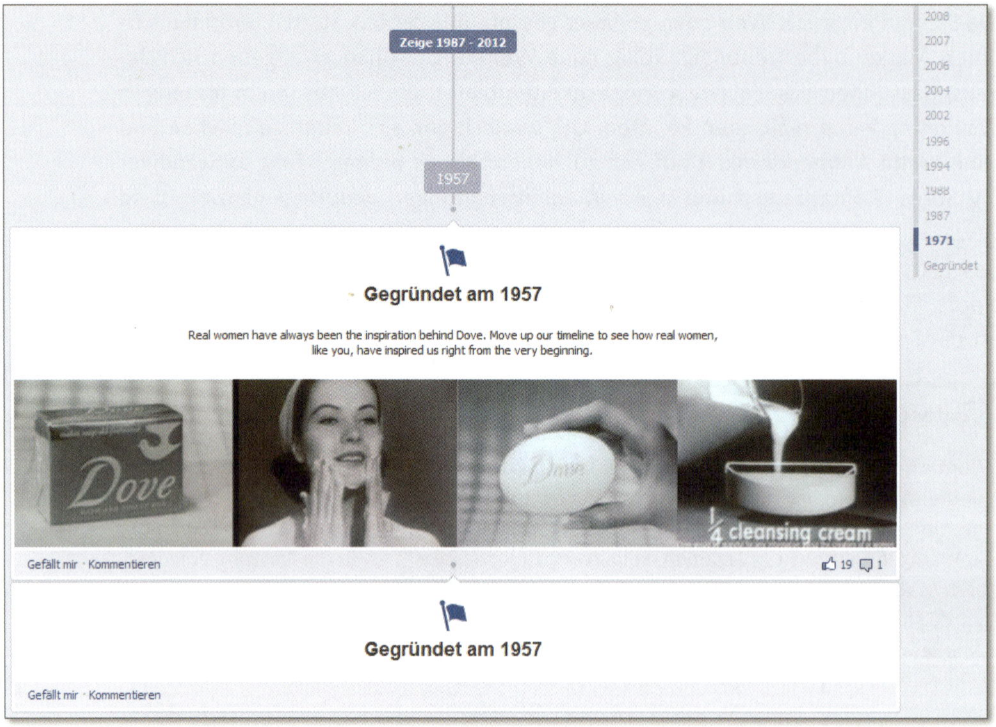

Abbildung 1.7 Die (Facebook-)Historie der Marke Dove (Anno 1957)

Dieses Maximum kann aber auch nur erreicht werden, wenn die Rahmenbedingungen dafür stehen. Das Netzwerk kann seinen Dienst nicht erfüllen, wenn die Ware mangelhaft ist, andere Fehler bestehen oder (noch schlimmer) nicht vorab kommuniziert werden. Wie Sie eine erfolgreiche Strategie entwickeln, erfahren Sie im weiteren Verlauf dieses Buches. Ein erster Überblick über die Chancen, die sich mit dem »Einzug« in Facebook eröffnen:

- **Bestehende Kundenkontakte intensivieren und pflegen**
  Sie haben bereits treue und loyale Kunden. Das muss aber nicht bedeuten, dass Ihnen diese Kunden auch auf immer und ewig erhalten bleiben – ähnlich wie im echten Leben heißt es auch in Geschäftsbeziehungen: »Aus den Augen aus dem Sinn.« Lassen Sie es nicht dazu kommen! Eine Präsenz auf Facebook bietet Ihnen die Chance, Ihre Kunden noch stärker an sich zu binden und mit ihnen in Kontakt zu bleiben (mit wiederkehrenden und überraschenden Aktionen beispielsweise, etwa einem Video-Newsletter wie in Abbildung 1.8 gezeigt).

Abbildung 1.8 die-moebelmacher informieren ihre bestehenden Fans und Kunden via Video-Newsletter.

- **Erschließung neuer Kunden durch Empfehlungen**
  »Hallo Sabine, hast du schon gesehen?«, »Servus Matthias, schau mal hier, über was ich gerade gestolpert bin!«, so oder so ähnlich könnte Ihre neue Kundenakquise aussehen. Empfehlungen sind Ihr Kapital! Mechanismen des Empfehlungsmarketings sind essenzielle Bestandteile eines jeden strategischen Kommunikationskonzepts. Keine Werbung kann besser sein als die Weiterempfehlung Ihrer Produkte durch Ihre Kunden an deren Freunde. Facebook gibt Ihnen eine Fülle von Instrumenten (Social Plugins) an die Hand, die es Ihnen ermöglicht, eben diese Weiterempfehlung zu optimieren. In Abbildung 1.9 sehen Sie ein Beispiel, das diese Kraft der Weiterempfehlung gut demonstriert. Das Lokal »The Real Mustafa's Gemüse Kebap« ist ein Berliner Döner-Imbiss. Vielleicht kennen Sie Berlin. Dann werden Sie vermutlich wissen, dass in der Hauptstadt gefühlt an jeder zweiten Ecke ein Kebab verkauft wird. Wie kommt es also, dass dieser Imbiss so erfolgreich ist – und zwar weit über die Landesgrenzen hinweg? Der Schlüssel liegt in der Weiterempfehlung durch die Freunde (Abbildung 1.10). Damit es dazu kommt, müssen aber selbstverständlich die Rahmenbedingungen stimmen, also die Qualität des Essens, der Internetauftritt, die Facebook-Seite, eine originelle Idee der Kommunikation.

Abbildung 1.9 Der Ruf von The Real Mustafa's Gemüse Kebap aus Berlin verbreitet sich fast ausschließlich über Facebook-Empfehlungen.

Abbildung 1.10 The Real Mustafa's Gemüse Kebap aus Berlin mit nationalem Ruf!

- **Effizientere Ermittlung von Kundenwünschen**
  Das Wissen darüber, wie etwas bei den Fans ankommt und was überhaupt nicht läuft, kann Gold wert sein. Facebook stellt Ihnen Instrumente zur Verfügung, mit denen Sie noch besser »zuhören« können, was Ihre Kunden hinsichtlich der angebotenen Artikel oder Dienstleistungen wünschen. Verfolgen Sie die Diskussionen im Netzwerk, und beteiligen Sie sich daran. Lassen Sie sich durch die Kommentare und Vorschläge von Ihren Fans inspirieren, um beispielsweise künftig eine noch bessere Produktauswahl anbieten zu können (Abbildung 1.11). Darüber hinaus kann eine Facebook-Seite auch für strategische Kommunikation als Stimmungsbarometer dienlich sein. Mit Hilfe eines gut aufgesetzten Monitorings können Sie sich gegen mögliche Krisen wappnen. Weitere Informationen hierzu finden Sie auch in Kapitel 12, »Monitoring und Krisenkommunikation – wenn die Konversation mit den Kunden aus dem Ruder läuft«.

Abbildung 1.11 Senseo Deutschland befragt seine Fans zu ihren Kaffeegewohnheiten.

- **Steigerung der Bekanntheit und/oder des Abverkaufs durch virale Aktionen**
  Social Media, insbesondere Facebook als größtes Netzwerk in Deutschland und weltweit, ermöglicht es Ihnen, Ihre Bekanntheit oder die des Unternehmens zu steigern. Durch den Einsatz von Facebook-Applikationen können auch Aktionen konzipiert werden, die für mehr Kundschaft im eigenen Laden sorgen, beispielsweise solche wie die in Abbildung 1.12.

Abbildung 1.12 Burger King verschenkt 50.000 Whopper und verwendet Facebook-Applikationen für die Aktion.

- **Erweiterungen der Einsatzmöglichkeiten**
  Mit Hilfe von Applikationen können Sie nun auch neue Wege der Vermarktung gehen oder den Servicegedanken noch weiter optimieren, beispielsweise durch den Vertrieb von Produkten. Social Shopping ist ein Marketingbereich, der sich zwar noch im Aufbau befindet, aber bereits vielerorts in Facebook professionalisiert wird. Einem Einkauf innerhalb der Community steht technisch gesehen nichts mehr im Wege. Auf der eigenen Facebook-Seite eingebettet, ermöglichen Anwendungen Ihnen bereits jetzt, den Verkauf eigener Produkte über die Plattform anzubieten (Abbildung 1.13).

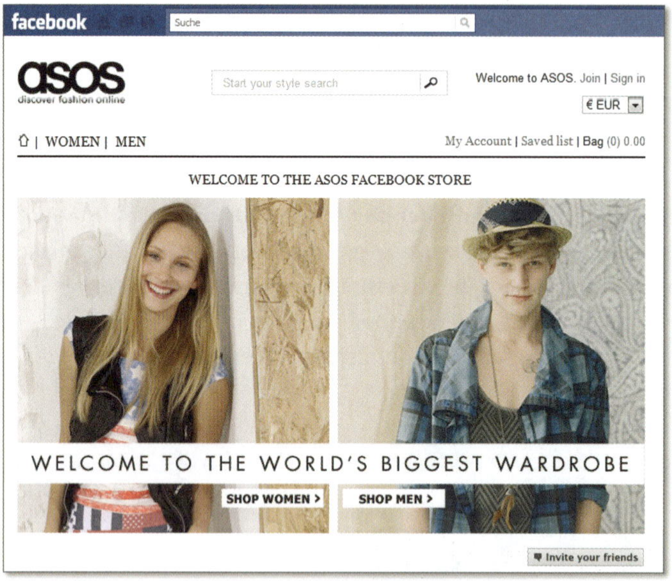

Abbildung 1.13 Asos nutzt Facebook als Verkaufsfiliale für die eigenen Kollektionen.

1.2.2 Sie sind überall, und sie können jeden treffen – Shitstorms & Trolle

Wo Sonne, da auch Schatten. Stimmt! Selbstverständlich ergeben sich durch den Start auf Facebook nicht nur Vorteile – auch Risiken oder gar Nachteile kann eine solche Präsenz zur Folge haben, aber die lassen sich auf ein Mindestmaß reduzieren. Meist ergeben sich Risiken und unerwünschte Effekte, wenn Facebook und seine Power nicht ernst genug wahrgenommen werden. Auch das »unsachgemäße« Verwenden der unterschiedlichen Instrumente kann dafür sorgen, dass Projekte nicht wie gewünscht verlaufen. Vor den Risiken eines sogenannten *Shitstorms* oder vor *Trollattacken* ist kein Unternehmen gefeit, aber auch denen können Sie präventiv vorbeugen, indem Sie folgende Indikatoren direkt aus dem Weg räumen und vermeiden:

- schlechte oder keine Strategie
- keine Definition von Zielen
- unsachgemäße Handhabung der unterschiedlichen Facebook-Tools
- keine Kontinuität/Einsatz von zu wenig Zeit

Gut zu wissen: Shitstorms & Trolle

Mit einem *Shitstorm* wird ein Diskussionsverlauf zwischen Usern im Netz beschrieben, in dem konstruktive Kommentare von negativen und unsachlichen Beiträgen überlagert werden. Opfer solcher Shitstorms sind meist große Konzerne und Unternehmen oder Personen des öffentlichen Interesses. Der Shitstorm beschreibt eine bestimmte Situation und deren negativen Diskussionsverlauf und hat zum Ziel, das Image und die Reputation des Opfers zu beschädigen. Mehr zu Shitstorms finden Sie auch in Kapitel 12, »Monitoring und Krisenkommunikation – wenn die Konversation mit den Kunden aus dem Ruder läuft«.

Im Gegensatz zu einem Shitstorm beschreibt ein *Troll* nicht eine Situation, sondern eine Person, die sich jedoch nicht selten an solchen Aktionen beteiligt. Ein Troll macht es sich zum Ziel, meist mit provozierenden oder beleidigenden Aussagen eine Diskussion zu stören, und erhofft sich so breite Aufmerksamkeit. Mehr zum Thema richtiger Umgang mit Trollen finden Sie auch in Abschnitt 7.5, »Achtung vor Trollen«.

1.3 Der mediale und strukturelle Siegeszug eines Daumens

Selten hat ein Symbol die moderne Gesellschaft so beeinflusst wie der hochgestreckte Daumen oder, besser gesagt, das »Gefällt mir« von Facebook. Kaum ein Onlinemedium, ein Artikel, ein Blog oder eine Unternehmenspräsenz im Netz verzichtet mittlerweile auf eine Integration der Schaltfläche »Gefällt mir« und weiterer Social Plugins.

Zu Beginn von Facebook war das Bewerten von Freundesbeiträgen durch das Kommentieren der Meldung möglich – ein anderes Bewertungsinstrument wurde von der Plattform nicht angeboten. Das änderte sich jedoch am 10. Februar 2009. An diesem Tag erblickte das Visual einer gesamten Marketinggeneration das Licht der Welt. Facebook etablierte »Like« in seinem Netzwerk und sorgte mit dieser Weiterentwicklung für einen Paradigmenwechsel in der Werbewelt und in den Marketingetagen aller Firmen. Schon bald sollten sich künftige Marketingkampagnen nicht nur um die Erreichung der »üblichen« Zielen wie Reichweite, Einschaltquoten und Verbreitung drehen, sondern zusätzlich auch um die Frage: »Wie viele Likes haben wir derzeit?!«

Mit der Einführung des Daumensymbols in Facebook wurden Funktionen für den User bereitgestellt, die sich im weiteren Verlauf als äußerst nützliche und virale Tools erwiesen haben:

- **Bewertung**
  Der Facebook-User bekommt ein Instrument zur Verfügung gestellt, mit dem er Meldungen von Freunden – und inzwischen auch Artikel von Medien und Statusnachrichten von Unternehmen – bewerten kann. Im Gegensatz zu anderen Bewertungsmethoden, wie beispielsweise bei YouTube (ein Stern/sehr schlecht bis fünf Sterne/sehr gut), gab und gibt es bis heute keine stufenweise Bewertung. Für das Mitglied gibt es nur eine Möglichkeit, eine Wertungabzugeben: durch das Drücken der »Gefällt mir«-Schaltfläche. Dass sich die Entwickler von Facebook bislang nicht dazu durchringen konnten, eine Dislike-Schaltfläche (das negative Pendant von »Like«/»Gefällt mir«) einzuführen, wurde schon häufig bemängelt. Diese Entscheidung wurde von einem Facebook-Sprecher unter anderem so begründet: »Eine destruktive Information erzeugt keine viralen Effekte«, und weiter »Positive Meldungen passen besser zu uns als negative.«
- **Beitritt**
  Mit der Schaltfläche »Gefällt mir« hat Facebook nicht nur eine Art Bewertung geschaffen. In den folgenden Jahren wandelte sich dieser Community-Befehl auch zu einer Bestätigung, ohne die es einem Mitglied mittlerweile nicht mehr möglich ist, sich an Diskussionen und an anderen Interaktionen, beispielsweise auf Facebook-Unternehmensseiten, zu beteiligen. Aus dem anfänglichen »Become a fan«-Befehl, der nötig war, um einer Facebook-Seite (damals noch Fanpage genannt) beizutreten, wurde die Like-Schaltfläche. Wie schon die Bewertung eines Kommentars oder eines anderen Beitrags verbreitet sich dieser Befehl via Newsfeed und ist somit nachvollziehbar für alle Freunde auf Facebook.
- **Empfehlung**
  Ein weiterer wichtiger Effekt von »Gefällt mir« ist, dass das Drücken der Schaltfläche mit der Abgabe einer eindeutigen und zu 100 % positiven Empfehlung des Bewertenden einhergeht. Auch heute gibt es auf Facebook keine weitere Möglichkeit der Steigerung (ausgenommen der User fügt noch einen Kommentar hinzu). Wenn ein User einen Beitrag, einen Artikel oder eine Unternehmensseite mit einem Like würdigt, dann ist diese Wertung also ein Superlativ in sich.

Gerade diese Facebook-Urkombination macht die Social Community mittlerweile zu dem, was sie ist, und für Unternehmen und Marken so interessant. Denn eine Seite, ein Kommentar oder ein Betrag mit vielen »Daumen hoch« wirkt wie ein Magnet auf andere User und Freunde und sorgt für noch mehr Aufmerksamkeit! Oftmals spielt es dann auch keine Rolle mehr, ob die Information einen besonderen

News-Wert hat oder interessant ist, vielmehr sympathisiert der User mit einer bestimmten Botschaft und gibt diese mit seinem »Daumen hoch« weiter. Viele Likes führen zu noch mehr Likes (Abbildung 1.14).

Abbildung 1.14 Die »Guten Morgen«-Wünsche von »DieAussenseiter« sorgen für viel Zustimmung.

Der tatsächliche Durchbruch, der gar einen gesellschaftlichen Wandel nach sich zog (der weiterhin anhält), wurde jedoch erst ermöglicht durch die Einführung der »Gefällt mir«-Funktion und des kollektiven Daumens auf externen Webseiten. Seit Mai 2010 ist es jeder Marke, jeder Firma, jedem Medium und anderen Internetsites möglich, sich auf ihrer eigenen Präsenz eine »Gefällt mir«-Schaltfläche einzubetten, ohne dass einer der Seiteninhaber auf Facebook tatsächlich aktiv sein muss. Ein weiterer viraler Baustein war geschaffen. Seitdem können Besucher und Leser einer Website (z. B. *www.spiegel.de*) Artikel mit nur einem Klick ihrem Freundesnetzwerk empfehlen und tragen so dazu bei, dass sich Meldungen unterschiedlichster Art und Interessengebiete viral im Netzwerk verbreiten.

Die Ausbreitung des Facebook-Daumens und des »Gefällt mir« ist ungebrochen und macht mittlerweile auch vor der Offlinewelt nicht mehr Halt. Ob nun klassische TV-Werbung, Radiosendungen oder Anzeigen auf Plakaten und in Magazinen – der Daumen ist allgegenwärtig (Abbildung 1.15).

Abbildung 1.15 »Daumen hoch« für eine Baustelle in Berlin im Sommer 2011 (Quelle: »Echt Bosch!«, Bosch GmbH)

Interaktiver Infopart

Schauen Sie sich den Song »Gefällt mir« der Band Voxenstopp auf YouTube unter *http://www.youtube.com/voxenstopp* an (Abbildung 1.16), oder nutzen Sie Ihr Smartphone, und lauschen Sie dem Radio-Ohrwurm (Dezember 2010) via QR-Code.

Abbildung 1.16 »Gefällt mir«-Song von Voxenstopp auf YouTube

1.4 Facebook vor der lokalen Durchdringung – Kleinstunternehmer und Mittelstand sind am Zug

Das gesellschaftliche Bedürfnis nach Mobilität und zeitgleicher Internetnutzung, egal wann und wo man sich bewegt, führt zu immer neuen Innovationen und Dienstleistungen, die vor fünf Jahren noch undenkbar waren. Facebook Places (Facebook Orte) und Facebook Deals (Facebook Angebote) sind zwei dieser Weiterentwicklungen, die dazu führen, dass die Netzwelt immer weiter mit der Offlinewelt verschmilzt und der Community den Einstieg in die reale Geschäftswelt ebnet.

Gut zu wissen: Facebook Deals bzw. Angebote

Dieser Dienst befindet sich derzeit in einer Optimierungsphase und wird daher von Facebook nicht aktiv weiter angetrieben. Es gibt jedoch erweiterte Bestrebungen, diese Funktion in einer neuen Form den Kunden anzubieten. Zum Zeitpunkt der Drucklegung des Buches sind weitere Informationen hierzu jedoch noch nicht kommuniziert worden.

Nach der anfänglichen Phase der Internetdurchdringung steht uns die Zeit der lokalen Offlinedurchdringung von Facebook noch bevor. Die ersten Ladenbesitzer haben die neue Chance der viralen Mund-zu-Mund-Propaganda am Schopfe gepackt und verknüpfen vermehrt ihre Läden mit dem Netzwerk (Abbildung 1.17).

Abbildung 1.17 Das Schuhgeschäft »Görtz« wirbt in seinem Schaufenster für mehr Fans auf Facebook.

Die Offlinewelt profitiert in vielerlei Hinsicht von dem Netzwerk, was auch bei Ihrem Laden für lange Schlangen an Ihrer Kasse und viele Fans in Facebook sorgen kann:

- **Von innen nach außen (online hin zu offline)**
  Mehr Kunden durch die lokale Durchdringung: Ein Unternehmen hat bereits viele Fans auf der eigenen Facebook-Seite und möchte diese vermehrt in die Filiale, in das Geschäft oder das Restaurant führen. Applikationen wie Facebook Orte und Facebook Angebote helfen hier weiter.
- **Von außen nach innen (offline hin zu online)**
  Mehr Fans durch die lokale Durchdringung: Die Kundschaft im eigenen Geschäft wird vermehrt auf die Facebook-Präsenz hingewiesen und die Anzahl der Fans somit gesteigert. Vor-Ort-Maßnahmen (siehe Abbildung 1.17) machen dies möglich.

Ob nun durch eine Einbindung in Facebook Orte, Facebook Angebote oder den bloßen Verweis (beispielsweis durch die Integration eines »Daumen hoch«), viele unterschiedliche »lokale Anwendungen« können für eine längere Schlange an der Kasse sorgen und zeitgleich die stetige Verbreitung von Facebook vorantreiben. Wie Sie Ihren Laden mit Facebook verknüpfen und welche Möglichkeiten der Offlineintegration es noch gibt, können Sie detailliert in Kapitel 9, »Integration weiterer Facebook-Features« nachlesen.

1.5 Die nächste Generation hat bereits begonnen – Facebook Open Graph

Die Überschrift dieses Abschnitts klingt vielleicht dramatisch und das zu Recht. Das Netzwerk hat innerhalb weniger Jahre Erstaunliches geschaffen. Facebook hat bis dato maßgeblich die Welt (zumindest die westlichen Staaten), die Gesellschaft und die gesamte Kommunikation verändert. Das Marketing war gezwungen, sich diesem neuen Phänomen anzupassen. Dies alles ist jedoch erst der Anfang einer weiteren rasanten Entwicklung, die in Zukunft noch tiefer in unsere Gesellschaft eindringen und unser Konsumverhalten prägen wird.

Wie bereits eingangs erwähnt, ist der Open Graph von Facebook eine Weiterentwicklung des Social Graphs. Dabei handelt es sich um ein Facebook-Protokoll, das sich Websitebetreiber in ihre Seiten einbetten können. Auf diese Weise wird eine Schnittstelle zwischen dem Netzwerk und der externen Seite geschaffen, die einen Austausch von Informationen unterschiedlichster Art ermöglicht. Die Anwendungsfelder sind sehr vielfältig und stehen gerade erst am Anfang einer neuen Ära. So kann Ihr Unternehmen beispielsweise Applikationen auf der eigenen Seite integrieren, die automatisch die Aktivitäten Ihrer Besucher an das Netzwerk weiterleiten und in der jeweiligen Timeline einblenden. Nach diesem Prinzip verfahren bereits jetzt die ersten Firmen und Medienunternehmen. Die amerikanische Tageszeitung Washington Post beispielsweise hat eigens für den eigenen Onlineauftritt die Anwendung »Washington Post Social Reader« programmiert, der automatisch eine Benachrichtigung an das Netzwerk schickt, sobald der Leser einen Artikel anklickt, um ihn komplett zu lesen (Abbildung 1.18). Für diese automatisierten Befehle muss der User der Zeitung selbstverständlich erst eine ausdrückliche Erlaubnis erteilen. Die Freigabe dieser Benachrichtigungen erfolgt über die Aktivierung einer Applikation direkt auf Facebook. Mit der einmaligen Erteilung der Erlaubnis werden alle weiteren Aktivitäten, die der User auf der Onlineausgabe der Zeitung tätigt, an den ausgewählten Zirkel in Facebook kommuniziert.

Abbildung 1.18 Facebook-Open-Graph-Anwendung der Washington Post

1.5.1 Kommunizieren, ohne aktiv zu kommunizieren

Die neue Art der Anwendung wird auch als *Frictionless Sharing* (dt. reibungsloses Teilen) bezeichnet und ist daher ein neuer Kommunikationsansatz, bei dem der User nicht mehr aktiv eingreifen muss (bis auf die Installation der Applikation), um seine Aktivität auf einer externen Seite zu kommunizieren (Abbildung 1.19). Die Handlung (Klick auf ein Seitenelement) wird künftig noch stärker in die Marketingstrategien eingebaut werden, weil schon diese einen Weiterempfehlungscharakter hat. Natürlich kann der Besucher der Onlinezeitung auch weiterhin Artikel liken und kommentieren. Diese Informationen werden ebenfalls an das Netzwerk und somit an die eigenen Kontakte weitergeleitet. Die Applikation »Washington Post Social Reader« verzeichnet monatlich 3,5 Mio. Nutzer. 83 % des Publikums sind unter 35 Jahre.

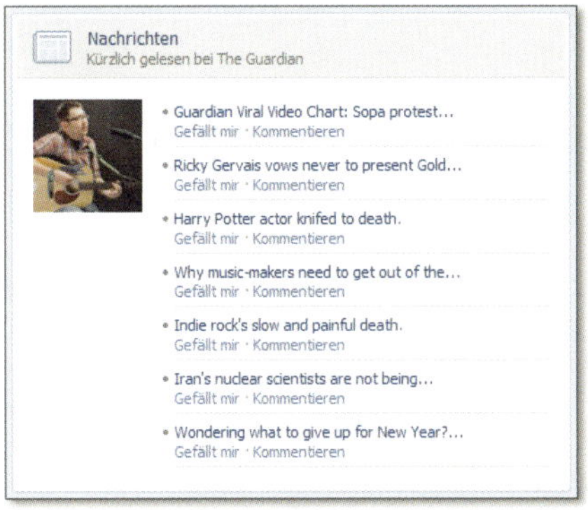

Abbildung 1.19 »The Guardian«, Frictionless Sharing – die reibungslose (automatisierte) Kommunikation

Wie bereits erwähnt, ist dies jedoch erst der Anfang einer völlig neuen Art der Interaktion mit den Kunden von morgen. Wenn Sie beispielsweise einen Onlineshop betreiben, ist es Ihnen möglich, Facebook-Protokolle zu kreieren, die Informationen über einen getätigten Einkauf eines Kunden direkt an das Netzwerk schicken.

Martin Müller – heute Fiktion, morgen Realität

Die Aktualisierung kann wie folgt aussehen. Martin Müller* ist auf Ihrer Onlineshoppingseite, die Kleidungstücke und modische Accessoires vertreibt. Der Kunde ist schon länger ein Fan Ihres Unternehmens. Ein Hinweis auf Ihrer Facebook-Seite, aber auch auf Ihrer eigenen Website stellt das Frictionless-Sharing-Instrument Social Buy* vor. Martin Müller, von Haus aus kommunikationsfreudig und neuen Dingen gegenüber aufgeschlossen, erteilt Ihnen die Erlaubnis, »Social Buy« zu installieren. Der Kunde schaut sich weiter im Onlineshop um und entscheidet sich für den Kauf einer Jeans und eines Hemds. Ob nun bereits das Anklicken einzelner Produkte als Nachricht an das Netzwerk verschickt wird oder erst die Information, dass es zu einem Kaufabschluss gekommen ist, bleibt Ihnen überlassen. Alles ist programmierbar. Die zweite Variante trägt aber vermutlich einen noch größeren Empfehlungscharakter in sich, da Martin Müller die zwei Kleidungsstücke tatsächlich gekauft hat. Die Beachrichtung könnte dementsprechend wie folgt in der Facebook Timeline auftauchen:

»**Martin Müller** *hat gerade eine Jeans und ein Hemd auf DeinShop.net* gekauft.*«

(*Namen frei erfunden)

Den Interaktionsmöglichkeiten sind (fast) keine Grenzen gesetzt. Wie vielversprechend und vielseitig Facebook-Open-Graph-Protokolle verwendet werden können, verdeutlicht hierzu auch das offizielle Facebook-Video, das zur Einführung des Dienstes (im Jahr 2011) online gestellt wurde. Um es zu sehen, gehen Sie auf *http://bit.ly/FB_OpenGraph*, oder nuten Sie den bereitgestellten QR-Code, um sich den Beitrag mittels eines QR-Readers anzuschauen.

2 Facebook-Marketing – User kennen und verstehen

Innerhalb nur weniger Jahre hat sich das Netz mit all seinen Communitys, Blogs und Portalen zu einem neuen Lebensraum für Millionen von Menschen entwickelt – und mit ihnen haben sich die Regeln und das Verhalten weiterentwickelt.

Hunderte Millionen Menschen sind tagtäglich im Netz. Sie suchen, finden, kommunizieren und verbringen bereits häufig mehr Stunden am Tag im World Wide Web als im »richtigen« Leben. Die Ursachen und Gründe hierfür sind vielfältiger Natur, sorgen aber zwangsläufig für eine veränderte Wahrnehmung und für Verhaltensmuster, die auch die Regeln des Marketings, wie wir es bisher kannten, durcheinanderwirbeln und verändern. Das hat zur Folge, dass auch die schönsten Unternehmensseiten oder die durchdachtesten Applikationen auf Facebook dann nicht zünden, wenn sich Strategen und Entscheider mit einer Komponente nicht ausreichend beschäftigt haben: dem Bewohner der digitalen Heimat.

2.1 Nutzer und Bewohner der virtuellen Heimat

Das Wohnzimmer ist unlängst im Internet angekommen. Laut der ARD/ZDF-Onlinestudie 2011 nutzen über 73 % der Deutschen das Internet – das entspricht über 51 Mio. Menschen ab 14 Jahren. 43 % haben bereits ein Profil in einem sozialen Netzwerk angelegt. Nach der Phase der Konsolidierung in den Jahren 2008/2009 zwischen den Social Communitys VZ-Gruppe, Wer-kennt-wen.de, Myspace und weiteren Anbietern konnte Facebook mit der Verkündung des 20-millionsten Mitglieds im Jahr 2010 seine Dominanz klar demonstrieren. Und es wurde offiziell, was sich vor ein paar Jahren nur die Wenigsten hätten vorstellen können – jeder vierte deutsche User ist ein Mitglied des Facebook-Netzwerks. Diese Entwicklung führte nicht nur dazu, dass die Dringlichkeit unter den Freunden und Freundesfreunden stieg, nun auch ein Profil anzulegen, sondern löste zugleich eine Kettenreaktion aus und führte dazu, dass es auch für Firmen aller Art attraktiv wurde, auf das Boot mit aufzuspringen und in Form einer Unternehmensseite und weiterer Beteiligungen Präsenz auf Facebook zu zeigen.

Gut zu wissen: Was ist ein Digital Native?

Als *Digital Natives* werden Nutzer beschrieben, die das »Vor-Handy-Zeitalter« nicht kennengelernt haben. Sie nutzen die neuen Kommunikationsmittel mit einer Selbstverständlichkeit, wie Sie und ich beispielsweise das Telefon oder den Fernseher. Das Leben in der 2.0-Öffentlichkeit ist für Digital Natives keine bewusste Entscheidung, sondern einfach von Kindesbeinen an da. Die Kommunikation mit Freunden und Bekannten über die digitalen Medien ist für sie essenziell und weicht immer mehr dem »realen Treffen«. Die Digital Natives verlangen Entertainment und rufen dieses ab, wann und wo sie möchten. Lineare Informationsbeschaffung ist ihnen unbekannt – Informationen werden dezentral gesucht und gestreut.

Mit den Jahren der Digitalisierung und der Echtzeitkommunikation wurde ein verändertes Verhaltensmuster geformt, das sich stetig weiterentwickelt. Facebook hat sich für viele Millionen Nutzer von einem bloßen Freundesportal zu einer Plattform gewandelt, die mehr und mehr ein echter Bestandteil des eigenen Lebens wurde, der gehegt und gepflegt werden muss. Wer mit wem vernetzt ist, welcher »Freund« welcher Seite beigetreten ist und welcher Status wann gepostet und wie kommentiert wurde, bildet das eigene Image und beeinflusst so die Reputation im Netz. Diese modellierte Reputation ist nicht selten, besonders in den Gruppen der Digital Natives und der Generation der sogenannten *Millennials*, mindestens genauso wichtig wie das tatsächliche, reale Image. Das Wissen darüber, wer, wie, was über mich in Facebook kommentiert und verbreitet, ist entscheidend, da es den eigenen Ruf maßgeblich beeinflusst, der sich wiederum in der Netzwerk-Performance widerspiegelt.

Informieren Sie sich über die digitale Generation mittels eines kleinen YouTube-Clips (»We all want to be young«, *http://www.youtube.com/watch?v=seCHIVThmw*), oder verwenden Sie den QR-Code.

Gut zu wissen: Wer sind die Millennials?

Die Gruppe der Millennials beschreibt die Generation der 14- bis 33-Jährigen, die die Entstehung der »neuen Medien« miterlebt und somit die Geburtsstunde des Web 2.0 und der Social Communitys aktiv begleitet haben. Im Gegensatz zu der »Generation Golf« und älter sind die neuesten Kommunikationsmittel für die Millennials nützliche Instrumente, mit denen sie völlig selbstverständlich auf(ge)wachsen (sind) und die dazu dienen, sich besser und schnell mit ihren Freunden und Bekannten auszutauschen. Sie telefonieren, SMSen, fotografieren, uploaden, downloaden, liken, followen, kommentieren und bewerten – all das mit Hilfe ihrer mobilen Begleiter.

2.1.1 Definitionswandel von »Freund sein«

Es ist fast schon ein Phänomen, dass es ein einziges Unternehmen in nur wenigen Jahren geschafft hat, den Begriff »Freund« so inflationär in den deutschen Sprachgebrauch einzubetten und zeitgleich dessen inhaltliche Bedeutung so zu verändern. Im klassischen Wortgebrauch verstehen Sie vermutlich, ähnlich wie viele andere Mitmenschen, unter Freundschaft die Beziehung zweier Personen zueinander, die sich gegenseitig kennen, vertrauen und sich Respekt zollen. Man befreundete sich meist über einen längeren Zeitraum hinweg an, in dem man sich regelmäßig getroffen und gemeinsam Zeit verbracht hat. So wurde aus einer anfänglichen Bekanntschaft eine Freundschaft. Nach den Worten der TV-Werbung der Tageszeitung »Welt Kompakt« aus dem Jahr 2010 hat sich die inhaltliche Bedeutung des Begriffs Freundschaft mittlerweile überholt: »*Wir haben mittlerweile so viele Freunde, dass wir ein neues Wort für die echten brauchen.*«

In den Anfängen von Facebook in Deutschland diente die Community den Mitgliedern als ein Hort für die Freunde und deren Freunde. Es wurden Informationen über die Uni, über den Beruf, über Partys, Feiern und weitere alltägliche Dinge des Lebens ausgetauscht. Das Netzwerk hatte eine klare Bestimmung: Hier ist mein Ort für meine Freunde, meine Freizeit und mich. Zu diesem Lebensraum hatten gehasste Kollegen, Chefs und gar Erziehungsberechtigte wie die eigenen Eltern keinen Zutritt. Noch 2010 war häufig zu hören: »In Facebook habe ich nur wirkliche Freunde.« Mit Kollegen und Mitarbeitern wurden auf Businessplattformen wie XING Kontakte geknüpft oder es gleich sein gelassen.

Die Natur der Social Communitys ermöglicht es jedoch, die übliche Phase des Kennenlernens bis hin zur Freundschaft mit nur einem Klick rasant zu beschleunigen (Abbildung 2.1). Noch nie war es einfacher und schneller möglich, neue Freunde zu gewinnen ...

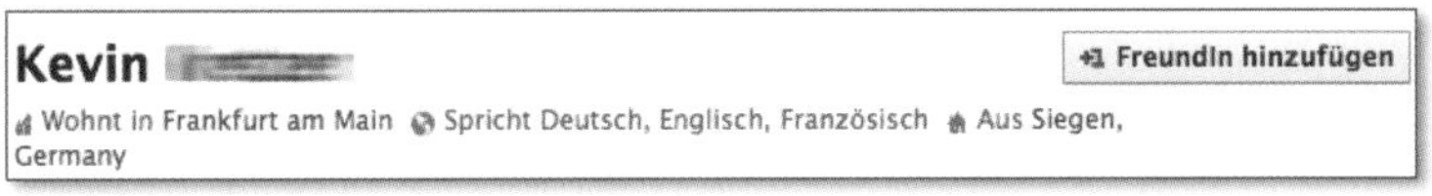

Abbildung 2.1 Freundschaft schließen mit nur einem Klick

Wer cool ist, ist auf Facebook

Erst auf den Partys der Freunde, danach auf Feiern der Businesskollegen – nach und nach war es nicht mehr en vogue, einfach nur noch die Telefonnummern auszutauschen, um in Kontakt zu bleiben. Die Frage mit der folgenden Aufforderung: »Bist du auf Facebook? Dann lass uns adden!«, hat sich zum Standardprozedere entwickelt. Dabei ist nicht entscheidend, wie lange man die Zeit mit anderen verbracht hat und ob das Gegenüber ein Mensch ist, mit dem ich bedenkenlos auch einen

Urlaub verbringen würde. Im besten Fall ist es tatsächlich so, vielmehr geht es aber darum, dass eine gemeinsame Plattform genutzt wurde, die beiden als Kontaktschnittstelle dient. Aber Achtung, wenn Sie sich nun mit Gott und der Welt befreunden möchten – auch hier sind Grenzen gesetzt. In der Community kann ein User »lediglich« 5.000 Freunde haben. Ergänzend muss aber an dieser Stelle auch erwähnt werden, dass es nicht das Ziel sein sollte, so viele »Freunde« wie möglich auf Facebook zu horten. Das Zeitalter der Netzwerke und des Netzwerkens verleitet User dazu, schnell mal andere Nutzer zu »adden«, die sie im Offlineleben nie getroffen haben oder gar nicht persönlich kennen. Dem »normalen« Leben ähnlich gewähren sie jedem Ihrer Facebook-Freunde Einblick, die mal mehr, mal weniger von ihrem Leben preisgeben. Bilder, Videos, Texte und weitere Daten gehen in der Regel nur Sie und Ihre Freunde etwas an, aber keine Fremden (Abbildung 2.2). Schützen Sie daher Ihre Privatsphäre, und kommunizieren Sie auch dementsprechend!

Abbildung 2.2 Negative Postings über den eigenen Chef? Schlechte Idee!

Reichweiteneinschränkung eigener Postings

Der eigene Datenschutz endet jedoch nicht bei der Auswahl der Freunde in Facebook. Das Netzwerk bietet Ihnen viele Möglichkeiten an, mit deren Hilfe Sie regulieren können, welcher Nutzer was von Ihnen lesen kann (Abbildung 2.3). Eine Möglichkeit, die eigene Privatsphäre besser zu schützen, ist es beispielsweise, die eigenen Beiträge auch tatsächlich nur den Freunden zu präsentieren. Achten Sie dabei also immer darauf, welche Reichweite Sie für die Postings angegeben haben.

Facebook bietet Ihnen die folgenden unterschiedlichen Filterungsmöglichkeiten für Postings an.

- Öffentlich
  Alles was Sie unter diesem Status posten, ist im wahrsten Sinne des Wortes öffentlich. Das bedeutet, ob nun Freund oder Feind, diesen Beitrag kann jeder User sehen, der auf Facebook registriert ist. Besonders fatal können sich Postings auswirken, wenn diese negativ sind und andere Menschen (wie beispielsweise Ihren Chef) kritisieren. Ob nun öffentlich oder nur unter Freunden, auch die beste Filterung schützt Sie nicht davor, dass solcherart Beiträge irgendwie

die jeweilige Person erreichen. Daher gilt: Lassen Sie sich auch in emotionalen Momenten nicht zu unüberlegten Postings hinreißen.

- FREUNDE
  Diese Funktion umfasst alle Kontakte, die Sie in der Community haben. Darunter fallen auch jene Personen, die Sie im Netzwerk lediglich als Bekannte definiert haben.
- FREUNDE OHNE BEKANNTE
  Diese Beiträge bekommen tatsächlich auch nur die Personen zu sehen, die Sie auf Facebook als Freund definieren. Bloße Bekannte bekommen diese Meldungen nicht zu Gesicht.
- BENUTZERDEFINIERT
  Natürlich haben Sie aber auch die Möglichkeit, nur einem selbst definierten Nutzerkreis Postings anzuzeigen. Das bedeutet, Sie können beispielsweise definieren, dass nur ausgewählte Arbeitskollegen oder nur der engste Familienkreis Beiträge lesen kann. Aber, wie eingangs erwähnt, haben Filterungen einen sinnvollen Nutzen, doch sind diese Funktionen mit Vorsicht zu genießen. Filter hin oder her: Themen, die nicht an die Öffentlichkeit sollen, sollten Sie am besten auch nicht posten. Sicher ist sicher.

Abbildung 2.3 Reichweitenregulierung Ihrer Facebook-Posts

Neben den Folgen von »Fremden im eigenen Haus« hat das Sammeln von Kontakten einen weiteren negativen Effekt: Jeder neu hinzugefügte Kontakt ist auch gleichzeitig eine neue Informationsquelle in Ihrem Newsfeed. Ob Sie nun 100 oder 1.000 Freunde haben, kann also eine Rolle hinsichtlich der künftigen Datenflut spielen, die mittels eigener Einstellungen wieder reguliert werden muss. Ein selbst gemachtes Problem also.

Wie viele Freunde ein User auf Facebook hat, spiegelt nicht seinen tatsächlichen Freundschaftsscore wider. Neben externen Entwicklungen, wie beispielsweise dem erfolgreichen Startschuss von Google+ und dessen Kreisfunktionen, die dem Nutzer ermöglichen, unterschiedliche Gruppen von Kontakten zu erstellen, hat Facebook im Sommer 2011 begonnen, seine »Freunde-Strategie« aufzubrechen, und erlaubt, selbst definierte Cluster wie »Familie«, »Kollegen« und »Freunde« vorzunehmen und eigenen LISTEN zuzuordnen – so wird aus einem Freund das, was er tatsächlich ist, beispielsweise »nur« ein Kollege. Der Ambivalenz der »Freundschaften« auf Facebook widmet sich sogar eine eigene Facebook-Gruppe (Abbildung 2.4).

Abbildung 2.4 Eine Facebook-Gruppe macht Facebook-Freundschaften zum Thema.

Was Freundschaften für das Facebook-Marketing bedeuten

Freunde sind die besten Werber, die sich ein Unternehmen wünschen kann. Das ist nicht weiter verwunderlich, schließlich vertrauen wir (naturgemäß) unseren Freunden mehr als einer Marke. Das ist zwar keine neue Erkenntnis, jedoch ist es neu, dass Empfehlungen als professionelles Instrument im modernen Marketing verwendet werden. User, die ein Produkt, eine Dienstleistung oder auch eine Aktion gut finden, können dies mit Hilfe unterschiedlicher Instrumente kommunizieren. Die Like-Schaltfläche oder die Kommentarfunktion sind zwei der populärsten. Mit dem Betätigen dieser Facebook-Features schlüpfen die User in die Rolle des Empfehlers, der freiwillig und ohne weiteres Zutun einer Marke Produkte mittels seines Newsfeeds an seine eigenen Freunde weiterempfiehlt. Diese wiederum klicken ebenfalls auf den Beitrag, liken ihn vielleicht ebenfalls und tragen somit zur Verbreitung der Information bei. Empfehlungsmarketing ist einer der Hauptgründe, wieso Facebook überhaupt so erfolgreich ist.

2.1.2 Unterschiedliche Nutzertypen

Welche Nutzer bzw. Nutzergruppen und Typen sind nun die aktivsten oder erfolgversprechendsten für Ihr Unternehmen? Pauschal lässt sich diese Frage nicht beantworten. Neben der eigenen Kreativität und der Demografie der Facebook-Community spielt auch ein weiterer Fakt eine Rolle – die Aktivität der User selbst. Die vielbeachtete 90-9-1-Regel, nach dem dänischen Webdesign-Experten Jakob Nielsen, definiert drei große Nutzertypen des Social Webs, die auch in Facebook Bestand haben.

Die Regel besagt, dass 90 % der Mitglieder einer Community bloße passive Zuschauer »des Geschehens« sind. Sie nehmen die Information (Text, Bild, Video etc.)

auf, äußern sich aber nicht weiter dazu und laden auch nicht ihre eigenen Inhalte hoch. Auch wenn diese Gruppe nicht viel proaktives zum Netzwerk beisteuert, ist sie für das Empfehlungsmarketing sehr wichtig und wirkungsvoll. Jede Information, die von diesen Usern bewertet oder kommentiert wird, wird im Newsfeed ihrer Freunde angezeigt. Die bloße Nutzung einer Applikation kann hier einen entscheidenden Impuls für eine virale Verbreitung erzeugen. Eindrucksvoll hat das beispielsweise die Marke AXE unter Beweis gestellt, als sie die Fans aufgerufen hat, an der App »AXE Multiple Girlfriends« teilzunehmen (Abbildung 2.5). Mit nur wenigen Klicks ermittelte die Anwendung die Anzahl der weiblichen Freundinnen eines Users auf Facebook und veröffentlichte diese als Anzahl an festen Freundinnen unter dem jeweiligen Beziehungsstatus.

Abbildung 2.5 Empfehlungsmarketing funktioniert auch mit weniger aktiven Usern, Beispiel: die Anwendung »AXE Multiple Girlfriends«.

Die weiteren 9 % nehmen reaktiv am weiteren Geschehen teil. Das bedeutet, sie »liken« beispielsweise den geposteten Beitrag oder leiten die Information an die eigenen Freunde und Bekannten weiter. Nichtsdestotrotz tragen sie schon allein durch das Anklicken von Informationen, das Weiterleiten von Beiträgen oder das »Liken« einer Seite einen erheblichen Beitrag zum *EdgeRank* der Facebook-Seite bei.

Gut zu wissen: Was ist ein EdgeRank?

Was bei Google der PageRank ist, heißt bei Facebook EdgeRank. Längst ist es kaum noch möglich, allen Meldungen der Freunde und den »geliketen« Fanseiten zu folgen. Es sind schlichtweg zu viele Beiträge, die täglich über den eigenen Newsfeed angezeigt werden. Um dieser Informationsflut entgegenzuwirken, hat Facebook damit begonnen, User vorwiegend nur die Beiträge anzuzeigen, die das Mitglied vermutlich interessant findet. Welche Meldung nun für den einzelnen User relevant ist, wird mit Hilfe des EdgeRanks ermittelt. Dieser besteht aus den drei Hauptkomponenten: *User Affinity*, *Decay* und *Weight*. Diese geben Aufschluss darüber, wie häufig der User welche Seite besucht und kommentiert hat und welche Beiträge er (oder sie) wo »geliket« hat.

Die finale Position in der Auflistung entscheidet am Schluss darüber, ob Ihre Seite (bzw. ihre Updates) für den User relevant sind und wo im Newsfeed sie angezeigt werden. Wie Sie den EdgeRank ermitteln, wie der GraphRank funktioniert (Weiterentwicklung des EdgeRanks) und weitere detaillierte Angaben hierzu finden Sie in Abschnitt 13.2, »Facebook EdgeRank und GraphRank«.

Lediglich 1 % der Gemeinschaft beteiligt sich aktiv an der Diskussion, lädt eigenen, selbst generierten Content (macht Fotos, dreht Videos, erstellt weitere Inhalte) auf die Plattform hoch und sorgt so für weitere Impulse und Diskussionen innerhalb der Gruppe (Abbildung 2.6). Eben diese Gruppe ist für Sie interessant zu ermitteln. Wenn der Anteil an diesen hochaktiven Usern auf Ihrer Seite zu klein sein sollte, sie aber einen Foto-Contest geplant haben, könnte es schwierig werden, ein erfolgreiches Projekt einzufahren.

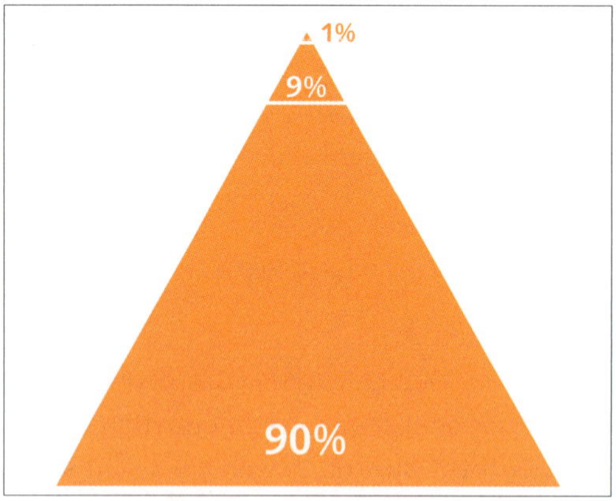

Abbildung 2.6 Der aktivste User (1 %) ist nur die Spitze des Eisbergs – 90-9-1 Regel nach Jakob Nielsen.

Aber nicht nur der Grad der Useraktivität bestimmt den Typ eines Users. Wie schon weiter vorne angerissen, sind auf Facebook schon lange nicht mehr nur Freunde und deren Freundesfreunde miteinander verknüpft. Immer mehr Mitglieder fügen Kontakte zu ihrem Profil hinzu, die mit einem Freund im klassischen Sinn nicht mehr viel gemeinsam haben. Dieser Wandel führt dazu, dass die Community nicht nur stetig Zuwachs bekommt, sondern dass auch immer mehr und unterschiedlichere Nutzertypen hinzukommen und die homogene Masse immer heterogener wird. Gerade für Ihre spätere Planung hinsichtlich der Entwicklung einer Facebook-Strategie ist es wichtig, eben diese unterschiedlichen Nutzergruppen bzw. das Wissen über ihre Existenz im Hinterkopf zu haben.

Die Unterschiede beginnen bereits beim Alter. Lange Zeit galt die Community als Hort der Jugendlichen und jungen Nutzergruppen. Ältere Zeitgenossen waren kaum vertreten und somit auch nicht weiter relevant. Angesprochen wurden hauptsächlich nur User, die sich in dem Altersrahmen zwischen 14 und 35 Jahre bewegten. Dementsprechend hat sich auch die Art der Tonalität, die Sprache und die generelle Ansprache entwickelt und angepasst. Was passiert aber, wenn Ihre Kunden überwiegend der Generation 50+ angehören? Ist dann das Siezen auf Facebook wieder ein Ausdruck guten Benehmens und ein Muss in der Ansprache? Ein altehrwürdiges Unternehmen wie Siemens siezt seine Kunden auf Facebook (Abbildung 2.7). Ob das Siezen auf der Unternehmenspolitik beruht oder ob die Zeichen der Zeit erkannt wurden, sei jetzt mal dahingestellt. Festzuhalten bleibt aber: Künftig möchten sich vielleicht nicht alle Fans auf Facebook pauschal duzen lassen.

Abbildung 2.7 Siemens Home Deutschland siezt seine Kunden und Fans.

Jugendliche und junge Erwachsene machen den größten Anteil an Usern in Facebook aus. In Deutschland gilt diese Alterspanne bereits als nahezu gesättigt. Die großen Zuwächse sind nur noch durch andere Gruppen zu erzielen: die älteren Generationen. Längst gehören die Nutzer der »Best Ager« und »Silver Surfer« zu den Facebook-Mitgliedern, die der Community die meisten Zuwächse bescheren. Der kontinuierliche Zuwachs entwickelt sich analog zur generellen Entwicklung der älteren Onliner in Deutschland. Laut der ARD/ZDF-Onlinestudie 2011 stieg der

Anteil der Internutzer unter den 40- bis 59-Jährigen von 18,5 Mio. in 2010 auf 20 Mio. Die ab 60-Jährigen in Deutschland stiegen auf die Anzahl von 7 Mio. Menschen. An dem stetig steigenden Zulauf an Nutzern, die den Schritt ins Netz wagen, profitiert auch Facebook. Im Januar 2012 sah die Altersverteilung deutscher Facebook-User demnach so aus, wie in Abbildung 2.8.

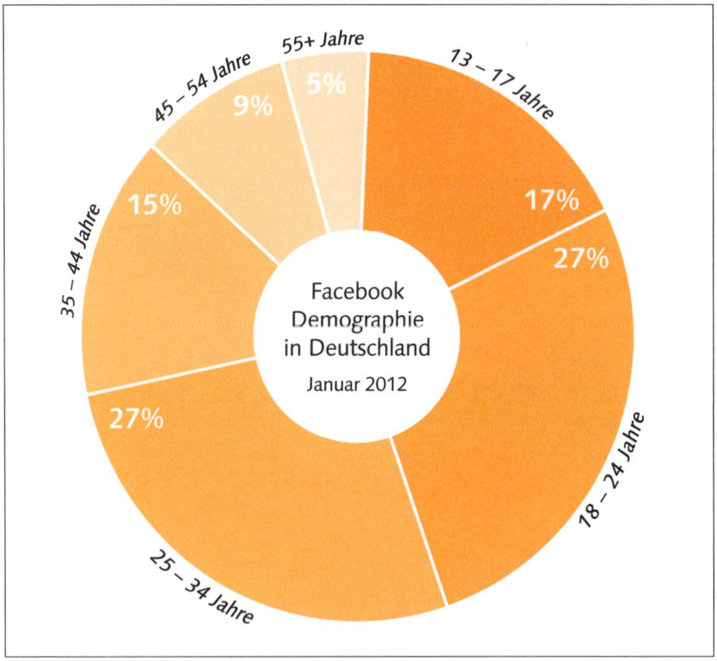

Abbildung 2.8 Altersverteilung deutscher Facebook-Nutzer im Januar 2012 (laut allfacebook.de)

Alle sind dabei – von jung bis (sehr) alt

In den USA, die als Facebook-Trendbarometer gelten, lässt sich die künftige Relevanz der »Älteren« jetzt schon sehr gut aufzeigen. AllAssistedLivingHomes.com hat im Jahr 2010 eine Studie veröffentlicht, die den künftigen Trend untermauert. Der Anteil der Senior Citizens steigt schon über mehrere Jahre rasant an. Im Jahr 2008 lag der Anteil dieser Gruppe noch bei lediglich 1,2 %, im darauffolgenden Jahr bereits bei 2,3 % und 2010 machte er beachtliche 11 % des Facebook-Kuchens aus. Das entspricht zum damaligen Zeitpunkt knapp 15 Mio. 50+-Menschen (bei ca. 134 Mio. US-Nutzern).

Die älteste Facebook-Nutzerin (Stand 2010) heißt übrigens Anne D. Krum, ist Künstlerin und hat neben unzähligen Facebook-Fanseiten auch ihre eigene Facebook-Gruppe (Abbildung 2.9).

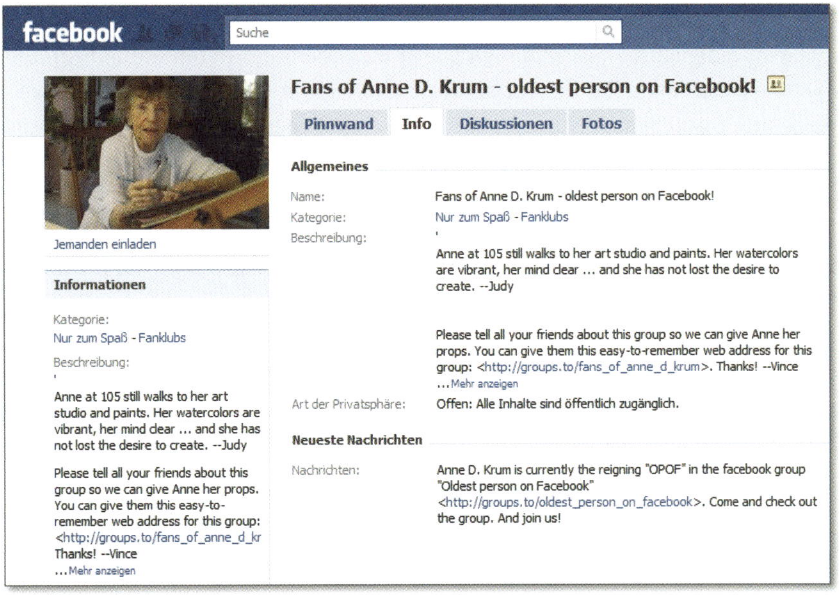

Abbildung 2.9 Anne D. Krum – oldest person on Facebook

Wie alt Ihre Facebook-Nutzer sind und woher sie kommen, spielt nicht nur für die eigentliche Ansprache eine Rolle, sondern ist im weiteren Verlauf auch für die Entwicklung Ihrer Facebook-Strategie und für die Einbindung von Facebook Ads (siehe Kapitel 8, »Einsatz von Facebook Ads«) von großer Relevanz. Deshalb sollten Sie sich jetzt schon im Vorfeld aller Marketingpläne und Maßnahmen genau überlegen, wer Ihre Kunden sind bzw. welche potenziellen Fans Sie ansprechen möchten. Natürlich hat sich mit Facebook Ihre Kundschaft nicht verändert, aber vielleicht deren Verhaltensmuster. Vielleicht ist *F-Commerce* ein Instrument, das interessant für Sie und Ihre Kunden ist.

Gut zu wissen: Was ist F-Commerce?

Der Begriff steht für Facebook-Commerce und ist ein Bereich, der noch in den Kinderschuhen steckt. Es handelt sich dabei um Onlineshopping direkt innerhalb des Facebook-Netzwerks. Bereits heute ist es Ihnen möglich, Ihren Kunden auf der eigenen Facebook-Seite Produkte zum Kauf anzubieten. Dies ist jedoch nur mit einer Applikation möglich. Oracle (in Nordamerika) hat ermittelt, dass F-Commerce in den USA entweder von den Marken selbst nicht angeboten oder von den Usern bislang misstrauisch beäugt wird. 9 % der Amerikaner haben bislang Produkte auf Facebook gekauft. 10 % würden Produkte kaufen und 15 % haben von dieser Möglichkeit gar nichts gewusst. Auch wenn 34 % der User angaben, dass Sie sich nicht vorstellen können, dass sie je im Netzwerk einkaufen werden, werden F-Commerce dennoch goldene Zeiten vorausgesagt.

2.1.3 Unterschiedliche Interessenseiten

Facebook ist lediglich eine Ansammlung von Freunden und deren Freundesfreunden? Nein – diese Phase hat die Community schon längst hinter sich gelassen. Welche Angebote und Dienstleistungen Sie und Ihr Unternehmen auch anbieten, mit sehr großer Sicherheit finden Sie Rezipienten und Fans in der Community, die nur darauf warten, dass Sie auf Facebook aktiv werden. Oder Ihre Kunden denken bereits, dass Sie im Netzwerk aktiv sind, dabei betreibt eine fremde Person eine Seite zu Ihrem Unternehmen auf Facebook (siehe hierzu Abschnitt 6.1.2, »Ist Ihr Unternehmen bereits auf Facebook vertreten?«).

Interessen bestimmen die künftigen Empfehlungen

Sehr viele unterschiedliche Interessengruppen nutzen Facebook bereits als ein zentrales Element, um ihren Zuhörern und neuen Interessenten eine Plattform zu bieten, auf der sie sich »treffen« und austauschen können (Abbildung 2.10):

Abbildung 2.10 Für jedes Interesse die passende Seite (frei zusammengestellte Auswahl)

- Markenhersteller
- Stars und Sternchen
- Lebensmittel-/Genussmittelproduzenten

- Medienformate unterschiedlichster Couleur
- Getränkeproduzenten
- Sportler
- Verbände
- NGOs (Nongovernmental Organizations)
- lokale Unternehmen und Geschäfte
- Restaurants und Bars

Profitieren Sie von der authentischen Kraft von »echten« Fanseiten! Nicht nur Unternehmen, Verbände und Organisationen haben sich bereits in Facebook niedergelassen. Oft gibt es schon allein zu bloßen »Objekten« und Interessen eigene Seiten. Diese Seiten werden auch für Unternehmen und Firmen immer interessanter, und zwar aus den folgenden Gründen:

- Sie verfügen (oft) über eine sehr große Anzahl von Fans.
- Die Mitglieder dieser Seiten sind 100 %ige Fans des jeweiligen Objekts oder stehen hinter der Überzeugung der Interessenseite.
- Die User sind meist hochkommunikativ, weil sie sich mit dem Thema bestens auskennen und/oder eine besondere Passion dafür hegen.
- Sie sind unabhängig und somit sehr authentisch.

Für Kaffeemarken, ob nun Hersteller von Kaffeemaschinen oder Kaffeeproduzenten, ist eine unabhängige Kaffeeseite, wie in Abbildung 2.11 abgebildet, ein sehr attraktiver und potenzieller Partner für Kooperationen (inklusive gegenseitiger Facebook-Seiten-Verlinkungen). Das bedeutet nun nicht, dass Sie als Marke eine »generische« Seite zu einem Thema erstellen sollen. Diese werden nicht selten von Facebook selbst in Community-Seiten umgewandelt, was zur Folge hat, dass der Ersteller der Seite alle Administrationsrechte verliert. Vielmehr geht es darum, mit den Betreibern einer dieser Seiten in Kontakt zu treten, um künftig Fans beider Seiten einmalige oder immer wiederkehrende Aktionen anzubieten. Sie sollten aber bedenken, dass die Mitglieder von Interessenseiten häufig sehr sensibel auf die Einmischung von Marken reagieren. Beide Seitenbetreiber sollten daher sehr genau prüfen, welche Maßnahmen getroffen werden und ob die Idee tatsächlich auf die Bedürfnisse der User abzielt.

Nicht zuletzt werden die Interessen eines jeden Users auf Facebook für das Marketing dahingehend interessant, weil so besser auf seine Bedürfnisse eingegangen werden kann. Mit der Einbettung des Open-Graph-Protokolls von Facebook werden interessenbezogene Angebote individuell einstellbar sein.

Abbildung 2.11 Die Fanseite »Kaffee« hat zu dem Zeitpunkt über 200.000 Mitglieder. Senseo Deutschland freut das.

Gut zu wissen: Strategische Nutzung von Interessenseiten

Recherchieren Sie in Facebook, ob das Thema Ihres Unternehmens bereits in Form einer (freien) Interessenseite vertreten ist. Falls dem so ist, versuchen Sie, herauszufinden, wer der Inhaber ist. Diese Angaben stehen entweder direkt auf der Seite unter SEITENINHABER, oder die Kontaktmöglichkeiten befinden sich im Bereich INFO. Häufig geben sich die Inhaber jedoch nicht öffentlich zu erkennen. In diesem Fall hilft meist nur die direkte Anfrage über die Pinnwand. Achtung: Hier kann jeder alles sehen! Aus diesem Grund ist es sinnvoll, die Kontaktdaten anzufragen. Wird Ihnen im Anschluss die E-Mail-Adresse genannt oder eine E-Mail zugeschickt, erfolgt die eigentliche Anfrage. Fragen Sie hinsichtlich einer gemeinsamen Kooperation an, die nicht nur Ihrem Unternehmen dienlich ist (beispielsweise mehr Fans von der Interessenseite auf Ihre zu lotsen), sondern auch dem Seiteninhaber und seinen Mitgliedern einen echten Mehrwert bietet. Nur mit einer Partnerschaft auf gleicher Augenhöhe ist eine strategische und erfolgreiche Kooperation möglich.

2.1.4 Unterschiedlicher Umgang mit der eigenen Selbstdarstellung

Haben Sie heute auch den Tag damit begonnen, dass Sie Ihren Freunden und Bekannten auf Facebook einen »Guten Morgen« gewünscht haben? Nein? Keine Angst, auch wenn Sie nicht bereits morgens die Community über Ihr Dasein informieren, so ist doch alles in Ordnung mit Ihnen. Nicht jeder User auf Facebook ist oder muss ein Showmaster sein. Wie schon bei den unterschiedlichen Nutzertypen angesprochen, ist der Großteil der Mitglieder eher in die »Schublade« der stummen Zuschauer einzuordnen. Sie kommentieren hin und wieder und bewerten Beiträge ab und an mit einem »Gefällt mir«.

Das Social Web hat eine neue Form der Kommunikation hervorgebracht, die stark auf den öffentlichen Diskurs ausgelegt ist. Via Statusmeldungen kommunizieren User, was gerade los ist, wieso er oder sie gerade gut oder schlecht drauf ist und machen das alltägliche Leben zunehmend transparenter. Diese Art des Austauschs sorgt dafür, dass einer Interaktion meist direkt eine Reaktion anderer folgt. So erhält der User ein unmittelbares Feedback von seinen Freunden auf seine Meldung, und dabei kann keine Reaktion niederschmetternder sein, als eine negative Kritik. Diese Entwicklung führt besonders in der jüngeren Generation, also bei Usern, die mit den Instrumenten der digitalen Welt automatisch aufwachsen, zu einem Wettlauf mit der Statusmeldung. Der ständige Blick auf Facebook, um zu checken, wie viele User einem selbst die Aufmerksamkeit in Form von Kommentaren und »Gefällt mir« geschenkt haben, wird ein intensiver Zeitvertreib. Die eigene Statuszeile wird zum Entscheider über den eigenen Status in der Community.

Abbildung 2.12 Social-Media-Influencer »HerrTutorial«

Das Marketing entdeckt die Selbstdarsteller

Viele, sehr viele Menschen machen eben dieses: über ihr Leben kommunizieren und ihre Kontakte darüber informieren, was sie wann wo unternommen haben oder noch vorhaben. Das Zeitalter der neuen Medien ist das Zeitalter für alle Selbstdarsteller und Extrovertierten. Noch nie war es so einfach, sich selbst in Szene zu setzen und andere daran teilhaben zu lassen.

Längst hat sich daraus eine Art Verhaltensmuster »social« entwickelt, das besonders von den heutigen Kids und Jugendlichen exzessiv ausgelebt wird. Die besonders

Aktiven unter ihnen werden im Marketing die *Social-Media-Influencer* genannt (Abbildung 2.12). Dabei handelt es sich um junge User (Digital Natives & Millenials), die neben Facebook auch weitere Kommunikationskanäle wie Twitter, YouTube und Blogs nutzen und einen Großteil ihres Alltags vor der Webcam und auf den genannten Seiten verbringen. Hierbei spielt Facebook eine maßgebliche und wichtige Rolle, da es alle weiteren Performance-Seiten bündelt. Die marketingrelevanten Influencer machen ihr Leben und ihre Leidenschaft für ein bestimmtes Thema zum Mittelpunkt der Community. Wenn das eigene Facebook-Profil nicht mehr ausreicht (das »Freunde«-Limit liegt bei 5.000 Kontakten), wird kurzerhand eine eigene Facebook-Seite erstellt, über die die Tausenden Fans auf dem Laufenden gehalten und unterhalten werden (siehe Abbildung 2.13). Manche Influencer sind mittlerweile so erfolgreich in dem, was sie tun, dass sie fünf- bis sechsstellige Abonnentenzahlen auf YouTube aufweisen und mehr Fans auf Facebook horten, als manch ein erfolgreiches Unternehmen.

Abbildung 2.13 Social-Media-Influencer »Wohnprinz«

Marketingentscheider und Agenturen haben diese jungen User häufig bereits fest im Fokus ihrer Planungen und Maßnahmen. Dabei geht es darum, die relevanten Social-Media-Influencer für die eigene Unternehmung zu recherchieren und sie für eine Zusammenarbeit zu gewinnen.

2.2 Von meiner realen »Hood« zu meinem digitalen Lebensraum

2 Mrd. Internetuser bevölkerten im Sommer 2011 die Erde (laut *spiegel.de/lexikon*), wovon mehr als 800 Mio. unter anderem auch auf Facebook beheimatet sind. Da muss man selbst kein Nostradamus sein, um zu ahnen, dass diese Entwicklung völlig neue Formen des Zusammenlebens entstehen lassen, die auch Ihr Marketing stark beeinflussen werden (siehe auch Kapitel 3, »Unternehmenskommunikation im radikalen Wandel«). Der Prozess in den letzten Jahren konstruierte neue Umgangs- und Ausdrucksformen, bündelte viele Meinungen zu einer Stimme, die vor großen Konzernen, Organisationen und selbst mächtigen Staaten nicht Halt macht.

Abbildung 2.14 Facebook-Statusupdate

2.2.1 Gespräche auf der Straße weichen der Facebook-Kommunikation

Bis zu drei Stunden täglich in Facebook

»Was machst Du gerade?« – mit dieser Frage wurde Facebook groß und machte im weiteren Verlauf die Mitglieder und deren Meldungen erst interessant für Unternehmen und das Marketing (Abbildung 2.14). Die tägliche Verweildauer im Internet nimmt seit dem Start der kommerziellen Nutzung stetig zu und verteilte sich im Jahr 2011 folgendermaßen auf die Altersgruppen (ARD/ZDF-Onlinestudie 2011):

- 14 bis 29 Jahre: 168 Minuten
- 30 bis 49 Jahre: 138 Minuten
- ab 50 Jahre: 103 Minuten

Spiegelt das auch die Verweildauer in Facebook wieder? Und was hat das für einen Einfluss auf die Kommunikation und das Marketing?

Eine von gplusmarketing.de im Juli 2011 durchgeführte Befragung ermittelte, dass 40 % der deutschen Befragten täglich über zwei Stunden auf Facebook aktiv sind. 12,8 % bringen es auf bis zu zwei Stunden und 25,5 % bzw. 21,3 % sind 30 bis 60 Minuten oder weniger als eine halbe Stunde täglich in der Community aktiv.

Alle diese Zahlen zeigen in die eine Richtung – Facebook ist für viele bereits jetzt ein zweites Wohnzimmer geworden. Dieser neue »Ort der Begegnung« löst immer häufiger reale Treffpunkte ab. Erfolge und Probleme des Alltags werden immer häufiger mal gefiltert, mal ungefiltert an die Freundes- und Listenkreise in Facebook weitergetragen und zur Diskussion gestellt.

Abbildung 2.15 *www.youtube.com/user/BreakOriginals* nimmt in dem Video »I Just Texted to Say I Love You« die neuen Eigenarten der Kommunikation auf die Schippe. Schauen Sie sich das Video via QR-Code-Nutzung an

Die Entwicklung von Facebook zum virtuellen Wohnzimmer hat folgende Gründe:

- **Große Menschenansammlungen führen zu noch größeren Menschenansammlungen**
  Zum einen führt die große Zahl (deutscher) Mitglieder bereits jetzt dazu, dass unter den Jugendlichen nahezu jeder auf Facebook aktiv ist. Im Sommer 2011 war rechnerisch jeder vierte Deutsche bereits im Netzwerk eingeloggt und mit seinen Freunden, Bekannten und Facebook-Seiten unterschiedlichster Art verknüpft.
- **Nur hier! Nichts verpassen wollen**
  In einer Zeit, in der das Gut »Information« immer kostbarer zu werden scheint, ist die Notwendigkeit, sich an »einem Ort« mit hohem Informationsaufkommen zu befinden, für viele Menschen ein wichtiges Bedürfnis. Da die Informationen auf Facebook über den Newsfeed kontinuierlich aktualisiert werden, ist ein stetiger Strom an Aktualitäten gewährleistet, die für einen längeren Verbleib auf der Seite sorgen. Daher werden beispielsweise Details zu einer Veranstaltung oder einer Party häufig nur noch über das Netzwerk und die Funktion »Facebook Veranstaltung« kommuniziert. Wenn das Event vom Gastgeber nicht als öffentlich freigeschaltet wird, dann könnte es sein, dass das Facebook-Nichtmitglied vor einer verschlossenen Tür steht.

Facebook soll unterstützen und nicht ersetzen

Die unterschiedlichen Instrumente auf Facebook sollen Ihnen dazu dienen, Ihre Marketingbestrebungen zu unterstützen und zu optimieren. Trotz der rasanten Entwicklung hinsichtlich der Kommunikation wird es Ihrem Kunden weiterhin gefallen, wenn Sie sich mit ihm real austauschen.

Beispiel: »Tag der offenen Tür«

Sie veranstalten für Ihre Kunden an einem Samstag einen »Tag der offenen Tür«. Ziel ist es, Ihren Kunden das Unternehmen und neue Produkte vorzustellen. Diese klassische Art der Kundenbindung ist eben deshalb so erfolgreich, weil sie mit den Kunden direkt in Kontakt steht. Um das Event zu optimieren, kann Facebook mit diversen Instrumenten helfen (wie z. B. Facebook-Seite, Facebook Veranstaltungen, Livestream, Social Plugins etc.). An der realen Durchführung einer solchen Veranstaltung führt jedoch weiterhin kein Weg vorbei, da solche Events von dem echten, analogen Austausch von Mensch zu Mensch leben.

- **Digitalisierung**
  Die eigentliche Digitalisierung macht ein reales Treffen, pragmatisch gesehen, unnötig. Dem User wird auf Facebook mittlerweile alles geboten, was er für ein kommunikatives Zuhause braucht: Freunde, Chat, E-Mails und Videofunktion. Technisch gesehen, steht der Kommunikation zweier Menschen in Facebook nichts mehr im Wege. Nichtsdestotrotz ist Ihr Kunde weiterhin real, und so sollte dieser auch angesprochen werden.
- **Entertainment**
  Eine Community, die nicht für ausreichend Entertainment auf der eigenen Seite sorgt oder zumindest dafür sorgt, dass sie Unterhalter übernehmen, ist nicht lange von Erfolg gekrönt (ein Mitgrund für den Untergang von StudiVZ & Co.). Ob nun »Mafia Wars«, »Glückskeks« oder der populärste Teilnehmer unter den Social Games »Farmville«, die Onlinespiele von externen Teilnehmern haben für einen beträchtlichen Anstieg der Verweildauer auf Facebook gesorgt. Längst haben auch Unternehmen dieses Phänomen registriert und nutzen diesen Verhaltenswandel für die eigene Kommunikation. So greift beispielsweise die Plakatwerbung der Spirituosenmarke Bacardi, »Deine Offline-Freunde vermissen Dich«, dieses Phänomen auf (Abbildung 2.16).

Die Verlagerung der Kommunikation von der Straße in den virtuellen Raum hat nicht zuletzt Folgen für die Menschen, die nicht auf Facebook oder anderen Plattformen sind. Die freie Entscheidung, sich dort nicht zu registrieren und aktiv zu sein, führt schlichtweg dazu, dass diese Gruppe außen vor bleibt und somit, da sie an der Kommunikation im virtuellen Wohnzimmer nicht teilnimmt, Informationen nicht erhält.

Abbildung 2.16 Bacardi sagt den digitalen Wohnzimmern den Kampf an (München Hauptbahnhof, Werbeplakat, Juli 2011).

2.2.2 Themen & Gespräche in Facebook

In der blauen Social Community ist jedes Thema ein Thema und wird zum Gespräch gemacht? Pauschal gesehen, findet jedes Thema auf Facebook statt. Ob nun Themen zur politischen Lage, Updates zu Stars und Sternchen, wissenschaftliche Arbeiten oder alltägliche Freuden und Sorgen, alles wird besprochen und kommentiert.

Trotzdem gibt es Themenbereiche, die besonders häufig die Aufmerksamkeit der User auf Facebook erregen. Die weltweite Studienreihe WAVE (von Universal McCann) hat 2010 in ihrem Report »The Socialisation of Brands« die häufigsten Themen-Cluster in Social Communitys ermittelt. Auf die Frage, zu welchen Themengebieten die User am meisten interagieren, gaben sie an:

- Gesundheit (»Health«), 75 %
- Filme (»Movies«), 74 %
- Musik (»Music«), 73 %
- Reisen (»Travel«), 71 %
- Telekommunikation (»Telecoms«), 71 %
- Software, 71 %
- Essen (»Food«), 70 %
- Finanzen (»Finance«), 67 %
- Auto (»Cars«), 63 %

Hierbei handelt es sich zwar um internationale Angaben, die neben der Befragung von Facebook-Nutzern auch auf der von Nutzern anderer Social Networks (Orkut, VZ, Bebo etc.) als Quelle beruhen, jedoch geben sie einen guten Überblick über die attraktivsten Themen, die in Communitys besprochen werden.

Kein Unterschied zum »echten« Leben

»Hat jemand einen Tipp für ...?«, »Was kostet eine ..., wenn ich sie im .... kaufe?« oder »Habt ihr Erfahrungen mit dem Produkt .... von ....?« Diese und viele andere Anfragen stellen User tagtäglich ihren Freunden (Abbildung 2.17) oder posten die Frage direkt auf der jeweiligen Facebook-Seite des Unternehmens.

Abbildung 2.17 Eine von Hunderten von Facebook-Anfragen täglich

Wenn man sich explizit den Bereich »produktrelevante Themen« anschaut, dann zeigt sich schnell, dass die Onlinegespräche den Offlinedialogen sehr ähneln. eMarketer hat in einer US-Studie im Juli 2011 herausgefunden, dass sich 59 % der Facebook-User über Preise zu unterschiedlichen Produkten austauschen und diese miteinander vergleichen. Knapp gefolgt, mit 56 %, werden Konversationen über Sonderangebote und Rabatte geführt. Ungefragt Feedback über Händler und Unternehmen zu geben, ist für 53 % der Mitglieder wichtig. Zunehmend entwickelt sich Facebook aber auch zu einer Art Kundenservice-Portal. Das liegt zuletzt auch daran, dass bereits knapp zwei Drittel der digitalen Bewohner diesen Weg des Kundenservices bevorzugen.

2.2.3 Arten der Kommunikation – Fotos, Videos, Links, Apps ...

Die Zeiten sind schon lange vorbei, in denen mit »miteinander kommunizieren« ausschließlich der verbale oder textbasierte Austausch gemeint war. Die Kommunikation im Netz kennt die unterschiedlichen Formen der Meinungsübermittlung. Wie in der klassischen Werbewelt ist die Redewendung aus dem Jahr 1921 »ein Bild sagt mehr als tausend Worte« aktueller denn je.

Alle Arten der Kommunikation für die Ansprache nutzen

Das (Bewegt)Bild ist eines der wichtigsten und effektivsten Instrumente im Social Web. Keine andere Art der Kommunikation erreicht Ihre Kunden schneller als der visuelle Reiz. Umso wichtiger ist es, diese Reize gekonnt und wirksam zu nutzen. Neben dem Einsatz von Fotos und Videos bekommen die User Instrumente an die Hand, mit denen sie auf Facebook kommunizieren:

- Einsatz von Facebook-Apps (z. B. Abbildung 2.18)

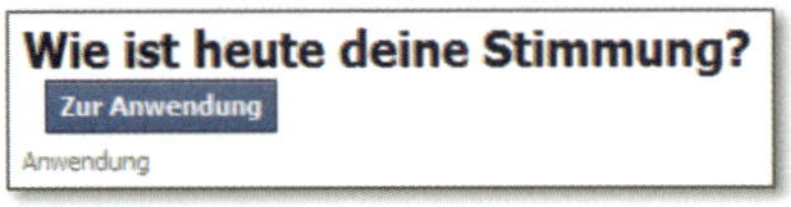

Abbildung 2.18 Kommunizieren der eigenen Stimmung via Faceboook-App

- Ausdruck der Meinung via Link-Posting
  - zu Video oder Fotos
  - zu Onlineartikeln und Blogbeiträgen
  - zu anderen Content-Formen (Tweets etc.)
- Nutzung der Statusleiste
  - mit eingebetteter Verlinkung zu einer anderen Facebook-Seite oder einem anderen Profil (via @-Funktion)
- Erstellung von Facebook-Seiten oder Beitritt zu diesen (z. B. Abbildung 2.19)

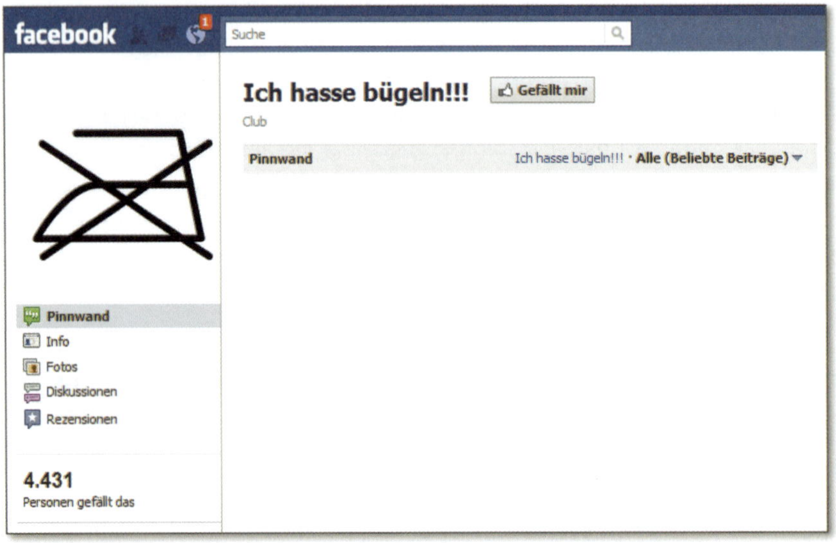

Abbildung 2.19 Meinungsäußerung durch individuelle Themenseiten

Gerade solche Arten von Seiten können Unternehmen und deren Marketingabteilungen zum Verhängnis werden. Marken, die sich um die Bedürfnisse ihrer Kunden nicht ausreichend gekümmert und diese vergrault haben, können unter Umständen Opfer von unangenehmen Themen- und Anti-Seiten werden (siehe dazu auch Abschnitt 12.1, »Wann ist eine Krise eine Krise?«).

2.3 Status-Update – die Veränderung der Sprache

Die Updates via Statusmeldung von Usern sind zu einem wichtigen Instrument der modernen Gesellschaft geworden. Mit Hilfe der Statusmeldung artikulieren die Mitglieder des Netzwerks ihre Bedürfnisse.

2.3.1 Die dritte Person, Kürzel und andere Kuriositäten

Wäre es den Menschen aus dem Mittelalter möglich, in die Zukunft zu reisen, dann müssten sie in unserer heutigen Zeit den Eindruck haben, dass unsere Welt voller Könige, Prinzessinnen und anderer hochrangiger Adelsträger ist. Wie sonst ließe sich erklären, dass in Facebook die meisten Nutzer in der dritten Person über sich sprechen (Abbildung 2.20)? Selbstverständlich ist dem nicht so, aber mit dem Einzug der neuen Medien hat sich auch eine neue Form des kommunikativen Umgangs miteinander entwickelt.

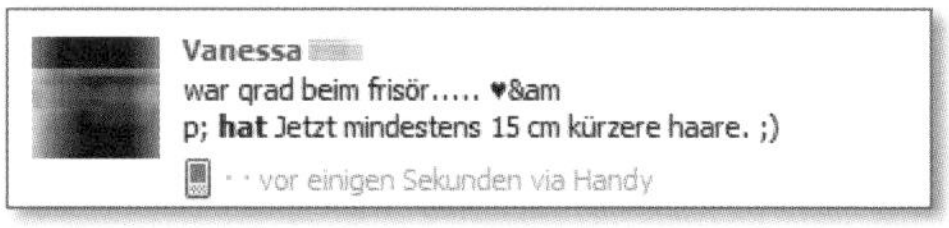

Abbildung 2.20 ... schreibt eine Statusmeldung.

Durch die vorangegangene Ära der kurz gehaltenen SMS-Nachrichten (damals waren einzelne Textmeldungen auf 160 Zeichen limitiert) und dem rasanten Tempo von Chat-Konversationen gilt seit jeher die Devise: je kürzer, desto besser. Das führte zum Teil zu sehr verkürzten Nachrichten wie dem folgenden Beispiel »LuauKi? wasA vd«. Erraten Sie die Bedeutung? Dann sind Sie für die neuen Sprachanforderungen bestens gewappnet. Die Lösung für die Meldung lautet: »Lust auf Kino? Warte auf schnelle Antwort. Vermisse dich.«

Die extreme Verkürzung von Worten und Redewendungen macht es einen Laien nicht immer ganz einfach, nachzuvollziehen, was sein Gegenüber im virtuellen Raum tatsächlich meint. Mittlerweile gibt es eine Fülle von Akronymen – manche von ihnen werden bereits von der breiten »Userschaft« verstanden, andere hingegen verändern sich stetig weiter oder werden durch andere ersetzt.

Eine vollständige und aktualisierte Liste finden Sie im Internet unter der folgenden URL und macht Sie zu einem wahren Kundenversteher – egal in welchen Abkürzungen sie zu Ihnen sprechen:

http://de.wikipedia.org/wiki/Liste_der_Abk%C3 %BCrzungen_(Netzjargon)

Gut zu wissen: Was hat das # in manchen Statusmeldungen zu bedeuten?

Eine weitere Kuriosität ist Ihnen vielleicht auch schon begegnet. Es handelt sich um das folgende Symbol: #

Die Raute ist quasi eine Übersprunghandlung des Microblogging-Anbieters Twitter. Mit diesem Zeichen werden besonders wichtige Schlagworte innerhalb einer Meldung (Tweet) markiert und so für andere User besser auffindbar gemacht. Da viele Facebook-Nutzer auch auf Twitter aktiv sind und beide Communitys oftmals miteinander verbinden, kommt es hin und wieder vor, dass sich ein # auch in die Facebook-Gemeinschaft verirrt. Dieses Symbol ist jedoch für das Netzwerk komplett nutzlos und erleichtert innerhalb der Community auch nicht die Suche. Das Zeichen signalisiert ihnen bestenfalls, dass der Verwender auch auf Twitter aktiv ist.

2.3.2 Status – Unternehmen nutzen die »Bedürfnis-Ist-Situation«

Wenn Sie auf Facebook sind, dann machen Sie es vielleicht gelegentlich. Ihre Facebook-Freunde und -Bekannten vermutlich auch und ein Großteil Ihrer Kunden lassen sich mit Sicherheit auch dazu verleiten. Die Rede ist von der Aktualisierung der eigenen Ist-Situationen auf Facebook: der Statusmeldung.

Anfangs nur als einfaches Kommentarfeld ins Leben gerufen und im weiteren Verlauf (unter anderem durch den plötzlichen Erfolg von Twitter) zur Funktion »Meine aktuelle Lage« entwickelt, bietet die Statusmeldung jedem User auf Facebook die Möglichkeit, sich so transparent wie nur möglich zu präsentieren. Die einen nutzen die Meldung zum Erfragen von Tipps, die anderen, um aktuellen Gefühlen freien Lauf zu lassen und wieder andere lieben es einfach, andere mit subjektiven Neuigkeiten und Infos zu unterhalten. Hunderte Millionen Mitglieder weltweit artikulieren so ihre Bedürfnisse, Wünsche und/oder aktuelle Stimmungslage (meist unter Angaben, wieso sie sich gerade so fühlen, wie sie sich fühlen).

Es stellt sich jedoch die Frage – wieso das Ganze? Wie kommt es, dass so viele User Informationen von sich in Facebook preisgeben, die sie auf einem »gewöhnlichen« und realen Marktplatz vermutlich nicht aussprechen würden? Wenn Unternehmen und Firmen in Facebook starten, sollten sie vorab verstehen lernen, wie der User denkt und was seine Beweggründe für sein Verhalten sind.

Drei Faktoren scheinen hier gleichzeitig Einfluss zu nehmen:

- **Die Stellung von Facebook als ein gesellschaftlicher (Lebens)Raum**
  Wie bereits weiter vorne im Buch erwähnt, hat sich die Social Community mittlerweile zu einer Art zweitem Wohnzimmer entwickelt. Dieser virtuelle Lebensraum ist der Dreh- und Angelpunkt des Tages. Er informiert, unterhält, verbindet und lässt die Grenzen zwischen privatem und beruflichem Leben verschwimmen. Tabus, die im realen Leben für gewöhnlich versteckt bleiben, scheinen im digitalen Raum plötzlich gar nicht mehr so »schlimm« zu sein und werden via Statusmeldung an die Facebook-Kontakte kommuniziert. Über diese »verkürzte Distanz« transferieren die User Glück, Freude, Ärger, Wut und andere Stimmungen ins Netz – ganz wie im realen Offlineleben (Abbildung 2.21). Trotz alldem wähnen sich viele Facebook-Nutzer in Sicherheit und Anonymität, was dafür sorgt, dass Themen öffentlich gemacht und diskutiert werden.

Abbildung 2.21 Persönliche Stimmungslagen werden öffentlich zum Thema gemacht.

- **Einsam und doch nicht allein (die Infrastruktur des Netzes)**
  Nahezu jeder verfügt über Netz (sei es via Smartphone, Laptop oder stationär zuhause). Die Kommunikationsströme und Kanäle sind zahlreich und werden mit einem zunehmenden Traffic immer intensiver genutzt. Plattformbetreiber optimieren stetig die Kompatibilität ihrer Dienste mit denen der anderen Anbieter. Sie öffnen sich Facebook und Co. und »embedden« deren Codes auf ihre Seite. Ob nun auf einer Nachrichtenseite, auf einem Blog oder in einer Community – der einsame User ist nie ohne seine Freunde und Bekannte unterwegs. Mit einem »Gefällt mir« oder einem Kommentar zeigt er seinen Leuten in der Community, wo er ist, was er macht und was er davon hält. Diese Aktivitäten müssen mittlerweile nicht mal mehr nur innerhalb der Facebook-Community vonstatten gehen. Immer mehr externe Websitebetreiber integrieren Facebook Social Plugins und führen den »einsamen« User zu seiner Gemeinschaft zurück, da sie alle sein Treiben im Newsfeed nachverfolgen können.

- **Auf Facebook sind alle gleich**
  »Wer liest denn schon meinen Facebook-Status.« Im Netz herrscht trotz der Transparenz scheinbar eine sichere und anonyme Zone, die User dazu verleitet, Dinge zu sagen und zu tun, die sie mit großer Wahrscheinlichkeit im »wahren« Leben so nicht tun würden.

Die Wahrnehmung und das Verhalten vom »Mensch im Internet« hat sich in den letzten Jahren stark verändert. Wo es noch vor gar nicht so langer Zeit als hochgradig riskant angesehen wurde, seine Handynummer oder Bankdaten anzugeben, sind das längst alltägliche Prozesse. Die neue Freiheit eröffnet auch für Unternehmen eine völlig neue Art der Useransprache.

Es gibt viele unterschiedliche Formen, um mit dem Facebook-User in Kontakt zu treten. Die einen gehen es »klassisch« an und sprechen die Mitglieder über eine Facebook-Seite an, die anderen Unternehmen erhoffen sich die begehrte Aufmerksamkeit durch Facebook-Applikationen. Ein weitere Variante kann aber auch sein, den potenziellen Kunden und Fan mit der elementarsten aller Facebook-Funktionen zu erreichen – nämlich der eigenen Statusmeldung. Wie das beispielsweise funktionieren kann, zeigt ein interessanter Fall aus den USA. Die *Susan G. Komen Foundation*, eine US-Organisation, die sich für die Bekämpfung von Brustkrebs einsetzt, hatte einen Kettenbrief an ihre Mitglieder verschickt und dazu aufgerufen, dass alle Frauen die Farbe ihres BHs in Facebook als Status posten sollten. Das Ziel war es, einfach, unaufdringlich und seriös auf das Thema Brustkrebs aufmerksam zu machen. Der Erfolg hat nicht lange auf sich warten lassen: Tausende Frauen teilten in den kommenden Tagen und Wochen mit, welche BH-Farbe sie gerade trugen (Abbildung 2.22). Bald darauf berichteten unzählige Medien unterschiedlichster Ausrichtung und Genres weltweit über diese Aktion. Vor noch ein paar Jahren wäre diese Kampagne undenkbar gewesen. Einen Beitrag zur medialen Erfolgsgeschichte können Sie hier anschauen: *http://www.youtube.com/watch?v=vkqE1TW7flkbe*

Abbildung 2.22 User verraten mit Statusmeldungen Intimitäten für einen guten Zweck.

3 Unternehmenskommunikation im radikalen Wandel

Da bleibt kein Stein auf dem anderen. Der Wandel zieht sich durch alle Branchen, Hierarchien und verändert das Verhalten der Kunden. Sie werden von Konsumenten zu Prosumenten. Das Marketing und die Kommunikation müssen sich an die neuen Gegebenheiten anpassen.

Sie werden vermutlich schon vieles über den Paradigmenwechsel in der Unternehmenskommunikation gelesen haben, und auch in diesem Kapitel bleiben Sie leider nicht davon verschont. Schließlich halten Sie dieses Buch in Ihren Händen, weil Sie die Veränderungen bereits erlebt haben oder spüren, dass neue Zeiten auf uns zukommen. Die Unternehmenskommunikation vollzieht einen bis dato radikalen Wandel. Diese Veränderungen betreffen nicht nur Sie als Chef und Entscheider, Ihre Kollegen und Ihre Kunden – der Wandel beginnt bereits bei der Sprache und Haltung im Umgang mit den Konsumenten und Fans. Oder hätten Sie sich noch vor zehn Jahren vorstellen können, dass Sie heute von Ihren Kunden als Fans sprechen? Mit dem kommerziellen Einzug des Internets und dem Start des Informationsaustauschs begann eine neue Zeitrechnung für das Marketing von morgen.

Abbildung 3.1 Auch große Namen können irren (Quelle: WeltKompakt, Seite 3, 02.01.2012).

Entgegen mancher Prognosen ist das Internet aus unserer heutigen Zeit nicht mehr wegzudenken (Abbildung 3.1). Im Januar 2011 verkündete die UN-Organisation für Telekommunikation in Genf die Zahl von über 2 Mrd. Usern weltweit. Eine Masse voller Individuen, die sich im Netz treffen, sich austauschen, einkaufen, planen und nicht selten bereits das gesamte (Offline-)Leben »darin« organisieren. Das Internet hat eine Gesellschaft geschaffen, die nicht spurlos an der Unternehmenskommunikation der Firmen vorbeizieht.

3.1 Das Sender-Empfänger-Modell ist vorbei

In den 1990er Jahren galt das klassische Sender-Empfänger-Prinzip als das erfolgversprechendste Modell, um mit seinen Kunden in Kontakt zu treten. Neuheiten und Kampagnen, verpackt in akribisch formulierten und treffsicheren Botschaften, wurden von Marken an die Kunden und jene, die es noch werden sollten, verbreitet. Für diesen Monolog hielt die damalige Medienlandschaft wenige, aber dafür sehr große Massendistributionskanäle bereit:

- TV
- Print
- Radio

Die »Kommunikation« bestand weniger darin, den Begriff wörtlich zu nehmen, als vielmehr darin, mittels eines professionellen Monologs (TV-Spots, Werbeanzeigen, PR-Maßnahmen) die Markenbotschaften zu streuen. Bis auf wenige Möglichkeiten, wie z. B. Radio Call-ins oder Abdruck von Leserbriefen, waren Feedbackinteraktionen seitens der Rezipienten sehr enge Grenzen gesetzt. Ob nun eine Kampagne für das Unternehmen gut gelaufen war und angenommen wurde, konnte nur durch ein paar wenige Kennzahlen ermittelt werden:

- TV: Einschaltquote
- Print: verbreitete/gedruckte Auflage
- Radio: Zuhörerzahlen

Selbstverständlich waren auch in den 1990er Jahren bereits die ersten Zeitschriftenverlage (Der Spiegel, ab 1994) und Unternehmen im Netz aktiv. Aber ähnlich dem Offlineprinzip war die Einflussnahme von außen (durch die User) kaum möglich. Welche Seite einen User ansprach und wie intensiv sie oder er die Informationen aufgenommen hat, war lediglich durch die Angabe von Visits, Page Impressions und weiteren wenigen Kenngrößen ermittelbar. Weitere Interaktionsmöglichkeiten waren nicht vorgesehen.

3.2 Der Konsument wandelt sich zum Prosumenten

Das Internet ist uns bereits einige Jahre vertraut. Der Grund für den eingangs erwähnten radikalen Wandel lag also nicht nur an der Existenz des Webs als solchem. Erst der Einzug von Plattformen und Funktionen, die es den Nutzern möglich machen, eigene Meinungen und Ansichten beizusteuern, läuteten die neuen Zeiten ein. Das anfänglich auf Monologe beschränkte Internet wandelte sich mehr und mehr zu einem »Raum«, in dem zunehmend diskutiert wurde. Der reine Konsument entwickelte sich zu einem Prosumenten.

Gut zu wissen: Was ist ein »Prosument«?

Der Begriff setzt sich aus den Wörtern Produzent und Konsument zusammen und wird im Zusammenhang mit *User Generated Content* verwendet. Dabei handelt es sich um Internetnutzer, die nicht nur Inhalte aufnehmen (konsumieren), sondern diese auch selbst erstellen und im Netz zur Verfügung stellen. Sie produzieren beispielsweise Videos, in denen sie ihre eigene Haltung zu einem Thema preisgeben, und publizieren diese Clips auf Facebook und YouTube. Manche Prosumenten sind bereits so erfolgreich und beliebt, dass sie den klassischen Medien in professioneller Hinsicht in nichts nachstehen (Abbildung 3.2).

Abbildung 3.2 »Rob Vegas« – ein Prosument bei der Arbeit auf *www.robvegas.de*

Damit Prosumenten eine Stimme bekommen und sie überhaupt Einfluss auf die Kommunikation der Marken nehmen konnten, mussten eine Reihe von Faktoren aufeinandertreffen:

- **Technik**
  Equipment aller Art (Video-, Fotokamera, Aufnahmegerät) wurde digital, leistungsfähiger und für alle erschwinglich im Preis. Qualitativ hochwertige oder zumindest gute Videos und Fotos zu produzieren, setzt heute keine teure Ausrüstung mehr voraus. Weitere Hard- und Software, beispielsweise »iMovie« von Apple, erlauben den Prosumenten viele weitere Möglichkeiten der Videoweiterverarbeitung. Jeder kann sein eigener Produzent werden. Dies bekommen Sie tagtäglich auch auf Facebook demonstriert. User lieben es, Content zu produzieren und diesen auch zu zeigen. Diese Affinität sollten Sie in Ihren Marketingüberlegungen immer mitberücksichtigen.
- **Internet wird schnell**
  Das Internet ist zwar da, aber erst seit dem Ausbau von schnellen Breitbandverbindungen gestaltet sich das Hochladen von Content nicht mehr als eine fast tagesfüllende Aufgabe, sondern erlaubt einen Upload innerhalb weniger Minuten. Diese Schnelligkeit ist zwar sehr komfortabel, birgt aber auch die Gefahr der rasanten Verbreitung von Informationen, die Sie vielleicht gar nicht wünschen. Gerade in Krisenzeiten ist eben diese Schnelligkeit des Internets (Upload, Download, Versand von Daten) ein Herausforderung, die Sie in Ihrem Krisenszenario stets berücksichtigen sollten. Weitere Informationen hierzu finden Sie in Abschnitt 12.3, »Stoppen Sie die Lawine – Prozesse innerhalb des Issue-und Krisenmanagements«.
- **Content-Plattformen, Netzwerke, Blogger**
  Die besten Videostatements haben null Wirkungskraft, wenn diese nirgendwo hochgeladen werden können. Im Jahr 2004 gingen relevante Plattformen an den Start, darunter:
  - **YouTube**
    Der Anbieter ermöglicht es Usern weltweit, ihre selbst gedrehten Videobeiträge auf dem Portal hochzuladen und so anderen Menschen im Netz zu zeigen. Ein bis dahin neuer Service, der dazu noch komplett gratis nutzbar ist.
  - **Facebook**
    Das Netzwerk verbindet bald über eine Milliarde Menschen (dieser Wert wird für Oktober 2012 prognostiziert) weltweit und bringt den User mit Marken, Meinungen und Botschaften in Kontakt. Facebook macht die Konsumenten zu Fans (Abbildung 3.3) und gibt jedem einzelnen eine Stimme, die die monologisierende Unternehmenskommunikation zu einem Dialog zwischen Marke und User macht bzw. zwingt. Schon allein diese Tatsache dreht das künftige Marketingverständnis auf beiden Seiten.

Abbildung 3.3 Der Konsument wird dank Facebook zu einem Fan.

- **Blogger**
  Nicht zuletzt die Bloggerkultur hat einen entscheidenden Einfluss auf die Prosumentenbewegung genommen. Plötzlich entstand eine neue Art der Berichterstattung. Blogger und Blogportale formierten sich in Blogosphären zu einzelnen Themenschwerpunkten und berichteten über diese. Viele dieser Blogger sind bereits ein fester Bestandteil in der Medienlandschaft und in der Unternehmenskommunikation vieler Firmen.

- **Haltung gegenüber dem Unternehmen**
  Mit Facebook, Twitter, Blogs und anderen Dialogplattformen beginnen die User, zu verstehen, dass sie nicht mehr »nur« zuhören müssen, sondern auch ihre Stimme ein Gewicht hat. Dieses Gewicht wird beispielsweise in Form von Kommentaren auf Facebook-Seiten der Firma eingesetzt. Die eigene Haltung gegenüber der Marke vorzutragen, kann viel offensiver geschehen (vor allem, wenn es sich bei dem Profilnamen um ein Pseudonym handelt). Wo früher ein Gang in die Filiale und vielleicht auch ein bisschen Mut nötig waren, kann jetzt hemmungslos immer und zu jeder Zeit die Meinung kundgetan werden.

3.3 Alle, alles auf Facebook

Gerade der scheinbare Erfolgsgarant Facebook lässt die Marketingherzen vieler Kommunikationsverantwortlicher höher schlagen. Früher ging es weniger darum, dass die Rezipienten sich zu etwas äußern sollten, als vielmehr darum, dass sie die Botschaft aufnehmen und zur beschriebenen Handlung bewegt werden sollten (z. B. Kauf eines Produkts). Die Abgabe von Feedback war nicht möglich und mancherorts auch nicht erwünscht. Mit dem Netzwerk hat sich diese Denkweise komplett gedreht. Facebook ist omnipräsent geworden. Heute geht es um viel mehr als »nur« darum, Kaufmotivationen zu schaffen. Es gibt Multichannel-Aufmerksamkeit, Konversationen und Empfehlungen durch Freunde! Unternehmen versuchen daher mittels unterschiedlicher Maßnahmen, auf diese Plattformen zu verweisen – auf digitalen wie auch klassischen Kommunikationswegen:

- Verweis auf die Facebook-Seite in einem TV-Spot
- Nutzung von Facebook Social Plugins auf externen Webseiten
- Verweis auf die Facebook-Seite auf Print-Anzeigen und Plakaten
- Verweise von Radiobeiträgen auf die Facebook-Seite
- Integration auf anderen diversen Materialien der Firma (Abbildung 3.4)

Abbildung 3.4 Klassik trifft auf modern. Alteingesessenes Münchner Wirtshaus verweist auf seinen Servietten auf die eigene Facebook-Seite.

Angelockt von der breiten Akzeptanz des Netzwerks und der potenziellen viralen Power, wird jedoch eines häufig von den Unternehmen übersehen oder nicht ausreichend beachtet. Im Zuge der technischen Veränderungen haben sich auch das Verhalten und der Umgang untereinander verändert. Die ehemals auf Abstand gehaltenen Kunden kennen mittlerweile ihre eigene Macht und zwingen die Firmen in Sachen Unternehmenskommunikation, von ihrem Ross herunterzusteigen und mit den Prosumenten auf Augenhöhe zu kommunizieren.

3.4 Empfehlungen – die neue Werbeform

Wie häufig haben Sie bereits in Facebook auf einen Artikel, ein Bild oder ein Video geklickt, nur weil bereits einer Ihrer Freunde im Netzwerk Ihnen dies vorgemacht hat? Eine Like, ein Kommentar, ein Share wirken sich auf die (künftige) Begehrtheit eines Posts aus. Je mehr »Gefällt mir« ein Beitrag hat, desto häufiger wird er von weiteren Usern ebenfalls angeklickt. Dieses Schneeballprinzip funktioniert nur, weil die Netzwerkkontakte mit dem Weiterleiten einer Meldung automatisch in die Rolle eines Empfehlers schlüpfen. Empfehlungsmarketing mit Hilfe der User, ihrer Freunde und Freundesfreunde ist bereits eine wichtige Strategie im modernen Marketing und wird weiterhin an Bedeutung gewinnen.

> *»25 % wünschen sich die Verknüpfung von Online-Shops mit den Bewertungen und Empfehlungen ihrer Facebook-Freunde.«*
> (Quelle: Studie »360 eCommerce SocialShopping Management Update« von digital media center, Juli 2011)

3.5 Empfehlungen – ein Muss in jedem Kommunikationskonzept

Für die Unternehmenskommunikation bedeutet diese Entwicklung, es zählt nicht, was eine Botschaft kommuniziert, sondern wer diese verbreitet. Ein klassisches Banner verliert in den Augen der User immer mehr an Attraktivität.

> *»Zwei Drittel beachten Produkthinweise am ehesten, wenn sie bei Facebook im Bereich Neuigkeiten auftauchen, ein Drittel, wenn der Hinweis vom Unternehmen verbreitet wird, bei dem man als Fan registriert ist, und ein Drittel, wenn die News von einem Facebook-Freund kommen.«*
> (Quelle: Studie »360 eCommerce Social Shopping Management Update« von digital media center, Juli 2011)

Auf diese Veränderungen hat Facebook unlängst reagiert und bietet für Firmen unterschiedliche Arten der kommerziellen Nutzung von Empfehlungen an. Weitere Informationen zu Werbemöglichkeiten auf Facebook finden Sie in Abschnitt 8.2, »Nutzung von Facebook Ads«.

3.6 Unterschiede, Merkmale, Besonderheiten in der Konversation

Die letzten fünf bis zehn Jahre haben gezeigt, dass in der Unternehmenskommunikation kein Stein auf dem anderen geblieben ist. Diese Veränderung hat eine Gesellschaft geschaffen, die Ihre Stimme dazu nutzt, um mit der Firma direkt in Kontakt zu treten bzw. öffentlich über diese zu sprechen. Sie wird gelobt, bejubelt, aber manchmal auch getadelt. Wenn sich früher zwei Freunde auf der Straße über eine Marke unterhielten, fand dieser direkte Informationsaustausch lediglich zwischen den beiden statt. Unterhalten sich heute die beiden Freunde in Facebook über das gleiche Unternehmen, werden indirekt deren Kontakte und Freunde im Netzwerk ebenfalls darüber informiert (Abbildung 3.5).

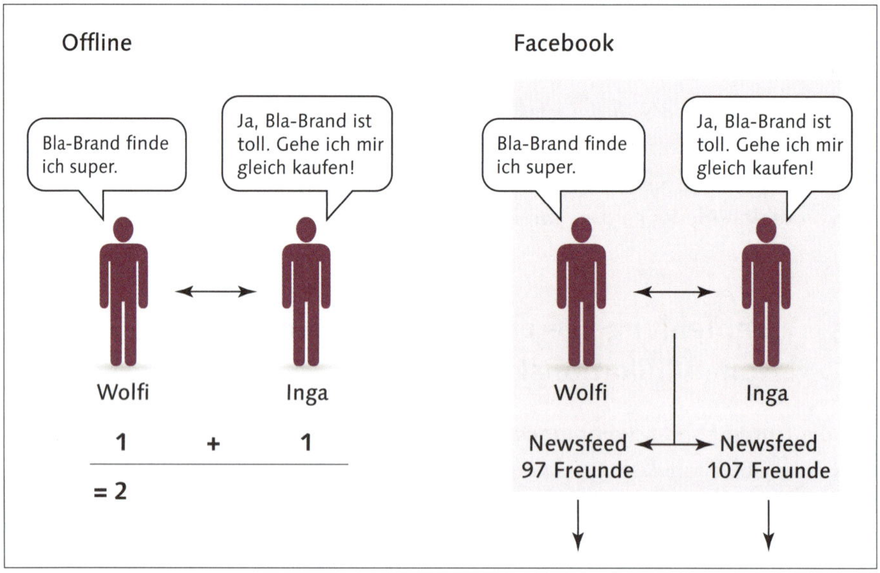

Abbildung 3.5 Freunde sprechen über eine Marke und deren Folgen.

In der heutigen Unternehmenskommunikation wird der Konversation zwischen zwei Usern und/oder Fans eine sehr große Relevanz beigemessen. Was und wie ein Kunde über eine Marke spricht, war selbstverständlich auch früher wichtig, denn nicht zuletzt der Ruf und die Werte, die sie damit transportiert, entscheidet mit, ob sich ein Produkt verkauft oder nicht. Doch noch nie waren die Auswirkungen von Konversationen so unmittelbar. Durch Automatisierungsmechanismen wie den Newsfeed auf Facebook sind Dialoge zwischen Freunden auf der Pinnwand nicht nur für die beiden sichtbar, sondern ebenfalls für deren Freunde. Themen lassen sich so besonders schnell verbreiten – gesetzt den Fall, diese sind interessant.

Facebook Memology 2011
Die zehn bedeutendsten Trends in Statusmeldungen nach Ländern – Deutschland

1. Tod von Amy Winehouse	**6.** Dschungelcamp
2. EHEC	**7.** Fukushima
3. Tod von Osama bin Laden	**8.** Tod von Muammar al-Gaddafi
4. Karl-Theodor zu Guttenberg	**9.** BVB
5. Call of Duty: Modern Warfare 3	**10.** Angela Merkel

Abbildung 3.6 Themen, über die die deutschen User 2011 am meisten gesprochen haben (Quelle: www.facebook.com/FacebookDeutschland)

3.6.1 Machen Sie sich zum Thema auf Facebook

Die Auflistung der Topthemen 2011 in Abbildung 3.6 zeigt, dass nicht nur politische Nachrichten, Naturkatastrophen und Krisen die deutsche Facebook-Gemeinde bewegt hat, sondern auch Marken und deren Produkte, wie z. B. das Spiel »Call of Duty: Modern Warfare 3«. Den fünften Platz verdankt der Spielehersteller natürlich nicht nur rein zufällig entstandenen Diskussionen auf Facebook. Vielmehr ist er das Resultat eines strategisch groß aufgesetzten Kommunikationsplans, der den Usern Stoff für Konversationen im Netzwerk geben sollte. Dabei ist jedoch nicht nur das eigentliche Konzept und die Idee entscheidend, sondern auch die (An-)Sprache der Fans.

Wie bereits eingangs erwähnt, hat sich die Art der Konversation zwischen Marke und Kunden gegenüber früher stark verändert, oder besser gesagt, der Start von User-Generated-Content-Plattformen macht eine Konversation erst möglich.

Grenzenlos

Wenn früher Plakate für eine nationale Aktion entwickelt und in Deutschland ausgehangen wurden, musste sich das Unternehmen keine Gedanken darüber machen, wie Menschen außerhalb von Deutschland darauf reagieren, weil diese die Maßnahmen nicht zu Gesicht bekamen. Facebook kennt keine Grenzen. Botschaften, Aktionen, Ideen lassen sich problemlos über den gesamten Erdball streuen. Das mag hinsichtlich des Long Tails vielleicht interessant sein, kann aber auch neue Herausforderungen schaffen (siehe hierzu Kapitel 12, »Monitoring und Krisenkommunikation – wenn die Konversation mit den Kunden aus dem Ruder läuft«).

Gut zu wissen: Was versteht man unter »Long Tail«?

Der Begriff Long Tail wurde von dem Journalisten und Unternehmensberater Malcolm Gladwell vorgestellt. Long Tail (dt. langer Schwanz) besagt, dass ein Unternehmen mit Nischenprodukten seinen Absatz weitaus mehr steigern kann, wenn es seine Produkte mit Hilfe des Internets anbietet.

Ein Ladenbesitzer, der in einer Kleinstadt exklusive Produkte vertreibt, verfügt aufgrund des begrenzten Einzugsgebiets über eine ebenso begrenzte Anzahl an Käufern. Seine potenzielle Zielgruppe kann der Verkäufer um ein Vielfaches erweitern, wenn auch Käufer angesprochen werden, die sich außerhalb des Einzugsgebiets befinden. Mit dem Internet sind die geografischen Grenzen überwunden. Gerade diese Ladenbesitzer können so sehr gut von der viralen und grenzenlosen Kraft von Facebook profitieren.

Sprache

Wie und in welcher Sprache im Netzwerk gesprochen wird, kann für die Konversation auf Ihrer Facebook-Seite relevant sein. Abhängig vom Unternehmen (und dessen Reichweite), vom Thema und der sozialen Herkunft der User muss entschieden werden, welche Sprache als Leitsprache verwendet wird. Generell gilt aber: International aufgesetzte Facebook-Seiten werden überwiegend in englischer Sprache geführt, nationale Seiten in der jeweiligen Landessprache. Marken, die eine nationale Seite in einer Fremdsprache (z. B. Englisch) oder multilingualführen, müssen eine geringere Interaktion der rein deutschsprachigen Fans befürchten. Zwar sind viele Deutsche der englischen Sprache mächtig, aber trotzdem muss immer damit gerechnet werden, dass häufig die Scheu siegt und User es unterlassen, auf der Seite etwas zu posten, wenn sie womöglich befürchten müssen, dass ein Fehler entlarvt wird. Um dieser Problematik zuvorzukommen, können auch internationale Seiten an die jeweiligen Märkte angepasst werden. Wenn Sie also eine multilinguale Seite führen oder planen, sollten Sie darauf achten, dass Sie auch in der jeweiligen Spracheinstellung kommunizieren.

Anrede/Tonalität

Wie und in welcher Tonalität Konversationen zwischen Unternehmen und Fans geführt werden, hängt von der Beziehung beider Parteien ab. Dabei handelt es sich nicht nur um die Klärung der Frage, ob der Fan geduzt oder gesiezt werden sollte. Die Persönlichkeit Ihres Markenkerns und die bisherige Sprache mit Ihren Kunden sollten weiterhin bestehen bleiben. Die Herausforderung liegt vielmehr darin, die Gradwanderung zwischen Transparenz, Persönlichkeit und Seriosität zu wahren. So kann beispielsweise das Unternehmen L'Oréal Paris Deutschland seine über 120.000 Fans auffordern, einen Beitrag zu »liken«, ohne mit negativen Kommentaren rechnen zu müssen. Der Beitrag (Abbildung 3.7) spielt mit dem Thema der Marke, und das scheint den Fans auch zu gefallen. Ein seriöses Finanzunternehmen hingegen muss sich vermutlich eine andere Art der Ansprache und Tonalität überlegen. Sie sollten daher für Ihr Unternehmen und die eigene Community klären, in welcher Tonalität Sie diese ansprechen möchten.

Abbildung 3.7 L'Oreal Paris Deutschland fordert offensiv zum »Liken« auf.

Qualität

Da plötzlich jeder und alle mitreden können und dürfen, ist die Qualität von Konversationen nicht nur hinsichtlich der Themen eine Herausforderung. Ein guter und kontinuierlicher Redaktions- und Content-Plan ist für jede professionelle Facebook-Seite ein Muss (mehr hierzu finden Sie in Kapitel 7, »Laufende Betreuung von Facebook-Seiten«). Ein Plan hilft Ihnen, auf aktuelle, brennende Themen punktuell einzugehen, und verschafft Ihnen einen Überblick über die kommenden Tage und Wochen. Auf die zum Teil abenteuerliche Rechtschreibung und die Grammatikfehler mancher Userposts hat der Seiteninhaber einer Facebook-Seite hingegen keinen Einfluss. Auch wenn Sie häufig Fehler in Fanbeiträgen zu Gesicht bekommen, sollten Sie stets darauf achten, dass Ihre Redaktion möglichst fehlerlos kommuniziert. Jede Statusmeldung ist eine Art Werbeblock im Newsfeed der Fans und ihrer Freunde. Rechtschreibfehler waren früher auf Plakaten verpönt und sind es im schnelllebigen Internet von heute weiterhin.

Zeit

Von dem Wandel in der Unternehmenskommunikation ist auch im großen Maße der Faktor Zeit beeinflusst. Ob nun Zeitungsanzeigen, Fernsehspots oder Radiobeiträge, zu Zeiten des einkanaligen Sender-Empfänger-Prinzips waren Kampagnen und Aktionen meist für eine bestimmte, lang andauernde Phase geplant. Zusätzliche Point-of-Sale-Aktionen sorgten für eine zusätzliche Verlängerung und involvierten den Kunden direkt vor Ort – die Maßnahmen wurden planbar und in Blöcken abgearbeitet. Mit dem Einfluss von Netzwerken wie Facebook wirkt sich der Faktor Zeit erheblich auf die Unternehmenskommunikation aus. Ist die Pressemeldung erst einmal verschickt, kommen auch schon die ersten Anfragen von Usern, beispielsweise auf der Facebook-Seite (Abbildung 3.8). Diese unmittelbare Reaktion muss von dem Redaktionsteam und dem Seiteninhaber berücksichtigt werden.

Abbildung 3.8 In weniger als 2 Minuten erfolgt die erste Reaktion auf die Pressemeldung.

Multichannel-Nutzung

Wie schon beim Faktor Zeit angedeutet, erfolgen die Reaktionen von Usern unmittelbar. Sie posten, liken und kommentieren jedoch nicht nur Neuigkeiten, die sie vielleicht in deren Newsfeed aufnehmen, sondern reagieren auf Beiträge, die sie über andere Kanäle aufschnappen. Der Trend (bereits im Jahr 2009 ermittelt) ist besonders in der Altersgruppe der 14 bis 29-Jährigen weit verbreitet.

»26 % der TV Nutzung findet parallel zu anderer Mediennutzung statt. Je jünger die Zuschauer, desto ausgeprägter ist die zeitgleiche Anwendung von TV und anderen Medien. Internet wird mit 34 % häufiger als TV parallel mit anderen Medien genutzt, dabei am häufigsten parallel mit dem Medium TV (49 %).«
(Quelle: Leisure Time Studie, VIACOM Brand Solutions, August 2009)

Trend – klassische und moderne Kanäle verzahnen sich zunehmend

Diesen Trend bestätigt nicht nur die Tatsache, dass 2011 unter den Topthemen in Facebook die TV-Show »Dschungelcamp« mit enthalten war, sondern auch der jeden Sonntag zu beobachtende Gesprächsbedarf über Deutschlands neue Volkssendung »Tatort«. Das Beispiel in Abbildung 3.9 zeigt, wie häufig (über 13.000-mal) die Folge am 05. Dezember 2011 in Twitter besprochen wurde. Aber nicht nur auf Twitter ist diese Multichannel-Nutzung bereits mehr als geläufig.

Abbildung 3.9 Themen im TV werden in Netzwerken (hier Twitter) live und parallel besprochen und diskutiert.

Wie Sie sich vielleicht noch erinnern können, hat am 04. Januar 2012 der damalige Bundespräsident Christian Wulff eine Erklärung zu seiner Kredit- und Presseaffäre im ZDF abgegeben. Die Meinung zu diesem Thema wurde nicht nur auf dem heimischen Sofa gebildet, sondern auch mit Hunderten und Tausenden Konversationssträngen auf unzähligen Facebook-Newsfeeds (Abbildung 3.10). Schon allein die Ankündigung, dass die Ausstrahlung für den gleichen Tag um 20.15 Uhr geplant ist, sorgte für unzählige Beiträge.

Abbildung 3.10 Multichannel-Nutzung – TV-Themen werden parallel in Facebook debattiert.

3.7 So tritt Ihr Unternehmen authentisch auf

Einer der wesentlichen Unterschiede gegenüber dem Marketing von früher ist mit Sicherheit die Art und Weise der eigenen Unternehmenskommunikation. Firmen waren es gewohnt, ihre Botschaften der Zielgruppe zu oktroyieren. Da kaum Feedbackkanäle zur Verfügung standen, war eine Rückmeldung seitens der Rezipienten nur selten zu erwarten. Und wenn doch, dann war diese Rückmeldung nicht öffentlich. Den Unternehmen stand es frei, ob sie Lob und Tadel in Form von E-Mails, Leserbriefen, Faxschreiben etc. veröffentlichten. Dieses Prinzip wurde mit dem Einzug der Bloggergemeinde aufgebrochen. Blogs griffen Themen kontrovers auf, über die sonst keiner schreiben wollte/konnte, und machten ihre Beiträge sogar kommentierbar. Diese zunehmende Transparenz sollte bald auch die Unternehmen zum Umdenken bewegen.

3.7.1 Markenkommunikation versus Netzwerkaufbau

Markenkommunikation im Zeitalter von digitalen Medien, Millionen von Usern, Meinungen und Gegensätzen? Geht das? Selbstverständlich. Auch wenn sich die Spielregeln verändert haben, schließen sich Unternehmenskommunikation und der Aufbau eines eigenen Netzwerks nicht aus. Folgende Punkte sind dahingehend wichtig:

- **Seien Sie dialogorientiert**
  User lieben Ihre Marke. Wenn Sie keine eigene Präsenz, z. B. in Form einer Facebook-Seite, eröffnen, dann tun es andere für Sie (wie Sie in diesem Fall vorgehen, erfahren Sie in Abschnitt 6.1.2, »Ist Ihr Unternehmen bereits auf Facebook vertreten?«). Lassen Sie sich nicht die Chance eines Dialogs mit der Community entgehen. Sie können davon nur profitieren.

Gut zu wissen: Vorteile einer dialogorientierten Kommunikation

Reputation: Dialogorientiertes Auftreten zahlt sich nicht zuletzt für die Reputation eines Unternehmens aus (Beispiel siehe Abbildung 3.11). Wenn sich erst einmal herumgesprochen hat, dass Sie Ihren Fans auf der Facebook-Seite tatsächlich geholfen haben, ihnen Mehrwerte bieten und mit Rat und Tat zur Seite stehen, ist der daraus resultierende positive Ruf Gold wert.

Abbildung 3.11 Dialogorientierte Unternehmenskommunikation der Deutschen Telekom auf Facebook – Telekom-hilft

Optimierung: Sie erhalten wichtige Hinweise von den Fans hinsichtlich der angebotenen Produkte, Leistung und Aktivitäten und deren möglicher Schwächen. Lassen Sie sich die Chance nicht entgehen. Hören Sie genau hin, was Ihnen die User zu Ihren Angeboten zu sagen haben. Auch wenn die Wahrheit vielleicht etwas schmerzen mag. Am Schluss zahlt sich diese Transparenz aus, weil es Ihre Produkte einfach besser macht! Darüber hinaus muss sich die Optimierung nicht nur auf die eigenen Artikel beziehen, sondern kann auch der Themenauswahl auf der Facebook-Seite dienen. Der Onlineshop für Schweißer, *schweisshelden.de*, nutzt beispielsweise für die Optimierung der Fanansprache das Instrument *Facebook Frage* und ermittelt so die künftigen Themen für den Redaktionsplan (Abbildung 3.12).

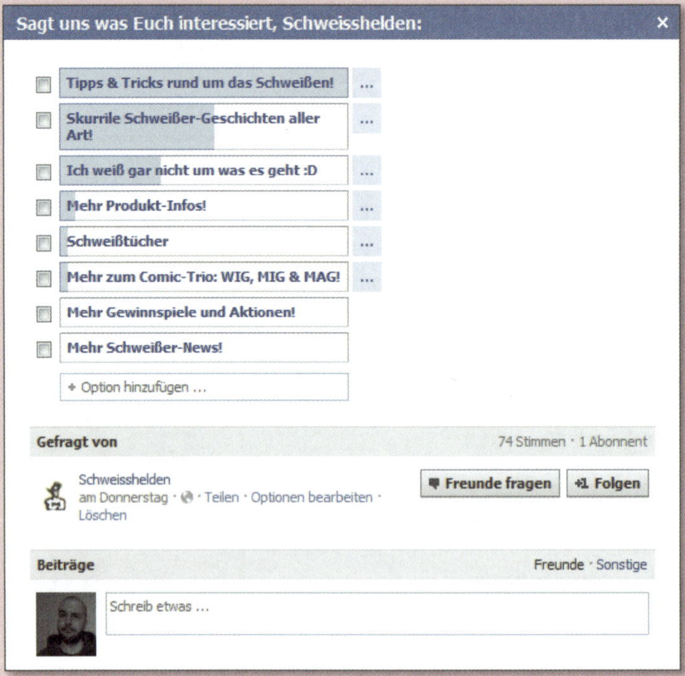

Abbildung 3.12 Die Schweißhelden optimieren mit Hilfe von Facebook Frage.

Recruiting: Ein Dialog mit den Fans kann zu neuen Mitarbeitern führen. Gibt es bessere Kollegen als solche, die aufgrund der eigenen Begeisterung für die Marke in Ihr Unternehmen eingetreten sind? Viele Unternehmen verwenden hierfür speziell programmierte Recruiting-Applikationen und Tabs auf der eigenen Facebook-Seite. Dabei muss es sich nicht um eine hochkomplexe Programmierung handeln, sondern kann auch einfach nur als ein Hinweis auf Ihrer Seite integriert sein. Die Unternehmensberatung Bain & Company löst diese Aufgabe mit einem Tab und starken Motiven (Abbildung 3.13).

Abbildung 3.13 Bain & Company setzen auf Facebook-Recruiting.

Seien Sie Sie selbst

Nur weil wir jetzt alle auf Facebook und in anderen Communitys aktiv sind, muss nicht alles Bisherige über Bord geworfen werden. Bewahren Sie sich Ihre Originalität, und versuchen Sie, Ihr Unternehmen und die Werte, die es vermittelt, mit auf die Facebook-Seite zu transportieren. Dazu gehören die folgenden Elemente:

- **Layout & Design, Bildsprache des Unternehmensauftritts**: Wählen Sie aus, welches Profilbild zu Ihrer Firma passt, und verwenden Sie interessante Motive und Bilder für die Fotozeile.
- **Sprachkultur und Tonalität**: Andere Seiten, andere Sitten. Nicht jeder Ton und jede Sprachkultur sind auf jede Seite oder vielmehr die jeweiligen Fans anwendbar. Die Verwendung von Symbolen (z. B.) und Smileys mag vielleicht nett wirken, passt aber nicht zu jedem Auftritt.
- **Themenvielfalt innerhalb des Redaktionsplans**: Welche Beiträge Sie thematisch wie für das Posting auf der Facebook-Seite aufbereiten, ist entscheidend für die Differenzierung Ihrer Zielgruppe. Ein schönes und kreatives Beispiel hinsichtlich zielgruppenorientierten, witzigen, aber auch seriösen Postings liefert immer

wieder die Facebook-Seite des ZEITmagazins. Die Redaktion schafft es, mit originellen und informativen Beiträgen Ihre anspruchsvolle Zielgruppe zu erreichen (Abbildung 3.14).

Abbildung 3.14 Im Dezember 2011, zu Zeiten der Europakrise, verdeutlicht das ZEITmagazin den Zustand der EU.

- **Transparenz**: Wie eingangs erwähnt, ist die Transparenz des Unternehmens gegenüber der Fangemeinde sehr wichtig. Seien Sie authentisch, und zeigen Sie, wer Sie sind. Zum Beispiel mit Hilfe einer Team- oder Willkommensapplikation auf der Facebook-Seite.

Schaffen Sie Content

Content is King! Videos, Fotos und andere Inhalte machen eine erfolgreiche Unternehmenskommunikation möglich. Clips und Bilder fördern die Interaktion auf der Facebook-Seite. Content lässt sich zudem gut an Freunde und Bekannte weiterleiten und kann dem eigenen Netzwerkaufbau dienlich sein. Die Verwendung von Content für die Unternehmenskommunikation im Netzwerk kann zudem den EdgeRank der Facebook-Seite verbessern. Schaffen Sie daher Inhalte, oder überlegen Sie sich interessante und kreative Aktionen, wie Ihre Fans diesen Job für die Firma übernehmen können (z. B. durch einen Foto-Contest).

Seien Sie kreativ

Die Markenkommunikation kann sehr gut für den eigenen Netzwerkaufbau verwendet werden, wenn die Community mit eingebunden wird. Dies kann über kreativ umgesetzte und zielgruppengerechte Gewinnspiele oder auch im größeren Stil mittels Crowdsourcing-Aktivitäten erfolgen. In diesem Fall werden die Fans aufgefordert, sich an der Produktentwicklung einzelner Artikel/Leistungen/Gerichte oder Ähnlichem zu beteiligen und über die Einreichungen abzustimmen (Beispiel siehe Abbildung 3.15). Ihre Fans werden zu Produktmanagern.

Kombinieren Sie

Wie bereits angesprochen, wachsen klassische und moderne Kommunikationskanäle immer stärker zusammen. Ob Sie nun einen TV-Spot, einen Radiobeitrag oder eine Anzeige planen – nutzen Sie diese Plattformen, um Ihr Netzwerk zu erweitern. Verweise Sie auf Ihre Präsenz in Facebook.

Abbildung 3.15 McDonald's geht in die zweite Runde und ruft 2012 ein weiteres Mal zu »Mein Burger« auf. Fans entwickeln neue Gerichte.

3.7.2 Auf Augenhöhe mit dem Kunden?!

Wenn wir über die Kommunikation mit Kunden auf Facebook und generell im Netz sprechen, dann geht es oftmals um die Art und den Ton der Ansprache. Es gibt unterschiedliche Möglichkeiten, mit der Community auf Augenhöhe zu kommunizieren. Ob Sie sich nun für einen traditionellen, seriösen, witzigen oder einen coolen Weg entscheiden, ist abhängig von der Unternehmenspersönlichkeit. Auf Augenhöhe mit den Kunden und Fans zu kommunizieren, bedeutet aber auch, Anfragen von Usern ernst zu nehmen!

Am Beispiel der Marke Premium-Cola lässt sich sehr gut nachvollziehen, was passieren kann, wenn Kundenwünsche und Anfragen nicht ernst genommen werden. Das Unternehmen entstand, weil die Marke Afri Cola die Kritik von zuerst einem und später Hunderten und Tausenden treuer Fans nicht angenommen hat. Afri Cola hat sich Ende 1999 dazu entschlossen, das Rezept des Getränks zu ändern. Diese Änderung wurde jedoch nicht kommuniziert. Der damalige Kunde Uwe Lübbermann hat sich über den neuen Geschmack der Cola gewundert und die Firma um Aufklärung gebeten. Da der Kunde die Rezeptänderung nicht einfach so hinnehmen wollte, organisierte sich im späteren Verlauf eine Gruppe im Netz, die ebenfalls die Originalrezeptur zurückforderte. Dieser Wunsch wurde der Gruppe nicht erfüllt. Mittels vieler weiterer Umstände, Zufälle (Kennenlernen eines ehemaligen Abfüllers des

Getränks) und der starken Internetgemeinschaft entstand in den folgenden Jahren die Marke Premium-Cola, die mittlerweile in ganz Deutschland, der Schweiz, in Österreich und weiteren europäischen Ländern große Erfolge feiert (Abbildung 3.16).

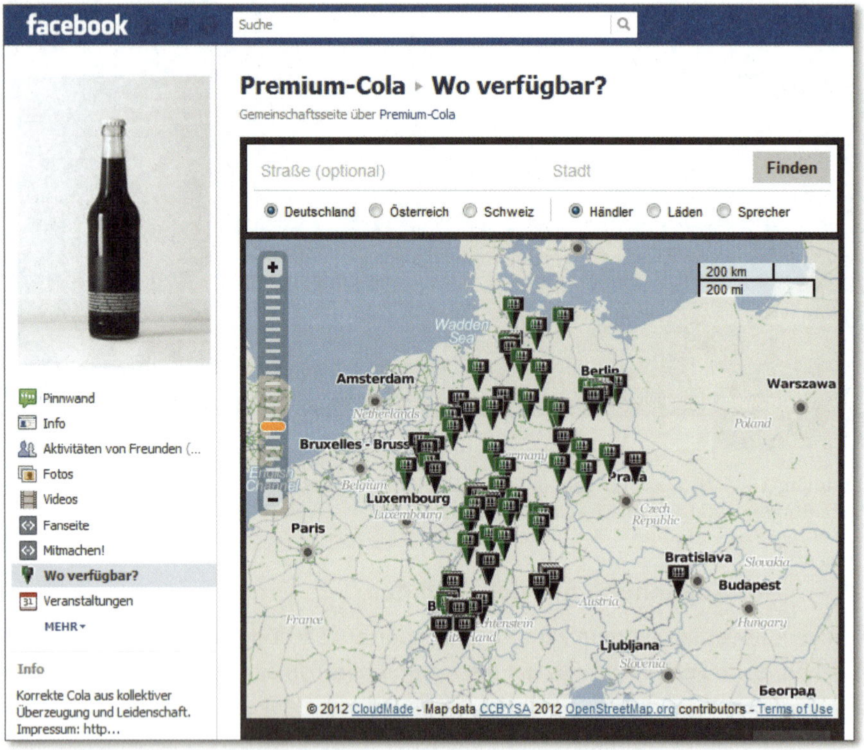

Abbildung 3.16 Premium-Cola und deren Vertriebsnetz auf Facebook

Die Geschichte von Premium-Cola ist eine spannende und witzige zugleich. Wer kann diese im Detail besser erläutern als Uwe Lübbermann selbst? Nutzen Sie den QR-Code zur Geschichte in Form eines TED-Vortrags auf YouTube mit dem Titel »Wir hacken die Wirtschaft«: *http://www.youtube.com/watch?v=8eF9V0-PORM*

Die Macht der Kunden und User wird auch künftig stärker zunehmen. Aber das ist keine Entwicklung, die den Unternehmen Angst machen muss. Vielmehr wird es auch in Zukunft darum gehen, genau hinzuhören, was sich die Kunden wünschen, mit ihnen in Kontakt zu treten (z. B. über Facebook-Seiten) und einen zeitnahen Dialog auf Augenhöhe mit Ihnen zu führen.

4 Welche Facebook-Präsenz zu Ihrer Unternehmung passst

Lernen Sie die relevantesten Facebook-Präsenzen kennen, und entscheiden Sie, welche Form der Kommunikation auf Ihr Unternehmen zutrifft.

Es ist soweit. Ihr Unternehmen eröffnet auf Facebook eine Präsenz. Mit den Jahren hat die Community eine Fülle von Möglichkeiten für Firmen bereitgestellt, um sich bestmöglich zu präsentieren. Um die richtige Form der Kommunikation zu wählen, sollten Sie aber vorab Ihre Ziele definieren. Was sind die Gründe für Ihren Gang ins Netzwerk? Weil es alle anderen auch machen, reicht in diesem Fall nicht aus als Argument. Häufig werden bereits zu diesem Zeitpunkt Fehler gemacht, die die Firmen im weiteren Verlauf verfolgen und die mit viel Zeit- und Nervenaufwand später korrigiert werden müssen. Ein klassischer Fehlgriff ist beispielsweise, das Unternehmen als ein Profil anzumelden. Diese Art der Kontaktansprache von Facebook-Usern ist Firmen untersagt und kann bis hin zu einer Sperrung des Profils führen. Damit es nicht erst zu diesen und anderen Fehltritten kommt, sollten Sie folgende Überlegungen und Schritte mit in Ihre Planung einbeziehen:

1. Machen Sie sich mit den unterschiedlichen Facebook-Präsenzen vertraut.
2. Definieren Sie Ihre langfristigen Ziele.
3. Entwickeln Sie eine passende Strategie für Ihr Unternehmen.
4. Erarbeiten Sie wirksame Maßnahmen für Ihr Konzept.
5. Starten Sie Ihre Facebook-Aktivitäten.

Dieses Kapitel befasst sich mit dem ersten Punkt dieses Stufenplans und stellt somit die wesentlichen Präsenzen innerhalb der Social Community vor, die mit erfolgreichen Beispielen unterfüttert werden. Diese beinhalten im Wesentlichen Kommunikationsformen,

- die hauptsächlich der Konversation mit Ihren Kunden und Fans dienen (Facebook-Seite und Facebook-Gruppe),
- die Ihre Niederlassung oder Filiale stärker präsentieren (Facebook Orte),
- die eine bestimmte Aktivität zu einem Zeitpunkt oder in einem bestimmten Zeitraum zum Ziel haben (Facebook Veranstaltungen) oder
- die den direkten Abverkauf Ihrer Produkte zur Folge haben sollen (Facebook Angebote).

Die weiteren Agenda-Punkte (Strategie, Durchführung/Aktivierung) werden detailliert in den folgenden Kapiteln erläutert.

4.1 Eigenes Profil – Ihr »ich« in Facebook

Bevor wir jedoch in die unterschiedlichen Facebook-Präsenzen einsteigen, sollten wir uns Ihr eigenes Profil anschauen. Falls Sie bei Facebook noch nicht registriert sind und planen, Ihr Unternehmen in die Community zu bringen, müssen Sie sich erst mit einem eigenen Profil anmelden.

Gleich vorweg: Auch wenn Sie vielleicht vorhaben, diesen Job an Ihre Agentur oder Ihren Berater zu übergeben, ist es dennoch sehr sinnvoll, sich selbst ebenfalls zu registrieren. Ganz nach der Devise »Vertrauen ist gut, Kontrolle ist besser« sollten Sie die Administration der Facebook-Präsenz/en nicht einzig Ihren Dienstleistern überlassen. Eben für diese besagte »Kontrolle« benötigen Sie einen Facebook-Account.

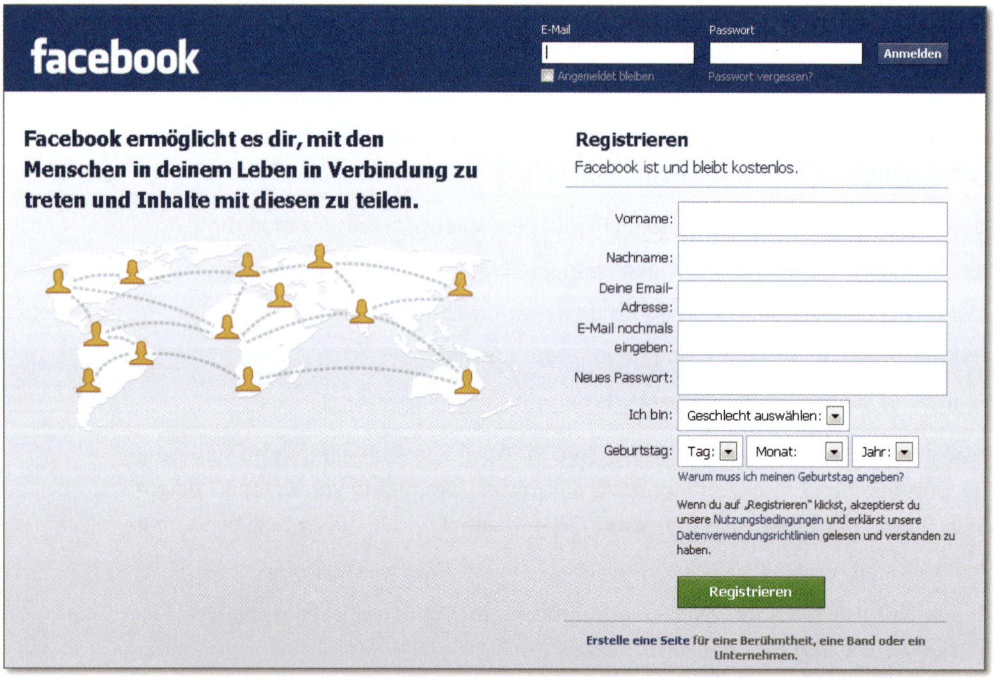

Abbildung 4.1 Facebook-Startseite – registrieren Sie sich, auch wenn Sie die weitere Umsetzung an Ihre Agentur übertragen sollten.

Mit einem eigenen Profil haben Sie Zugriff auf alle künftigen Funktionen. Das bedeutet beispielsweise, dass Sie als Administrator einer eigenen Facebook-Seite Einsicht auf die Statistik bekommen, Facebook-Werbebanner (Ads) beauftragen und buchen können oder Einblicke in verborgene Beiträge auf Ihrer Facebook-Unternehmensseite erhalten und vieles mehr (alle Funktionen und Möglichkeiten werden in den jeweiligen Abschnitten dieses Kapitels detailliert behandelt).

Erst anmelden, dann loslegen

Bei der Erstellung eines eigenen Profils hilft Ihnen Facebook weitestgehend mit eingeblendeten Hilfe- und Informationsfenstern. Zur Anmeldung verlangt das Netzwerk folgende Angaben (Abbildung 4.1):

VORNAME und NACHNAME

Auch wenn Sie später häufig über Pseudonyme stolpern werden, so ist die Nutzung von fiktiven Namen in Facebook untersagt. Immer wieder wird davon berichtet, dass Fakeaccounts von Facebook gelöscht werden. Da Sie im Begriff sind, mitunter auch beruflich in der Community aktiv zu werden, sollten Sie den Rat beherzigen und Ihren realen Namen angeben – das bewahrt Sie später vor eventuellen großen Problemen (gerade aus dem Grund, wenn Sie z. B. eine Facebook-Seite anlegen möchten).

DEINE E-MAIL

An diese E-Mail-Adresse werden Ihnen künftig Benachrichtigungen aller Art zugeschickt. Sie sind gut beraten, wenn Sie für die Anmeldung nicht die berufliche, sondern Ihre private Adresse verwenden. Sie können die hinterlegte E-Mail-Adresse aber auch zu jedem späteren Zeitpunkt ändern.

NEUES PASSWORT, ICH BIN (Geschlecht) und GEBURTSTAG

Das Geburtsdatum wird von Facebook abgefragt, um sicherzustellen, dass Sie tatsächlich über 13 Jahre alt sind. Diese Information wird nur auf Verlangen von Ihnen für andere Nutzer sichtbar gesetzt. Da Sie gerade im Begriff sind, für Ihr Unternehmen auf Facebook aktiv zu werden, liegen Sie vermutlich deutlich über dieser Altersgrenze, und dem Start sollte insoweit nichts im Wege stehen.

Mit Ihrem eigenen Profil können Sie sich innerhalb eines festgelegten Rahmens individuell vorstellen und präsentieren. Dieser Rahmen erlaubt Ihnen, unterschiedliche Angaben zu integrieren und Ihre Interessen und Vorlieben einzutragen. Das Ausfüllen der jeweiligen Interessengebiete wird im weiteren Verlauf von Facebook bzw. den agierenden Unternehmen innerhalb des Netzwerks unter anderem für zielgerichtete Werbeeinblendungen verwendet, die Ihnen künftig am rechten Rand präsentiert werden.

Gut zu wissen: Der kleine, aber feine Unterschied

Häufig wird die eigene Profilseite mit dem Newsfeed verwechselt. Auch wenn die Timeline eine schöne Seite für den User anbietet, ist diese für das Marketing weniger relevant. Was zählt ist der Newsfeed jedes Users!

Profilseite: Auf einer Profilseite werden nur Ihre Aktivitäten, die in Verbindung mit Facebook stehen, oder Meldungen von Dritten (Ihren Freunden), die Ihnen direkt auf die Wall gepostet wurden, angezeigt. Die Profilseite ist vom Netzwerk nicht als Startseite angelegt. Mit gutem Grund. Weil hier nicht die Neuigkeiten von Freunden und den geliketen Seiten angezeigt werden.

Newsfeed: Der Newsfeed (abrufbar unter STARTSEITE) in Facebook ist das Herz des Informationsaustauschs. Wer oder was hier angezeigt wird, ist entscheidend für das Marketing und für Ihr Unternehmen. Dieser Stream zeigt ihnen die neuesten Aktivitäten der Freunde und der Seiten, denen Sie folgen, auf. Ihnen werden Beiträge präsentiert, die beispielsweise aufgrund Ihres »Gefällt mir« auf einer Seite Ihr Interesse wecken sollen. Welcher User welche Applikation verwendet, wo und mit wem er sich in welchem Geschäft/Lokal eingecheckt hat und wie Freunde und Bekannte über Themen denken und sprechen – alles das und vieles mehr wird dem User in diesem Newsfeed angezeigt. Jeder User kann mittels Filterung bestimmen, wie häufig er über oder von seinen Quellen informiert werden möchte. Der Newsfeed ist essenziell für das Empfehlungsmarketing!

Ein Newsfeed ist Ihre »Kommandozentrale« (Abbildung 4.2).

Hier haben Sie alles im Überblick. Seiten, von denen Sie der Administrator sind, Anwendungen, die sie verwenden, oder Gruppen, denen Sie folgen, finden Sie in der linken Spalte aufgelistet.

Abbildung 4.2 Der Newsfeed – die Kommandozentrale eines Users

Infos und Aktivitäten aller Art von Freunden und Seiten, denen Sie folgen, werden Ihnen im großen, mittleren Bereich angezeigt. Seit Anfang 2012 kann es auch sein, dass Sie immer mal wieder über sogenannte *gesponserte Meldungen* stolpern. Diese Werbeform ist bereits bekannt durch die Einblendungen in der rechten Spalte und wird nun auch auf den Newsfeed-Stream angewendet.

Die rechte Spalte ist der besagte Bereich, in dem den Usern Werbeanzeigen und Meldungen angezeigt werden. Darüber hinaus werden die Mitglieder in dieser Spalte auch über weitere Highlights informiert, wie z. B. Geburtstage von Freunden und bald anstehende Veranstaltungen.

Noch weiter rechts befindet sich die Spalte mit dem Newsticker und der Chatfunktion. In den Genuss eines Newstickers kommen Sie jedoch erst, wenn Sie über 100 Freunde verfügen. Beide Bereiche werden im weiteren Verlauf des Kapitels noch weiter erläutert.

4.1.1 »Klassischer« Aufbau einer Facebook-Profilseite

Im Dezember 2011 hat das Netzwerk den Auftritt der eigenen Profilseite grundlegend überarbeitet. Facebook versteht sich als eine *Timeline*, also einen Zeitstrahl, in dem der User seine persönliche Geschichte oder die der Freunde nachschauen kann. Alle Beiträge, Check-ins, Videos, Fotos und weitere Aktualisierungen werden chronologisch in dem persönlichen Stream angezeigt. Mit einer CHRONIK-Funktion (Anklicken von vergangenen Jahreszahlen) kann das Mitglied durch längst vergessene und schon fast historische Statusmeldungen surfen und in Erinnerungen schwelgen.

Jede Profilseite besteht aus unterschiedlichen Bereichen, die alle einen besonderen Zweck und Sinn haben. Die Elemente werden Ihnen jetzt im Folgenden separat vorgestellt (zum besseren Verständnis sind sie im weiteren Verlauf durchnummeriert, siehe auch Abbildung 4.3):

1. Profilbilder und Cover Foto
2. Timeline/Chronik
3. Einstellungen
4. Facebook Ads
5. Newsticker
6. Kontakte/Chat

Abbildung 4.3 Elemente eines Facebook-Profils

❶ Profilbilder und Cover Foto

Der erste Blick auf ein Facebook-Profil vermittelt schon einen ersten, groben Eindruck eines Users. Besonders prägend sind hierbei die Wahl des Profilbildes und des Motivs für das Cover Foto (auch Canvas genannt). Beide Elemente stehen für sich allein, können aber auch in Kombination zueinander stehen. Diese zweite Variante ist sehr beliebt und bringt manchmal wahre Meisterwerke hervor (z.B. Abbildung 4.4). Eine Auswahl von 40 raffinierten Ideen finden Sie auch hier: *http://www.hongkiat.com/blog/creative-facebook-timeline-covers/*

Abbildung 4.4 Profilbild und Cover Foto in Kombination

Achten Sie bitte darauf, dass das Cover Foto nicht als Werbekanal verwendet werden darf. Sie werden vermutlich hin und wieder über solche Praktiken in Facebook stolpern. Diese sind jedoch vom Netzwerk ausdrücklich untersagt.

Um ein Profilbild oder ein Cover-Foto-Motiv auf der eigenen Profilseite einzupflegen, fahren Sie einfach nur mit Ihrer Maus über das jeweilige Element. Daraufhin erscheint eine Befehlsfunktion, mit welcher Sie das gewünschte Bild hochladen oder entfernen können. Zusätzlich haben beide Elemente noch jeweils ein weiteres Feature, mit welchem Sie den Auftritt weiter optimieren können.

Profilbild – wieso die eigene Miniaturansicht wichtig ist | Wozu eine akkurate Miniaturansicht? Dieser Bildausschnitt kann spätestens dann wichtig für Sie werden, wenn Sie sich als Seiteninhaber auf Ihrer Unternehmensseite anzeigen lassen. Dies erfolgt über Veröffentlichung Ihres Facebook-Profilnamens (der im Übrigen Ihr echter sein sollte – das Netzwerk untersagt Pseudonyme) und die Miniaturansicht des Profil-Accounts. Bei einer schlechten Wahl und einem ungünstigen Ausschnitt des Bildes in der Miniaturansicht kann das womöglich ein schlechtes Licht auf Ihre Seite werfen. Gehen Sie daher auf Nummer sicher, und lassen Sie sich schön anzeigen.

Abbildung 4.5 Passen Sie Ihr Profilbild mit Hilfe der Miniaturansicht an.

Miniaturbild bearbeiten: Das verwendete Profilbild ist zu groß und zeigt lediglich einen Ausschnitt des Fotos an, den Sie nicht wünschen? Klicken Sie auf diesen Befehl, und ändern Sie die Ansicht des Ausschnitts. Falls Sie das gesamte Bild anzeigen lassen möchten, ist das ebenfalls möglich. Hierzu setzen Sie einfach ein Häkchen auf Grösse anpassen, drücken Speichern – fertig (Abbildung 4.5).

Foto aufnehmen: Sie haben gerade kein Bild parat? Dann können Sie auch direkt ein neues Bild (externe oder bereits eingebaute PC-Webcam vorausgesetzt) erstellen.

Cover Foto | Ähnlich wie Ihr Profilbild können Sie auch das Cover Foto bzw. den Ausschnitt über NEU POSITIONIEREN optimieren. Die Funktion erlaubt es Ihnen, das hochgeladene Bild senkrecht anzuordnen. Da Facebook die Bilder immer auf die Breite hoch- oder runterskaliert, ist eine vertikale Optimierung nicht nötig. Das bedeutet aber auch, dass Bilder mit einer geringen Auflösung möglicherweise zu groß »aufgezogen« werden und somit verpixelt sind. Welches Bild in welcher Position im Cover Foto angezeigt wird, hat keinerlei Auswirkungen auf Ihre spätere professionelle Verwendung und dient lediglich der Verschönerung der eigenen Profilseite.

❷ Timeline/Chronik

Die Timeline ist Ihr Zeitstrahl, der alle Ihre Beiträge archiviert. Hier befinden sich Ihre Bilder, Ihre Videos, Ihre Statusmeldungen und alle weiteren Aktivitäten, die Sie im Zusammenhang mit dem Netzwerk getätigt haben. Darunter fallen auch Aktionen, die Sie nicht direkt auf der Plattform unternommen haben. Ihnen hat beispielsweise ein Artikel einer Onlinezeitschrift gut gefallen, und deshalb haben Sie das »Like« auf der jeweiligen Webseite gedrückt? Diese Information wird in Ihrer Timeline vermerkt. Sie sind in der Stadt unterwegs und haben sich mobil auf Facebook und dem jeweiligen Ort eingecheckt? Auch diese Neuigkeit wird vermerkt.

Ziel des Netzwerks ist es, künftig den Usern einen nahezu lückenlosen Überblick über deren (Facebook-)Leben präsentieren zu können. Höhepunkte des eigenen Lebens werden in der Chronik hervorgehoben und so auch für Ihre Freunde als wichtiges Lebensereignis gekennzeichnet. Diese Kennzeichnung erfolgt entweder schlichtweg dadurch, dass diese in der Timeline angezeigt (Beiträge, die Sie nicht interessiert haben, werden im Hintergrund gehalten) oder dass sie hervorgehoben werden. Zum Beispiel wird ein Bild (die Hochzeit) gegenüber einem anderen »unbedeutenden« Bild größer dargestellt. Wenn Sie die Chronik weiter herunterscrollen, werden Sie sehen, dass sich eine zusätzliche Zeile mit weiteren Funktionen einblendet. Mit dieser können Sie in den Zeiten hin und her springen, Informationen auffüllen und weitere Aktionen durchführen.

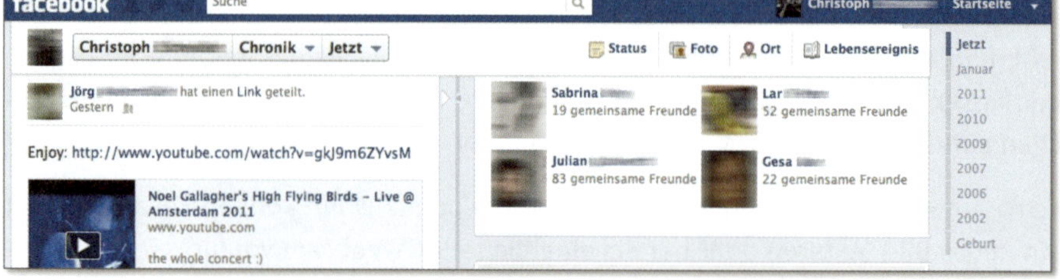

Abbildung 4.6 Chronik gefiltert anzeigen lassen

Sie können sich Ihre bisherige Timeline in unterschiedlichen Filterungen anzeigen lassen (Abbildung 4.6). Mit dem Klick auf CHRONIK öffnet sich ein Fenster, mit dem Sie zwischen den folgenden Filtern auswählen können: Info, Freunde, Karte, Fotos, »Gefällt mir«-Angaben.

Die Funktion JETZT zeigt Ihnen den jeweiligen Lebensabschnitt an, für den Sie sich besonders interessieren. Die Lebensabschnitte reichen bis zum Tag Ihrer Anmeldung zurück.

Neben der Verwendung und Filterung der Timeline hat der User auch die Möglichkeit, seinem Profil weitere Informationen hinzuzufügen. Das ist zwar eine rein private Handlung jedes einzelnen Users, kann aber schon bald sehr interessant für Unternehmen werden. Denn bezogen auf das Open-Graph-Protokoll von Facebook können Websitebetreiber (beispielsweise eine Marke) künftig noch zielgenauer dem Besucher ihrer Homepage Informationen anbieten, die sich mit den Interessen und Details in dessen Facebook-Profil decken. Um diese Details besser ermitteln zu können, hat Facebook die Funktion LEBENSEREIGNIS eingeführt.

Abbildung 4.7 Mit der Funktion »Lebensereignis« weitere Details zum Profil einfügen

Die Funktion LEBENSEREIGNIS ist in unterschiedliche Bereiche gegliedert: Job, Gesundheit, Reisen, Hobbys und weitere Bereiche (Abbildung 4.7). Details können hier eingefügt werden. Ob nun der User dem Netzwerk unbedingt verraten möchte, wann er beispielsweise einen Knochenbruch erlitten hat, bleibt selbstverständlich jedem selbst überlassen. Die Frage stellt sich dennoch: Muss das Facebook tatsächlich über mich wissen?

Wollen Sie mehr über die Timeline und die Chronik von Facebook erfahren, ist das folgende offizielle Facebook-Video in diesem Zusammenhang zu empfehlen: *http://www.youtube.com/watch?v=hzPEPfJHfKU*

❸ Einstellungen

Zwei weitere Funktionen befinden sich ebenfalls direkt auf Ihrer Profilseite, die Sie nicht vernachlässigen sollten, sofern Ihnen die Privatsphäre und der Datenschutz wichtig sind:

Informationen bearbeiten: Alle Angaben, die Sie zu Ihrer Person gemacht haben (Geburtstag, Beruf, Beziehungsstatus, Interessen, Kontaktinformationen etc.) befinden sich hier.

Aktivitätenprotokoll: Dieses Protokoll zeigt Ihnen auf einen Blick, was an welchem Tag auf Ihrer Seite passiert ist (Abbildung 4.8). Wie der Name schon sagt, werden hier die Aktivitäten des Users und der Freunde, die dem User etwas auf die Pinnwand gepostet haben, angezeigt. Ebenfalls gut gekennzeichnet: welcher Beitrag in welcher Reichweite angezeigt wird (z. B. öffentlich oder nur Freunden sichtbar). Das Aktivitätenprotokoll ist nicht zu verwechseln mit dem Newsfeed; hier werden keine Neuigkeiten von den Freunden oder den Seiten angezeigt.

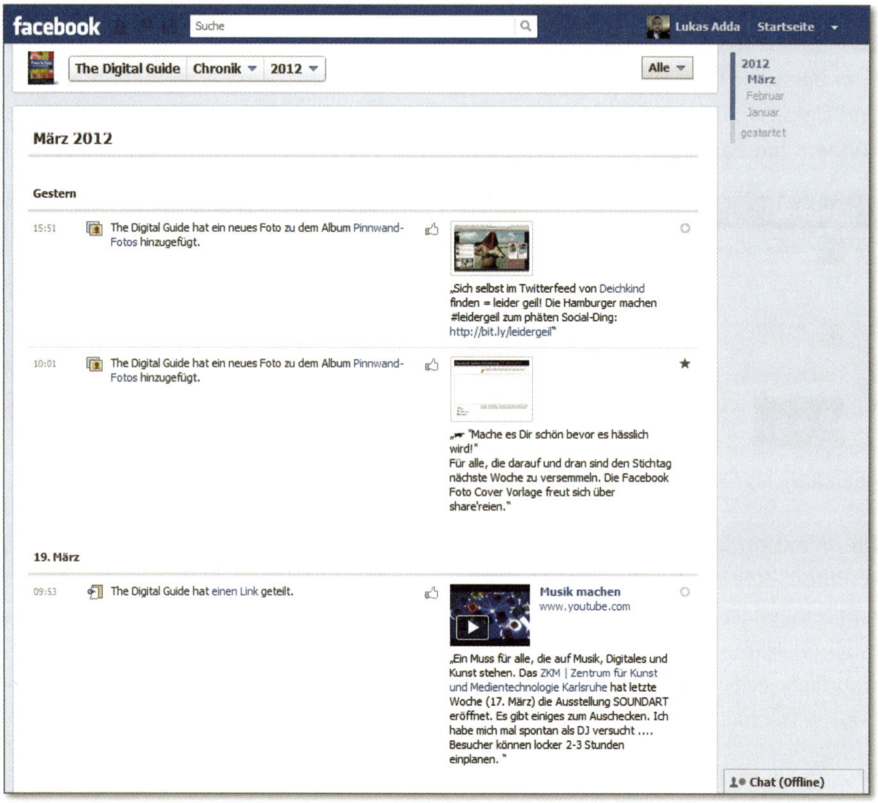

Abbildung 4.8 Das Aktivitätenprotokoll sieht dem Newsfeed vielleicht ähnlich, ist aber etwas anderes.

Das Schrauben-Symbol ( ): Beim Klick auf die Schaltfläche mit der Schraube öffnen sich zwei weitere Funktionen (Abbildung 4.9), von denen eine besonders wichtig für den Check der eigenen Privatsphäre ist. Dabei handelt es sich darum, zu prüfen, wie das Profil der Öffentlichkeit oder bestimmten Personen angezeigt wird.

Hierzu verwenden Sie den Befehl ANZEIGEN AUS DER SICHT VON ... und geben dann den Namen des jeweiligen Users ein.

Abbildung 4.9 Schutz der Privatsphäre: Prüfen Sie, wem welche Informationen zu Ihrer Person angezeigt werden.

Benutzerdefinierte Einstellungen | Spätestens seit dem Übertritt von einer reinen Freundesplattform hin zu einer Massen-Community für alles und jeden ist die Frage »Wer kann meine Beiträge sehen, kommentieren und weiterleiten?« von entscheidender Wichtigkeit.

In puncto Sicherung der Privatsphäre arbeitet Facebook stetig daran, die Einstellungen und Funktionen zu verbessern und auszubauen. Nicht zuletzt auch wegen des Starts der Google-Community Google+ und des erfolgversprechenden Konzepts der »Circles« (Kreise) hat die blaue Community im September 2011 damit begonnen, die Einstellungsmöglichkeiten überarbeitet online zu stellen.

Abbildung 4.10 Nicht jeder soll alles sehen. Unter »Privatsphäre-Einstellungen« stellen Sie dies sicher.

Gut zu wissen: Wer soll der Empfänger Ihrer Informationen sein?

Generell stellt Facebook die folgenden Distributionsmöglichkeiten für die Veröffentlichung von Inhalten zur Verfügung (Abbildung 4.10):

- ÖFFENTLICH: Alle Beiträge, die unter dieser Nutzergruppe gepostet werden, sind von allen Nutzern einsehbar.
- FREUNDE: »Wie alles begann« könnte man diese Einstellung auch nennen. Diese Nutzergruppe – ihre selbst definierten Freunde – erhält Einsicht auf Ihre Wall, die nicht alle erhalten. Sie sind auf der sicheren Seite, wenn Sie alle Informationen nur für Freunde sichtbar machen.
- BENUTZERDEFINIERT: Mit dieser Einstellung bietet Ihnen Facebook die Möglichkeit, weitere und »kleinteiligere« Einstellungen vorzunehmen, bestimmte Kontakte auszuschließen sowie ausgewählte Personen komplett zu blockieren.

4 Facebook Ads

In diesem Bereich werden Ihnen bezahlte Werbeeinblendungen eingespielt. Facebook unterscheidet hier generell zwei Arten von Werbung: FACEBOOK WERBEANZEIGE und GESPONSERTE MELDUNGEN. Je nach Medienschaltung des jeweiligen Auftraggebers werden Ihnen diese Meldungen angezeigt. Dieser Bereich ist hierfür fest vorgesehen. Der User hat nicht die Möglichkeit, hier einzugreifen. Falls Ihnen eine Anzeige nicht gefallen sollte, die jedoch ständig eingeblendet wird, können Sie diese mit Hilfe des Kreuzes in der Ecke auf dem jeweiligen Banner wegklicken (das Kreuz erscheint erst, wenn der User mit der Maus über das Feld gleitet). Mit dem Wegklicken einer Meldung wird eine neue eingeblendet. Wie Sie eine eigene Anzeige oder Meldung auf Facebook schalten, erfahren Sie in Kapitel 8, »Einsatz von Facebook Ads«.

Gut zu wissen: Was sind gesponserte Meldungen?

Gesponserte Meldungen basieren auf dem mehrfach erwähnten und wichtigen Instrument der Freundesempfehlung. Die Meldungen zeigen Ihnen ausgewählte Facebook-Seiten und Beiträge auf, die von Ihren Kontakten im Netzwerk »geliket« wurden. Darüber hinaus werden User, abhängig von der Zielgruppenbestimmung, auf Aktionen und Kampagnen von Unternehmen aufmerksam gemacht.

5 Newsticker

Wie der Begriff schon andeutet, ist der Newsticker ein Bereich, der in der Regel ständig in Bewegung ist. Zusammen mit dem Feld Kontakte/Chat (Nr. 6) handelt es sich um eine Spalte, die dem User immer angezeigt wird (sofern er das möchte). Ob im Newsfeed, auf der Profilseite oder auf Facebook-Seiten, die Spalte mit dem

Newsticker und dem Chat ist (fast) immer verfügbar. Der Ticker ist vom Netzwerk eingeführt worden, um die Flut an Informationen besser im Überblick behalten zu können, aber auch zugleich, um dem User mehr Informationen zur Verfügung zu stellen. Im Ticker werden Ihnen folgende Informationen angezeigt:

- aktuelle Postings, Check-ins und andere Aktivitäten der Freunde
- neue Beträge von Facebook-Seiten, denen Sie folgen
- Kommentare, die Freundesfreunde Ihren Freunden auf einem Beitrag hinterlassen, den Sie beispielsweise ebenfalls kommentiert haben

Was tun, wenn es einfach zu viel wird?

Falls Ihnen diese Informationen zu viel werden sollten, können Sie den Newsticker entweder ganz ausschalten, oder aber auch den Bereich verkleinern. Wie schon erwähnt, teilt sich der Newsticker die senkrechte Spalte mit dem Feld Kontakte/Chat. Getrennt werden beide Bereiche durch eine graue Trennlinie, die Sie durch Anklicken (und Halten) je nach Wunsch nach oben oder nach unten schieben können (Abbildung 4.11). Sie können sich entscheiden, wie viel von dem Newsticker Sie tatsächlich sehen möchten.

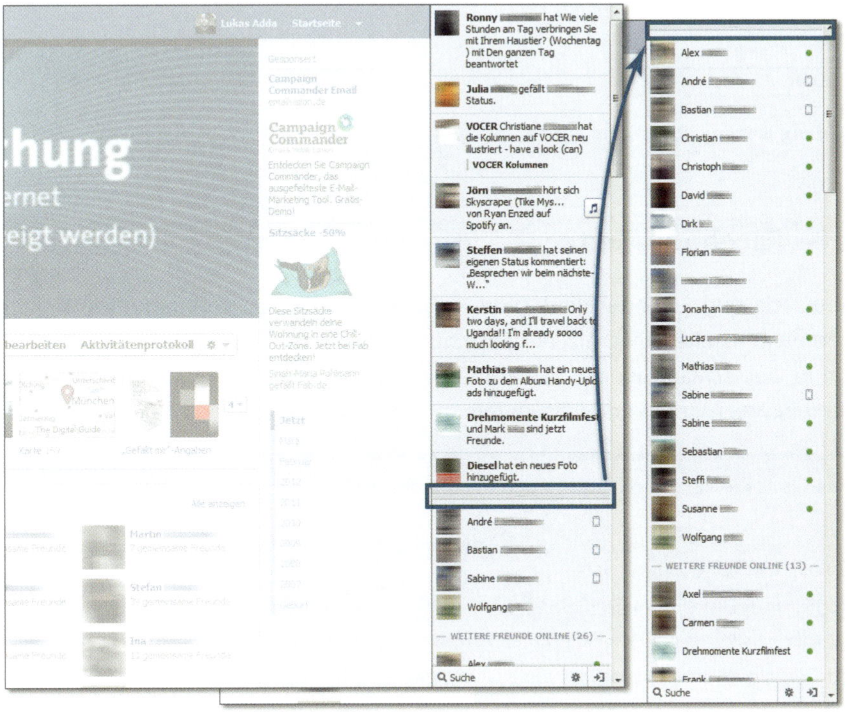

Abbildung 4.11 Entscheiden Sie, wie viel Informationen Sie erhalten – vergrößern oder verkleinern Sie einfach den Newsticker-Bereich.

❻ Kontakte/Chat

Dieser Bereich zeigt Ihnen, welcher Ihrer Kontakte gerade online ist (gekennzeichnet mit einem grünen Punkt an dem jeweiligen Namen, siehe Abbildung 4.12). Mittels der Chatfunktion können Sie zu den Onlinefreunden auch direkt Kontakt aufnehmen. Mit dem Klick auf das »Fluchtsymbol« können Sie die gesamte Spalte (inklusive Newsticker) verbergen oder aber auch lediglich den Chat ein- und ausschalten (inklusive Toneinstellung bei einer neuen Chatmeldung).

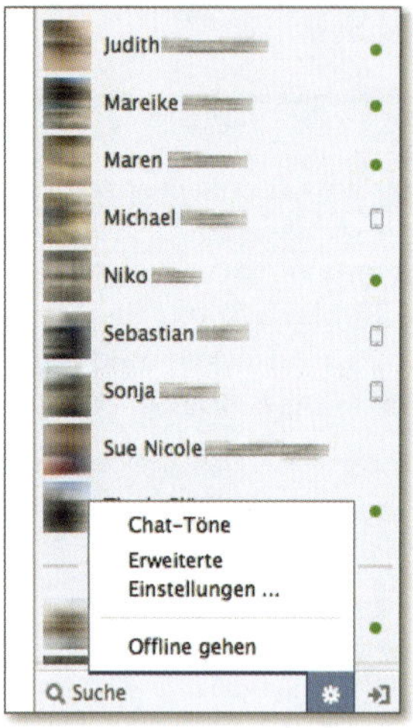

Abbildung 4.12 Chat ein- und ausstellen

4.2 Facebook-Seite

Laut eCircle sind 15 % der deutschen Facebook-Nutzer Fan von mindestens einer Unternehmensseite innerhalb der Community. Bei weit über 20 Mio. Mitgliedern allein in Deutschland ist das keine unerhebliche Menge an Menschen, die somit hinhören, was Marken und Unternehmen von sich geben.

Wieso ist eine Facebook-Seite auch für Sie dienlich?

Auch Ihrem Unternehmen kann eine Facebook-Seite aus vielerlei Gründen besonders dienlich sein. Eine eigene Seite ...

- gibt Ihrem Unternehmen die Möglichkeit, eine Art Zweigstelle in der größten Community der Welt zu errichten
- fördert die Mund-zu-Mund-Propaganda rund um Ihre Firma (Abbildung 4.13)
- steigert die Neugier und Begehrlichkeit, beispielsweise durch die Nutzung von Rezensionen

- bietet Ihrer Marke Raum zum authentischen Austausch mit den Kunden und Fans
- bietet Ihnen einen Platz für Präsentationen und Ankündigungen unterschiedlichster Art: Promotions, Veranstaltungen, Produkteinführungen, Beantwortungen häufig gestellter Fragen, Produktionsabläufe etc.
- kann die Bekanntheit Ihrer Marke und Ihrer Artikel steigern
- gibt Ihnen die Möglichkeit, Ihr Unternehmen »emotionaler« zu kommunizieren
- ist der passende Ort für Crowdsourcing-Projekte unterschiedlichster Art
- öffnet Ihr Unternehmen für neue Eindrücke und Sichtweisen und optimiert zu guter Letzt Ihre Produkte, Dienstleitungen und Prozesse

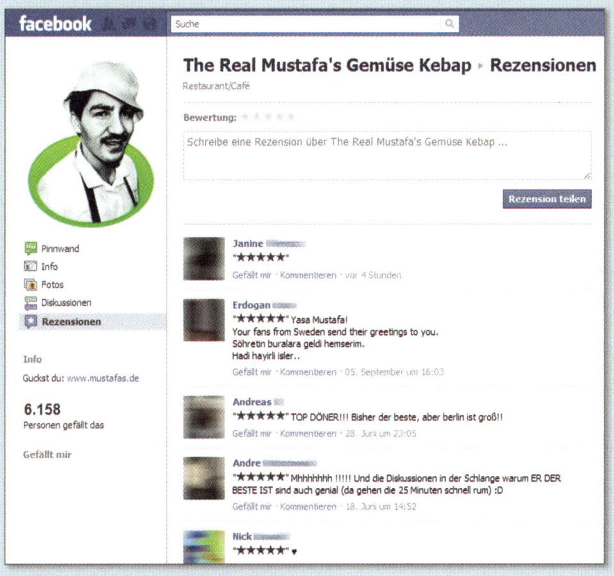

Abbildung 4.13 Die beste Werbung erfolgt noch immer über die Weiterempfehlung.

4.2.1 Engagement auf Facebook bedeutet Investition von (viel) Zeit

Hartnäckig hält sich der Irrglaube, dass mit dem Erstellen einer Facebook-Seite die größte Arbeit getan ist und danach das Social Marketing seine eigenen Wege beschreitet. Dies ist zu 99,9 % leider nicht der Fall. Eine Facebook-Seite ist dazu da, um mit den eigenen Kunden in Kontakt zu treten. Sie möchten umsorgt und unterhalten werden. Wenn ein Fan eine Frage stellt, dann erwartet er auch eine qualifizierte Antwort oder zumindest eine kurze Reaktion. Facebook-Seiten sind eine Sphäre, in der die Zeit nicht still steht – im Gegenteil: hier scheint die Zeit geradezu zu rennen. Ob nun eigene Beiträge oder Posts von Mitgliedern, häufig werden Meldungen in einem rasenden Tempo kommentiert und bewertet. Diese schnellen Konversationen auf Facebook-Seiten sorgen dafür, dass die »gefühlte« Zeit in der

Community nicht der »realen« Zeit entspricht. User möchten nicht mehr 24 Stunden auf eine E-Mail-Antwort warten. Sie möchten ein Feedback, gleich oder spätestens noch am gleichen Tag!

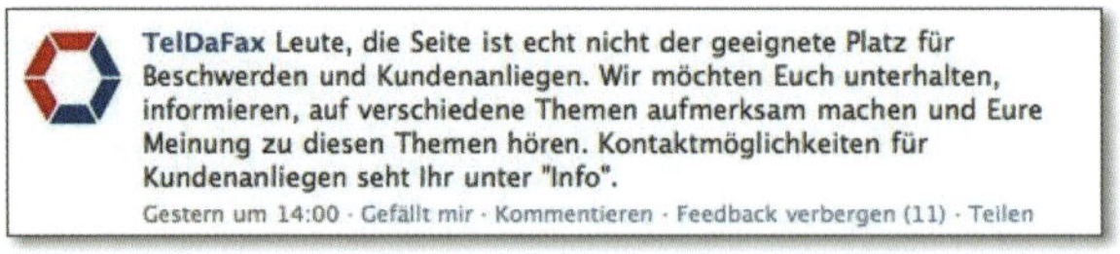

Abbildung 4.14 TelDaFax zeigt auf deren Facebook Seite, wie es nicht gemacht wird!

Die Herausforderungen einer Facebook-Seite werden mit dem Anstieg der Fanzahlen größer und komplexer. Die ersten paar hundert Mitglieder auf Ihrer Seite schaffen Sie mit links allein. Je mehr User sich an Konversationen beteiligen (oder auch nicht), desto wichtiger wird es jedoch, einen professionell ausgearbeiteten Plan im Vorfeld zu haben und zu verfolgen.

Nicht zuletzt gehört zu dieser Planung auch eine effektive Krisenprävention und ein Issue-Management. Denn, um das Beispiel von TelDaFax aufzugreifen (Abbildung 4.14), zeigt sich, wie schnell ein verschuldeter (aber auch unverschuldeter) Beitrag zu einem Shitstorm heranwachsen kann (Abbildung 4.15).

Abbildung 4.15 Sechs von über 100 negativen Kommentaren auf der Facebook-Seite von TelDaFax.

Der Vollständigkeit halber möchte ich noch erwähnen, dass das Unternehmen mittlerweile Insolvenz angemeldet hat. Die Facebook-Seite wurde im Sommer 2011 eingestellt und gelöscht.

Gut zu wissen: Was Sie für den Erfolg mitbringen müssen

Bevor Sie sich ins Konversationsgetümmel stürzen, ist es wichtig, dass Sie prüfen, ob die folgenden Ressourcen und Bedingungen für eine Seite auf Facebook vorhanden sind:

- **Manpower**
  Mit dem Faktor Mensch steht und fällt jede Beteiligung an Facebook. Nur wenn Ihren Mitarbeitern ausreichend zeitliche Ressourcen eingeräumt werden, macht es Sinn, im Netzwerk aktiv zu werden.
- **Kontinuität**
  Die Aktivierung einer Facebook-Seite ist keine Aktion von ein paar Wochen, sondern meist langfristig angelegt.
- **Management**
  Ein professionelles Management wird mit steigenden Facebook-Fanzahlen zu einem essenziellen Bestandteil. Ohne eine strategische Planung kann sich auf lange Sicht kein Erfolg einstellen:
  - Redaktionsplan
  - Themenplan
  - Fragen & Antworten (F&A)
  - etc.
- **Kreativität**
  Ihre Kunden lieben vielleicht Ihr Unternehmen und drücken daher auch die »Gefällt mir«-Schaltfläche der Facebook-Seite, doch sie sind auch anspruchsvoll. Erfahrungsgemäß tritt die Langweile unter den Fans sehr schnell ein – sie möchten gefordert und überrascht werden. Dies erfordert kreative Aktionen und Kampagnen – das ganze Jahr über.
- **Investitionen**
  Ein weiteres Vorurteil hält sich hartnäckig in den Chef- und Marketingetagen: »Internet ist billig.« Ist es nicht! Das bedeutet nicht, dass Sie Ihr letztes Hemd hergeben müssten, um mit einer eigenen Facebook-Seite aktiv zu werden. Vielmehr sollte Ihnen bewusst sein, dass es auch im Internet (wie im echten Leben) nichts umsonst gibt. In den häufigsten Fällen muss für Facebook eine oder müssen mehrere Komponenten programmiert werden (Willkommensseite, Applikationen und andere Reiter).

4.2.2 Integration von Tabs

Facebook bietet Administratoren sogenannte *Tabs* an. Das sind Reiter, die die Inhalte auf der Seite ordnen sollen und leicht wieder auffindbar machen. Für die »rudimentären« Bereiche wie PINNWAND, INFO, FOTOS, VIDEOS und NOTIZEN stellt der

Community-Betreiber Tabs zur Verfügung. Benötigen Sie weitere, dann steht es Ihnen frei, diese zu programmieren und ebenfalls auf der Seite einzupflegen. Häufig werden extra Tabs für die erstmalige Begrüßung von neuen Fans eingestellt (WILLKOMMEN) oder dafür genutzt, die User um ein faires und konstruktives Auftreten zu bitten (NETIQUETTE, wie in Abbildung 4.16).

Abbildung 4.16 Lidl integriert ein »Kommunikationsregel«-Tab und verweist so auf die Netiquette der Seite.

4.2.3 Einbettung von Applikationen

Ohne diese zusätzliche Facebook-Funktion wäre Facebook heute vermutlich nicht das, was es ist. Applikationen ermöglichen Seitenbetreibern, umfassende Programme in die eigene Seite einzubetten. Selbst programmierte Anwendungen werden sehr häufig genutzt und dienen unterschiedlichen Zwecken. Die Programme werden ebenfalls als Tabs integriert, haben jedoch eine komplexere Aufgabe. Diese können für die unterschiedlichen Anlässe genutzt werden:

- Verlosungen
- Promotion-Aktionen

- Produktpräsentationen
- Voting-Projekte
- Onlineshopping-Systeme
- Rabattaktionen
- etc.

4.2.4 Einsicht in die Statistik

Da funkeln die Augen der Marketingbeauftragten und der Controlling-Abteilungen. Mit der Funktion STATISTIKEN ANZEIGEN bekommen die Seiteninhaber ein wertvolles Instrument in die Hände gedrückt. Viele Maßnahmen, Aktionen und Entwicklungen lassen sich mit Hilfe der grafisch aufbereiteten Analysen nachverfolgen und bewerten. Eine Auswahl an Erhebungen:

- Demografie und Aktivität der Fans
- Beitragsaufruf
- Feedback zu einzelnen Postings
- Interaktionsentwicklung
- etc.

Wie Sie eine Facebook-Seite für Ihre Marke aufsetzen und im weiteren Verlauf strategisch leiten, Konversationen führen und stetig neue Mitglieder dazugewinnen, erfahren Sie in Kapitel 6, »Facebook-Integration und Umsetzung von Seiten«.

4.3 Facebook-Gruppe

Facebook-Seiten sind in, und täglich kommen Tausende neue dazu. Nicht ohne Folgen. Mit dem Hype um diese Funktion entwickelte sich eine Art unkontrollierter »Wildwuchs« und sorgte für ein Überangebot an Seiten. Häufig wurden von Mitgliedern Seiten angelegt und nach kürzester Zeit wieder aufgegeben. Tausende von ungenutzten und »verwahrlosten« Präsenzen waren die Folge. Facebook versucht, diesem Treiben entgegenzuwirken – mit der Angebotserweiterung FACEBOOK GRUPPE. Mit dieser neuen Funktion ist es Mitgliedern möglich, ein Kollektiv zu gründen und Seiten zu bündeln, ohne gleich eine umfangreiche Facebook-Seite zu eröffnen.

Mit diesem Versuch der Neuordnung werden insbesondere Mitglieder der Community angesprochen, die sich aus nicht kommerziellen Zwecken zusammenschließen und austauschen möchten. Darunter fallen beispielsweise:

- Vereine
- Initiativen
- Arbeitsgruppen

... kurzum Gemeinschaften, die sich über ein bestimmtes Thema austauschen und dieses gemeinsam erarbeiten möchten.

Gut zu wissen: Sie planen, Facebook kommerziell zu nutzen? Dann sind Facebook-Gruppen nichts für Sie!

Bei der Nutzung einer Facebook-Gruppe liegt das gemeinsame Erarbeiten von Projekten im Vordergrund. Im Gegensatz zu einer Facebook-Seite sind die Teilnehmer gleichberechtigte Mitglieder. Das bedeutet, es gibt zwar einen Administrator (meist der Gründer), der aber nicht allein entscheidet, Diskussionen anstößt und moderiert. Jeder User kann neue Leute zur Gruppe hinzufügen (die jedoch noch von dem Administrator der Gruppe freigegeben werden müssen). In der Gruppe ist es möglich, einen kollektiven Chat mit allen Teilnehmern, die diese Funktion freigeschaltet haben, anzuberaumen. Wie es sich für eine richtige Arbeitsgruppe gehört, bietet Facebook zusätzlich eine Doc-Funktion an. Die Teilnehmer können so kollektiv und zeitgleich an gemeinsamen Projekten arbeiten und Änderungen oder Ergänzungen an den Dokumenten durchführen. Solche Möglichkeiten bieten die Einstellungen einer Facebook-Seite nicht an (Abbildung 4.17).

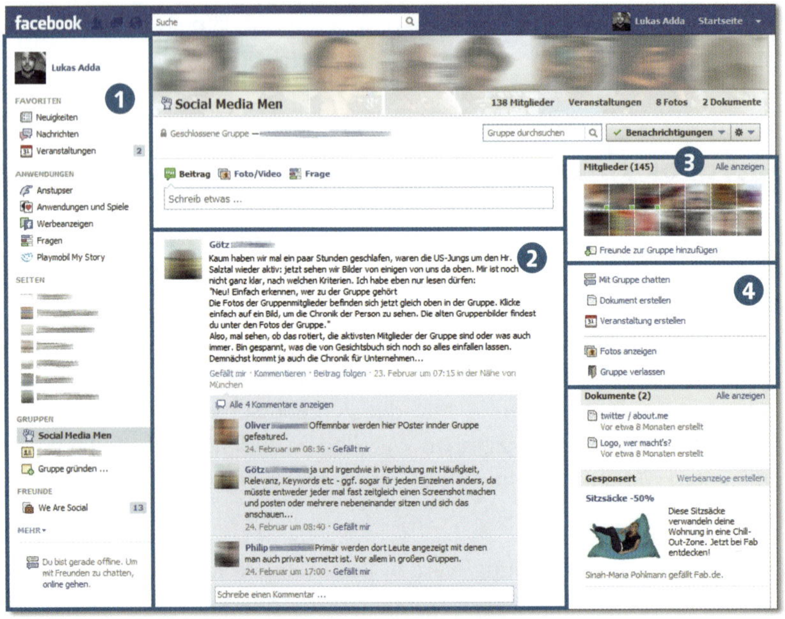

Abbildung 4.17 Funktionelle und visuelle Unterschiede einer Gruppe gegenüber einer Facebook-Seite

Der funktionelle Schwerpunkt einer Gruppe liegt größtenteils in der Erarbeitung von Sachverhalten, basierend auf der reinen Diskussion. Entertainment, in Form von Bewegtbild und Applikationen, ist nicht im Fokus einer Gruppe.

Die visuelle »Aufmachung« und die Struktur einer Gruppe verraten dem User bereits, dass es hier etwas »rudimentärer« zur Sache geht (der komplette linke Streifen ❶ ist für die Nutzung der Gruppe ohne Bedeutung):

- **Keine Integration von Tabs**
  Es werden keine Tabs bzw. Reiter angeboten. Diese sind auf einer Facebook-Seite notwendig, um eingestellte Inhalte und Anwendungen besser zu strukturieren. Das bedeutet beispielsweise, dass die Integration eines Begrüßungsreiters (wohlbekannt von einer »klassischen« Unternehmensseite) nicht möglich ist.
- **Keine Nutzung von Applikationen**
  Ein großer Unterschied gegenüber einer Seite ist auch, dass den Betreibern einer Gruppe weder vorprogrammierte Applikationen angeboten werden noch sie die Möglichkeit erhalten, eigene Anwendungen zu integrieren. Votings, Gewinnspiele und andere Aktionen suchen hier also Gruppenteilnehmer vergeblich. Für die Durchführung von umfassenden Projekten oder Kampagnen sind daher Facebook-Gruppen nicht geeignet.

Der mittlere Bereich einer Gruppe ❷ ist, wie bei einer Seite, der Konversation mit den anderen Teilnehmern vorbehalten. Zwei große Unterschiede verbergen sich aber auch hier:

- **Diskussionen sind abonnierbar**
  Der Schwerpunkt einer Gruppe ist die Diskussion als solche. Diese »Bestimmung« wird von Facebook zusätzlich unterstrichen und gefördert, indem sie das Feature zum Abonnieren einbettet (Abbildung 4.18). Das ermöglicht es den Teilnehmern, einzelne Beiträge über einen längeren Zeitraum mitzuverfolgen, ohne dass sie oder er immer wieder nachschauen muss. Mit jedem neuen Kommentar zu dem Beitrag wird der Abonnent via Benachrichtigung informiert.

Abbildung 4.18 Besonders interessante Beiträge abonnieren und keine folgenden Kommentare verpassen

- **Keine Fotozeile**
  Das Einstellen von Fotos ist zwar auch in einer Gruppe möglich. Doch wird auf diese Funktion kein großes Augenmerk gelegt. Der Schwerpunkt ist und bleibt das geschriebene Wort. Aus diesem Grund ist eine Integration einer Fotozeile nicht berücksichtigt.
- **Keine Videos**
  Weniger verwunderlich ist dann auch, dass ein Upload von Video-Content nicht möglich ist.

Der rechte Bereich einer Gruppe ist mit unterschiedlichen Funktionen ausgestattet, die eine Facebook-Seite dagegen nicht bietet. Andere, essenzielle Features fehlen hingegen und unterstreichen nochmals die Empfehlung, Facebook-Gruppen nicht für kommerzielle Kampagnen zu verwenden:

- **Keine Statistik**
  Der Wegfall der Statistik-Funktion ist ein großer und wichtiger Unterschied gegenüber einer Seite. Welche Altersgruppen die Gruppe am meisten nutzen, woher die Teilnehmer kommen und wie hoch die Interaktion innerhalb des Kollektivs ist, kann nicht ermittelt werden, da das nötige Instrument dazu fehlt. Es ist Ihnen somit nicht möglich, während oder nach Ablauf eines Projekts eine qualitative Erfolgskontrolle durchzuführen.
- **Sichtbarkeit der Kontakte** ❸
  Wer alles in der Gruppe mitdiskutiert und wie sie oder er heißt, ist für jeden Teilnehmer einsehbar. Diese Funktion ist unabhängig davon, ob Sie nun der Administrator der Gruppe sind oder bloß ein Teilnehmer. Auch dieses Feature soll die Dialog- und Diskussionsbereitschaft der Gruppe fördern. Zu wissen, wie viele Teilnehmer ein Diskurs hat und wer diesem beiwohnt, schafft ein Fundament und eine bessere Basis für Gespräche.
- **Dokumente erstellen** ❹
  Wie bereits erwähnt, ist es den Teilnehmern möglich, Dokumente zur gemeinsamen Nutzung und Weiterverarbeitung zu erstellen. Neben diesen Funktionen sind nur noch zwei weitere Aktionen innerhalb der Gruppe möglich:
  - das Einstellen einer Veranstaltung (für die Gruppenteilnehmer)
  - die Funktion zum Verlassen der Gruppe

Aus kommerzieller Sicht ergibt es also wenig Sinn, eine Facebook-Gruppe für Ihr Unternehmen zu eröffnen. Falls Sie jedoch eine Arbeitsgruppe planen, die sich beispielsweise mit der Optimierung von Sachverhalten und Prozessen beschäftigen soll, dann ist Ihnen mit dieser Form der Zusammenarbeit eventuell geholfen. Wie Sie eine Gruppe für Ihre Zwecke erstellen und pflegen, erfahren Sie in Kapitel 9, »Integration weiterer Facebook-Features«.

4.4 Facebook Veranstaltungen

Gerade durch die große Medienberichterstattung im Sommer 2011 wurde die Funktion »Facebook Veranstaltungen« von Facebook bekannt und erhielt einen zweifelhaften Ruf. Ob nun große Internetportale wie Spiegel.de oder TV-Nachrichtensendungen wie die Tagesthemen, nahezu jedes Medium berichtete über ausufernde und außer Kontrolle geratene Facebook-Events. Durch unsachgemäße Nutzung der Veranstaltungsfunktion des Netzwerks wurde schnell ein Fest mit 15 geplanten Gästen zu einem Gelage mit 1.000 und mehr fremden Besuchern. Durch die Welle negativer Berichterstattung stand die Funktion für ein paar Monate unter keinem guten Imagestern (Abbildung 4.19). Daher gleich vorweg: Schalten Sie zur privaten Nutzung von Facebook Veranstaltungen die Einstellung immer auf nicht öffentlich!

4.4.1 Facebook Veranstaltungen interessant für Ladenbesitzer?

Dabei kann der richtige Einsatz von Facebook Veranstaltungen viele Vorteile für Offlineaktionen aller Art bringen. Manch einen Unternehmer oder Ladenbesitzer würde so ein »Run« auf das eigene Geschäft, wie oben beschrieben, mit Sicherheit freuen.

Abbildung 4.19 ZDF-Berichterstattung über Facebook-Partys

Facebook Veranstaltungen werden bereits von vielen Marketingbeauftragen professionell verwendet. Die Einsatzmöglichkeiten sind sehr vielfältig und ermöglichen auch Ihnen und Ihrer Unternehmung, von der Kraft der viralen Verbreitung zu profitieren.

Möglichkeiten der kommerziellen Nutzung von Facebook Veranstaltungen

Es gibt unterschiedlichste Gelegenheiten, wie Sie diese Funktion auch für Ihr Unternehmen nutzen können:

- Messen
- Ladeneröffnungen/Eröffnungen einer neuen Filiale
- Konzerte
- Promotiontour/Probiertage
- Kunstevents und Galerieeröffnungen
- Buchlesungen
- Betriebsfeiern/Firmenjubliäen
- saisonale Aktionen in unterschiedlichen Niederlassungen
- Pressekonferenzen/Tagungen
- etc.

Das Einstellen einer Veranstaltung auf Facebook kann über zwei Wege erfolgen. Sie können ein Event über Ihr eigenes Profil laufen lassen. Das bedeutet, die Ankündigung ist direkt mit Ihrem persönlichen Profil verknüpft. Eine andere Möglichkeit – aus unternehmerischer Sicht die bessere Variante – ist, dass Ihre Veranstaltung über die unternehmenseigene Facebook-Seite aufgesetzt wird. Selbstverständlich richtet sich diese Option nur an Aktionen, die keinen privaten Hintergrund haben und ausschließlich mit der Firma in Verbindung stehen.

So verwendet die deutschlandweite Buchhandelskette HUGENDUBEL häufig die Funktion, um auf bestimmte Buchlesungen in den einzelnen Filialen hinzuweisen (Abbildung 4.20).

Dabei wird für jede Veranstaltung innerhalb der offiziellen Facebook-Seite ein separater Eintrag erstellt. Dieser beinhaltet im Fall des Buchladens die Info, wann und in welcher Stadt die nächste Lesung stattfindet. Mehr Details erhält der Interessent durch das Anklicken.

Ganz im Zeichen von Facebook und Social Media ist es selbstverständlich möglich, einzelne Veranstaltungen mit den eigenen Freunden zu teilen. Neben dieser Funktion kann, je nach Einstellung, auch angezeigt werden, ob und wie begehrt die Veranstaltung ist (Abbildung 4.21).

Abbildung 4.20 Buchhandlung Hugendubel verwendet Facebook Veranstaltungen für die Promotion der einzelnen Buchlesungen.

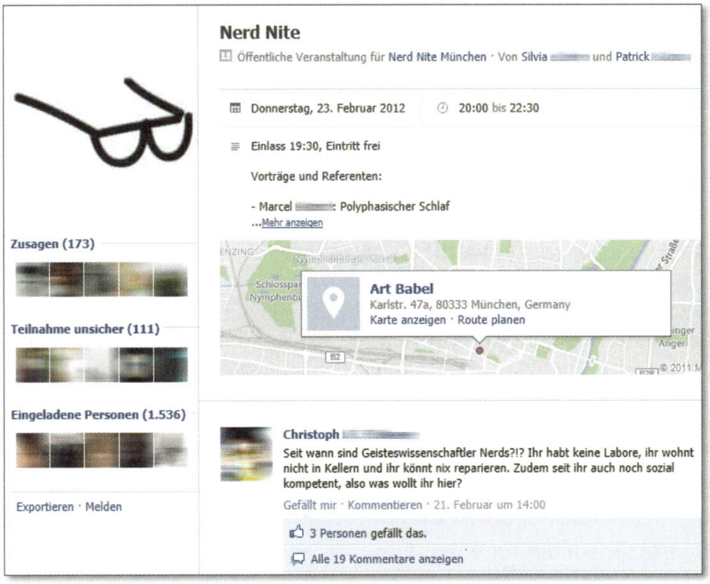

Abbildung 4.21 Wie viele Personen besuchen neben mir noch die Veranstaltung? Die Zusagen-/Absagen-Übersicht beantwortet diese Frage.

Anmerkungen zu öffentlichen Veranstaltungen

Beachten Sie aber, dass es sich bei den ZUSAGEN von Usern in erster Linie um ein bloßes Interesse an dem Thema des Events handelt. Der Facebook-User erhält meist den Tipp oder »stolpert« mehr oder weniger über einen Hinweis, dass eine Party, Feier oder Ähnliches geplant ist. Die Veranstaltung klingt unterhaltsam und wird oft schnell mit der Schaltfläche NEHME TEIL bestätigt. Häufig zeigt sich jedoch, dass die No-Show-Rate einer Facebook-Veranstaltung höher ist, als eines Events, das über konventionelle Wege angekündigt wurde. Dieser lockere Umgang mit Zusagen kann viele Gründe haben:

- Events, die als öffentliche Veranstaltungen eingetragen sind, werden nicht als persönliche Einladung empfunden und somit wird kein verpflichtender Bezug hergestellt.
- Ob der zugesagte User tatsächlich zur Veranstaltung geht, registriert der Veranstalter in der Regel nicht (der Teilnehmer muss sich bei Nichterscheinen nicht rechtfertigen).
- Das inflationäre Aufkommen von Facebook-Events macht es einem User schlichtweg unmöglich, jeder Veranstaltung beizuwohnen.
- Ein weit verbreitetes Nutzermuster ist zudem, erst zuzusagen und später (meist ad hoc) zu entscheiden, ob man hingeht, ein anderes Event vorzieht oder gleich zuhause bleibt.

Ich kann Sie jedoch beruhigen. Selbst dieses Verhaltensmuster folgt einem Trend, der sich stetig wandelt. Derzeit entwickelt sich der Trend in die folgende Richtung:

- Einladungen zu Veranstaltungen werden von den Mitgliedern zwar registriert, jedoch vorerst nicht beantwortet.
- Events, die einen nicht interessieren, werden nicht abgesagt, sondern ignoriert.
- Das ist auch ein Grund dafür, dass die Anzahl der Menschen mit ausstehenden Antworten immer sehr hoch ist. Das bedeutet nicht, dass diese Personen die Information nicht erhalten haben. Sie möchten sich lediglich nicht entscheiden.
- Der Trend geht wieder dahin zurück, dass Zusagen auch als tatsächliche Bestätigungen zu den Events gewertet werden können.

Abschließend kann man zu der Funktion Facebook Veranstaltungen sagen, dass es sich um einen sinnvollen Ergänzungsdienst handelt. In Kombination mit einer Unternehmensseite kann das Feature das eigene Eventmanagement optimieren. Die Anzahl der Zusagen ist zwar weiterhin nicht als finale, tatsächliche Bestätigung zu sehen, gibt dem Veranstalter aber immerhin einen groben Trend an, ob er mit einem erhöhten Ansturm zu rechnen hat oder das Event droht, ein Flop zu werden. In diesem Fall gibt Ihnen diese Vorschau zumindest die Chance, noch entgegenzusteuern und weitere Maßnahmen für einen Erfolg zu ergreifen.

4.5 Facebook Orte

Laut der ARD/ZDF-Onlinestudie 2011 gehen 16 % der Deutschen via Handy oder Smartphone ins Netz. Nach dem Computer und Laptop steht dieser Wert auf Platz drei. Tendenz steigend. Eine weitere Studie »Mobile Internet-Nutzung« (Nordlight Research GmbH, 2011) hat herausgefunden, dass von den unzähligen Communitys im Internet Facebook das am häufigsten mobil besuchte Netzwerk ist (60 %) – weltweit nutzen bereits über 350 Millionen Nutzer die Community mobil.

Mit dem Bedürfnis nach Mobilität und Echtzeitkommunikation entwickelt sich auch die Art der Statusmeldung fortwährend weiter. Die Funktion Facebook Orte erlaubt es Usern nicht nur, anzugeben, wie sie sich fühlen und was sie machen, sondern auch, wo sie die beschriebene Situation gerade erleben.

Facebook Orte unterscheidet sich von den bereits vorgestellten Präsenzen durch seine Verwendungsart. Denn die aktive Nutzung ist auch über eigene Smartphones möglich. Es handelt sich dabei um eine Anwendung, die auf der Technologie der *Location Based Services* basiert. Erstmalig von den Anbietern *foursquare* und *gowalla* auf den Markt gebracht, hat sich diese Art der ortsbezogenen Statusmeldung schnell großer Beliebtheit erfreut und Facebook ebenfalls dazu bewogen, diese Funktion in sein Repertoire aufzunehmen.

Gut zu wissen: Was ist der Unterschied zwischen Facebook-Seiten und Facebook Orte?

Eine Facebook-Seite und ein Facebook-Ort sind im Prinzip beides das Gleiche. Die zweite Präsentationsform hat lediglich eine weitere Funktion mit eingebaut und zwar jene, dass die Seite mit einer genau zuweisbaren Adresse versehen werden kann. Dieser »Ort« wird dann unter Infos auf der Facebook-Seite mittels einer Karte zusätzlich angezeigt. Wenn Sie also ein Geschäft, ein Restaurant oder einen anderen physischen Ort besitzen, der auch von Ihren Kunden besucht werden kann oder bereits wird, dann macht Facebook Orte durchaus Sinn für Sie. Ihre Kunden können sich bei Ihnen einchecken und werben somit automatisch für Ihr Geschäft, weil dieser Check-in im Newsfeed der Freunde angezeigt wird. Alle weiteren Features wie Pinnwand oder die Reiterfunktionen unterscheiden sich nicht von einer »normalen« Facebook-Seite.

Neben dem bekannten Daumen hoch hat Facebook ein weiteres Symbol entwickelt, das im weiteren Verlauf auch für die Funktion Facebook Orte wichtig wird (Abbildung 4.22).

Abbildung 4.22 Facebook Orte – ein Symbol, dass Sie sich merken sollten.

4.5.1 Einchecken und zeigen wo, wann und was man macht

Die erweiterte Form der Statusmeldung ermöglicht es dem Community-Nutzer also, den Freunden zu zeigen, wo er sich gerade befindet. Diese Handlung wird umgangssprachlich auch als »Check-in« bezeichnet und ist ein übernommener Begriff aus dem foursquare-Netzwerk. Ein Check-in ist nur über ein internetfähiges Handy oder ein Smartphone möglich und unterstützt nicht die Anwendung durch einen PC oder Laptop. Das liegt daran, weil Facebook davon ausgeht, dass ein Computer beispielsweise nur stationär genutzt wird und sich seine Position für gewöhnlich nicht ändert.

So teilen Sie mit, wo Sie sind

Nahezu alle Anbieter von Handy-/Smartphone-Betriebssystemen bieten Integrationsmöglichkeiten der mobilen Facebook-Applikation an. Dies ist für die Nutzung des Netzwerks von unterwegs nötig. Neben vielen unterschiedlichen Funktionen kann der Verwender auch den Befehl ORTE wählen. Via GPS-Ortung kann Facebook ermitteln, wo Sie sich befinden, und listet Ihnen mögliche Orte auf, an denen Sie sich befinden könnten. Es liegt nun an Ihnen, den richtigen Ort auszuwählen. Falls Sie den Laden, das Cafe, den Park oder eine andere Location, die Sie gerade besuchen, nicht finden, können Sie diesen Spot hinzufügen. So wächst die Liste »selbstständig« weiter an, und alle noch fehlenden Orte werden nach und nach hinzugefügt.

Nach der Wahl Ihres Aufenthaltsortes können Sie noch weitere Angaben zu dem Check-in hinzufügen (Abbildung 4.23).

Abbildung 4.23 Wo, wann, wie und mit wem – Ort-Statusmeldung auf Facebook

Wer begleitet Sie? ❶

Mit dem Hinzufügen von weiteren Personen, mit denen Sie in Facebook in Kontakt stehen, zeigen Sie Ihren Freunden, mit wem Sie unterwegs sind.

Bilddokumentation ❷

Diese Funktion ermöglicht es Ihnen, den gerade besuchten Ort auch via Fotoaufnahme zu dokumentieren. Beides ist möglich: entweder eine bereits bestehende Bilddatei aus der eigenen Smartphone-Bibliothek hochzuladen oder ein Foto aufzunehmen und dieses zu verwenden.

Welcher Veröffentlichungsgrad? ❸

Seit Sommer 2011 hat sich Facebook das Thema Privatsphäre auf die Fahnen geschrieben, das auch bei Statusmeldungen Berücksichtigung findet. Mit Hilfe der Globus-Schaltfläche können Sie bestimmen, wer Ihrer Netzwerk-Kontakte den geplanten Ortsbeitrag sehen darf und wer diesen nicht zu Gesicht bekommt.

4.5.2 Völlig neue Perspektiven für Unternehmen

Durch die Nutzung von Facebook Orte ergeben sich für Marken und Strategen eine komplett neue Möglichkeit der Kundenansprache. Der Hintergrund ist klar: Jeder

Check-in in Ihrem Laden oder Ihrer Filiale ist gleichzeitig auch eine nicht zu unterschätzende Werbung. User checken sich bei Ihnen ein und streuen diese Info via Newsfeed an die Freunde und Bekannte auf Facebook.

Weitere Vorteile, eine Facebook-Seite als Ort zu führen

Steigert die Begehrlichkeit

Auf der Unternehmensseite wird angezeigt, wie viele Kunden bereits Ihr Geschäft besucht haben (Abbildung 4.24). Das Berliner Prestige-Kaufhaus KaDeWe beispielsweise kann so auf knapp 30.000 Check-ins zurückblicken. Das suggeriert den Besuchern auf der Seite, dass es sich um einen besonders interessanten Ort handeln muss.

Kundenorientierter Service

Wer nicht gesehen wird, der wird auch nicht gefunden. Facebook Orte hilft Ihren (potenziellen) Kunden, Sie besser zu finden. Mit der Filialen-Suchfunktion lässt sich auf einer Karte anzeigen, in welchen Städten man Sie besuchen kann.

Abbildung 4.24 Facebook Orte steigert die Begehrlichkeit und hilft, den Service zu optimieren.

5 Ihre Ziele brauchen eine Strategie

Geduld zahlt sich aus! Lernen Sie Ihre Zielgruppe kennen, und setzen Sie eine zielgesteuerte Strategie auf, die auf Know-how und Kontinuität fußt. Ihre Ausdauer und Weitsicht werden mit Fans und spannender Interaktion auf Facebook belohnt.

Wo keine Ziele, da keine Erfolge! Ziele geben eine Strategie vor und machen den Erfolg einer Unternehmung erst messbar. In der begeisterten Euphorie, endlich in Facebook und somit im sagenumwobenen Social Media durchzustarten, geht häufig die Planung des eigentlich Fundamentalen unter. Es werden wild, gar hektisch Profile eröffnet und Accounts erstellt. Facebook-Seiten werden in einer falschen Kategorie angelegt (kann jederzeit rückgängig gemacht werden) und die Vanity-URL fristet ein kryptisches oder unlogisches Dasein.

Gut zu wissen: Was ist eine Vanity-URL?

Eine Vanity-URL ist im Grunde genommen nichts anderes als eine »aufgehübschte« Seitenadresse einer Seite oder eines persönlichen Profils. Eine Vanity-URL erfüllt zwei grundlegende Aufgaben:

- **Lesbarkeit**
  Eine kryptische und lange URL können sich nur die wenigsten User wirklich merken. Das Netzwerk ermöglicht es Ihnen, diese URL »schöner« zu machen. Dazu wird die Seitenadresse mit einer Wortendung Ihrer Wahl verkürzt. Neben der optischen Aufbesserung profitieren Sie mit einer Vanity-URL auch davon, dass Ihre Präsenz leichter gemerkt werden kann.
- **Verlinkbarkeit**
  Neben der Optik (und somit besserer Lesbarkeit) erfüllt die Vanity-URL einen weiteren wichtigen Zweck. Erst mit dieser Seitenadresse ist es anderen Usern und Betreibern anderer Seiten möglich, Ihre Seiten in einer Statusmeldung zu verlinken. Wörter, die in einem Beitrag blau markiert sind, sind auch verlinkt. Für die User hat es den Vorteil, dass sie nicht nur die Marke (bzw. deren Seitennamen) lesen können, sondern ihn auch direkt anklicken können.

Weitere wichtige Informationen zu diesem Thema finden Sie in Abschnitt 6.2.5, »Sicherung der Vanity-URL«.

Anfängliche Anstiege von Facebook-Fanzahlen auf Unternehmensseiten versiegen schnell, wenn den Administratoren die Freunde ausgehen und es sonst niemanden interessiert, was die Firmen in Facebook machen. Die wenigen verbleibenden Mitglieder auf einer Präsenz werden dann zum Dank mit schlecht geschriebenen und werbelastigen Beiträgen gequält, bis sie, genervt von den Spamattacken, die Seite im Newsfeed ignorieren oder den gut gemeinten »Gefällt mir«-Klick gleich rückgängig machen. Ein schlechter bis katastrophaler *EdgeRank* ist nur eine der Folgen. Diese und viele andere Fehler begegnen uns tagtäglich im Web und in Netzwerken. Mangelnde Planung und fehlende strategische Herangehensweise führen zu einem ziellosen Umherirren, zu Frust und letzten Endes zu verwaisten und ungenutzten Unternehmensseiten. Diese unrühmlichen Präsenzen haben aber auch einen Vorteil! Sie dienen anderen als Mahnmal, aus den Fehlern zu lernen, den Hebel im Kopf umzulegen und das Projekt »Mein Unternehmen in Facebook« strategisch anzugehen. Der Start in Facebook beginnt daher nicht mit dem Anlegen eines eigenen Profils oder dem Aufsetzen einer Seite. Eine erfolgreiche Umsetzung beginnt bereits sehr viel früher. Erst wenn die Aufgabe, das Ziel, die Zielgruppe(n) und die eigenen Markenbotschaften in der Strategie vereint sind, kann der operative Teil Ihrer Marketingbestrebungen starten.

5.1 Definieren Sie Ihre Ziele

Wohin soll also die Reise gehen? Wie schon erwähnt, ist es unabdingbar, vor dem Start eines Projekts – und das bezieht sich keinesfalls nur auf das Internet und Facebook – eine klare Vorstellung davon zu haben, was ich mit meinem Unternehmen erreichen möchte. Anzustrebende Ergebnisse gibt es viele und Zutaten, die dafür nötig sind, noch um ein Vielfaches mehr. Nur mit der richtigen Auswahl an Komponenten und der richten Dosierung ist das Wunschziel zu erreichen. Bevor jedoch der strategische Teil beginnen kann, müssen Sie für Ihre Firma oder Ihre Kampagne Ziele definieren. Diese Ziele zeigen Ihnen den Horizont im Internetgetümmel auf. Ein Punkt, den es zu erreichen gilt. Ob und wie Sie diesen Fixpunkt erreicht haben, ermitteln Sie am Ende des Projekts. Sogenannte Milestones können Ihnen aber bereits auf dem Weg zum Ziel helfen, den Überblick zu behalten.

Gut zu wissen: Was sind Milestones, und wozu dienen sie?

Der Begriff *Milestone* kommt aus dem Englischen und bezeichnet einen bestimmten Punkt in einem laufenden Prozess. In großen Projekten werden diese zeitlichen Meilensteine gesetzt und mit Teilzielen verknüpft, um notfalls auf negative Entwicklungen regulierend einzuwirken. Milestones können Sie unterschiedlich definieren und setzen. Eine Auswahl an Beispielen, die vielleicht auch zu Ihrem Projekt passen:

Beispiel 1: Meetings
Sie haben ein Team, dass mit Ihnen das Projekt begleitet. Jedes Teammitglied ist für einen bestimmten Aufgabenbereich verantwortlich. In kontinuierlichen Meetings (z. B. monatlich) mit den Entscheidern dieser Gruppe (Abteilungs-/Bereichsleiter) wird der aktuelle Prozessverlauf besprochen und die Teilziele (vom Vormonat) mit den Ist-Werten verglichen. Ob etwas nicht rund läuft, kommt so ans Tageslicht, und Fehler sind meist schnell behoben und gefährden nicht mehr länger das gesamte Projekt.

Beispiel 2: Pretests
Wichtige Meilensteine in einem Prozess können Sie auch mit vorab durchgeführten Pretests verknüpfen. Gilt es als sicher, dass Ihre Kunden die zu entwickelnden Facebook-Applikationen tatsächlich verstehen und nutzen? Ein Pretest unter ausgewählten Usern und die darauf folgenden Ergebnisse schaffen Klarheit und markieren einen wichtigen Entscheidungspunkt in dem Bestreben, die gesetzten Ziele (weiterhin) zu erreichen.

5.1.1 Gewünschtes versus echtes Ziel

»Ich möchte viele Fans auf Facebook haben.« Tut mir leid, aber das ist bestenfalls ein Wunsch, doch kein Ziel. Für den einen sind 100 neue Fans schon das höchste der Gefühle. Für den anderen sind 1.000 eine Hausnummer, die das »Mehr« definiert. Häufig werden eben solche oder ähnlich schwammige Formulierungen (mehr Fans, mehr Interaktion, mehr Beteiligung) als Ziele angegeben, die jedoch einen großen Nachteil haben: sie sind nicht vergleichbar und zudem sehr subjektiv. Ein Soll-Wert ist ebenso wenig bekannt wie ein Ist-Faktor. Um das Bestreben »mehr Fans« in ein Ziel umzuwandeln, muss die Formulierung einen genauen Fixpunkt benennen, der erreicht werden soll. *»Ich habe derzeit 250 Fans auf meiner Seite und möchte binnen der kommenden vier Wochen 1.000 Facebook-User erreichen.«* Das ist ein Ziel, damit können wir oder vielmehr Sie arbeiten!

Ein Ziel setzt also voraus, dass die Ausgangsposition (Ist) bekannt ist und der Soll-Wert sich in einem realistischen Umfeld bewegt. Die Nutzung von Zeitvorgaben fasst die beiden Werte in einen Rahmen und macht ein gewünschtes Ziel zu einem echten Ziel.

Bevor es um die Definition von »kleinteiligen« Werten geht, schadet es nicht, sich ein paar Gedanken grundlegender Natur zu machen. Diese Überlegungen können Ihnen im weiteren Verlauf helfen, noch präziser eine Strategie für den eigenen Facebook-Auftritt zu entwickeln.

Überlegungen, die Ihnen helfen können, wenn Sie bislang nicht geschäftlich aktiv sind:

- Wieso möchte ich mit einer offiziellen Präsenz auf Facebook aktiv werden?
- Was erhoffe ich mir mit dem Schritt ins Netzwerk?

- Ist meine Klientel in der Community vertreten?
- Wer soll künftig und langfristig die Facebook-Seite kontinuierlich betreuen?
- Über welche Inhalte möchte ich auf der Seite sprechen?
- Müssen für den Eintritt in die Community noch Inhalte und Content geschaffen werden?
- Stehen finanzielle Mittel für mögliche Programmierungen zur Verfügung?
- Stehen mir und/oder meinem Team die zeitlichen Ressourcen zur Verfügung?
- Besitzen die beauftragten Kollegen und Mitarbeiter das nötige Know-how, um diesen Job zu übernehmen, oder müssen sie erst noch geschult werden?

Überlegungen, die Ihnen helfen können, wenn Sie bereits unternehmerisch auf Facebook aktiv sind:

- Wurden vorab Ziele definiert?
- Was ist bislang gut verlaufen, und was kann noch optimiert werden?
- Was könnten die möglichen Gründe sein, dass das angestrebte Ziel bislang nicht erreicht wurde?
- Wie ist mein Team (die Administratoren Ihrer Seite) hinsichtlich Ressourcen aufgestellt? Räume ich den betreuenden Mitarbeitern ausreichend viel Zeit und Freiräume ein?
- Ist das Know-how und die nötige Kompetenz vertreten? Arbeitet und nutzt mein Team gerne Facebook?
- Ist für ausreichend viel kreativen Input und Inspiration gesorgt?
- Stehen dem Team Content und Inhalte zur Verfügung, über die sie auf der Facebook-Seite für Interaktion sorgen können?

5.1.2 Unterscheidung von Zielen

Je nach Zielvorgabe ordnen sich die jeweiligen Messfaktoren dieser unter. Die Messfaktoren können vielfältiger Natur sein und sich auf Onlinebereiche beschränken oder aber auch die Offlinewelt mit einbeziehen. Hier eine Auswahl an möglichen Zielen, die auch zu Ihrem Unternehmen passen könnten.

Online: Auswahl an Zielen, die sich auf die Facebook-Präsenz beziehen

Nutzer

- quantifizierbare Steigerung der Fans innerhalb eines bestimmten Zeitraums
- quantifizierbare Steigerung des Anteils von Mitgliedern aus einer bestimmten Region (Stadt/Land) innerhalb xy Monate.

Interaktion

- monatliche Steigerung der Beitragsaufrufe um xy %
- Steigerung der Kommentare auf Beiträge um xy % gegenüber dem Vormonat
- quantifizierbare Steigerung von Content-Uploads bis zu einem bestimmten Zeitpunkt
- Erreichung einer bestimmten Besucherzahl auf einem definierten Reiter oder einer Applikation (auf der eigenen Seite)

Detaillierte Angaben zur Nutzung des Facebook-Statistiktools Facebook Insights finden Sie in Kapitel 13, »Das erfolgreiche Messen Ihrer Aktivitäten«.

Offline: Auswahl an Zielen, die in Ihre Offlinebeschreibungen einzahlen

Besucher und Abverkauf

- die Anzahl der Besucher in Ihrem Laden quantifizierbar erhöhen
  »Ich möchte bis zu xy mehr Check-ins im Monat in meinem Restaurant erreichen.«
- Abverkauf von Produkten und Artikeln quantifizierbar steigern
  »Ich möchte bis xy % mehr Produkte durch Facebook-Applikationen verkaufen.«
- quantifizierbare Steigerung von Teilnehmern bei Events und Veranstaltungen
  »Ich möchte xy Teilnehmer für meine Ladeneröffnung via Facebook erreichen.«
- quantifizierbare Steigerung der Bewertung
  »Mindestens 9 von 10 Gäste-Rezensionen sollen fünf Sterne geben.«

5.1.3 Ein Imbiss macht es vor – Kebap top, Facebook top

Viele der genannten Ziele treffen vielleicht auch auf Ihre geplanten Maßnahmen zu. Facebook kann jedoch kein Garant für den unternehmerischen Erfolg sein. Das Netzwerk ist vielmehr der Träger Ihrer Botschaften, die sich mit Hilfe einer Vielzahl von bereitgestellter Mechaniken und Instrumente verbreiten lassen. Die Botschaften dienen dazu, Ihre Kunden über Ihre Produkte, Services und Aktivitäten zu informieren. Wenn jedoch die Qualität der Dienstleistungen und das abgegebene Versprechen nicht eingehalten werden, helfen auch die besten Tipps nicht weiter.

Wie das Beispiel von Mustafa's Gemüse Kebap eindrucksvoll zeigt (Abbildung 5.1), stimmen die Fan- und Rezensionszahlen nur, wenn und weil das Produkt eine hohe Qualität und besten Geschmack verspricht und einlöst.

Abbildung 5.1 Facebook-Empfehlungsmarketing mit guten Rezensionen

5.2 So entwickeln Sie eine erfolgreiche Strategie

Die Festlegung der Ziele ist das eine, ihre Erreichung das andere. Sie sind nun an dem Punkt angelangt, an dem Sie die genaue Herangehensweise erarbeiten: die Strategie für Ihren Facebook-Auftritt. Ziele können nur erreicht werden, wenn einige elementare Informationen im Vorfeld bekannt sind. Zielgruppe, Bedürfnis, Botschaften und Alleinstellungsmerkmale sind alles Informationen, die Ihnen vor der Entwicklung der Strategie bekannt sein sollten. Denn nur mit diesem Wissensstand können Sie Maßnahmen entwickeln, die dem User einen tatsächlichen Mehrwert bieten, Ihre künftige Facebook-Seite zu besuchen und sich an Ihr Unternehmen zu binden.

5.2.1 Zielgruppen, USP, Botschaften

Warum eine klare Zielgruppe so wichtig ist: Das genaue Bestimmen der eigenen Zielgruppe ist aus vielerlei Gründen sehr wichtig und notwendig für das weitere Vorankommen:

- **Eine Zielgruppe gibt dem Unternehmen eine Marschrichtung vor**
  Lernen Sie Ihre Zielgruppe kennen, und hören Sie hin, was sie sich wünscht, was sie mag und was ihre Bedürfnisse sind. Die vorherige Recherche erlaubt es Ihnen, im späteren Verlauf »maßgeschneiderte« Konzepte und Ideen zu entwickeln.
- **Zielgruppen minimieren den Streuverlust**
  Jede Kampagne, jedes Posting, jede Aktivität im Netz und in Facebook kostet Sie zeitliche und manchmal auch finanzielle Ressourcen (z. B. der Einsatz von Facebook Ads). Diese Aufwendungen sind wichtig und notwendig. Ärgerlich wird es erst, wenn ein hoher Anteil dieses Einsatzes ins Leere geht und nicht für die gewünschte Wirkung sorgt (Abbildung 5.2). Wenn Sie Ihre Zielgruppe und deren Vorlieben kennen, können Sie Streuverluste minimieren.

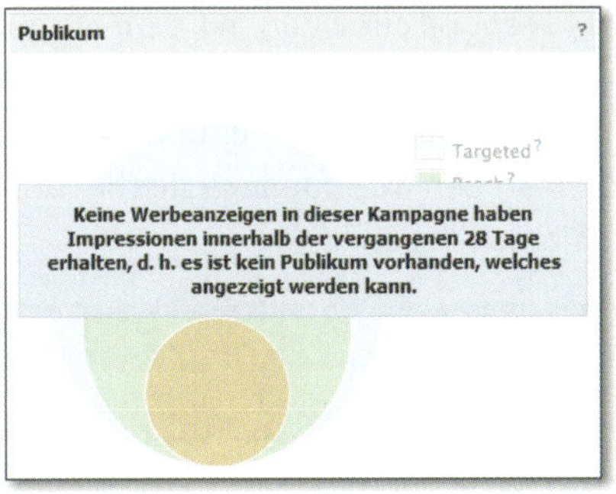

Abbildung 5.2 Unterschiedliche Facebook-Ad-Instrumente zeigen den Erfolg oder Misserfolg einer Anzeige auf.

- **Zielgruppen sorgen für Interaktion**
  Wenn Sie die richtigen Menschen in Facebook ansprechen (sprich die richtige Zielgruppe), können Sie sich zahlreicher Interaktionen sicher sein. Denn nur User, die sich einer Marke oder einem Thema verbunden fühlen, reagieren auch auf die Botschaften der Absender, leiten Beiträge weiter und sorgen für Interaktion (beispielsweise auf der Facebook-Seite des Unternehmens).
- **Zielgruppen sind Botschafter der Marke**
  Es gibt keine bessere Werbung, als die Weiterempfehlung durch Freunde (Abbildung 5.3). Nur die eigene Zielgruppe macht dies möglich. Durch den richtigen Kommunikationsmix machen Sie Ihre Fans zu selbstständigen Botschaftern für Ihr Unternehmen.

Abbildung 5.3 Senseo Deutschland – echte Kaffeefreunde unter sich

Offlinezielgruppe versus Facebook-Zielgruppe

Sie kennen Ihre Zielgruppe bereits. Das ist gut. Aber ist diese Zielgruppe auch im Netz aufzufinden? Sind Ihre Botschafter auf Facebook aktiv und mit dem Netzwerk vertraut? Sind die geplanten Themen und fokussierten Produkte und Dienstleistungen geeignet für die Community? Nicht immer ist die Offlinezielgruppe deckungsgleich mit den Empfängern in Facebook. Das kann soziodemografische Gründe haben oder schlichtweg an »schwierigen« Themen liegen.

Gut zu wissen: Indirekte Zielgruppenansprache

Ein Unternehmen vertreibt Spielsachen für Kinder im Alter von 10 bis 15 Jahre. Ein 12-Jähriger Junge betritt den Laden, sieht ein Spielzeug für 5 € und kauft es sich. Für diesen Kauf braucht er nicht die (gesetzliche) Zustimmung seiner Eltern. Der Junge ist froh und der Ladenbesitzer bzw. der Spielzeughersteller auch. In Facebook hätte dieser Junge noch nicht einmal an Ihrer Facebook-Tür anklopfen können. Der Grund ist der, dass die Community erst Jugendlichen ab 13 Jahren die Registrierung erlaubt. Das bedeutet für die Firma nun nicht das Aus in Facebook! Vielmehr muss sie kreative Ideen und Wege finden, wie sie diesen Jungen (indirekt) trotzdem ansprechen kann – z. B. über seine Eltern. Denn die sind eventuell auf Facebook unterwegs. Dieses Beispiel verdeutlicht gut, dass die tatsächliche Zielgruppe nicht immer auch die angesprochene Zielgruppe sein muss.

Ist meine Zielgruppe auf Facebook?

Aber woher wissen Sie nun, ob Ihre Kunden auf Facebook aktiv sind? Ob Ihre Zielgruppe bereits im Netzwerk unterwegs ist, können Sie mit ein paar Recherchen und folgenden Hinweisen ermitteln:

- **Alter: viele Junge, immer mehr Ältere**
  Der Zutritt zu Facebook ist allen Usern über 13 Jahren gestattet. Die beiden Altersgruppen 18 bis 24 Jahre und 25 bis 34 Jahre haben im Januar 2012 mit je 27 % die größten Anteile an deutschen Usern ausgemacht. In diesen Alterspannen gilt der Markt als nahezu gesättigt. Das Augenmerk für die künftigen Zuwächse richtet sich daher zunehmend an die äußeren Ränder der menschlichen Alterspanne. Immer mehr ältere deutsche User drängen in das Netzwerk. Gerade die Altersgruppe ab 50+ beschert der Community deutliche Zuwächse. Erst ab dem Alter 60 und älter werden weiterhin noch kleine Brötchen gebacken. Die genannten Zahlen basieren auf den Veröffentlichungen von allfacebook.de (siehe auch Abbildung 5.4): *http://allfacebook.de/news/facebook-nutzerzahlen-2012-in-deutschland-und-weltweit*

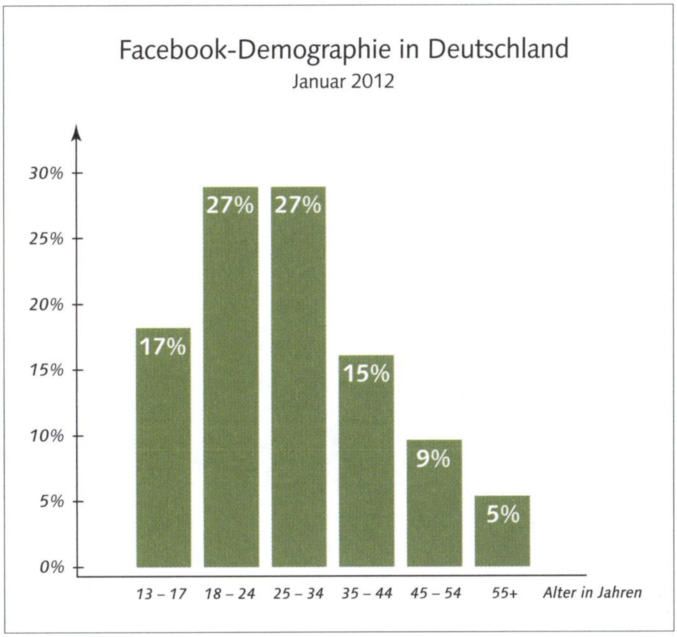

Abbildung 5.4 Deutsche Altersverteilung in Facebook

- **Nicht jede technische Errungenschaft ist die passende**
  Die Ansprache einer Zielgruppe sollte kreativ und immer wieder überraschend sein. Der *Action Point*, also der Zeitpunkt des Handels, sollte auch dem technischen Status Ihrer Kunden entsprechen. Wenn die Rezipienten die gewünschten Handlungen nicht ausüben können, weil ihnen entweder das technische Know-how oder schlichtweg die Ausrüstung fehlt, dann wird das preisverdächtige Konzept schnell zum Flop. So ist beispielsweise eine Facebook-Check-in-Kampagne an Orten, an denen nur ein schlechtes Netz verfügbar ist, nicht von

großem Erfolg gekrönt, weil die Teilnehmer sich wegen der schlechten Internetverbindung nicht ins Netz einwählen können. Neben der technischen Verfügbarkeit ist aber auch zu beachten, dass beispielsweise im Falle eines Location-Based-Services-Projekts die angesprochene Zielgruppe auch über Smartphones verfügt, mit denen man sich »einchecken« kann. Sprich, diese Aktivierung richtet sich eher an *Early Adopters* als an die breite Masse. Gerade die (fehlende) Verfügbarkeit von Endgeräten kann in bestimmten sozialen Schichten ein Thema sein.

Gut zu wissen: Was sind Early Adopters?

Als Early Adopters werden überwiegend technikaffine Nutzer klassifiziert, die ein sehr ausgeprägtes Interesse für technische Geräte aller Art und Internetthemen hegen. Die frühzeitigen Anwender stehen an der Spitze der Nutzer und besitzen meist die neuesten Produkte schon bei deren Markteinführung. Sie sind äußerst neugierig und probieren gerne neue Dienstleistungen, Instrumente und Plattformen im Netz aus. Im Gegensatz zu den Digital Natives, also den mit digitaler Technik großgewordenen Jahrgängen ab 1980, sind die Early Adopters häufig auch in den älteren Altersgruppen anzutreffen (Abbildung 5.5).

Abbildung 5.5 (Noch) eher die Ausnahme – technikaffine und mobile Best Ager

- **Der »digitale Graben« zieht sich durch die sozialen Schichten**
  In Deutschland gelten über 70 % der Menschen als Onliner (laut *http://www.ard-zdf-onlinestudie.de/*), mehr als 40 % von dieser Gruppe ist in Social Communitys (zum größten Teil in Facebook) unterwegs. Diese Zahlen suggerieren eine sehr große Internetverbreitung in Deutschland und verschleiern den weiterhin bestehenden »digitalen Graben«. Dieser Graben verweist auf eine Kluft, die sich meist aus dem Alter und der vorherrschenden Bildung ergibt und in der ARD/ZDF-Onlinestudie 2011 wie folgt formuliert wird:

  »*Unterschiedliche Netzaktivität zeigt sich auch in anderen gesellschaftlichen Gruppen: Jüngere und besser Gebildete melden sich im Netz deutlich häufiger zu Wort als Ältere und formal schlechter Ausgebildete.*«

  Bei der Definition der Zielgruppe sollte also auch geprüft werden, ob die angestrebten Empfänger auch tatsächlich auf Facebook aktiv sind.

- **Tabus werden auch im Netz gepflegt**
  Es kann vorkommen, dass nahezu alle Zielgruppenkennzeichen (Alter, Interessen, Geschlecht) gegeben sind, sich aber trotzdem im weiteren Verlauf herausstellt, dass die User wenig bis gar nicht interagieren. Was ist passiert? Der Grund kann sein, dass das Thema für eine öffentliche Diskussion nicht geeignet ist. Im Gegensatz zu vielen anderen »Orten« im Internet, ist Facebook kein Platz von anonymen Nutzern. User treffen ihre Freunde und Bekannte und tauschen sich über diverse Themen auf der Wall aus. Diese Diskussion wird und kann von anderen Freunden verfolgt werden. So ist es auch nicht verwunderlich, dass sensible und intime Themen häufig wenig bis gar nicht in Facebook besprochen werden. Oder kommunizieren Sie persönliche Beschwerden an Ihre Gefolgschaft? Vermutlich eher nicht. Bei den sensiblen Themen handelt es sich nicht, wie im ersten Moment vielleicht gedacht, um Themen mit sexueller Richtung. Vielmehr sind damit Gespräche gemeint, die sich mit persönlichen, gesundheitlichen Beschwerden (z. B. Hörproblemen) beschäftigen oder andere intime Themen (z. B. Partnersuche) betreffen.

Die Onlinepartnerbörse FriendScout24 hat viele Fans auf Facebook, doch es kommt kaum zur Interaktion zwischen den Usern (Abbildung 5.6). Zwei Gründe könnten hierfür ausschlaggebend sein: nicht die passenden Postings und keine Identifikation mit dem Unternehmen. Beiträge, die der User auf dieser Wall hinterlässt, werden, je nach Einstellung, im Newsfeed der Freunde angezeigt. Dies signalisiert, dass sie oder er derzeit auf Partnersuche ist und dafür eine Partnerbörse zu Rate zieht.

Abbildung 5.6 FriendScout24 – viele Fans, aber kaum Interaktion

Bestimmen Sie Ihre Zielgruppe: Auswahl an Fragestellungen

- Ist meine Zielgruppe in dem relevanten Zielgruppenalter?
- Hat die Zielgruppe Zutritt zum Internet (und/oder verfügt sie über mobile Endgeräte, wie z. B. Smartphones oder Tablets)?
- Ist die Zielgruppe bereits auf Facebook aktiv und nutzt sie das Netzwerk aktiv?
- Besteht Nachfrage von Usern nach den Themen des Unternehmens?

Unique Selling Proposition (USP)

Sehen wir der Tatsache realistisch ins Auge. Selten ist man als Unternehmer mit dem Glück gesegnet, dass ein begehrtes und erfolgreiches Produkt nur von einer Firma produziert und vertrieben wird, nämlich von Ihrer. Leider vertreiben nicht nur Sie, sondern auch mindestens eine Handvoll anderer Unternehmen ähnliche Angebote und Dienstleistungen. Der Wettbewerb ist zwar je nach Branche unterschiedlich ausgeprägt, aber in den meisten Fällen groß. Was also tun?

Zerlegen Sie Ihr Produkt! Was macht Sie einzigartig? Das ist nicht bildlich gemeint. Vielmehr ist das ein Aufruf, Ihr Produkt von der haptischen aber auch kommunikativen Seite besser kennenzulernen. Die Einzigartigkeit Ihrer Angebote muss sich nicht immer nur auf das eigentliche Produkt beziehen, sondern kann auch über die Art der Kommunikation erfolgen. Die Eigenschaften Ihrer Firma und Ihrer Leistungen treten also etwas in den Hintergrund und machen Platz für eine einzigartige Ansprache, die Ihre Zielgruppe positiv überrascht und Sie zum Gespräch im Netz macht.

Für die Erarbeitung einer Strategie ist also nicht nur das Know-how über die eigenen Zielgruppe wichtig, sondern auch das Wissen darüber, mit welchen Botschaften diese angesprochen werden soll. Zwei weitere Komponenten sind hierbei zu berücksichtigen.

Gut zu wissen: Was bedeutet Unique Selling Proposition (USP)?

Dieser Begriff ist nicht neu im Marketing. Es handelt sich dabei um die Einzigartigkeit einer Firma, ihrer Produkte, Dienstleistungen und/oder anderer Angebote. Das USP betrifft Eigenschaften, die kein anderes konkurrierendes Unternehmen den Kunden anbieten kann. Es markiert ein Alleinstellungsmerkmal, das sich beispielsweise in der Nutzung des Artikels zeigt und einen Mehrwert in sich trägt.

Nutzen Sie Ihr USP! Wie schon erwähnt, wird das Definieren des eigenen USPs eine zunehmend herausfordernde Aufgabe, denn es herrscht oftmals die Devise: es gibt nichts, was es nicht schon gibt. Umso wichtiger ist es, die Stärken des eigenen Angebots zu kennen, die im weiteren Verlauf via Facebook und anderer Social-Media-Kanäle kommuniziert werden. Diese können sich auf die Handhabung, das Design, die Wartung, den Service oder andere Bereiche beziehen. Der Träger der Botschaft, sprich die Art der Kommunikation, kann den eigentlichen USP-Part aber auch übernehmen.

Kommunikatives USP – ein Beispiel

Der Markt von Möbelproduzenten ist in Deutschland hart umkämpft. Nicht zuletzt durch die Präsenz eines schwedischen Platzelchs, der in ganz Deutschland ein Netz aus Möbelhausfilialen errichtet hat. Von Tischen, Betten, Küchenausstattung, Pflanzen und Hackfleischbällchen bietet der (große) Mitbewerber nahezu alles an. Hier einen USP zu finden, ist denkbar schwer. Was also kann beispielsweise ein mittelständischer Anbieter dem entgegensetzen?

Er könnte sich auf seine Stärke der persönlichen Beratung fokussieren und mit Hilfe eines eingebauten Facebook-Chats auf seiner Facebook-Seite den eigenen Service zu einem echten USP umwandeln.

Die Kunden bekommen, neben der Beratung vor Ort, einen zusätzlichen Kanal angeboten, der ihnen z. B. hilft, die eigenen Räume richtig auszumessen. So steht er für Fragen und Anregung den Kunden zur Verfügung. Das Alleinstellungsmerkmal heißt also im diesem Fall »bester Service« durch die Facebook-Chatfunktion. Aber auch in diesem Beispiel gilt, Facebook ist nicht der Ersatz für einen erfolgreichen Vertrieb und sollte als zusätzlicher und unterstützender Kanal verstanden werden.

Der nächst Schritt sollte daher der folgende sein: Setzen Sie sich mit Ihren Kollegen und Mitarbeitern zusammen, und beschäftigen Sie sich nur mit der folgenden Frage:

> *»Was macht uns einzigartig, und wie können wir diese Stärke im Social Web (inklusive Facebook) demonstrieren?«*

Key Messages: Das Wissen um die einzigartigen Eigenschaften Ihrer Firma oder der angebotenen Waren ist ein wichtiges Puzzlestück für die Erarbeitung einer Strategie. Diese sollten Sie jedoch nach Möglichkeit in einer einheitlichen und einprägsamen Sprache kommunizieren. Diese Sprache besteht aus unterschiedlichen *Key Messages* (Botschaften), die Ihr Unternehmen und das/die USP(s) am effektivsten beschreiben.

5.2.2 Die richtige Strategie finden

Die richtige Strategie finden! Nichts einfacher als das. Wenn Sie die folgenden drei Schritte in Ihre Strategie einbauen und verinnerlichen, kann (fast) nichts mehr schiefgehen: **zuhören, planen, realisieren**.

Zuhören

Das Zuhören ist in Facebook und im restlichen Social Web das Maß aller Dinge. Nur wenn Sie im Vorfeld in die Community reingehört haben und verstehen, welche Bedürfnisse und Themen vorherrschen, können Sie die Wünsche der Fans erfüllen. Denn eines müssen Sie sich immer vor Augen halten: Die Facebook-Mitglieder besuchen die Community in erster Linie nicht wegen der Präsenz von Marken, sondern weil sie dort ihre Freunde, Familienangehörigen und Bekannten treffen. In diesem Umfeld stehen meist nicht explizit Unternehmen im Fokus der Konversationen. Vielmehr werden Geschichten erzählt, in denen bestimmte Marken und Produkte einen Teil der Story ausmachen (können). Die Geschichten handeln von Erfolgen im Job, Problemen in der Beziehung, Alltagsszenen auf der Straße und anderem.

Dies gilt es zu ermitteln! Denn nur wenn Sie die Geschichten zu dem Thema Ihrer Firma kennen, kennen Sie die Bedürfnisse der (potenziellen) Kunden und können daraus Strategien und Ideen entwickeln. Facebook bietet nützliche Funktionen, die Ihnen beim Reinhören helfen:

»Fremde« Facebook-Seiten und -Gruppen | Hören Sie dort rein, wo Ihre potenzielle Zielgruppe bereits aktiv ist. Gehen Sie in Facebook, und recherchieren Sie mit Hilfe von relevanten Schlagworten nach bereits bestehen Facebook-Seiten. Sie werden überrascht sein, wie viele Seiten und Gruppen sich bereits mit diesem Thema beschäftigen. Damit nicht genug. Hinter jeder dieser Präsenzen steht häufig eine Fangemeinde mit drei- und vierstelligen Fanzahlen. Die Recherche endet hier jedoch nicht. Verfolgen Sie eine Weile die erfolgversprechendsten Seiten (durch Klicken auf die Schaltfläche »Gefällt mir«), und lesen Sie die Beiträge. Im unten abgebildeten Fall handelt es sich exemplarisch um eine Suchanfrage rund um das Thema Haare & Frisuren. Für die Betreiber von Friseursalons, die demnächst auf Facebook einsteigen möchten oder bereits in der Community aktiv sind, kann es überaus interessant sein, die Stimmen aus dem Netzwerk zu diesem Thema zu hören. Welche Frisuren und Haarprodukte sind derzeit in und angesagt? Welche anderen Trends tun sich im Haarkosmos auf? Diese und viele weitere Fragen können mit dem richtigen und intensiven Hinhören beantwortet und für die eigene Strategie verwendet werden (Abbildung 5.7). So kann bestenfalls bereits frühzeitig ein herannahender Trend für eine noch optimalere Ansprache genutzt werden.

Abbildung 5.7 Hören Sie rein mit Hilfe von Seiten-Recherchen auf Facebook.

Nutzen Sie die öffentlichen Diskussionen für Ihre Bestrebungen | Eine weitere sehr effektive Möglichkeit bietet sich mit der Durchforstung öffentlicher Beiträge an (Abbildung 5.8). Diese Posts und Kommentare sind von Mitgliedern öffentlich gestellt und erscheinen somit in einem für jeden Facebook-User frei zugänglichen Stream. Sie müssen hierzu nicht mit dem Absender bekannt oder gar befreundet sein. Abhängig vom Thema und Schlagwort werden unterschiedliche Beiträge angezeigt und dienen als eine Art Spiegel der Facebook-Gesellschaft. Die dort erscheinenden Beiträge können von Ihnen nicht kommentiert oder »geliket« werden. Das müssen sie auch nicht. Schon der offene Einblick in die Konversationen dient als ein sehr gutes Stimmungsbarometer zu konkreten Themenfeldern.

Abbildung 5.8 Recherche innerhalb öffentlicher Beiträge helfen Ihnen, in Themen reinzuhören.

Das Rein- und Hinhören findet jedoch nicht nur in der Community statt. Falls Sie einen Berater oder eine Agentur beauftragt haben, für Sie eine Facebook-Strategie aufzusetzen, dann treten Sie vorab in ein Gespräch. Die Berater werden für jede Information von Ihnen und Ihrem Unternehmen dankbar sein. Denn ohne ausreichende Informationen ist es nur lückenhaft möglich, strategische Rahmenbedingungen zu schaffen. Hilfreiche Informationen hierzu finden Sie auch in Abschnitt 10.4, »Wie Sie Ihre Entwickler für einen effizienten Ablauf briefen«.

Planen

Nachdem Sie erfahren haben, wie Ihre Zielgruppe im Freundesnetz »tickt« und was sie beschäftigt, können Sie zum Konzept übergehen. Dieses Konzept zehrt von all Ihren vorangegangenen Überlegungen hinsichtlich Ziele, Zielgruppe, USP und Key Messages und hilft Ihnen, den richtigen Weg zu finden.

Ihr Marke besteht bereits auf Facebook?!

Bereits bestehende Facebook-Seiten, die nachweislich den Namen Ihrer Marke oder Ihres Unternehmens verwenden, können und sollten Sie in Ihre Planungen mit einbeziehen. Häufig verfügen diese Seiten bereits über eine bedeutende Anzahl an Fans, die meist sogar davon ausgehen, dass es sich um die offizielle Unternehmensseite handelt. Welche Schritte Sie beachten sollten, erfahren Sie in Abschnitt 6.1.2, »Ist Ihr Unternehmen bereits auf Facebook vertreten?«.

Teamarbeit inspiriert zu neuen Ideen und hilft bei der Lösungsfindung | Die Planung eines Facebook-Engagements ist auf einer rein strategischen Ebene aufgehängt, die keine operativen Schritte oder Prozesse beinhaltet. Die aktive Umsetzung und gegebenenfalls Produktion, Programmierung und Instandsetzung von Content erfolgen erst im späteren Verlauf (realisieren und integrieren). Es empfiehlt sich sehr, die Planung Ihrer künftigen Strategie in einer Arbeitsgruppe zu entwickeln. Jeder einzelne Mitarbeiter und Kollege aus unterschiedlichen Bereichen Ihres Unternehmens bringt auch sehr verschiedene Blickwinkel und Ansichten ins Projekt mit ein. Davon können Sie nur profitieren und letzten Endes Ihre künftigen Kunden und Fans auf Facebook.

Ein Tipp für zwischendurch

Lassen Sie sich durch die Ideen und Ansichten Ihrer Kollegen inspirieren. Gemeinsam erarbeitete Konzepte schweißen zusammen und fördern das Zugehörigkeitsgefühl zum Unternehmen. Bilden Sie eine Arbeitsgruppe, verteilen Sie Aufgaben, und setzen Sie Deadlines in Form von Jour fixes und Milestone-Meetings.

Folgende Arbeitsschritte sind für eine erfolgreiche Facebook-Strategie zu berücksichtigen:

- **Positionierung und Leitidee**
  Die Positionierung bestimmt die Leitidee, die Ihrem Facebook-Auf- und -Eintritt eine Art thematisches Dach bietet. Daher ist dieser erste Arbeitsprozess einer der wichtigsten in der gesamten weiteren Abfolge. Neben der allgemeinen »Daseinsberechtigung« leiten sich unter anderem die folgenden Faktoren von der Positionierung ab:
  - die eigentliche Idee
  - die Art der Facebook-Präsenz
  - die Art der Tonalität und Ansprache
  - die Art der technischen und visuellen Umsetzung

  Die Positionierung beschäftigt sich also mit dem »Wesen« Ihrer Präsenz auf Facebook und dessen charakterlichen Zügen. Die Fragen im weiteren Verlauf können Ihnen beim Formen des Charakters helfen:
  - Welchen Nutzen kommuniziere ich an die künftigen Fans?
  - Soll meine Facebook-Präsenz auch einen emotionalen Benefit für die Nutzer erfüllen?
  - »Reason why«: Welchen Grund hat mein Eintritt in Facebook (z. B. weil Sie Kunden stärker an Ihre Marke binden möchten, aus Wettbewerbsgründen – »wir müssen nachziehen«, weil es Ihre Kunden von Ihnen erwarten etc.)?
  - Verwendungszweck: Welchen Zweck soll die Präsenz erfüllen (z. B. zusätzlicher Kundenservicekanal, Social Shopping, Eventdistribution, Promotion etc.)?
  - Welche Tonalität passt zu meinem Unternehmen auf Facebook, und wie möchten die Fans künftig angesprochen werden?
- **Inhalte**

  Ohne sie geht gar nichts! Ein Unternehmen ohne Inhalte wird langfristig keinen Erfolg haben. Botschaft und Träger müssen perfekt zueinander passen.

  Sie sind sich im Klaren, wieso eine Facebook-Aktivität für Ihr Unternehmen relevant ist, und haben auch bereits eine Leitidee. Fred R. Barmand, ein Werber aus den USA, hat bereits 1921 erkannt, dass Inhalte manchmal mehr aussagen, und rief den Slogan aus: »One Look is Worth a Thousend Words« (»Bilder sagen mehr als tausend Worte«). Ob nun im letzten Jahrtausend oder heute – an der Kraft der Bilder hat sich nichts geändert. Vielmehr hat sich diese Power sogar verstärkt. Sie müssen sich vor Augen halten, dass die User selten an einer Textwüste interessiert sind. Das Internet ist ein sehr schnelles Medium. Dieser Speed beeinflusst auch das Verhalten und die Reaktionszeit von Onlinern. Lange Texte und große Memoiren sind auf Facebook fehl am Platz.

Es gibt keinen besseren Träger von Botschaften als Bewegtbilder und Fotos. Darüber hinaus ist es auch Ihr Bestreben, dass sich die Botschaften weiter verteilen. Der Schlüssel für die virale Verbreitung heißt »sharen«. Die User müssen Ihre Inhalte so toll, witzig, informativ, humorvoll, abgedreht oder einfach relevant finden, dass Sie diese mit ihren Freunden im Netzwerk teilen möchten.

Visuelle Inhalte wirken ...

Bilder sind eine gängige Art, die Fans zu erreichen und sie dazu zu bewegen, diese zu »liken«, zu kommentieren und mit den Freunden zu teilen. Selbstverständlich ist das Bild allein kein Garant dafür. Es muss der Tonalität Ihrer Zielgruppe entsprechen und darf gerne überraschen. Meist ist die Produktion von Fotos und anderen Bildinhalten auch für den kleinen Geldbeutel realisierbar.

Auch wenn die Strategie und die Leitidee abgestimmt sind, dürfen auch mal spontane Beiträge für Faninteraktion genutzt werden. Wie so ein Bild-Content aussehen kann, zeigt das Beispiel der Deutschen Bank. Das Geldinstitut hat seine Fans an einem regnerischen Tag mit einem Bildposting überrascht, dass ein Bürofenster im Bankgebäude zeigt, dass mit einer Sonne aus Postings zugeklebt ist (Abbildung 5.9). Das Finanzunternehmen hat mit diesem Beitrag Menschlichkeit und Optimismus demonstriert, und das Foto wurde mit vielen »Daumen hoch« und Kommentaren belohnt.

Abbildung 5.9 Die Deutsche Bank überrascht mit witzigem Bildinhalt.

Videos, aber Achtung: Verwackelt ist nicht gleich verwackelt!

Im Gegensatz zu spontan geschossenen Fotos ist die Erstellung von Video-Content schon ein wenig anspruchsvoller. Natürlich lassen sich spontane Aufnahmen auch mit dem eigenen Smartphone oder einer (guten) Digitalkamera erstellen, jedoch hat, im Gegensatz zum Foto, die Qualität einen höheren Stellenwert. Wenn früher noch verwackelte und verpixelte Filmsequenzen für große Abrufzahlen sorgten, sind sie heute nicht mehr zeitgemäß und werden im besten Fall mit Ignorieren abgestraft. Die Technik (verwackelte und zum Teil unscharfe Aufnahmen) ist weiterhin gefragt, jedoch häufig künstlich und gewollt erstellt. Ähnlich wie schon beim Bild-Content müssen die Aufnahmen der Tonalität der Zielgruppe entsprechen (Abbildung 5.10). Bei Videos ist noch zu erwähnen, dass hier häufig die Devise heißt: kurz und prägnant. Die Länge eines Videos ist für den Erfolg des Clips entscheidend. Beiträge, die länger als 2 bis 3 Minuten laufen, finden nur Anklang, wenn Sie tatsächlich eine überraschende und packende Botschaft kommunizieren.

Abbildung 5.10 Erfolgreiche Videopostings sehen so aus: in weniger als einer Stunde 217 »Likes«, 22 Kommentare und 119 »Shares«.

Links: Nutzen Sie den Content der Ihnen bereits angeboten wird

Es wird häufig vorkommen, dass Sie auch mal gerade keinen Content in Form von Videos oder Fotos zur Verfügung haben. Dem können Sie schnell abhelfen durch die Nutzung von Links.

Konversation im Netz besteht aus Millionen und Abermillionen Strängen und Verbindungen, die durch die Nutzung von Links hergestellt werden. Eine schier grenzenlose Auswahl an Content ist in diesem Kommunikationsknäuel wiederzufinden. Viele der von anderen Usern erstellten und distribuierten Themen sind auf den unterschiedlichsten Content-Plattformen (YouTube, flickr u.v.m.), Portalen und Blogs abgelegt. Springen Sie in diese Informationsquelle, und nutzen Sie den Content für die eigene Interaktion auf Facebook (achten Sie aber bei jeder Nutzung von »fremdem« Content darauf, ob dieser geschützt ist und von Dritten verwendet werden darf).

Für eine bessere Vorstellung davon, wie der erwähnte Kommunikationsknäuel aussieht, gehen Sie bitte auf *http://www.youtube.com/watch?v=nqWbwPoNLSw* oder nutzen Sie den abgedruckten QR-Code.

Facebook ist die weltweit größte Massen-Community und wird von Millionen von Deutschen täglich aktiv genutzt. Nutzen Sie zusätzliche Plattformen, um Ihre Kommunikation ganzheitlich umzusetzen.

Plattformen | Sehen Sie Facebook als eine Art Knotenpunkt an. Hier bündeln sich alle Kanäle, hier finden die Diskussionen statt und von hier verweisen Beiträge auf weitere Firmenkampagnen Ihres Unternehmens. Facebook ist der ideale Ort, um andere, bereits bestehende (Content-)Plattformen zu bündeln und einzubetten. Falls Sie also einen eigenen Kanal auf YouTube Ihr eigen nennen, auf einen flickr-Account Bilder hochladen oder via Twitter mit vielen Kunden und Geschäftskollegen im Kontakt sind, ist Facebook der Trichter, in den diese Konversationen münden.

Sie sollten also beim Aufsetzen der Strategie bereits Kenntnisse darüber haben, ob ein Kollege beispielsweise schon ein Unternehmensprofil auf einer Videoplattform erstellt hat. Nichts ist für einen Kunden irritierender, als wenn ein und dasselbe Unternehmen mit unterschiedlichen Profilen auf unterschiedlichen Plattformen und womöglich mit einem unterschiedlichen Layout kommuniziert. Das schafft nur Verwirrung, und der Wiedererkennungswert ist dann meist auch dahin. Die Stringenz in der Markenführung sollte daher im Einklang mit der in Facebook stehen.

Ein Beispiel vom Autor dieses Buches: »The Digital Guide« (siehe Abbildung 5.11).

Weitere Details zu diesem Thema finden Sie auch in Abschnitt 11.1, »Wie Sie Ihre bereits bestehenden Social-Media-Plattformen integrieren«.

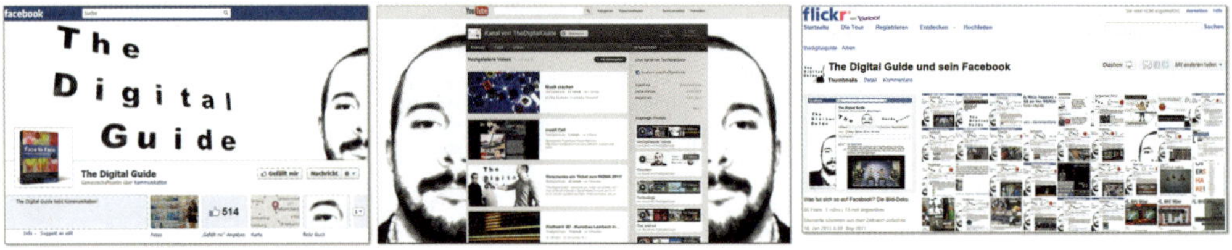

Abbildung 5.11 Drei Plattformen (Facebook, YouTube, flickr), ein Name (The Digital Guide), ein Layout

Die Verknüpfung der einzelnen Kanäle und Plattformen miteinander kann für mehr Fans sorgen. Damit einher geht auch die Steigerung der Konversationsrate auf der Facebook-Seite. Erst Dialoge mit den Kunden führen zu einem lebhaften »Ort«, zu dem Besucher gerne immer wieder zurückkommen.

Dialog | Seien Sie bereit für den Dialog mit Ihren Kunden. Überlegen Sie sich im Vorfeld, welche Art des Austauschs und der Kommunikation Sie auf der Facebook-Seite wünschen. Was es dabei zu bedenken gilt:

- **Ansprache**: Bestimmen Sie die Art der Ansprache. Prüfen Sie, ob das Siezen oder Duzen zu Ihrer Zielgruppe passt.
- **Team**: Stellen Sie sicher, dass ein Team bereitsteht, das sich der Konversation auf Facebook stellt und auch mit kritischen Äußerungen umzugehen weiß. Gerade für den Fall von schnell steigenden Fanzahlen und einem hohen Aufkommen auf der Seite müssen Prozesse festgelegt sein. Ein User möchte nicht länger als einen halben Tag auf eine Antwort warten. Das stellt mache Unternehmen vor große Herausforderungen. Um jeder Art des Dialogs professionell entgegenzutreten, sollten Sie folgende Punkte in Ihre Strategie mit aufnehmen und beachten:
  - **Teamvorstellung**: »Mit wem spreche ich?« Es gehört zum guten Ton, die Fans über die Mitglieder Ihrer Facebook-Redaktion zu informieren (Abbildung 5.12). Das schafft Nähe und eine stärkere Bindung zum Kunden.
  - **Öffnungszeiten**: Das Netz schläft nicht – Sie aber dürfen sich gerne den erholsamen Schlaf gönnen. Definieren Sie klare »Öffnungszeiten« des Facebook-Redaktionsteams. Das lässt Sie gegebenenfalls besser argumentieren, wenn User trotzdem eine Antwort erwarten (außerhalb dieser Öffnungszeiten). Und eben aus diesem Grund sollten Sie auch in den »freien Zeiten« für ein Monitoring sorgen, da den Usern meist die Tages- und Uhrzeit egal ist. Mit einem Monitoring schaffen Sie es, im Fall der Fälle schnell reagieren zu können. Mehr Informationen hierzu finden Sie in Kapitel 12, »Monitoring und Krisenkommunikation – wenn die Konversation mit den Kunden aus dem Ruder läuft«.

Abbildung 5.12 Facebook-Teamvorstellung der Krones AG

- **FAQ**: Bei häufig gestellten Fragen bietet sich ein FAQ-Katalog an, in dem die wichtigen Sprachregelungen vermerkt sind.
- **Netiquette**: Der Ton macht die Musik. Bestimmen Sie, welche Art von Musik gespielt werden soll. Das gute (verbale) Benehmen gilt auch in Facebook. Formulieren Sie Verhaltensregeln für die Unternehmensseite, auf die die Fans Einsicht haben (Abbildung 5.13). Bei Beschimpfungen oder diskriminierenden Äußerungen droht die Löschung der Beiträge. Formulierungsvorschläge und weitere Details zur »Facebook-Netiquette« finden Sie in Abschnitt 6.2.9, »Netiquette – zum guten Benehmen verpflichtet«.
- **Krisenprävention**: Gerade bei mittelgroßen/großen Unternehmen mit großen Seitenauftritten sollten Sie sich Gedanken über möglich Krisen machen und wie die Redaktion auf diese reagieren soll. Missverständnisse und Fehler in der Kommunikationskette können über wichtige Minuten und Stunden entscheiden und letztendlich über den Ruf der Facebook-Seite und des Unternehmens.

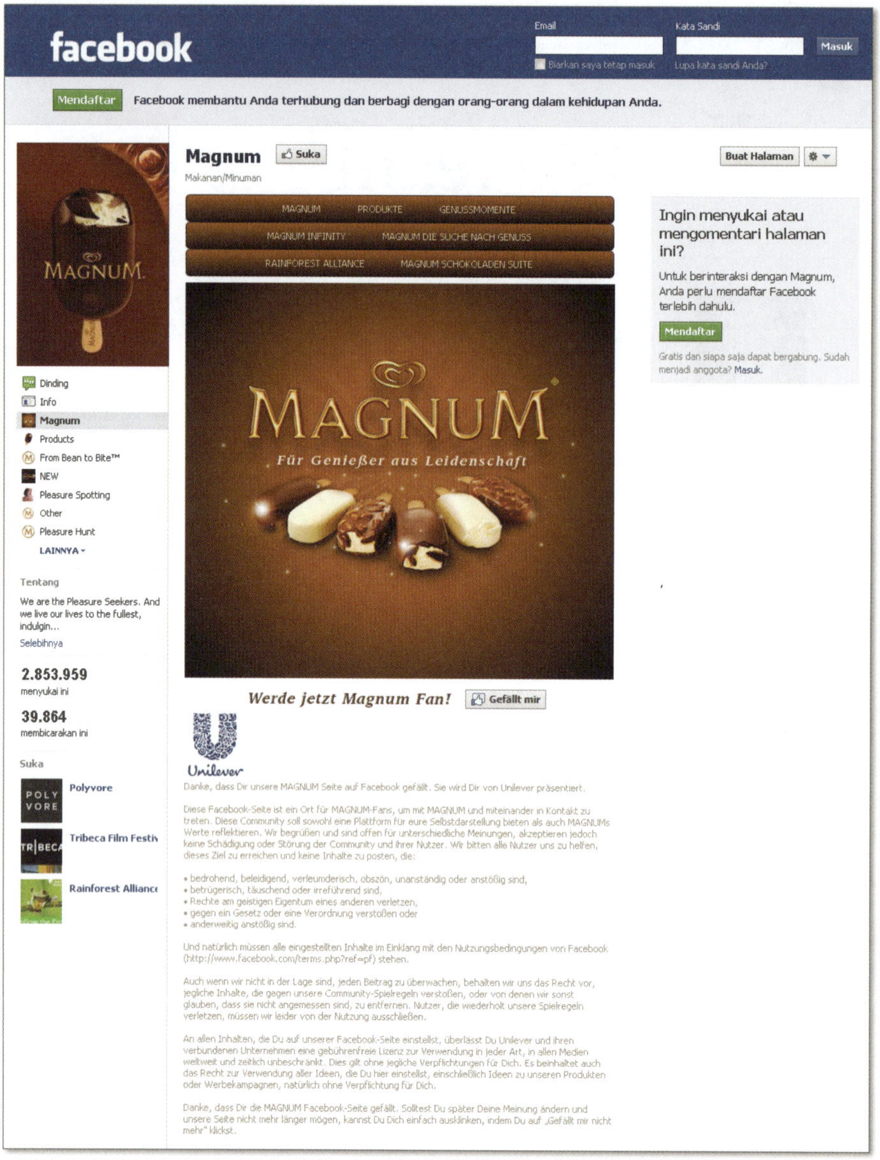

Abbildung 5.13 Um gutes Benehmen gebeten – Facebook-Netiquette von Magnum

Unternehmensinterne Organisation | Sie sind jetzt oder bald auf Facebook? Super! Aber wissen Ihre Kollegen auch darüber Bescheid? Interne Organisation schafft hier Abhilfe.

Eine unternehmensintern sauber aufgestellte Kommunikation bewahrt vor bösen Überraschungen

Situation: Ein Kunde ruft bei einem Unternehmen an, um sich über Produkte und Angebot zu informieren, die die Marke auf Facebook kommuniziert hat. Wenn der Mitarbeiter nicht weiß, wovon der Anrufer spricht, dann ist dieser enttäuscht, und der Kollege fühlt sich umgangen. Solche und ähnliche Fälle spielen sich häufig in deutschen Betrieben ab. Schuld daran ist die lückenhafte interne Kommunikation. Daher gilt:

- Entwickeln Sie ein Kommunikationssystem, das die eigenen Kollegen über den Beitritt und die wichtigsten Aktionen auf Facebook informiert.
- Definieren Sie »Experten« für bestimmte Facebook-Anfragen, an die sich das Redaktionsteam gegebenenfalls wenden kann. Beispiel Kleidergeschäft: Sabine A., Expertin für Mode, hilft dem Team bei Fragen zu künftigen Trends aus.

Monitoring | Vertrauen ist gut, Kontrolle ist besser. Nur weil ein Facebook-Mitglied auf die »Gefällt mir«-Schaltfläche einer Seite geklickt hat, muss es sich hierbei noch lange nicht tatsächlich um einen Fan handeln.

Manchmal nutzen User diese Like-Option, um über ein Unternehmen Dampf abzulassen und der Marke so richtig die Meinung zu sagen. Gründe für diese Reaktion gibt es viele: das erhoffte Versprechen beim Kauf wurde nicht erfüllt, unfreundliche Mitarbeiter in der Filiale und am Telefon oder Ärgernisse bei der Inrechnungstellung. Ärger droht aber nicht nur wegen eventueller Versäumnisse seitens des Unternehmens, sondern häufig auch unbegründet. User, die zu *Trolls* werden und Anschuldigungen gegenüber einer Marke geltend machen möchten, die schlicht erlogen sind, sind keine Seltenheit. Auf solche Arten der »Konfrontation« sollte jede Firma in Facebook vorbereitet sein. Ob überhaupt und in welchem Ausmaß eine Seite eine Anlaufstelle für Kritik oder womöglich *Shitstorms* wird, kann nur durch ein kontinuierliches Monitoring im Auge behalten werden. Achten Sie daher auf alle Beiträge und Kommentare. Lesen Sie sich die Posts aufmerksam durch, und reagieren Sie dementsprechend (die vorher definierten Kommunikationsprozesse sollten jetzt zum Einsatz kommen).

Nicht nur das geschriebene Wort ist Teil des Monitorings, sondern auch die kontinuierliche Analyse der Facebook-Statistiken. Aus den Entwicklungen der Beitragsaufrufe und der Bewertung unterschiedlicher Inhalte lassen sich oftmals hilfreiche Schlüsse ziehen, die Ihnen beim Monitoring nützlich sein werden und künftige Aktionen besser planbar machen.

Realisieren

Sie sind ein »Praktiker« und brennen darauf gleich loszulegen? Kein Problem! Die folgende Schnellübersicht hilft Ihnen schnell und einfach eine eigene Facebook-Seite zu erstellen. Bitte beachten Sie aber, dass Schnellentschlossene die folgenden Schritte erst meistern sollten, wenn Sie zuvor zugehört und die ersten Ideen entwickelt haben. Zudem haben Sie bereits Inhalte und Plattformen bestimmt und die Sprachkultur für Ihre Facebook-Seite festgelegt. Darüber hinaus haben Sie die interne Organisation festgelegt und ein effektives Monitoring-System installiert. Wenn diese Arbeiten getan sind, steht dem »sofortigen Einstieg« nichts mehr im Wege!

Falls Sie bislang noch nicht auf Facebook aktiv sind und eine Facebook-Seite für Ihr Unternehmen planen, dann gehen Sie die folgende Liste chronologisch durch. Tiefergehende Informationen zu den aufgeführten Punkten finden Sie in Kapitel 6, »Facebook-Integration und Umsetzung von Seiten«.

Schnellübersicht für Entschlossene – Schritte zur Erstellung einer Seite

- Registrieren Sie sich auf *www.facebook.com*, und erstellen Sie ein Profil für sich. Ob und wann Sie Ihre private Timeline mit Informationen auffüllen und ergänzen, spielt für die Erstellung einer Facebook-Seite keine Rolle.
- Klicken Sie auf die Schaltfläche SEITEN auf der eigenen Profilseite und im weiteren Verlauf auf SEITEN ERSTELLEN, und wählen Sie den richtigen Bereich für Ihre künftige Unternehmensseite aus (Abbildung 5.14):
  - LOKALES UNTERNEHMEN ODER ORTE
  - UNTERNEHMEN, ORGANISATION ODER INSTITUTION
  - MARKE ODER PRODUKT
  - KÜNSTLER, BAND ODER ÖFFENTLICHE PERSON
  - UNTERHALTUNG
  - ANLIEGEN ODER GEMEINSCHAFT
- Klicken Sie auf WÄHLE EINE KATEGORIE AUS, und füllen Sie die jeweiligen Felder innerhalb des gewählten Bereichs aus: Name des Unternehmens, der Marke, des Produkts, des Künstlers oder des Anliegens. Bei der Erstellung eines lokalen Unternehmens oder Ortes tippen Sie die Adresse Ihres Geschäfts ein.
- Stimmen Sie den RICHTLINIEN FÜR FACEBOOK-SEITEN durch das Setzen eines Häkchens zu.

Das »Korsett« Ihrer künftigen Unternehmensseite steht (Abbildung 5.15).

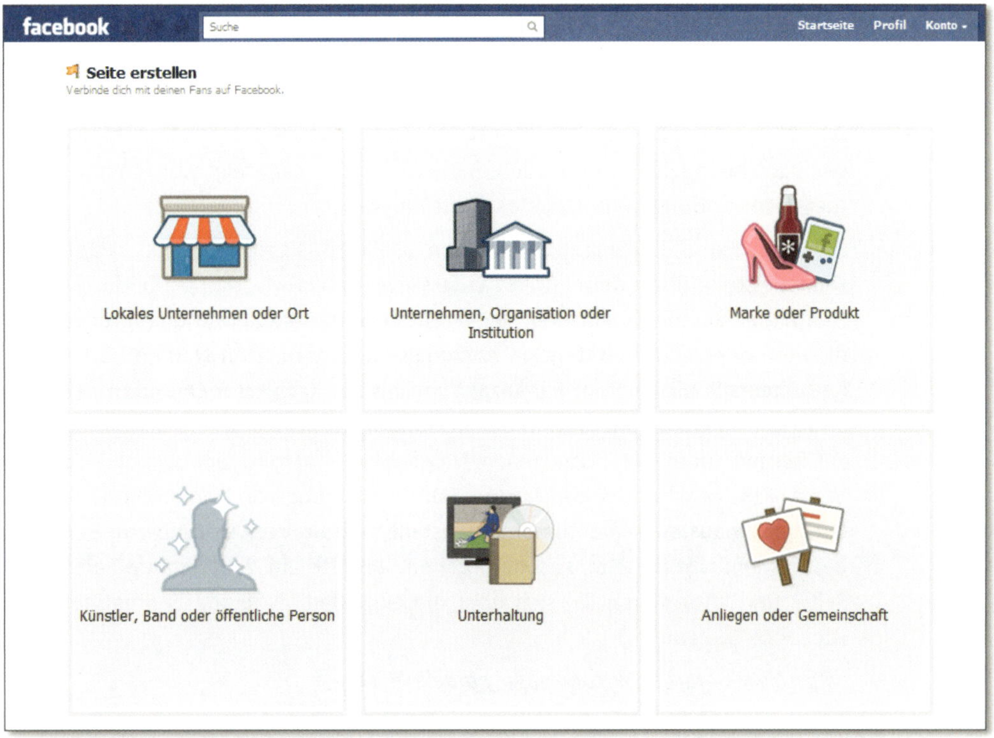

Abbildung 5.14 Wählen Sie den richtigen Bereich für Ihre Facebook-Seite aus.

Abbildung 5.15 Der Beginn einer Facebook-Seite. Noch gibt es viel zu tun.

Nach der Einrichtung geht es weiter mit dem Befüllen:

- Das Wichtigste zuerst: Die von Ihnen erstellte Seite ist bislang noch nicht sichtbar und sollte das auch vorerst unbedingt bleiben. Schalten Sie die Seite erst öffentlich, wenn Sie sich 100%ig sicher sind, dass alle Informationen eingetragen bzw. hochgeladen sind, alle Inhalte ordentlich angezeigt werden und eventuelle Anwendungen reibungslos funktionieren.
- Ergänzen Sie alle relevanten Angaben zu Ihrem Laden, Geschäft oder Ihrer Dienstleistung unter dem Punkt Allgemeine Informationen (Abbildung 5.16). Hier haben Sie die Möglichkeit, jederzeit die vorherige Zuordnung Ihrer Seite in die eine oder andere Kategorie nochmals zu ändern. Den Namen können Sie hier ebenfalls bis zu einer Fananzahl von bis zu 100 Personen ändern. Um die Stringenz im Marketing und in der Kommunikation zu wahren, sollten Sie darauf achten, dass der Name nach Möglichkeit auch zu der später erstellten Vanity-URL passt und andersherum. Für die Nutzung von Namen hat Facebook darüber hinaus auch Richtlinien aufgestellt, die die Verwendung von Begriffen bestimmen. Um diese einzusehen, gehen Sie bitte auf die folgende Facebook-Seite, und informieren Sie sich über die aktuellen »Nutzungsbedingungen für Facebook Seiten«:

  https://www.facebook.com/page_guidelines.php

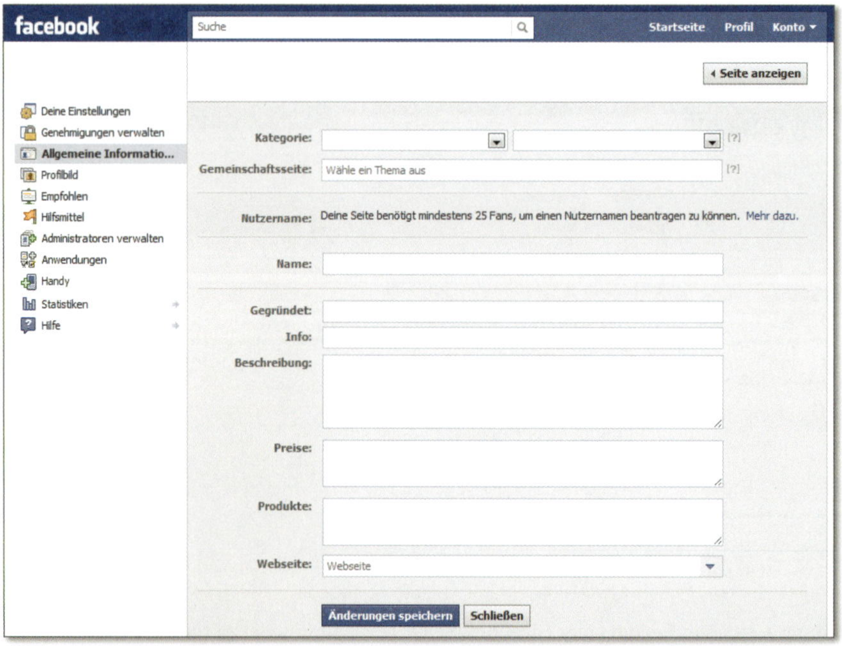

Abbildung 5.16 Füllen Sie die Daten aus, und wechseln Sie gegebenenfalls nochmals den Bereich und die Kategorie.

- Laden Sie ein Bild oder ein Banner auf die Seite hoch. Hierzu fahren Sie mit der Maus an die Position, an der normalerweise das Profilbild (derzeitiger Platzhalter: ein Fragezeichen) zu sehen ist. Bestätigen Sie den Befehl BILD ÄNDERN, und laden Sie das gewünschte Bild hoch. Dieses Bild wird künftig in den Newsfeeds Ihrer Fans auftauchen, sobald Sie einen neuen Beitrag posten.
- Erstellen Sie ein individuelles Fotocover auf Ihrer Seite. Ideen und Tricks zur Erstellung finden in Abschnitt 6.2.4, »Das Fotocover«.
- Integrieren Sie den Willkommens-Tab und andere Facebook-Applikationen auf der Seite (siehe Kapitel 10, »Was Applikationen sind und wieso sie so wichtig für Ihre Kampagne sind«).
- Erstellen Sie eine Facebook-URL (auch *Vanity-URL* genannt) für die Seite. Hierzu gehen Sie bitte auf die folgende URL und folgen den dortigen Instruktionen: *https://www.facebook.com/username/*
- Um eine klare Stringenz in der Namensführung zu wahren, sollten Sie für die URL den Namen der Seite verwenden. Falls dieser bereits vergeben sein sollte, wählen Sie einen Begriff, der dem Original ähnelt. Verwenden Sie nur Begriffe und Namen, die nicht gegen das Markenrecht verstoßen.

Gut zu wissen: Vanity-URL für den Nutzer anlegen

Sie können die Vanity-URL für Ihre Facebook-Seite, aber auch für das eigene Facebook-Profil anlegen. Gerade diese zwei Optionen werden häufig verwechselt. Da eine einmal festgelegte Vanity-URL nicht mehr rückgängig gemacht werden kann (!), sollten Sie sich mit dem gewählten Namen 100 %ig sicher sein. Weitere Infos zu diesem Thema finden Sie in Abschnitt 6.2.5, »Sicherung der Vanity-URL«.

5.3 Spielregeln von Facebook beachten

Die folgenden Regeln sollen Ihnen einen ersten groben Überblick über die derzeit bestehenden *Facebook Guidelines* verschaffen.

5.3.1 Welche Nutzungsbedingungen gelten für welche Unternehmungen?

Für die Nutzung der Seitenfunktionen von Facebook gelten strenge Regeln, die das Netzwerk in unregelmäßigen Abständen ändert und verfeinert. Daher sehen Sie die folgenden Bestimmungen lediglich als erste, grobe Hilfe, und vergewissern Sie sich gegebenenfalls direkt beim Netzwerkbetreiber unter der folgenden URL:

https://www.facebook.com/page_guidelines.php

Um möglichen Falschinterpretationen vorzubeugen, wurden die hier abgedruckten Regeln aus dem Original übernommen (Stand Oktober 2011):

»Der Name Deiner Seite muss die folgenden Richtlinien zur leichten Lesbarkeit einhalten. Ausnahmen können gemacht werden, wenn dein Name durch die allgemeine Öffentlichkeit routinemäßig auf eine Weise dargestellt wird, welche von diesen Richtlinien abweicht (diese Darstellungen müssen in angesehenen Quellen wie wichtigen Nachrichtenmedien in lokalen Märkten wiedergegeben werden). Bitte denke daran, dass diese Richtlinien ausschließlich für deinen Seitennamen gelten – sie legen nicht fest, wie du dich selber auf deiner Seite zu erkennen geben kannst.

Standardisierte Großschreibung: Seitennamen müssen richtige, grammatikalisch korrekte Großschreibung verwenden. Sie dürfen keine überflüssige Großschreibung oder ausschließlich Großbuchstaben enthalten.

Schlichter Text: Seitennamen dürfen keine Symbole wie »!«, »®« oder »TM« enthalten. Sie müssen logische und richtige Satzzeichen enthalten. Wiederholte und unnötige Satzzeichen sind nicht gestattet.

Präzise Namen: Seitennamen dürfen keine Slogans, überflüssige Beschreibungen oder unnötige Qualifikatoren – wie zum Beispiel »offiziell« – enthalten. Kampagnennamen und regionale oder demografische Qualifikationen sind hingegen zulässig (z. B. Nike Fußball Spanien).

Außerdem dürfen Seitennamen nicht nur aus der allgemeinen Bezeichnung für die Kategorie des Produkts oder der Dienstleistung bestehen, welche/s du anbietest (z. B. »Bier« oder »Pizza«). Wenn Seiten Namen haben, die sich lediglich auf allgemeine Kategorien beziehen (z. B. »Fotografie« anstelle von »Werners Hochzeitsfotografie«), können Ihnen die administrativen Rechte automatisch entzogen werden.«

5.3.2 Folgende Promotion- und Gewinnspielregeln sollten Sie kennen

Viele Unternehmen sind weiterhin der Meinung, dass der Nutzung von Facebook in kommerzieller Sicht keine Grenzen gesetzt sind. Gerade in allen Bereichen von Promotion und Gewinnspielen werden häufig (un)wissentlich Fehler begangen. Regelverstöße können im schlimmsten Fall zur Abschaltung der gesamten Facebook-Seite führen. Lassen Sie es nicht zu diesem »Worst Case« kommen! Daher finden Sie im Folgenden die Regelungen zu Gewinnspielen und anderen Promotion-Aktionen auf Facebook wiedergegeben (entnommen aus den offiziellen Facebook Guidelines, *www.facebook.com/promotions_guidelines.php*). Auch wenn die folgenden Regeln im ersten Moment so wirken, als wäre nahezu nichts erlaubt, haben

Sie vielleicht spannende Möglichkeiten, die Ihnen eine regelkonforme Umsetzung von Kampagnen und Gewinnspielen ermöglicht. Ideen und Inspirationen finden Sie hierzu in Kapitel 11, »Facebook-Kampagnen – ganzheitliche Nutzung von Facebook-Diensten«.

> *»Wenn du Facebook nutzt, um über eine Promotion zu berichten bzw. diese zu organisieren, bist du für den ordnungsgemäßen Ablauf dieser Promotion – einschließlich der offiziellen Regelungen, Angebotsbedingungen und Auswahlkriterien (z. B. Alters- und Wohnsitzbeschränkungen) sowie die Einhaltung sämtlicher die Promotion und alle im Zusammenhang mit der Promotion angebotenen Gewinne regelnder Bestimmungen (beispielsweise Registrierung und Einholung notwendiger regulatorischer Genehmigungen) – verantwortlich. Bitte beachte, dass die Einhaltung dieser Richtlinien nicht automatisch die Rechtmäßigkeit einer Promotion bedeutet. Promotions unterliegen vielen Bestimmungen und wenn du dir nicht sicher bist, ob deine Promotion dem geltenden Recht entspricht, dann lass dich bitte fachmännisch beraten.«*

Die Regelung (vom 11. Mai 2011) umfasst sieben Richtlinien, die folgend lauten:

1 *»Promotions auf Facebook sind im Rahmen der Anwendungen auf facebook.com zu organisieren, entweder auf einer Canvas-Seite oder über eine Anwendung auf dem Reiter einer Facebook-Seite.«*

Nähere Erläuterung: Unter einer sogenannten Canvas (Leinwand) versteht man eine Anwendung, die sich nahezu komplett über die gesamte Fensterbreite (760 Pixel) auf Facebook erstreckt und den Vorgaben einer »üblichen« Facebook-Seite nicht unterworfen ist. In der Höhe gibt es keine Beschränkungen. Lediglich auf den oberen Facebook-Rand und die Werbespalte (rechts) kann kein Einfluss genommen werden (Abbildung 5.17). Mehr Informationen hierzu finden Sie auch in Kapitel 10, »Was Applikationen sind, und wieso sie so wichtig für Ihre Kampagne sind«.

Abbildung 5.17 Viel Platz für spannende Projekte erlaubt die Nutzung von Canvas-Seiten.

2 *»Promotions auf Facebook müssen folgende Elemente enthalten:*

- *Eine vollständige Freistellung von Facebook von jedem Teilnehmer.*
- *Anerkennung, dass die Promotion in keiner Weise von Facebook gesponsert, unterstützt oder organisiert wird bzw. in keiner Verbindung zu Facebook steht.*
- *Offenlegung, dass der Teilnehmer die Informationen [dem/den Empfänger(n) der Informationen] und nicht Facebook bereitstellt.«*

Nähere Erläuterungen: Wenn Sie eine Promotion-Aktion online stellen, dann muss sie für jeden Facebook-User nutzbar sein. Eine Segmentierung oder Filterung (nur Frauen oder Männer, nur eine bestimmte Altersgruppe oder nur Mitglieder mit einer bestimmten Gemeinsamkeit, z. B. Singles) der User ist nicht erlaubt. Für alle Inhalte, Angaben und jegliche anderen Informationen in Verbindung mit der Aktion haftet das Unternehmen. Facebook steht in keinerlei Verbindung mit der Promotion.

3 *»Du darfst keine Facebook-Funktionen als Registrierungs-/Einstiegsmechanismen für die Promotion verwenden. Beispielsweise darf das Anklicken von ›Gefällt mir‹ auf einer Seite bzw. der Besuch eines Ortes nicht zur automatischen Registrierung bzw. Teilnahme eines Teilnehmers an einer Promotion führen.«*

Nähere Erläuterungen: Sie planen eine Ladeneröffnung oder eine große Veranstaltung? Sprechen Sie darüber auf Facebook, jedoch nutzen Sie die »Gefällt mir«-Schaltfläche nicht als Bedingung für einen Zuritt zu Ihrem Event, wie z. B. »Drücke ›Gefällt mir‹ und sichere dir ein kostenloses Ticket für unsere Party heute Abend«.

4 *»Du darfst die Registrierung für bzw. die Teilnahme an eine/r Promotion nicht für Nutzer bedingen, die durch die Nutzung von Facebook-Funktionen eine Handlung durchführen – außer durch die ›Gefällt mir‹-Angabe auf einer Seite, das Besuchen eines Ortes auf Facebook oder das Verbinden mit deiner Anwendung. Beispielsweise darfst du für die Registrierung bzw. Teilnahme nicht zur Bedingung machen, dass dem Nutzer ein Pinnwandeintrag gefällt bzw. der Nutzer ein Foto kommentiert oder ein Foto an einer Pinnwand postet.«*

Nähere Erläuterungen: Angaben wie (nur) »durch das Klicken auf die ›Gefällt mir‹-Schaltfläche nimmst du automatisch an dem Gewinnspiel teil« sind seitens Facebook verboten und sollten tunlichst unterlassen werden. Von dieser Regelung sind auch Inhalte wie Fotos und Videos betroffen, wie z. B. »Zeig uns mit einem ›Gefällt mir‹, dass du unser Bild magst, und gewinne!«.

5 *»Du darfst keine Facebook-Funktionen – wie z. B. die ›Gefällt mir‹-Schaltfläche – zur Abstimmung über eine Promotion verwenden.«*

Nähere Erläuterungen: Ein Verstoß auf Facebook mit Hochkonjunktur. Nur weil Sie vielleicht diese Art der Promotion in der Community häufig zu Gesicht bekommen, ist sie noch lange nicht erlaubt. Facebook untersagt, den erhobenen Daumen zu Abstimmungszwecken zu verwenden. Aufforderungen wie »Welche der XY-Motive gefallen euch am besten? Stimme mit einem ›Gefällt mir‹ ab und gewinne« oder ähnliche sind verboten.

6 *»Du darfst die Gewinner nicht über Facebook benachrichtigen, wie z. B. über Facebook-Nachrichten, -Chat oder -Beiträge in Profilen bzw. auf Facebook-Seiten.«*

Nähere Erläuterungen: Unternehmen und Administratoren von Facebook-Seiten ist es untersagt, die Fans oder andere Mitglieder via Facebook-Funktionen direkt anzuschreiben. Ein Austausch mit den Fans erfolgt über die öffentlich zugängliche Postingwand.

7 *»Werbeanzeigen dürfen eine Befürwortung durch Facebook bzw. irgendeine Form der Partnerschaft zu Facebook nicht implizieren. Werbeanzeigen, die mit Facebook-Markeninhalten verknüpft sind (einschließlich Facebook-Seiten, -Gruppen, -Veranstaltungen oder Connect-Seiten) dürfen im Werbetext bedingt auf ›Facebook‹ verweisen, um (1) die Pflichten aus Abschnitt 2 zu erfüllen und (2) die Zielseite der Werbeanzeige zu verdeutlichen. Sämtliche sonstige Werbeanzeigen und Zielseiten dürfen unsere Urheberrechte bzw. Markenzeichen (einschließlich Facebook, die Facebook- und F-Logos, FB, Face, Poke, Book und Wall) oder irgendwelche anderen ähnlichen, leicht zu verwechselnden Zeichen ohne ausdrückliche Genehmigung in unseren* Richtlinien für die Verwendung von Marken *bzw. ohne unsere vorherige schriftliche Erlaubnis nicht verwenden.«*

Nähere Erläuterungen: Kurzum, wenn Ihr Unternehmen keine offizielle Kooperation mit Facebook vereinbart hat oder keine explizite Vereinbarung vorliegt, dürfen Sie keine Facebook-Visuals, -Logos und andere offizielle Motive verwenden. Texte, beispielsweise auf Ihrer Firmenhomepage, dürfen nicht mit Facebook und deren Funktionen werben.

5.3.3 Gefahren bei einem Verstoß

Sie sehen, es gibt einige Fettnäpfchen, in die Seitenbetreiber treten können, aber das scheint nur auf den ersten Blick. Sie werden sehr schnell den Dreh herausbekommen, was erlaubt ist, was sich in der Grauzone befindet und welche Aktionen definitiv zu untersagen sind.

Je nach Schwere des Verstoßes kann Facebook auf unterschiedliche Regulierungsinstrumente zurückgreifen. Die Maßnahmen können mit einer bloßen Sperrung unterschiedlicher Funktionen (für einen Zeitraum von 24 Stunden) beginnen und bis hin zur kompletten Deaktivierung der Unternehmensseite reichen. Sie sind gut beraten, jegliche Aktionen zu unterlassen, sobald Ihnen Facebook einmal eine Funktion für eine kurze Zeit gesperrt hat – diese Maßnahme kann auch gerne als eine Art Warnschuss verstanden werden.

»Hilfe, meine Seite wurde gesperrt!«

Sie gehen eines Tages auf Facebook und möchten auf Ihrer Seite nach dem Rechten sehen und entdecken, dass Sie diese gar nicht mehr aufrufen können! Ein kleine Beruhigung vorweg: Wenn Sie die Seite nicht besuchen können, dann können es Ihre Fans auch nicht. Somit ist die Präsenz zumindest schon einmal vor möglichen negativen Beiträgen geschützt. Um den Grund der Sperrung zu erfahren, bietet Facebook die folgende Anlaufstelle (Abbildung 5.18):

http://www.facebook.com/help/contact.php?show_form=page_disabled

Abbildung 5.18 Bei Verstößen droht Sperrung. Ihre Anlaufstelle bei unverschuldetem Ärger Ihrerseits

Zur schnelleren Klärung der Situation benötigt das Netzwerk die folgenden Daten von Ihnen:

- Name der gesperrten Seite
- URL der Seite
- Angaben, in welcher Verbindung Sie zu der Seite stehen:
  - Bin der Seiteninhaber.
  - Bin ein Mitglied des Redaktionsteams.
  - Bin der Geschäftsführer des Unternehmens, das auf Facebook diese Seite betreibt.
  - etc.

6 Facebook-Integration und Umsetzung von Seiten

Von A bis Z – eröffnen Sie eine Facebook-Seite und erfahren Sie welche wesentlichen Schritte hierfür erforderlich sind. Machen Sie Ihre Seite zu einem thematischen und visuellen Schmuckstück.

6.1 Start Ihrer unternehmerischen Facebook-Präsenz

Genug »geredet«! Jetzt werden die Ärmel hochgekrempelt und eine Facebook-Seite aufgesetzt. Auf den folgenden Seiten finden Sie zu jedem Arbeitsschritt, der für die Erstellung einer Präsenz notwendig ist, detaillierte Informationen sowie Abbildungen. Beachten Sie, dass Sie eine Facebook-Seite oder andere Funktionen im Netzwerk nur nutzen und verwenden können, wenn Sie auch registriert sind. Sie müssen erst Mitglied werden. Falls Sie zu diesem Schritt noch weitergehende Informationen benötigen, schauen Sie bitte in Abschnitt 4.1, »Eigenes Profil – Ihr ›ich‹ in Facebook«, nach.

6.1.1 Klassischer Aufbau einer Facebook-Seite

Seit dem 30. März 2012 sind alle bereits bestehenden Facebook-Seiten auf das neue Timeline-Layout umgestellt worden. Mit dieser Neustrukturierung erhalten Sie viele neue und nützliche Features an die Hand, die Ihnen helfen, Ihre Kunden und Fans, je nach Typ und Voraussetzung, attraktiv und professionell anzusprechen. Bevor wir allerdings damit beginnen, sollten Sie sich ein wenig Zeit nehmen, um sich mit der Struktur der Seite und den angebotenen Funktionen vertraut zu machen.

Beachten Sie, dass die folgenden Beschreibungen aus der Sicht eines Administrators geschrieben sind – schließlich möchten Sie Facebook-Seiten künftig nicht nur anschauen, sondern auch selbst managen.

Wenn Sie (bald) über eine eigene Seite verfügen, dann werden Sie sehen, dass sie sich aus unterschiedlichen Elementen zusammensetzt. Der erste Bereich (in Abbildung 6.1 orange umrahmt) ist nur für die Administratoren bzw. Seiteninhaber sichtbar (alle weiteren Informationen zu den hier enthaltenen Funktionen und Nutzungsmöglichkeiten finden Sie in Abschnitt 6.2.2, »Beschreibung und Verwaltung«).

Abbildung 6.1 Ihre Facebook-Seite besteht aus zwei Bereichen, einem öffentlichen und einem nichtöffentlichen.

Der folgende (violett umrahmte) Bereich hingegen ist nicht nur für Sie, sondern auch für Ihre Fans und Besucher einsehbar. Dieser öffentliche Bereich Ihrer künftigen Facebook-Seite besteht ebenfalls aus unterschiedlichen Elementen, die für Ihr Marketing viel Nutzen bringen werden. Um Ihnen den Überblick zu vereinfachen, wird anhand der Facebook-Seite der Krones AG die Seite in neun Sektionen eingeteilt, die entweder im Detail erläutert werden oder erst einmal »nur« mit einer kurzen Anmerkung versehen sind, da das Thema an anderer Stelle in diesem Kapitel noch einmal detailliert aufgegriffen werden wird (wie z. B. Fotocover und Profilbilder).

Bestandteile Ihrer Facebook-Seite (Abbildung 6.2):

1. **Fotocover**
   Das ist Ihre erste Chance, bei Ihren Fans und Besuchern zu punkten. Das Fotocover bietet Ihnen viele (kreative) Möglichkeiten, sich zu präsentieren. Es ist so ziemlich das Erste, was ein Besucher zu Gesicht bekommt. Machen Sie das Beste daraus, und überraschen Sie die User mit einem kreativen Bildkonzept. Beachten Sie aber, dass auch hier Gestaltungsregeln gelten. Mehr Infos zur Erstellung und Nutzung Ihres Fotocovers finden Sie in Abschnitt 6.2.4, »Das Fotocover«.

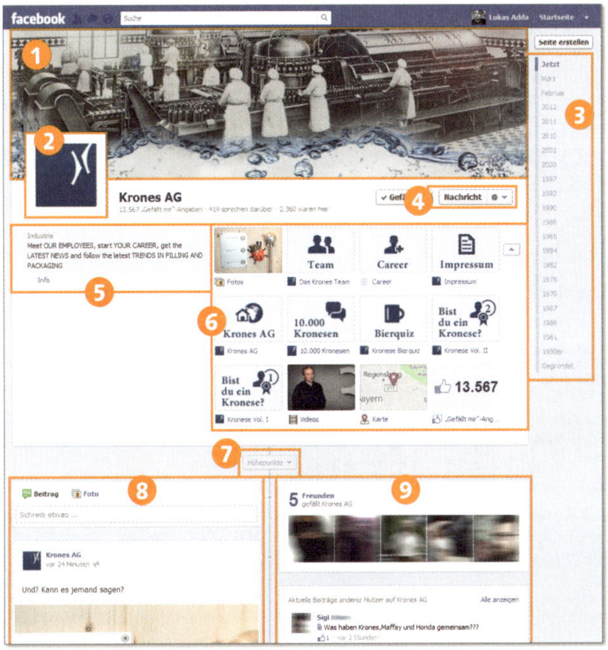

Abbildung 6.2 Bestandteile einer öffentlichen Facebook-Seite

❷ Profilbild

Das Profilbild kann, muss aber nicht, im direkten Zusammenhang mit dem Fotocover stehen. Auch hier gibt es viele Möglichkeiten der kreativen Umsetzung. Das Profilbild ist zwar deutlich kleiner als das Fotocover, aber nicht weniger wichtig. Es ist in der direkten Posting-Kommunikation gar relevanter als das große Bildmotiv. Dies liegt daran, dass der tägliche Kontakt zwischen Marke und User meist über den Newsfeed via Postings (basierend auf dem Redaktionsplan) erfolgt. Das bedeutet, Ihre Fans sehen nicht Ihre Seite (inklusive Fotocover), sondern lediglich das Profilbild und den eigentlichen Post. Ein schlecht gewähltes und undeutlich angezeigtes Miniaturbild kann sich demnach negativ auf die Interaktion auswirken, weil niemand oder nur wenige Leser auf Ihren Post eingehen. Was Sie bei der Erstellung eines Profilbildes beachten müssen, finden Sie in Abschnitt 6.2.3, »Das Profilbild«.

❸ Chronik

Ähnlich der Chronik auf den persönlichen Profilseiten verfügt Ihre Facebook-Unternehmensseite ebenfalls über eine Art Archiv. Dieses lässt sich für die eigene Unternehmensgeschichte nutzen. So können Sie beispielsweise ab der »Gründung« oder »Eröffnung« Ihrer Firma, Ihres Ladens oder einer anderen Unternehmung die Firmenhistorie aufrollen und individuell auf bestimme Meilensteine in der Unternehmensgeschichte verweisen (Abbildung 6.3).

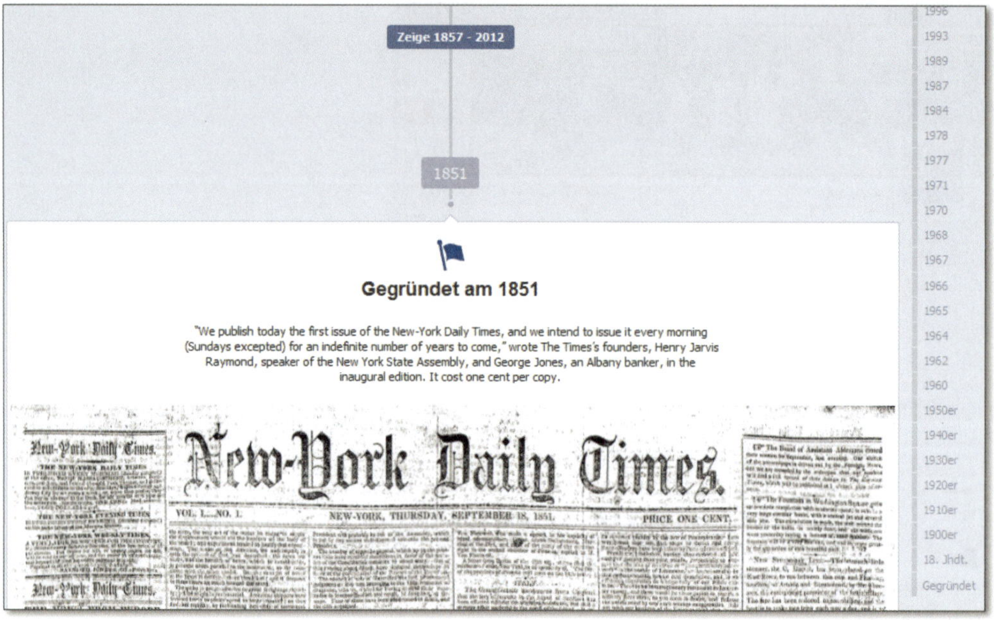

Abbildung 6.3 1851 Gründung der New York Times – mit der Facebook Chronik surfen Sie durch die Unternehmensgeschichte.

Gut zu wissen: Beiträge neu datieren

Sie haben ein wichtiges Unternehmensereignis, wie z. B. eine Medienberichterstattung über Ihre Firma, auf die Sie besonders stolz sind, noch nicht in der Chronik untergebracht, oder das Datum stimmt nicht? Kein Problem. Mit der Chronik-Funktion können Sie jederzeit neue Ereignisse nachträglich einsetzen. Klicken Sie einfach auf den Zeitstrahl Ihrer Facebook-Seite, und wählen Sie aus, welche Meldungen Sie nachträglich einsetzen möchten (Abbildung 6.4). Fertig.

Abbildung 6.4 Füllen Sie Ihre Unternehmenschronik sukzessive mit Highlights auf: Jubiläen, Eröffnungen, Produkteinführungen etc.

4 Nachricht-Schaltfläche

Das Netzwerk wandelt sich zunehmend zu einem serviceorientieren Kanal. Lange Jahre mussten Fans und Seiteninhaber gleichermaßen auf diese Nachrichtenoption warten. Seit der Umstellung auf das Timeline-Layout ist es Ihren Fans möglich, Sie direkt über eine (nichtöffentliche) Nachricht zu kontaktieren. Wir sprechen hier also von einer Art E-Mail-System. Sie können diese Funktion aktiviert lassen oder aber auch deaktivieren. Zu empfehlen ist jedoch, diese Option für Ihre Fans offen zu lassen. Bis vor Kurzem war es Usern nur möglich, mit einer Marke auf Facebook in Kontakt zu treten, in dem er öffentlich auf die Pinnwand geschrieben hat, ob er nun wollte oder nicht. Sowohl positive als auch negative Posts waren das Resultat. Mit der Nachrichtenfunktion bieten Sie Ihren Fans an, Anfragen, aber auch Probleme in einem nichtöffentlichen Raum zu klären. Der große Vorteil liegt also darin, dass beispielsweise kritische Posts und daraus entstehende Konversationen nicht unbedingt öffentlich ausgefochten werden müssen. Wo Licht, da auch meistens Schatten: Die Nachrichtenfunktion kann künftig Segen und Fluch zugleich sein: Derzeit ist es (noch) nicht möglich, ein CRS-System anzuschließen. Ein Unternehmen, das also über (sehr) viele Fans verfügt, muss aufpassen, nicht den Überblick zu verlieren.

Gut zu wissen: Empfangen und Senden von Facebook-Nachrichten

Welchen Kommunikationsweg ein User einschlägt, um Sie (die Facebook-Seite) zu kontaktieren, bleibt weiterhin ihm überlassen. Er kann einen Post auf der Pinnwand absetzen oder die Nachrichtenfunktion nutzen. Sie als Administrator einer Seite können diese Nachricht empfangen und beantworten. Um die Mitglieder vor Spam zu schützen, ist es Seitenbetreibern jedoch nicht möglich, proaktiv Fans über eine Nachricht anzuschreiben. In der Vergangenheit kam es immer mal wieder vor, dass manch ein Administrator bei Problemen mit einzelnen Fans sein eigenes (privates) Facebook-Profil genutzt hat, um die jeweiligen Fans über die Nachrichtenfunktion zu kontaktieren (sofern der jeweilige Fan dieses Feature freigeschaltet hatte). Diese Praktik ist vom Netzwerk untersagt!

5 Information

Das Informationsfeld bietet Ihnen die Möglichkeit, gerade den Usern, die Sie noch nicht kennen, erste Hinweise darauf zu geben, worum es sich bei Ihrer Facebook-Präsenz handelt. Versuchen Sie daher, kurz und prägnant zu erläutern, was Sie für ein Unternehmen sind und welchen Zweck Ihre Präsenz im Netzwerk verfolgt. Falls Sie mehr zu sagen haben als die drei Zeilen, die Ihnen Facebook zur Verfügung stellt – was höchstwahrscheinlich der Fall sein wird –, dann haben Sie auf der eigentlichen Informationsseite die Möglichkeit dazu. Mit dem Klick auf INFO gelangen Ihre Fans in einen Bereich, der keine weiteren Fragen offenlässt. Sie können hier eine Vielzahl unterschiedlicher »Über uns«-

Infos hinterlegen: Unternehmen, Preise, Adresse des Unternehmens, Parkmöglichkeiten, Angebote etc. Wie Sie diese Bereiche beschreiben und/oder aktualisieren, finden Sie in Abschnitt 6.2, »Erstellung einer Facebook-Seite«.

6 Inhalte und Applikationen

In diesem Bereich geht die Post ab, weshalb er von Ihnen mit großer Sorgfalt gepflegt werden sollte. Alle Arten von Kooperationen, Gewinnspiele, aber auch Archivierungen (wie z. B. Fotos, die Sie als Administrator auf der Seite gepostet haben) werden in diesem Feld gebündelt. Wenn Sie Ihre Unternehmensseite erstmalig erstellen, werden Ihnen bereits unter anderem die Felder FOTOS, VIDEOS, NOTIZEN optional angeboten. Alle anderen Felder, die Sie zusätzlich benötigen, weil Sie beispielsweise eine Kampagnenapplikation planen, werden künftig ebenfalls hier angezeigt. Diese Anwendungen werden Ihnen jedoch vom Netzwerk nicht angeboten und müssen von Ihnen oder einem Drittleister extra konzipiert und programmiert werden. Was Sie hinsichtlich Applikationen beachten sollten, finden Sie in Kapitel 10, »Was Applikationen sind, und wieso sie so wichtig für Ihre Kampagne sind«.

Gut zu wissen: Applikationen und Inhalte – die Unterschiede

Es handelt sich hierbei um die früheren Reiter, die nun alle in diesem Bereich angezeigt werden. Unterschieden wird in zwei Arten von Applikationen: Inhalte, die direkt mit Ihrer Facebook-Seite zusammenhängen, wie z. B. WILLKOMMEN, EHRENKODEX, aber auch die von Facebook bereitgestellten Funktionen, wie z. B. FOTOS, VIDEOS und NOTIZEN werden als *Page Tabs* bezeichnet. Kampagnenapplikationen und andere Anwendungen, die nicht direkt an der Seite angedockt sind, heißen *Canvas Apps*.

7 Sortierung

Eine Sortierung ermöglicht es Ihren Fans, sich Beiträge von unterschiedlichen Quellen bevorzugt anzeigen zu lassen (Abbildung 6.5). Hierzu stehen dem User derzeit vier unterschiedliche Funktionen zur Verfügung: HÖHEPUNKTE, AKTIVITÄTEN VON FREUNDEN, BEITRÄGE VON SEITEN, BEITRÄGE VON ANDEREN.

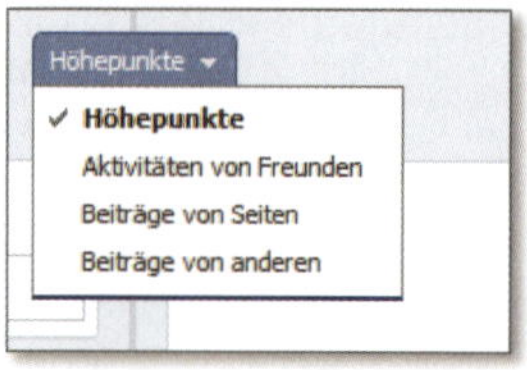

Abbildung 6.5 Fans können sich mittels der Funktion »Höhepunke« Ihre Seitenbeiträge sortiert anzeigen lassen.

8 Ihre Beiträge

Die eigentliche Pinnwand einer Facebook-Seite ist prinzipiell in zwei Spalten aufgeteilt. Auf der linken Seite erscheinen Beiträge, die von dem Seitenbetreiber abgesetzt werden. Es handelt sich also um Posts, die vom Unternehmen ausgehen. Selbstverständlich bestimmen auch hier Ausnahmen die Regel hinsichtlich der Chronologie. Es gibt drei Arten der Postingdarstellung, die Sie im Kasten erläutert finden.

Gut zu wissen: Variieren Sie Ihre Beiträge

Wie bereits erwähnt, können sich Ihre Fans Postings in einer unterschiedlichen Sortierung anzeigen lassen. Der Administrator hat aber zusätzlich auch die Möglichkeit, besonders interessante oder relevante Beiträge hervorzuheben und deren Stellenwert zu steigern. Hierzu haben Sie die folgenden Möglichkeiten:

- OBEN FIXIEREN: Mit dieser Funktion können Sie nachträglich Posts ins Blickfeld der Fans schieben, indem dieser Post immer als erster Beitrag angezeigt wird (Abbildung 6.6). Diese Zusatzfunktion ergibt beispielsweise Sinn, wenn Sie eine Umfrage laufen haben, an der so viele User wie möglich teilnehmen sollen – auch wenn Sie im weiteren Verlauf mit Ihrem Redaktionsplan fortfahren. So gewährleisten Sie, dass der Fragepost nicht stetig nach unten wandert, sondern stets sichtbar ist (sie sollten aber nicht vergessen, die Fixierung wieder herauszunehmen, wenn die Aktion vorbei ist). Spätestens nach sieben Tagen jedoch, wird die Fixierung automatisch wieder deaktiviert. Um einen Beitrag oben zu fixieren, gleiten Sie einfach mit dem Mauszeiger über den jeweiligen Post und klicken auf das Bleistiftsymbol.

Abbildung 6.6 Mit »Oben fixieren« relevante Beiträge auf Ihrer Facebook-Seite länger im sichtbaren Bereich anzeigen lassen

- HERVORHEBEN: Wie der Name schon andeutet, heben sie besondere Beiträge mit dieser Funktion hervor. Diese äußert sich dadurch, dass der gewünschte Post über die gesamte Breite der beiden Pinnwandspalten angezeigt wird. Hierzu müssen Sie lediglich das Sternsymbol (neben dem Bleistiftsymbol) anklicken. Im weiteren Verlauf wird der Beitrag groß angezeigt und markiert den Usern, dass es sich hierbei um eine besondere Information handelt.

- Eine Kombination aus OBEN FIXIEREN und HERVORHEBEN ist ebenfalls möglich und garantiert eine maximale Sichtbarkeit. Diese Option sollten Sie jedoch nur für besondere Anlässe verwenden, damit es auch wirklich ein Highlight für die Fans ist. Bei zu häufiger Nutzung laufen Sie andernfalls Gefahr, dass die User die Postingstrategie für zu »marktschreierisch« halten, was häufig als Spam aufgefasst wird.

9 **Weitere Inhalte**

Im Gegensatz zur linken Seite (die nur aus Ihren Beiträgen besteht) werden in der rechten Spalte einige weitere Informationen für den Fan bereitgestellt:

- User sehen auf den ersten Blick, ob und welche Freunde ebenfalls Fans von Ihrer Seite sind.
- Darüber hinaus werden in einem gesonderten Bereich die Beiträge von Ihren Fans angezeigt. Dies erfolgt über eine Voransicht – das bedeutet, es wird nur die erste Zeile des Beitrags angezeigt sowie der Verweis darauf (mittels eines Büroklammersymbols), dass der Post auch weiteren Content enthält (Videos, Fotos etc.). Erst mit dem Klick auf den jeweiligen Post oder auf die Funktion ALLES ANZEIGEN wird dem User der gesamte Beitrag angezeigt. Das »Einfangen« und Bündeln der Userbeiträge bedeutet für Sie als Seiteninhaber mehr Sicherheit und Schutz gegenüber Shitstorms und aufmüpfigen Trollen. Der Nachteil dieser Ordnung liegt aber darin, dass proaktive Anfragen und andere Arten von Fanposts in einer Box versteckt werden, wo sie viel weniger Beachtung finden. Weitere Einstellungs- und Filtermöglichkeiten erfahren Sie in Abschnitt 6.2.2, »Beschreibung und Verwaltung«.
- Fans können sehen, welche weiteren Unternehmen Ihrer Facebook-Seite gefallen.
- Im weiteren Verlauf werden auch in der rechten Spalte Beiträge von Ihrem Unternehmen chronologisch angezeigt.

6.1.2 Ist Ihr Unternehmen bereits auf Facebook vertreten?

Vor der folgenden Herausforderung stehen meist nationale und internationale Unternehmen: Ihr Markenname ist bereits auf Facebook vertreten. Das liegt häufig daran, dass Fans der jeweiligen Marke eine Präsenz im Netzwerk aufmachen (ohne Kenntnis des Unternehmens). Diese Situation kann aber auch kleinere Betriebe treffen.

Ihr Unternehmen ist bereits auf Facebook aktiv, ohne dass Sie es wissen? Hier sind die letzten Schritte, die Sie unternehmen sollten, bevor Sie eine Facebook-Seite neu anlegen:

- **Mögliche Doppelgänger recherchieren**
  Gehen Sie ins Netzwerk, und prüfen Sie mit Hilfe der Suchfunktion, ob bereits eine oder mehrere Facebook-Seiten auf den Namen Ihres Unternehmens erstellt worden sind. Dabei zählen nur Seiten, die sich tatsächlich auch inhaltlich mit den Themen Ihrer Marke beschäftigen.

  Beispiel: Die Musikband »Tempo« hat ihre eigene Facebook-Seite. Der gleichnamige Produzent von Taschentüchern möchte nun auch eine Seite erstellen. Beide Seitenbetreiber können in friedlicher Koexistenz nebeneinander bestehen, da trotz der Namensgleichheit keinerlei Verwechslungsgefahr besteht, weder in der Zielgruppenansprache noch in der thematischen Führung der Community.

  Die Situation sieht jedoch gleich anders aus, wenn ein Facebook-Mitglied seine Liebe zur Taschentuchmarke mit einer »Tempo«-Seite zum Ausdruck bringt. Diese Präsenz kann, falls vom Markeninhaber gewünscht, von dem Seitenersteller übernommen werden – ohne seine Einwilligung!

- **Kein Doppelgänger auf Facebook**
  Die Recherche hat ergeben, dass Ihre Marke (und/oder der Name Ihres Ladens/Geschäfts) bislang nicht in der Community geführt wird. An dieser Stelle können Sie die folgenden Punkte direkt überspringen und zu Abschnitt 6.1.3, »Neue Seite – ordnen Sie Ihr Unternehmen der richtigen Kategorie zu«, springen.

Was kann ich tun, wenn mein Unternehmen, ohne mein Wissen, bereits auf Facebook vertreten ist?

Schreiben Sie den Seiteninhaber an | Im Zuge Ihrer Recherchen haben Sie herausgefunden, dass Ihre Marke tatsächlich schon auf Facebook vertreten ist. Gratulation – das spricht für Ihr Unternehmen und treue, begeisterte Kunden. Nicht immer, aber häufig geben sich die Ersteller der Seite zu erkennen. Angaben darüber, wer für die Präsenz verantwortlich ist, können Sie mit ein wenig Glück hier finden:

- **User gibt sich als Seiteninhaber zu erkennen**
  Wenn Sie Glück haben, dann zeigt sich der Ersteller offen auf der Seite und veröffentlicht sein Profil bzw. den Account, mit dem er die Seite erstellt hat, unter Angaben wie SEITENINHABER. Falls diese Information auf der Unternehmensseite freigestellt wurde, dann finden Sie sie auf der Informationsseite. Dahin gelangen Sie durch Klick auf INFO im Informationsfeld der Facebook Seite (Abbildung 6.7).

  Klicken Sie auf das Profil. Im nächsten Schritt erscheint das Profil des Seiteninhabers. Oft, aber leider nicht die Regel, gestatten es Facebook-User Mitgliedern, die nicht mit ihnen »befreundet« sind, trotzdem, eine Nachricht zu schicken. Diese Nachricht ist eine Art E-Mail-Versand innerhalb des Netzwerks und wird nicht öffentlich angezeigt. Diese Funktion können Sie nutzen, um den Seiteninhaber anzuschreiben und ihn um die Übertragung der Administrationsrechte zu bitten.

Falls der User nicht reagieren sollte oder sich gar weigert, die Nutzungsrechte zu übertragen, ist die nächste (und finale) Instanz, Facebook, direkt um Unterstützung zu bitten. Infos hierzu finden Sie im Folgenden.

Gut zu wissen: Seitenbetreiber erhebt Ansprüche

Sie, als offizieller Markeninhaber, sind zu keinerlei Zahlungen an den oder anderen Ansprüchen gegenüber dem Seitenbetreiber verpflichtet. Der User muss Ihnen im Gegenteil umgehend und ohne etwaige Forderungen an Ihr Unternehmen alle Nutzungs- und Administrationsrechte übertragen, da er gegen die Facebook Guidelines und das geltende deutsche Markenrecht verstoßen hat.

Abbildung 6.7 Informationen zum (aktuellen) Seiteninhaber finden Sie, falls vom Administrator gewünscht, hinter der Funktion »Info«.

- **Angaben befinden sich (vielleicht) unter »Info«**
  Gehen Sie auf die Facebook-Seite, und klicken Sie auf das Feld INFO. Daraufhin öffnet sich im Mittelteil ein Bereich, der die Seite weiter beschreibt. Diese Angaben sind von Seite zu Seite sehr unterschiedlich ausgefüllt, da es sich nicht um automatisierte Informationen handelt, sondern sie von jedem Seiteninhaber selbst eingetragen werden. In dem folgenden Beispiel vom Hamburger Verkehrsverbund (kurz HVV) handelt es sich um eine Seite, deren Seiteninhaber ausdrücklich darauf hinweisen, dass es sich hierbei um keine offizielle Präsenz handelt (Abbildung 6.8). Eine E-Mail-Adresse sorgt dafür, dass die Ersteller der Seite kontaktiert werden können (in diesem Fall hat der HVV Glück, falls er mal offiziell auf Facebook vertreten sein möchte).

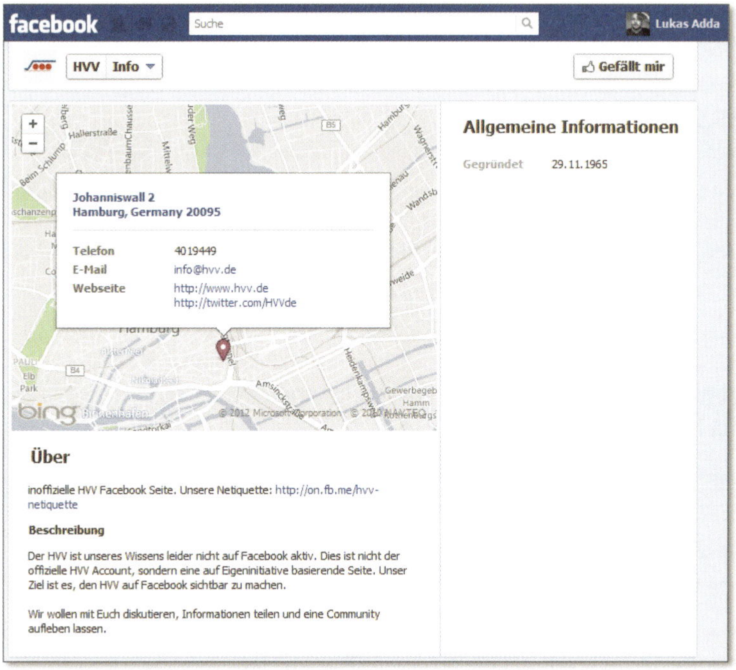

Abbildung 6.8 Klicken Sie auf »Info«, und schauen Sie nach, ob Kontaktmöglichkeiten hinterlegt worden sind.

Wenden Sie sich an Facebook | Der Seiteninhaber der Facebook-Seite ist entweder nicht ermittelbar oder weigert sich, Ihnen die Rechte zu übertragen. In diesem Fall hilft nur noch der Gang zu Facebook direkt: Generell hat der Seitenbetreiber mit Betreiben einer fremden (Ihrer!) Markenseite sowohl gegen die Facebook Guidelines als auch gegen deutsches Markenrecht verstoßen. Das Recht ist demnach auf Ihrer Seite. Facebook bietet für solche Fälle verschiedene Möglichkeiten an, mit welchen Sie gegen die Seitenbetreiber vorgehen können.

Gut zu wissen: Melden Sie Duplikate bei Facebook

Wenn Ihre Facebook-Seite doppelt oder mehrfach im Netzwerk auftritt, können Sie dies bei der Community melden. Hierfür stellt Ihnen das Netzwerk ein Formular online, mit welchem Sie eine Löschung beantragen können. Eine Löschung einer Seite ist nur möglich, wenn diese nicht mehr als 500 Fans aufweist! Mittels des Formulars wird abgefragt, welche Meldung eines Verstosses gegen deine Rechte vorliegt (Abbildung 6.9).

Abbildung 6.9 Meldung eines Verstoßes gegen deine Rechte

Die Bearbeitungszeit, die Facebook benötigt, ist stark schwankend. Von 4 bis 5 Stunden bis hin zu vier Wochen ist alles drin. Sie sollten daher unter Umständen ein wenig Geduld mitbringen. Das Formular finden Sie hier: *www.facebook.com/legal/copyright.php*

Weitere, wichtige Informationen und Regeln:

- Bereits bestehende Seiten können übernommen bzw. die Adminrechte eingefordert werden.
- Seiten, die weniger als 500 Mitglieder horten, können nicht übertragen werden.
- Wenn zwei Seiten fusioniert werden sollen, dann muss der Titel beider Seiten gleich sein.
- Facebook hat das letzte Wort und entscheidet in letzter Instanz, ob Sie Ihr Recht geltend machen können bzw. dürfen.

Was tun, wenn die Seite bereits über 500 Fans hat?

Die Seite, die Sie übernehmen möchten, hat bereits über 500 Mitglieder, und somit ist ein Facebook-Antrag auf Überprüfung und Löschung hinfällig. In diesem Fall können Sie auch einen *Merge* beantragen (Abbildung 6.10). Das bedeutet: Ihre Unternehmensseite wird mit der »fremden« Seite zusammengelegt, und alle Rechte gehen auf Sie über. Der Seiteninhaber der »fremden« Präsenz hat keinerlei Zugriff mehr auf die Seite. Selbstverständlich ist das nicht ohne Weiteres umsetzbar.

facebook
Suche
Ich bin der authentische Vertreter dieser Seiten. Ich möchte die Zusammenlegung der Seiten beantragen
Facebook kann dir dabei helfen, Nutzer von nicht authentischen Seiten auf eine von dir verwaltete, autorisierte Seite zu übertragen. Falls du Inhalte melden möchtest, die deiner Ansicht nach gegen deine Rechte an geistigem Eigentum verstoßen, erfährst du hier, wie du eine geeignete Meldung eines vermeintlichen Verstoßes einreichen kannst: www.facebook.com/legal/copyright.php
Name der Seite, deren Administrator du bist:
URL der Seite, deren Administrator du bist:
Nicht authentische Seiten, die zusammengeführt werden sollen:
Bitte gib die URLs der Seiten ein, die du mit deiner offiziellen Seite zusammenführen möchtest. Nachdem wir deine Anfrage bestätigt haben, werden alle Nutzer, die mit diesen Seiten verbunden sind, zu der von dir verwalteten Seite hinzugefügt. (maximal 5 Seiten pro Anfrage)
URL der Seite:
URL der Seite:
URL der Seite:
URL der Seite:
URL der Seite:
Absenden
Abbrechen

Abbildung 6.10 Facebook-Antrag: Zusammenlegung von Seiten

Auch in dieser Situation müssen Sie zum Teil viel Geduld aufbringen, bis eine Überprüfung vonstatten gegangen ist, und darüber hinaus ist diese Variante meist weniger von Erfolg gekrönt, als die Seite gleich als Duplikat zu melden. Das passende Formular finden Sie hier:

http://on.fb.me/FB_Seiten-zusammenlegen

6.1.3 Neue Seite – ordnen Sie Ihr Unternehmen der richtigen Kategorie zu

Sie möchten in Facebook eine SEITE ERSTELLEN. Hierzu scrollen Sie einfach bis zum Ende der Facebook-Website und klicken den gleichnamigen Befehl in der Fußzeile an (Abbildung 6.11).

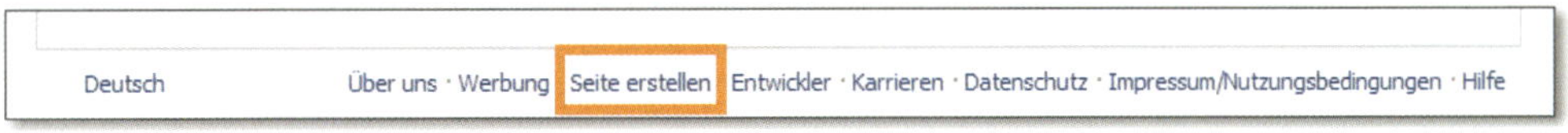

Abbildung 6.11 Die Schaltfläche zum Erstellen einer neuen Seite befindet sich (u. a.) innerhalb der Fußzeile der Facebook-Website.

Erst Richtlinien durchlesen, dann loslegen!

Im weiteren Verlauf werden Ihnen sechs unterschiedliche Bereiche angeboten, die am ehesten zu Ihrem Unternehmen oder Ihrer Unternehmung passen. Alle diese Bereiche verlangen unterschiedliche Angaben und Inhalte von Ihnen als künftigem Seiteninhaber. Eine Handlung ist jedoch in jedem Fall gleich: die Notwendigkeit, das Häkchen zu setzen unter ICH STIMME DEN RICHTLINIEN DER FACEBOOK-SEITEN ZU. Um diese Bestätigung geben zu können, sollten Sie sich die Zeit nehmen und die Regeln durchlesen. Diese beziehen sich hauptsächlich auf die Namensgebung und die Schreibweise des Seitennamens. In Abschnitt 5.3.1, »Welche Nutzungsbedingungen gelten für welche Unternehmungen?«, finden Sie die Richtlinien – aus dem Original von Facebook entnommen. Alle (möglichen) aktuellen Überarbeitungen finden Sie auf der bereitgestellten Seite unter:

http://www.facebook.com/page_guidelines.php

Die zur Auswahl stehenden Bereiche – was beschreibt Ihre Unternehmung am besten?

Ist nun Ihre künftige Facebook-Seite dem Bereich UNTERNEHMEN, ORGANISATION ODER INSTITUTION zuzuordnen, oder gehören Sie doch eher in den Bereich MARKE ODER PRODUKT (Abbildung 6.12)? Und was genau ist unter LOKALES UNTERNEHMEN ODER ORT zu verstehen – ist mein Geschäft darunter zu fassen? Die folgenden Erläuterungen werden Ihnen helfen, die richtige Schublade für Ihre künftige Seite zu finden. Gleich vorweg: Falls Sie nicht auf Anhieb die richtige »Box« für Ihre Seite ausgewählt haben sollten, kann dieser Schritt jederzeit auch noch nachträglich geändert werden.

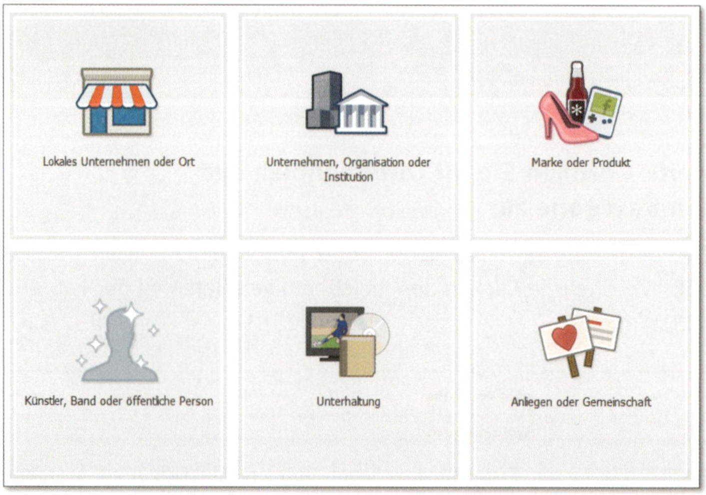

Abbildung 6.12 Erster Schritt beim Anlegen einer Seite: den richtigen Bereich auswählen

Lokales Unternehmen oder Ort | Sie möchten für Ihr Geschäft eine Präsenz erstellen und Ihre Kunden beispielsweise über die neuesten Wareneingänge informieren? Dann ist das der richtige Bereich für Sie. Für alle Läden, Restaurants, Hotelbetriebe und andere dienstleistungsorientierten Orte empfiehlt sich diese Schublade. Die Auswahl der Kategorie klassifiziert Ihr Unternehmen im nächsten Schritt noch ein wenig konkreter (Abbildung 6.13). Bitte füllen Sie auch die Adressfelder aus, denn diese Koordinaten benötigt Facebook, um auf der Seite eine Straßenkarte anzeigen zu können (Abbildung 6.14). Das hat den großen Vorteil, dass Ihre Fans und Kunden sehen können, wo sich Ihr Geschäft befindet. Somit ist eine bessere Auffindbarkeit gewährleistet.

Abbildung 6.13 Lokales Unternehmen oder Ort – interessant für physische Geschäfte und gastronomische Betriebe

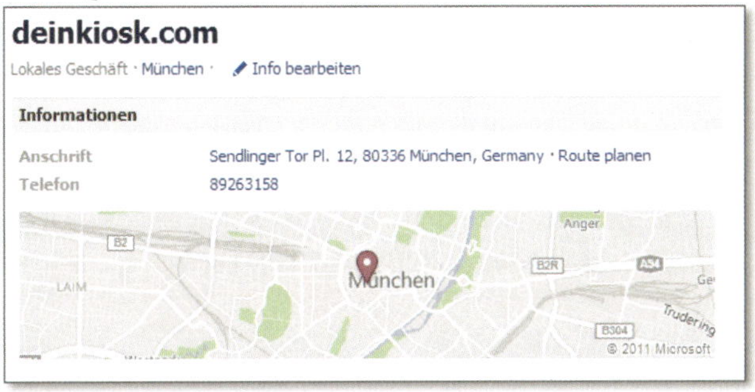

Abbildung 6.14 Lokale Unternehmen und Orte erhalten zusätzlich eine Straßenkarte zur besseren Auffindbarkeit gestellt.

Facebook Orte und Facebook-Seiten – gibt es einen Unterschied?

In der Vergangenheit bestand noch ein Unterschied darin, eine Facebook-Seite oder einen Facebook Ort zu erstellen. Mittlerweile kann man vereinfacht sagen, dass beide Formen der Präsentation gleich sind. Facebook Orte nutzt zusätzlich mittels eines Adresseintrags eine Kartenansicht (bing), an der sich User einchecken können.

Unternehmen, Organisation oder Institution | Diese Einordnung richtet sich an alle künftigen Seiteninhaber, die eine Präsenz ohne lokalen Bezug wünschen. Ein Unternehmen beispielsweise, welches Angebote und Dienstleistungen im Internet verkauft oder an anderen Orten als der Niederlassung anbietet (z. B. Installationsbetrieb), ist nicht darauf angewiesen, dass der Firmensitz visualisiert wird. Die Mitarbeiter kommen zum Kunden und nicht andersherum. In der Box müssen Sie lediglich eine passende Kategorie auswählen und den künftigen Seitenamen eintragen (Abbildung 6.15). Diesen Namen können Sie im späteren Verlauf auch noch einmal ändern.

Abbildung 6.15 Die richtige Box für alle, die keinen expliziten lokalen Bezug brauchen.

Marke oder Produkt | Hierunter fallen alle künftigen Seiteninhaber, die eine Marke eingetragen haben oder einem Produkt eine Bühne bieten möchten. Diese Abgrenzung muss nicht nur für einen bestimmten Artikel stehen, sondern kann auch eine komplette Produktgattung betreffen (siehe Beispiel *ECCO Shoes* in Abbildung 6.17). Auch hier ist das weitere Vorgehen ähnlich dem vorherigen Bereich: die zutreffende Kategorie auswählen, Namen der Marke oder des Produkts eintragen, Häkchen setzen (nachdem Sie sich die RICHTLINIEN FÜR FACEBOOK-SEITEN durchgelesen haben) und LOS GEHT'S drücken (Abbildung 6.16). Fertig.

Abbildung 6.16 Für markenorientierte Seitenbetreiber und Produkt-Promoter

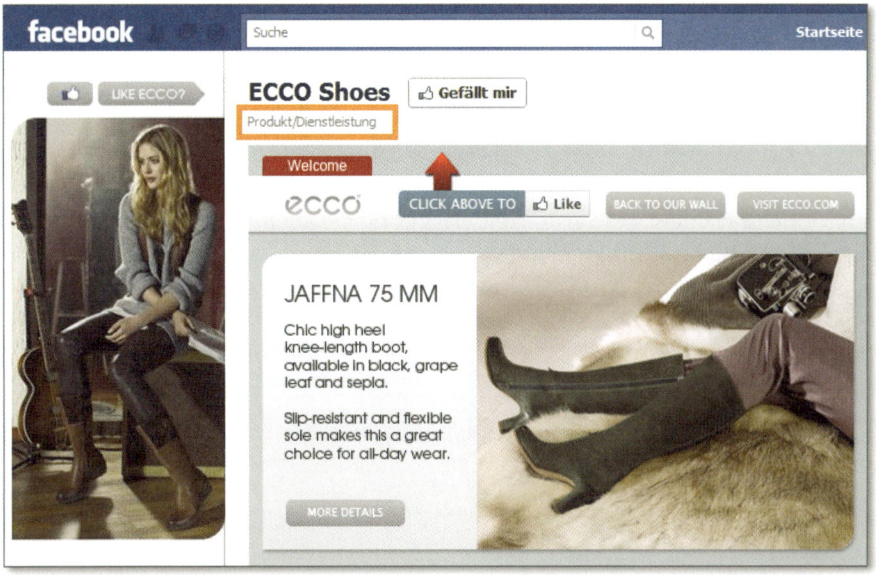

Abbildung 6.17 ECCO Shoes bündelt die gesamten Schuhkollektionen in einem Bereich, unter »Marke oder Produkt«.

Künstler, Band oder öffentliche Person | Sie sind so etwas wie ein Rockstar oder der neue Picasso am Promihimmel? Dann ist das der richtige Breich für Sie. Wählen Sie im nächsten Schritt aus, in welcher Profession Sie tätig sind (Abbildung 6.18), und geben Sie Ihren Namen oder Künstlernamen an. Häkchen setzen, und das erste, grobe Seitenkorsett steht.

Abbildung 6.18 In welchem Bereich sind Sie ein Star?

Unterhaltung | Alles, was im weitesten Sinn dieses Substantiv einbezieht, findet hier seine neue Heimstatt. Bücher, Magazine, Musiktitel, Fernsehsendungen, Filme oder dergleichen – hier findet sich alles, was unterhält (Abbildung 6.19). Wie Sie in dem oben gezeigten Beispiel sehen, treffen Facebook-Seiten für mehr als nur einen Bereich zu. Der BÜCHERLADEN beispielsweise könnte auch unter lokale UNTERNEHMEN UND ORT angesiedelt sein. Da die Zuweisung Ihrer Seite nicht bindend ist, können Sie sie so wählen, wie Sie denken, dass es für Sie am besten passt. Im weiteren Verlauf einfach den Instruktionen folgen, und LOS GEHT'S.

Abbildung 6.19 Welche Art der Unterhaltung bieten Sie an?

Anliegen oder Gemeinschaft | Wenn Ihre Seite weniger geschäftliche Ziele verfolgt, sondern mehr sozial oder ehrenamtlich ambitioniert ist, dann wählen Sie diesen Bereich aus. Ziel könnte es beispielsweise sein, eine Aktionsseite gegen einen Missstand zu eröffnen, um so auf die Situation aufmerksam zu machen und Gleichgesinnten eine Plattform zu geben. Das ist der einzige Bereich, in der keine zusätzliche Kategorie ausgewählt werden muss. Sie müssen nur den künftigen Seitennamen eintragen, und LOS GEHT'S.

6.2 Erstellung einer Facebook-Seite

Nachdem Sie die richtige Box und die richtige Kategorie zugewiesen haben, steht der Rahmen für die künftige Seite. Dieser abgegrenzte Bereich muss nun mit Content gefüllt werden. Dies können Sie als alleiniger Seiteninhaber durchführen oder sich Unterstützung durch Ihr Redaktionsteam holen. Hierzu müssen Sie die Kollegen jedoch erst einmal zu Mitadministratoren ernennen.

6.2.1 Oberste Regel: Erst Seite fertigstellen, dann darüber sprechen!

Facebook wird Ihnen empfehlen, einen dreistufigen Prozess zu durchlaufen, um die ersten Angaben zur Seite zu erhalten und Ihre Freunde und Bekannten bereits beim Erstellen darüber zu informieren. Diese Hilfestellung ist vom Netzwerk zwar nett gemeint, kann jedoch bei einem falschen Klick bereits zu Folge haben, dass Ihre Seite sofort öffentlich gestellt wird. Beachten Sie daher, dass Sie und die anderen Administratoren (falls vorhanden) erst den »Gefällt mir«-Button drücken, wenn die Seite finalisiert ist.

Drei Schritte zur Erstellung der Seite (wobei nicht alle auch sinnvoll sind)

Schritt 1: Profilbild

Der Facebook Guide bittet Sie darum, ein Bild für Ihre Seite festzulegen (Abbildung 6.20). Dieses Bild wird künftig Ihrer Facebook-Präsenz ein »Gesicht« geben. Sie haben die Möglichkeit, ein bereits bestehendes Bild zu nehmen oder eine Abbildung von Ihrer Website zu übernehmen. Um Ihren Kunden eine Wiedererkennung möglich zu machen, macht es Sinn, sich für die zweite Variante zu entscheiden. In jedem Fall sollten Sie sich bewusst sein, dass die Wahl des Profilbildes nicht unwesentlich ist. Die von Ihnen gewählte Abbildung wird künftig jede Ihrer Statusmeldungen in den Newsfeeds der Fans zieren und sollte daher ein aussagekräftiges und Ihr Unternehmen gut transportierendes Bild sein.

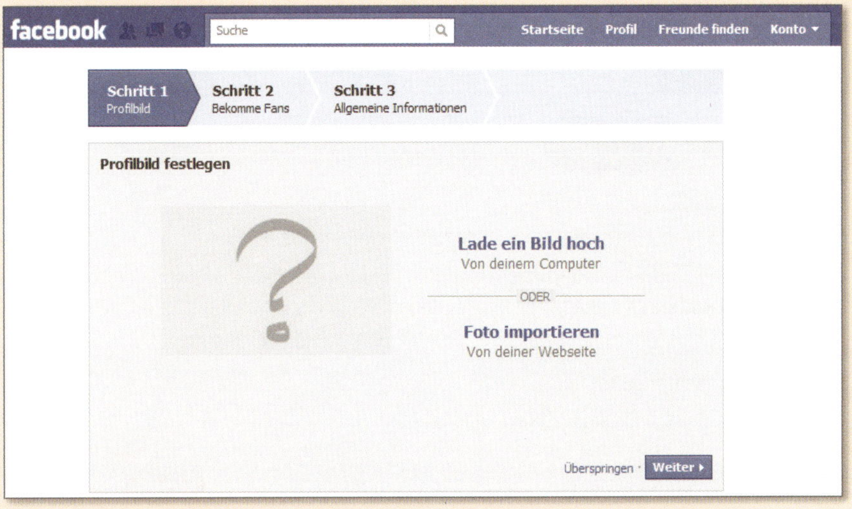

Abbildung 6.20 Ihre Facebook-Seite braucht ein Profilbild (Banner).

Schritt 2: Bekomme Fans

»Bekomme Fans« – gerne, aber noch nicht jetzt! Dieser Schritt ist nur zu empfehlen, wenn Sie kein Problem damit haben, Ihre Freunde und Bekannten öffentlich daran teilhaben zu lassen, wie die Seite entsteht. Facebook fragt in diesem Punkt Daten an und hat Voreinstellungen eingebaut, die dazu führen, dass Ihr Bekanntenkreis sofort informiert wird – folgende Instrumente sind dafür verantwortlich:

- Schaltfläche FREUNDE EINLADEN: Facebook bietet Ihnen diese Funktion an, um die Bekanntheit der Seite bei Ihren Freunden zu steigern (Abbildung 6.21). Beim Klick auf die Seite werden die eigenen Kontakte auf Facebook automatisch darüber informiert.
- Rubrik TEILE DEINE SEITE mit der Schaltfläche KONTAKTE IMPORTIEREN dient dem Netzwerk dazu, neue Facebook-Mitglieder auf Facebook zu akquirieren. Nach dem Betätigen dieser Funktion fragt die Community Sie, ob sie Ihre Kontakte auf *gmx.de*, *web.de* und anderen E-Mail-Portalen durchforsten darf, um Ihre Kontakte über die neue Seite zu informieren. Persönlicher Rat: Lassen Sie die Finger davon! Kein Anbieter (ob Facebook oder ein anderer Dienst) sollte Zugriff auf Ihre Adressdaten haben, außer Sie selbst. Darüber hinaus ist auch davon auszugehen, dass Ihre privaten und geschäftlichen Kontakte wenig Interesse daran haben dürften, dass ihre eigenen Daten bei Anbietern eingespeist werden, ohne dass sie davon wissen und dem zugestimmt haben.
- Häkchen DIESE SEITE AN MEINER PINNWAND TEILEN und DIESE SEITE GEFÄLLT MIR werden von Facebook voreingestellt aktiviert. Wenn Sie erst in Ruhe Ihre Seite erstellen möchten und erst über diese neue Präsenz sprechen möchten, wenn Sie professionell und sauber aufgesetzt ist, dann deaktivieren Sie diese Funktionen durch das Wegklicken der beiden Häkchen!

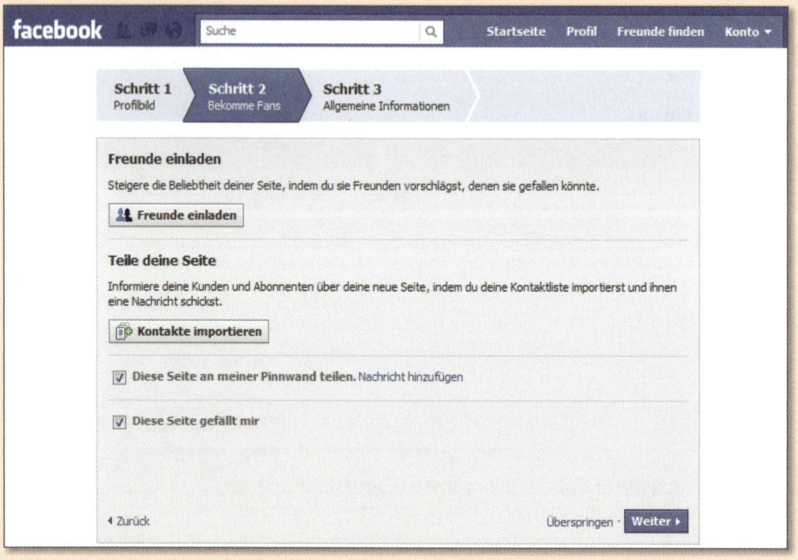

Abbildung 6.21 Vorsicht vor diesen Funktionen. Sprechen Sie erst über Ihre Seite, wenn sie Ihren Wünschen entspricht – und nicht vorher.

Schritt 3: Allgemeine Informationen
Der dritte und letzte Schritt dient der weiteren inhaltlichen Auffüllung der Seite. Geben Sie Ihre Website an (falls Sie eine besitzen), und beschreiben Sie in wenigen Worten (max. 255 Zeichen), worum es auf Ihrer Seite geht (Abbildung 6.22). Diese Angaben werden dem Fan später in der linken Spalte der Seite angezeigt und können jederzeit korrigiert und geändert werden.

Mein Rat lautet: Vergessen Sie Schritt 2! Facebook möchte Ihre Facebook-Seite schnellstmöglich publik machen. Das ist nett von dem Netzwerk, für Sie jedoch mit einem großen Nachteil verbunden. Bereits bestehende und potenzielle Kunden, Freunde und Bekannte und andere Kontakte auf Facebook können Ihre Seite sehen, obwohl sie noch nicht final fertiggestellt ist. Möchten Sie so den Start Ihrer Seite gestalten? Nein, bestimmt nicht! Daher tun Sie sich und Ihren Nerven den Gefallen, und wählen Sie in diesem Abschnitt die Funktion Überspringen, und verwenden Sie nicht die Schaltfläche Weiter. Die Verbreitung und Streuung der Facebook-Seite kann im späteren Verlauf nachgeholt werden – zu einem Zeitpunkt, der für Sie optimal ist.

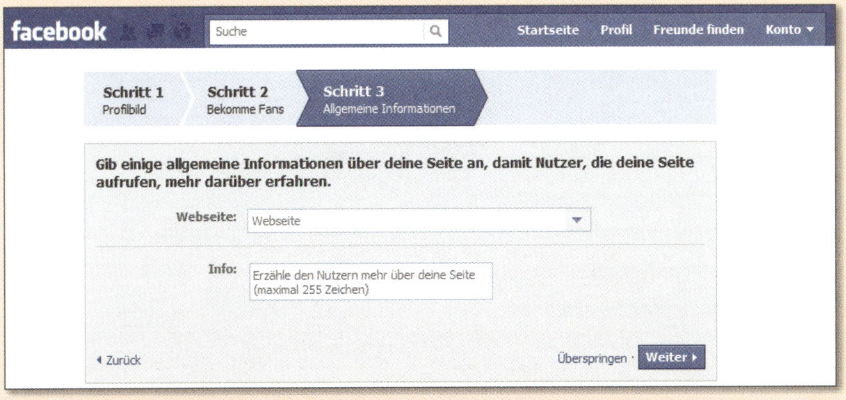

Abbildung 6.22 Beschreiben Sie (kurz) den Inhalt der Seite.

6.2.2 Beschreibung und Verwaltung

Die Beschreibung der Facebook-Seite dient dazu, interessierten Usern die Möglichkeit zu bieten, sich detaillierter über Ihre Firma oder Unternehmung zu informieren. Diese Daten sind hinter der Schaltfläche Info hinterlegt, die unterhalb des Coverfotos angeboten wird.

Wie eingangs bereits erwähnt, wird Ihnen als Seiteninhaber und/oder Mitadministrator auch der Bereich angezeigt, der für die anderen User und Fans nicht einsehbar ist. Dies ist Ihre Anlaufstelle für Ihr Seitenmanagement und -Monitoring zugleich und setzt sich aus den folgenden selbsterklärenden Elementen zusammen:

- Benachrichtigungen zeigt Ihnen die neuesten Aktivitäten der User auf.
- Neue »Gefällt mir«-Angaben zeigt Ihnen auf, welche neuen Fans Ihre Seite dazugewonnen hat.
- Statistik bietet Ihnen einen ersten Schnellüberblick über den Besucher- und Interaktionsverlauf auf Ihrer Facebook-Seite. Für weitere Informationen hierzu schlagen Sie bitte in Abschnitt 13.3.1, »Statistiken und Zahlen«, nach.
- Im Bereich Tipps für Seiten werden Ihnen vom Netzwerk selbst neue Infos eingespielt, wie Sie Ihre Facebook-Seite besser managen können.
- Nachrichten enthält alle eingehenden Nachrichten von Ihren Fans. Diese Anfragen können nur von Ihnen und den weiteren Administratoren der Seite gelesen werden und sind von Außenstehenden nicht einsehbar.

Für das eigentliche Managen und Pflegen der eigenen Seite sind die Schaltflächen in dem in Abbildung 6.23 rot als Verwaltung gekennzeichneten Bereich relevant.

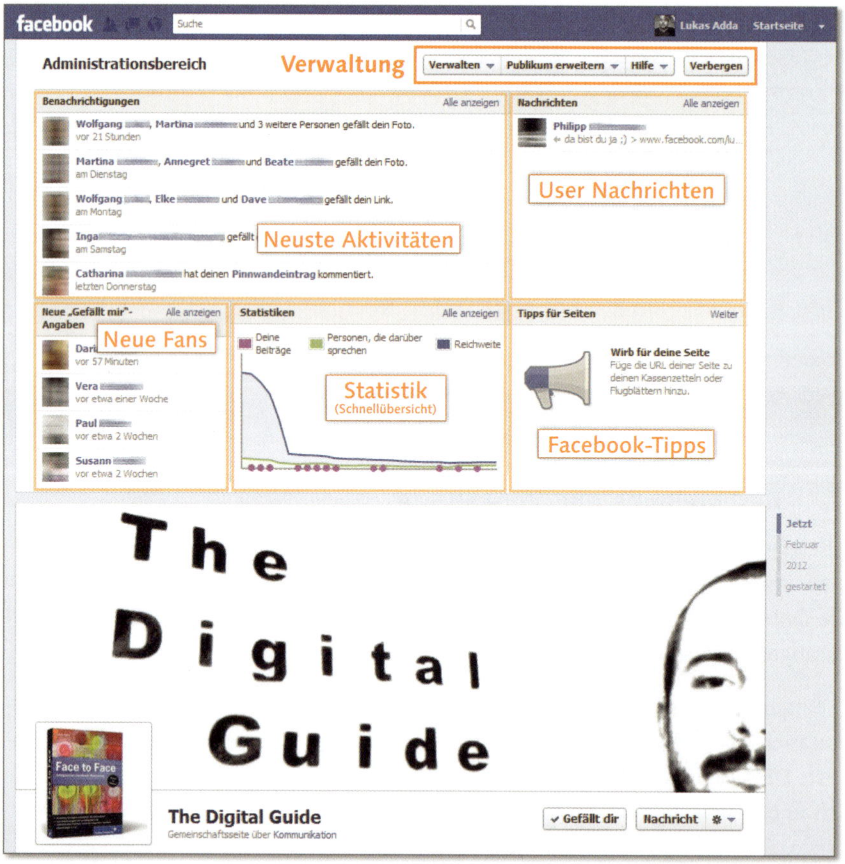

Abbildung 6.23 Elemente Ihres Facebook Administrationsbereichs

Individualisieren und verwalten Sie Ihre Facebook-Seite

Um die eigene Facebook-Seite zu individualisieren, gehen Sie folgendermaßen vor. Klicken Sie auf VERWALTEN und im weiteren Verlauf auf SEITE BEARBEITEN. Danach öffnet sich ein Bereich, der weiterhin nur für Sie als Administrator einsehbar ist. Innerhalb dieses Bereichs können Sie alle Änderungen der erstellten Seite vornehmen. Die verschiedenen Funktionen stellen wir Ihnen jetzt im Einzelnen vor (Abbildung 6.24).

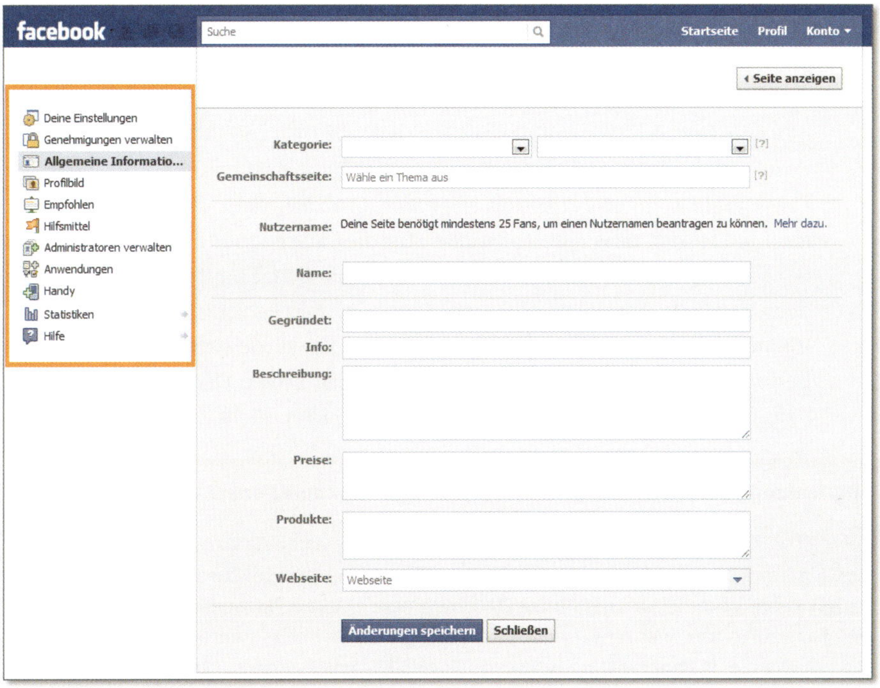

Abbildung 6.24 Alle folgenden Bereiche befinden sich in der linken Spalte Ihrer Facebook-Seite (Dashboard).

Deine Einstellungen | In diesem Bereich regeln Sie zwei künftige Handlungen:

- **Kommunikationsname**
  Wie möchten Sie gerne mit Ihren Fans kommunizieren? Hierfür stellt Ihnen Facebook zwei Möglichkeiten zur Auswahl.
  - Kommunikation unter dem Namen der Seite
    Diese Variante ist die weiter verbreitete Verwendungsart. Wenn Sie bei dieser Funktion ein Häkchen setzen, dann posten und kommentieren Sie künftig nur unter dem Namen Ihrer Facebook-Unternehmensseite. Ihre persönliche Identität bleibt also gewahrt, und der User erfährt nicht, wer die Seite

führt. Damit keine Anonymität zwischen Seitenbetreiber und Fan entsteht, gibt es Wege, dem vorzubeugen. Weitere Informationen hierzu finden Sie in Kapitel 7, »Laufende Betreuung von Facebook-Seiten«

- Kommunikation unter persönlichen Profilnamen
  Wenn Sie das Häkchen nicht setzen, erscheinen Ihre Postings ab sofort nicht mehr unter dem Namen Ihrer Seite, sondern unter Ihrem persönlichen Profilnamen. Der Fan kann nun zwar Ihren Namen sehen und erkennen, dass beispielsweise der Chef des Ladens höchstpersönlich mit ihm kommuniziert. Der große Nachteil ist jedoch, dass Sie nun auch Tür und Tor für alle Fans geöffnet haben, die nicht nur auf der Seite, sondern mit Ihnen persönlich kommunizieren möchten. Sie haben gegebenenfalls (abhängig von Ihren persönlichen Profileinstellungen) Einblick auf Ihr Profilbild, Ihre Pinnwand, Ihre Freundesliste und Ihre Fotos. Darüber hinaus ist es sehr aufdringlichen Fans möglich, Ihnen Facebook-Nachrichten zu schicken. Ein weiterer großer Nachteil ist der, dass eine »offizielle Stimme« auf der Seite fehlt. Nicht jeder der Fans kennt auch den Ladenbesitzer persönlich. Somit kann er zwischen dem User (als Administrator) und dem User (als Fan) nicht unterscheiden. Vielmehr vermittelt die Seite den Anschein, als würde sich der Seitenbetreiber nicht um die Präsenz kümmern und sich aus allen Diskussionen heraushalten. Diese Einstellung ist in den meisten Fällen nicht zu empfehlen.

Empfehlung: Unter welchem Namen sollten Sie kommunizieren?

Generell gilt in diesem Fall: Sprechen Sie mit Ihren Fans nicht via Ihres Facebook-Profils. Auch wenn Sie vielleicht denken, dass diese Form eine persönlichere ist, ergeben sich daraus kaum Vorteile für Sie und Ihr Unternehmen. Um die Transparenz zu wahren und den Fans zu zeigen, wer hinter der Seite steht, gibt es weitaus smartere Möglichkeiten, z. B. durch die Integration eines Facebook-Willkommensreiters. Mehr Informationen hierzu finden Sie in Abschnitt 6.2.6, »Wieso eine Willkommensseite so wichtig ist«.

- **Benachrichtigungen**
  Mit einem Häkchen an dieser Stelle (Voreinstellung) geben Sie Facebook die Erlaubnis, Ihnen eine Benachrichtigung zu schicken, sobald ein Fan einen Kommentar oder einen Post auf der Seite hinterlassen hat. Diese E-Mail wird an die jeweilige E-Mail-Adresse (des Administrators) verschickt, die im privaten Profil als Adresse hinterlegt ist.

Nach Festlegung Ihrer Einstellungen vergessen Sie nicht, auf Änderungen speichern zu klicken, sonst war alle Mühe vergebens.

Genehmigungen verwalten | Manchmal entscheidet schon ein bloßes Häkchen oder eine kleine falsche Angabe darüber, ob und wie die Facebook-Seite angezeigt wird. Daher sollten Sie die folgenden Einstellungsmöglichkeiten gründlich prüfen:

- Sichtbarkeit der Seite
  Diese Funktion sollte immer mit einem Häkchen versehen sein. Wenn dem nicht so ist, sind Sie auch nicht in Facebook (sichtbar). Die Seite bleibt zwar im Netzwerk weiterhin intakt, aber Fans bekommen Sie nicht zu Gesicht.
- Ländereinschränkungen
  Unter dieser Rubrik regeln Sie die Sichtbarkeit der Seite nach Region. Usern, die aus einem bestimmten Teil der Erde kommen, können Sie den Zutritt verbieten, indem die Seite erst gar nicht in dem jeweiligen Land angezeigt wird. Wünschen Sie nur in bestimmten Ländern eine Sichtbarkeit, dann können Sie dies auch einstellen. Einfach die gewünschten Länder in das Feld eintragen und das entsprechende Häkchen setzen.

  Wieso gibt es diese Einstellungsmöglichkeit? Ein Unternehmen hat anlässlich einer Produkteinführung in den Ländern Deutschland und Österreich eine Produkt-Seite angelegt, auf der dieses neue Angebot promotet wird. Aus technischen, vertrieblichen oder anderen Gründen kommt dieser Artikel nicht in der Schweiz auf den Markt. Um Irritationen oder verärgerten Kundenanfragen vorzubeugen, setzt das Unternehmen das Land auf die Liste, in der diese Seite nicht angezeigt werden soll.

Empfehlung: Einstellung nicht ändern, wenn nicht wirklich nötig

Nur weil Ihnen Facebook die Möglichkeit bietet, die Sichtbarkeit der Seite zu regulieren, heißt das nicht, dass das auch so sinnvoll ist. Sie müssen sich bewusst sein, dass sich jede Regulierung zwangsläufig darauf auswirkt, wie häufig die Seite beispielsweise im Newsfeed angezeigt wird. Auch wenn Sie tatsächlich vor der Situation stehen sollten, dass in manchen Regionen Ihre Produkte nicht angeboten werden können, dann gibt es andere Wege, die User darüber zu informieren (z. B. mit einem Vermerk an dem jeweiligen Artikel: *»Dieses Produkt ist derzeit nur lieferbar in den Ländern ...«*. Dieses Vorgehen ist durchaus üblich und hat den weiteren positiven Effekt, dass User möglicherweise auch über Ihre Marke sprechen, wenn Sie in der Region überhaupt (noch) nicht aktiv sind. Das kann sich nur positiv auf die Bekanntheit des Unternehmens auswirken.

- Altersbeschränkungen
  Ein häufiger Fehler, der unwissentlich für mangelnde Sichtbarkeit auch außerhalb von Facebook sorgt, ist die Einstellung des Alters. Wie schon eingangs erwähnt, ist Facebook für alle User ab 13 Jahren nutzbar. Dieses Alter wird auch als Mindestalter für die Sichtbarkeit der Seite angezeigt (und ist bereits vorein-

gestellt). Das Ändern dieser Einstellung (beispielsweise »ab 18 Jahren«) hat zur Folge, dass die Facebook-Seite außerhalb des Netzwerks, z. B. in der Google-Suche, nicht mehr angezeigt wird (siehe Abbildung 6.25). Das kann sich negativ auf die Auffindbarkeit Ihrer Seite auswirken. Falls also kein konkreter Grund gegen die Freistellung ab 13 Jahren spricht, sollten Sie diese Einstellung nicht ändern.

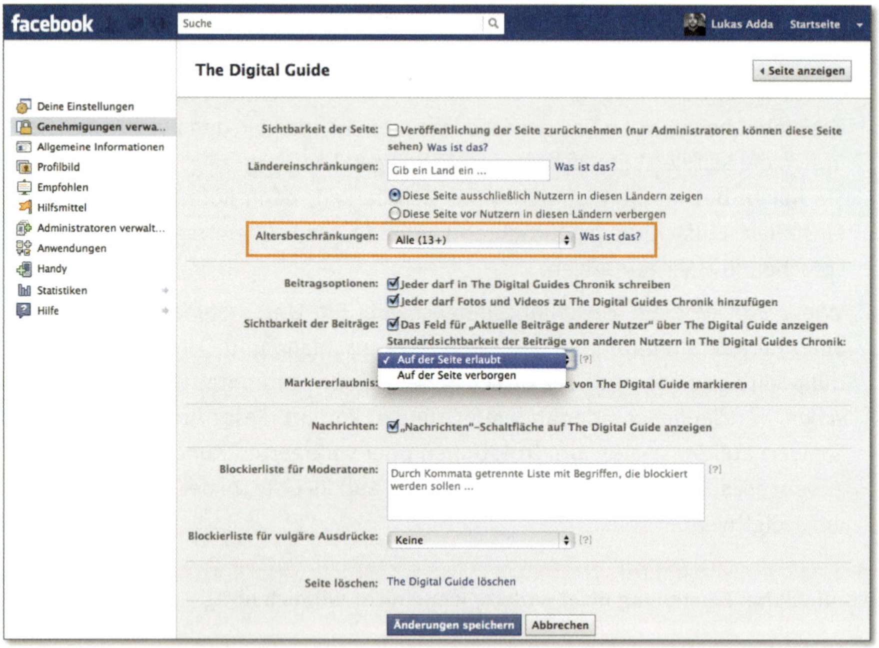

Abbildung 6.25 Die Einstellung zur Altersbeschränkung hat Einfluss auf die Sichtbarkeit in Suchmaschinen (z. B. in Google).

- Beitragsoptionen und Sichtbarkeit der Beiträge
  Im folgenden Abschnitt, unterhalb der Altersregulierung, können Sie bestimmen, ob User auf Ihrer Seite Content posten dürfen und, falls ja, welchen. In diesem Zusammenhang muss eine Option besonders hervorgehoben werden. Es handelt sich dabei um den Befehl Das Feld für »Aktuelle Beiträge anderer Nutzer« über (Name Ihrer Seite) anzeigen und die dazu gehörigen Standardoptionen Auf der Seite erlaubt oder Auf der Seite verborgen. Die Funktionen sind für Unternehmen geeignet, die sich mit einem Shitstorm oder einem einzelnen Troll konfrontiert fühlen. Für die einen bedeutet dieses Häkchen Schutz vor unerwünschten Beiträgen, für die anderen handelt es sich schlicht und ergreifend um Zensur von Posts. Zwar bietet Ihnen diese Funktion einen gewissen Schutz, aber Sie sollten es trotzdem vermeiden, kritische Kommentare nicht

anzeigen zu lassen. Eine Community lebt von vielen unterschiedlichen Ansichten. Wenn User gegen Ihre Benimmregeln verstoßen, spricht nichts gegen die Nutzung dieser Funktion. Wenn aber Unternehmen diesen Befehl dahingehend nutzen möchten, um ihr selbst verschuldetes (schlechte Produkte, schlechte Kommunikation, schlechtes Management etc.) negatives Image aufzupolieren, wird auch das über kurz oder lang von den Usern entlarvt. Nutzen Sie diese Funktion daher nach Möglichkeit wirklich nur in Ausnahmefällen (z. B. bei Shitstorms).

Abbildung 6.26 Beiträge vorab prüfen und sich vor Shitstorms schützen

Was bedeutet: »Fotos markieren«?

Das Markieren von Fotos ist eine Funktion, mit der Ihnen Facebook ermöglicht, zu anderen Usern und Seiten des Netzwerks auf einem Foto oder Bild zu verlinken. Das hat zur Folge, dass dieses jeweilige Bild im Anschluss auf der Pinnwand des Users und in seinem Fotoarchiv sowie seiner Fotozeile abgelegt wird. Ihre Freunde können Sie im Gegenzug aber auch auf Fotos markieren, von deren Existenz Sie bis dahin nichts wussten. Im Zuge der Überarbeitung der Datenschutzbestimmungen können Sie bereits im Vorfeld festlegen, ob Sie generell anderen Usern die Erlaubnis zum »Taggen« (Facebook-Fachwort für Verschlagworten) geben möchten (Abbildung 6.27).

Abbildung 6.27 Mit der Funktion »Foto markieren« können Sie sich und die Freunde in Bildern »taggen«.

- **Blockierliste für Moderatoren**
  Bestimmte Wörter und Begriffe wünschen Sie nicht auf Ihrer Seite. Für ein besseres und effektives Monitoring bietet Facebook diese Funktion an. Tragen Sie hier die Schlagworte ein, die Ihnen in den möglichen Posts von Fans als negativ erscheinen. Künftig werden diese Beiträge automatisch als Spam erkannt und erscheinen nicht mehr auf der öffentlichen Pinnwand. Diese Liste ist mit Vorsicht zu genießen und sollte kontrolliert genutzt werden.
- **Blockierliste für vulgäre Ausdrücke**
  Diese Einstellungsmöglichkeit dient ebenfalls dazu, Facebook-Seiten vor verbalen Attacken zu schützen. Im Gegensatz zu der vorherigen Funktion (Blockierliste) ist diese Anwendung nur im Grad der Funktion zu beeinflussen. Sie können entscheiden, ob Sie vulgäre Ausdrücke erlauben (bzw. keine Filterung hierfür wünschen) oder diese Mittel oder Stark gefiltert haben möchten. Das Netzwerk sammelt »gemeldete« Posts, die mit jeder neuen Meldung weiter anwächst. Daraus ergibt sich eine Art Datenbank, anhand derer Facebook Schlüsse zieht und einen Mittel- und Stark-Wert ermittelt. Welche Begriffe und Ausdrücke nun darunter fallen, ist vom User und Administrator nicht einsehbar.

- Seite löschen
  Der Vollständigkeit halber erwähnen wir diese Funktion hier. Einer weiteren Erklärung bedarf es jedoch vermutlich nicht, außer dass es das Ende Ihrer Seite bedeutet, falls Sie diese Option wählen. Daher sollten Sie diesen finalen Schritt erst tätigen, wenn Sie sich 100%ig sicher sind, dass Sie die Facebook-Seite nicht mehr benötigen. Eine Wiederherstellung ist nicht möglich!

Auch hier wieder der Hinweis: Vergessen Sie nicht nach Festlegung Ihrer Einstellungen auf Änderungen speichern zu klicken.

Allgemeine Informationen | Was bieten Sie an? Über welchen Offline- oder Onlineweg kann man Ihr Unternehmen am besten erreichen? Wo befindet sich Ihr Laden? Was sind Ihre Öffnungszeiten? Wie viel kostet das beworbene Produkt? Diese und viele Fragen können Sie unter Allgemeine Informationen abhandeln und so auf die ersten und wichtigsten Anfragen Ihrer Kunden proaktiv reagieren. Über diesen Reiter können Sie zudem auch jederzeit den vorab festgelegten Bereich (siehe Abschnitte 6.1.3, »Neue Seite – ordnen Sie Ihr Unternehmen der richtigen Kategorie zu«) ändern. Je nachdem für welche »Schublade« Sie sich nun entschieden haben, werden auch unterschiedliche Felder zum Ausfüllen angezeigt. Bei der Auswahl Lokale Unternehmen & Orte beispielsweise können Sie die genaue Adresse Ihres Ladens sowie die Öffnungszeiten und Parkmöglichkeiten angeben, während Sie innerhalb des Bereichs Personen zusätzlich die Biografie des jeweiligen »Stars« oder »Sternchens« eintragen können.

Einige Felder sind jedoch identisch – egal für welchen Bereich Sie sich entscheiden. Die zwei wichtigsten und erklärungsbedürftigsten finden Sie hier erläutert:

- Offizielle Seite
  Diese Funktion ermöglicht es Ihnen, die Seite mit einem Oberthema bzw. mit einer Offiziellen Seite zu verbinden. Sie sind beispielsweise ein Künstler und gehören zu einem Verbund, der ebenfalls eine Facebook-Seite besitzt? Dann geben Sie hier den Namen dieser Seite ein, und die offizielle Seite wird immer unterhalb des Facebook-Seitennamens angezeigt.
- Beschreibung
  In dieses Feld gehört alles, was nötig ist, um Ihr Unternehmen, Ihre Marke und Ihre Facebook-Seite zu erklären. Um was für eine Art von Firma handelt es sich? Was ist Ihr Alleinstellungsmerkmal (USP)? Wieso sind Sie auf Facebook? Und vieles mehr. Sie haben hier ausreichend Platz, um sich von der besten Seite zu zeigen – nutzen Sie ihn!

Profilbild | Das Profilbild ist eines der stärksten visuellen Instrumente, das Facebook-Seitenbetreibern zur Verfügung steht. Im Netzwerk werden Sie jedoch über viele Seiten stolpern, die eben dieses Potenzial nicht erkennen und nutzen. Häufig werden nichtssagende Fotos, Bilder und Logos hergenommen, die müde und lustlos »in der Ecke hängen«. Dabei ist eben dieses Element einer der ersten Reize im Newsfeed der Fans, Freunde und Bekannten. Es gibt viele kreative Möglichkeiten, mit diesen Reizen zu spielen und die Fans immer wieder neu zu überraschen. Tipps und Tricks zu diesem Thema finden Sie in Abschnitt 6.2.3. Das eigentliche Hochladen ist simpel. Einfach ein bereits bestehendes Bild von einem Datenträger auswählen oder via Webcam ein Bild knipsen und hochladen.

Empfohlen & Seiteninhaber | Sie als Administrator haben die Möglichkeit, im Namen der Seite zu kommunizieren. Hierzu müssen Sie aber im Vorfeld die Funktion FACEBOOK UNTER DEM NAMEN XY verwenden wählen (diese befindet sich in der rechten Spalte, im oberen Bereich). Wenn Sie in dieser Einstellung andere Facebook-Seiten »liken«, wird diese Seite auf Ihrer eigenen Facebook-Unternehmensseite unter der Rubrik GEFÄLLT MIR angezeigt. Damit zeigen Sie Ihren Fans, dass Sie mit dieser Seite sympathisieren. Sie können so viele Seiten »liken«, wie sie mögen, diese werden alle rotierend in der »Gefällt mir«-Box angezeigt, aber lediglich fünf Seiten können gleichzeitig angezeigt werden. Sie können aus dieser rotierenden Auswahl auch max. fünf Seiten als empfohlen hervorheben, die dann fest in der Box platziert werden. Alle anderen (nicht mehr empfohlenen) Seiten sind nicht mehr sichtbar. Mit der Funktion EMPFOHLENE »GEFÄLLT MIR«-ANGABEN BEARBEITEN verweisen Sie Ihre Fans auf andere Seiten, mit denen Sie sympathisieren (Abbildung 6.28).

Abbildung 6.28 Empfehlen und verweisen Sie auf andere Facebook-Seiten.

Mit der darunter stehenden Funktion können Sie sich und andere Administratoren (falls vorhanden) sichtbar machen. Die Fans sehen dann Ihr privates Profilbild und den Namen, mit dem Sie in Facebook angemeldet sind.

Hilfsmittel | Unter dieser Rubrik finden Sie nützliche Tipps und Tricks, wie Sie Ihre Seite »draußen« publik machen können, damit mehr potenzielle Fans auf die Unternehmenspräsenz aufmerksam werden.

Administratoren verwalten | Sie möchten einen oder mehrere Ihrer Kollegen ebenfalls zu einem Administrator erklären. Dies hat den großen Vorteil, dass Sie sich künftig den »Facebook-Redaktionsdienst« teilen können. Selbstverständlich sollten Sie nur die Mitarbeiter zu Administratoren ernennen, zu denen Sie auch großes Vertrauen haben, denn mit den erteilten Nutzungsrechten hat/haben der/die neue(n) Mitarbeiter die gleichen Befugnisse.

Oberste Maxime: Administrator vertrauen!

Ein Administrator kann ALLES. Er oder sie kann Änderungen hinsichtlich der Einstellungen vornehmen, im Namen der Seite posten, andere Administratoren zur Seite hinzufügen, aber auch entfernen. Facebook verfügt über keine stufenweisen Nutzungsrechte. Das bedeutet, alle können alles. Ernennen Sie also nur User zu Administratoren, denen Sie 100 %ig vertrauen. Darüber hinaus lohnt es sich, immer mal wieder einen prüfenden Blick auf die aktuelle Liste der Administratoren zu werfen. Gerade wenn eine Facebook-Seite bereits länger besteht und diese zusätzlich von externen Beratern und Agenturen betreut wird, sollten Sie immer mal wieder checken, ob die jeweiligen Mitarbeiter überhaupt noch bei der Firma arbeiten. Wenn das nicht mehr der Fall ist, dann sollten Sie diesen Usern auch schnellstmöglich die Administratorenrechte entziehen!

Anwendungen | Unter ANWENDUNGEN wählen Sie aus, welche Reiter (auch Tabs genannt) auf der Seite angezeigt werden. Es gibt vorinstallierte Applikationen wie FOTO, VIDEO, VERANSTALTUNG und NOTIZEN, individualisierte Anwendungen und Tabs, die zusätzlich gewünscht werden und selbst konzipiert und programmiert werden müssen (Abbildung 6.29). Häufig begrüßen Unternehmensseiten ihre Fans beispielsweise mit einem Willkommensreiter (Willkommens-Tab). Wie schon der Name sagt, dient dieser Reiter dazu, neue Fans auf der Seite willkommen zu heißen und sich so erstmals dem Kunden vorzustellen. Bei ihrer Programmierung gibt es zwei Möglichkeiten: einen professionellen Entwickler beauftragen oder auf Drittanbieter zurückgreifen, die vorgefertigte Templates zur Verfügung stellen. Für beide Varianten sprechen Gründe, sich für oder gegen eine dieser Möglichkeiten auszusprechen. Alle weiteren Informationen und detaillierte Angaben zu dem Thema Anwendungen und Applikationen finden Sie in Kapitel 9, »Integration weiterer Facebook-Features«.

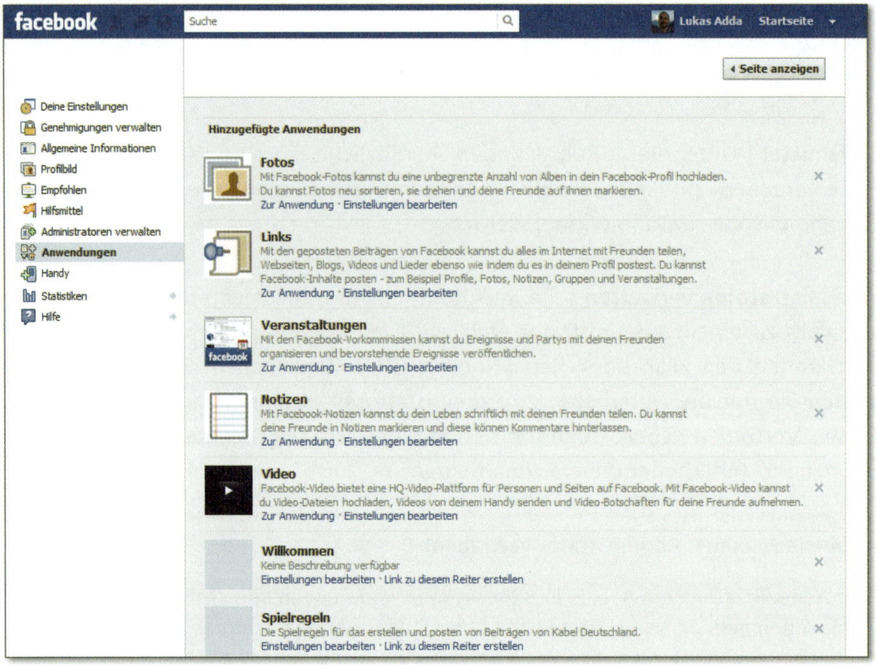

Abbildung 6.29 Facebook-Anwendungen – nicht bereitgestellte Anwendungen müssen zusätzlich programmiert werden.

Handy | Wie Sie wissen, kann Facebook auch auf vielfältige Art und Weise über ein mobiles Endgerät genutzt werden. So können beispielsweise via E-Mail vom Handy Fotos und Statusmeldungen an Facebook geschickt werden, die dann auf der Seite erscheinen. Um diese Funktion nutzen zu können, benötigen Sie erst eine E-Mail-Adresse (geben Sie diese Adresse niemals an andere weiter, da darüber auch andere Meldungen senden könnten). Ihre persönliche Adresse ist hier für Sie hinterlegt. Bei komplexen und wichtigen Postings (also Mitteilungen an Ihre Fans) sollten Sie jedoch, der Sorgfaltspflicht wegen, weiterhin lieber den »stationären« Weg (via PC, Laptop) wählen.

Statistiken | Wie entwickelt sich Ihre Seite? Welche Themen und Postings werden von den Fans am häufigsten angeklickt, »geliket« und kommentiert? Spreche ich mehr weibliche oder männliche User an, und woher kommen sie? Diese und viele weitere Antworten auf Fragen hinsichtlich Nutzung, Interaktion und Seitenentwicklung geben Ihnen die STATISTIKEN (auch *Facebook Insights* genannt). Sie sollten sich angewöhnen, hier wöchentlich vorbeizuschauen. Die Informationen und Insights, die Sie hier erhalten, können sehr hilfreich für Ihre laufende Redaktionsplanung sein. Je nachdem welchen Verlauf Sie analysieren, können Sie so herausfinden, welche Postings beispielsweise sehr erfolgreich waren und welche eher schlecht angenommen wurden oder gar Fans dazu bewegt hat, die Seite zu verlassen. Kapitel 13, »Das erfolgreiche Messen Ihrer Aktivitäten«, gibt Ihnen zu dieser Analyse weiter reichende Hilfestellungen.

Hilfe | Im Hilfebereich finden Sie weitere Informationen zu allen relevanten Themen, die die Nutzung der Funktionen auf einer Facebook-Seite betreffen. Ein gelegentlicher Besuch schadet nie, da das Netzwerk häufig Einstellungen überarbeitet und es immer etwas Neues zu entdecken gibt.

6.2.3 Das Profilbild

Mit der Umstellung auf das neue Layout hat das Profilbild etwas an Relevanz verloren. Das liegt an der Nutzbarkeit dieses Elements, da es nicht mehr als eine Art Banner für die Facebook-Seite verwendet werden kann. Diesen Job hat das Coverbild übernommen. Das eigentliche Profilbild ist jedoch weiterhin ein wichtiges Tool, da es Ihre Seite an vielen unterschiedlichen Orten in Facebook repräsentiert. Mit dem Begriff *Bannerbild* ist im Facebook-Deutsch das PROFILBILD der Unternehmensseite gemeint. Denn dieses Bild repräsentiert Ihre Facebook-Seite an vielen unterschiedlichen Orten und ist somit ein stetiger Werbekanal. Dieser Werbekanal wird häufig völlig vernachlässigt und nicht als das genutzt, als das er genutzt werden könnte – und zwar als Banner für die Seite.

Gut zu wissen: Wo das eigene Bannerbild überall auftauchen kann

- auf der eigenen Unternehmensseite
- bei dem Posting auf der Kommentarwand (auch *Posting Wall* genannt)
- im Newsfeed Ihrer Fans
- auf den Timelines der Fans
- bei Kommentaren auf anderen, »fremden« Seiten
- in unterschiedlichen Social-Plugin-Boxen auf der eigenen Website (Abbildung 6.30)

Diese breiten Nutzungsmöglichkeiten zeigen gut auf, wie wichtig es ist, das eigene Profilbild nicht zu vernachlässigen. Es ist häufig das Erste, was Ihre Fans und Leser von Ihrer Seite sehen. Nutzen Sie diesen ersten Moment, und überraschen Sie die User. Ähnlich dem persönlichen Profil gibt es aber auch viele kreative Möglichkeiten, das Profilbild mit dem Fotocover Ihrer Facebook-Seite zu kombinieren.

Abbildung 6.30 Das Facebook-Profilbild kommt auch außerhalb des Netzwerks zum Vorschein.

Gut zu wissen: Miniaturansicht im Hinterkopf behalten

Die Funktion MINIATURANSICHT wird im späteren Verlauf ein wichtiger Punkt innerhalb des Uploadvorgangs des Profilbildes. Daher sollten Sie sich jetzt schon darüber Gedanken machen, wie die Miniaturansicht des Profilbildes aussehen soll.

Upload/Miniaturansicht

Sie haben das künftige Profilbild ausgewählt und in einem gängigen Bildformat abgespeichert (beispielsweise *.jpg*), dann sind das die nächsten Schritte:

- Öffnen Sie Ihre Facebook-Unternehmensseite.
- Fahren Sie mit der Maus über das aktuelle (zu ersetzende) Profilbild: Es erscheint der Befehl PROFILBILD BEARBEITEN.
- Nach der Bestätigung dieser Funktion öffnet sich die Seite, auf der Sie die Bilddatei hochladen können: Klicken Sie auf DATEI AUSWÄHLEN.
- Ihr gestaltetes Bild erscheint. Klicken Sie jetzt auf die Funktion MINIATURBILD BEARBEITEN, und wählen Sie den Bildausschnitt aus, der künftig (bei allen Posts

und Kommentaren von der Seite) erscheinen soll (Abbildung 6.31). Sie können aber auch das gesamte Bild an die Größe anpassen. Beachten Sie, dass Texte und kleine Bildelemente dann aber in der Miniaturansicht eventuell nicht gut les- und erkennbar sind. Bestätigen Sie Ihre Änderungen abschließend mit SPEICHERN. Fertig!

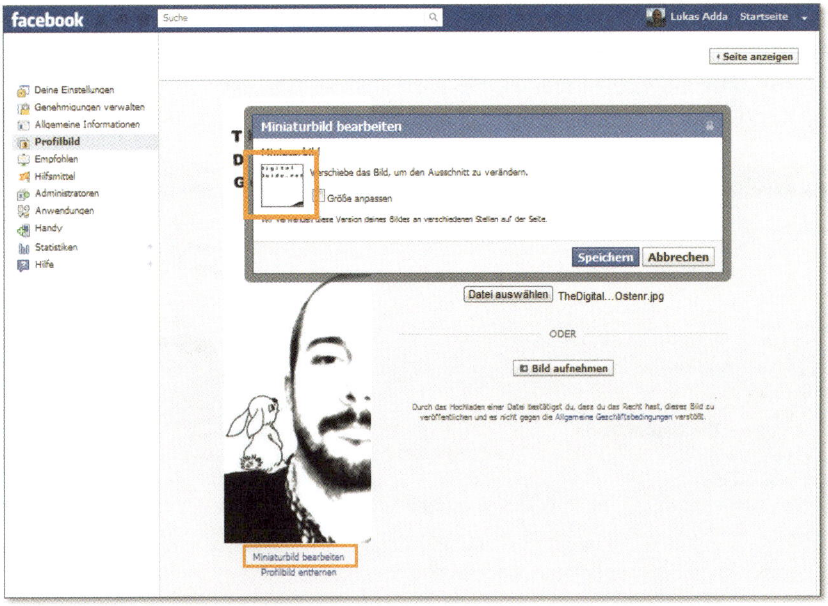

Abbildung 6.31 Legen Sie fest, was in der Miniaturansicht angezeigt werden soll.

6.2.4 Das Fotocover

Das Fotocover der Facebook-Fanseite macht es den Seiteninhabern, neben dem Profilbild, möglich, über die Aktivitäten und Angebote zu sprechen. Das plakative Banner über der Seite misst 851 × 315 Pixel und kann auf vielfältige Weise für die Kommunikation eingesetzt werden. Aber auch hier gibt es Regeln hinsichtlich der Nutzung. Vom Netzwerk ist es untersagt, das Coverbild für die folgenden Zwecke zu verwenden:

- Angebote mit Preis- und Kaufinformationen inklusive Rabatten
- Kontaktinformationen (wie z. B. E-Mail, Telefonnummern etc.) – für diese Inhalte steht Ihnen der Informationsbereich zur Verfügung
- Facebook-Markenwerte, wie z. B. der Facebook-Daumen, Like-Buttons und andere Motive
- Aktionsaufrufe, die die User zum Handeln bewegen sollen (»Mach jetzt mit und klicke«, »Jetzt kaufen und Geld sparen« etc.)

Zur Erstellung eines Fotocovers können Sie sich selbst versuchen oder aber auf eine Vorlage zurückgreifen. Eine Vorlage bietet beispielsweise der User Antoine Plu auf der folgenden Webseite an: *http://cl.ly/Eew2*

Wenn Sie Ihr Coverbild erstellt haben, können Sie dieses mit wenigen Klicks auf Ihrer künftigen Facebook-Seite integrieren. Klicken Sie hierzu einfach auf TITELBILD ÄNDERN, und wählen Sie die benötigte Funktion aus. Im weiteren Verlauf ist es Ihnen auch möglich, das Bild senkrecht besser auszurichten und somit ansprechender zu positionieren. Hierzu wählen Sie die Funktion NEU POSITIONIEREN aus (Abbildung 6.32). Eine horizontale Bildausrichtung ist nicht möglich.

Abbildung 6.32 Wählen Sie Ihr Coverbild aus, und positionieren Sie es nachträglich.

Gut zu wissen: Was ist ein Aktivitätenprotokoll?

Innerhalb der bereits erwähnten Schaltfläche VERWALTEN versteckt sich auch die Funktion AKTIVITÄTENPROTOKOLL, die es Ihnen als Facebook-Seiteninhaber ermöglicht, alle »Bewegungen« auf der Seite nachzuvollziehen und gegebenenfalls zu bearbeiten. Das bedeutet, Sie können von hier aus einzelne eigene, aber auch Fanbeiträge »ein- und ausschalten« bzw. deren Relevanz mit Hilfe der Funktion AUF DER SEITE HERVORHEBEN regulieren.

6.2.5 Sicherung der Vanity-URL

Sie haben es fast geschafft. Es fehlen nur noch ein paar Handgriffe, und Ihre Facebook-Seite kann für das breite Publikum geöffnet werden. Vielleicht ist Ihnen bereits aufgefallen, dass Ihre Seite zwar eine URL besitzt – sprich eine Adresse –, aber diese aus unzähligen Nummern und Buchstaben besteht, die weder einen Sinn ergeben noch einprägsam sind. Dies gilt es, im nächsten Schritt zu ändern!

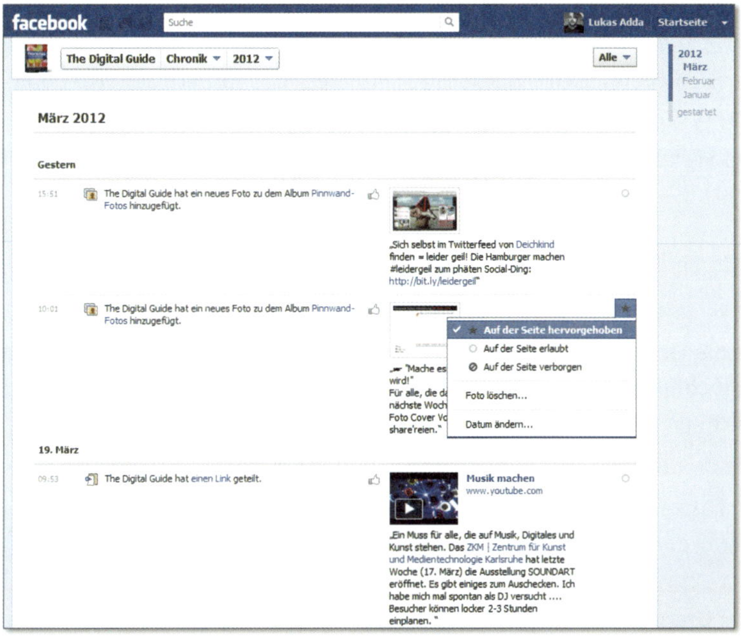

Abbildung 6.33 Mit Hilfe des Aktivitätenprotokolls Beiträge beobachten und organisieren

Eine Facebook-Vanity-URL setzt sich aus zwei Bestandteilen zusammen. Das erste Element ist vorgegeben und kann nicht geändert werden. Lediglich der zweite Teil wird von den Seiteninhabern selbst bestimmt (Abbildung 6.34).

Abbildung 6.34 Aufbau einer Facebook-Vanity-URL

Wozu braucht es eine Vanity-URL?

Eine URL ist die Adresse für Ihre Facebook-Seite. Damit die künftigen User nicht erst innerhalb der Facebook-Suchfunktion nach Ihrer Präsenz suchen müssen, können Interessenten die URL eingeben und landen so direkt auf der Seite.

Die Adresse sollte folgende Merkmale aufweisen

- In der Kürze liegt die Würze: Unnötig lange Namen sollten Sie vermeiden. Der Name sollte jedoch mindestens fünf Zeichen enthalten. Kürzere Namen, wie z. B. BMW, werden nur bei internationalen Konzernen und über einen direkten Kontakt zu Facebook von Fall zu Fall ermöglicht.

- Passen Sie die URL dem Namen Ihrer Seite an – einhergehend mit Ihrer Strategie der Seite. Falls dieser Name bereits vergeben sein sollte, wählen Sie einen Begriff, der sich thematisch als Nächstes anbietet. Das fördert den Wiedererkennungswert und ist für die User einfacher zu merken.
- Verwenden Sie keinen Namen, der Ihnen nicht gehört oder der markenrechtlich geschützt ist!

So erstellen Sie eine Facebook-Vanity-URL

1. Gehen Sie auf *www.facebook.com/username.*
2. Öffnen Sie die Liste mit Seiten, die Ihnen gehören und für die Sie einen Namen festlegen möchten (wenn das Ihre erste Facebook-Seite ist, dann sollte auch nur eine Möglichkeit angeboten werden).
3. Wählen Sie den Namen aus, und geben Sie den Wunschtitel der Seite ein.
4. Nach einer kurzen Verfügbarkeitsprüfung von Facebook erhalten Sie eine Bestätigung (sofern der Name nicht schon vergeben ist).

Gut zu wissen: Drum prüfe, wer sich ewig bindet

Die Vergabe des URL-Namens ist unumkehrbar, daher prüfen Sie genau, ob Sie tatsächlichen den gewählten Begriff nutzen möchten und ob er auch richtig geschrieben ist. Nichts ist peinlicher als auf »ewig« einen falsch geschriebenen Namen in der offiziellen Facebook-Seiten-URL zu führen.

6.2.6 Wieso eine Willkommensseite so wichtig ist

Sie gehört schon fast zum guten Ton, eine Facebook-Willkommensseite.

Herzlich willkommen. Schön, dass du uns besuchst!
Wir freuen uns, dich bei uns zu haben.

Diese oder ähnliche Begrüßungen installieren immer mehr Unternehmen auf ihren Facebook-Seiten. Sie nutzen sie dazu, die neuen User und potenziellen Fans willkommen zu heißen und bieten der Marke gleich zu Beginn die Chance, sich im besten Licht zu zeigen. Angedockt ist die Willkommensseite innerhalb der Applikationsübersicht unterhalb des Coverbildes. Es bleibt dem Seiteninhaber vorbehalten, zu entscheiden, bei welchen Usern sich diese Seite einblenden soll.

Neue User sind künftige Fans – rollen Sie den roten Teppich aus

Häufig wird diese Variante für die Unternehmensseite verwendet. Neuen Usern, die noch nicht die »Gefällt mir«-Schaltfläche gedrückt haben, wird die Willkommensseite angezeigt. Bestehende Seiten-Anhänger werden hingegen direkt auf die

Chronik geleitet oder an ein anderes, vorab definiertes Ziel (beispielsweise eine Kampagnenapplikation).

Die Willkommensseite muss aber nicht »nur« die eigentliche Begrüßung enthalten. Sie können hier Ihrer Fantasie freien Lauf lassen. Das Unternehmen Tactics beispielsweise vereint auf der Willkommensseite gleich mehrere Funktionen und verweist zudem auf die Präsenz weiterer Social-Media-Plattformen wie YouTube (Abbildung 6.35). Das schafft Abwechslung und Anreiz, mehr über die Seite und das Unternehmen zu erfahren.

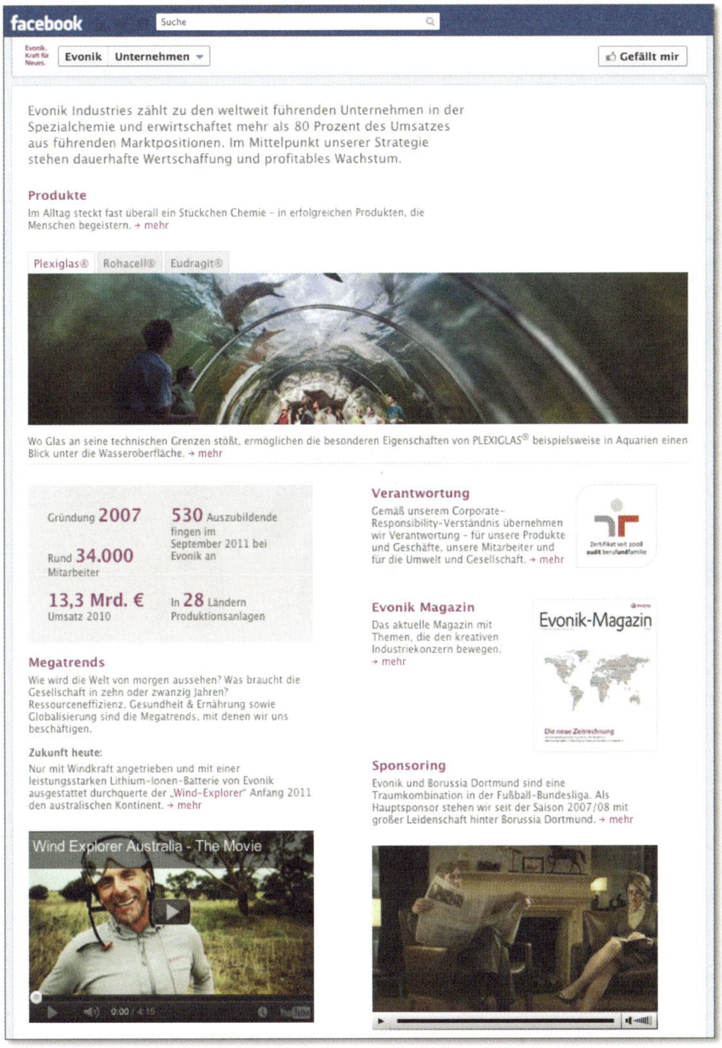

Abbildung 6.35 evonik verknüpft seine Facebook-Willkommensseite mit weiteren Social-Media-Plattformen, um Fans weitergehend zu informieren.

Was gehört auf eine Willkommensseite?

Im Prinzip können Sie auf diese Seite alles packen, wonach Ihnen ist und was Sinn macht. Basisdaten wie Begrüßungstext und kurze Erwähnung, worum sich die Seite dreht, können ebenso integriert werden wie lediglich die Erinnerung, dass die User die »Gefällt mir«-Schaltfläche drücken sollen (Abbildung 6.36). Denn allzu oft werden Unternehmensseiten besucht, aber dann (aus welchen Gründen auch immer) die Schaltfläche nicht gedrückt, und der Kontakt ist verloren.

Abbildung 6.36 Die Agentur webguerillas möchte mit ihrer Willkommensseite neue Freundschaften schließen.

Gut zu wissen: Weitere Inhalte auf der Willkommensseite

- Produkt- und Event-Highlights
- Teamvorstellung
- Hinweis auf die Spielregeln der Seite (Netiquette)
- Kampagnen-Applikationen
- Social-Shopping-Anwendungen

Alles, was sinnvoll ist und die Key-Botschaften in Ihrer Tonalität transportiert, ist erlaubt und erwünscht (Abbildung 6.37).

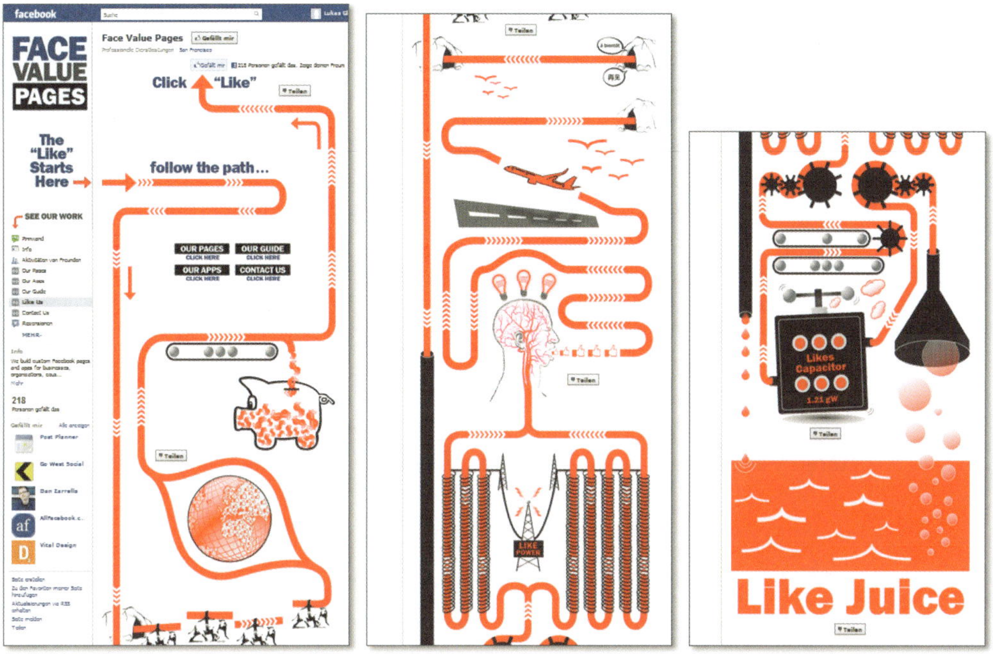

Abbildung 6.37 Auf der Willkommensseite einer Facebook-Seite sind der Kreativität keine Grenzen gesetzt, wie das Unternehmen »Face Value Pages« eindrucksvoll zeigt.

6.2.7 Was es heißt, ein Administrator zu sein

Sie verbinden vielleicht den Begriff *Administrator* noch mit einem Berufsbild, das lediglich technisch versierten Mitarbeitern vorbehalten war. Sie waren für die IT verantwortlich, verwalteten Benutzerprofile und passten einfach auf, dass jeder Kollege Zugang zu notwendigen Daten hat und reibungslos arbeiten konnte. Auf Facebook trifft das zwar auch zu, jedoch nicht nur. Ob nun ein Mitarbeiter, der Teil des Redaktionsteams ist, oder das Unternehmen, das für Ihre Facebook-Programmierung zuständig ist, – alle fallen Sie unter den Begriff des Administrators.

Ein neues Berufsbild – der Community Manager

Eben um diese erste Gruppe, die Redaktionsmitglieder (auch Community Manager genannt), dreht es sich nun. Die Programmierer und Entwickler, die für Ihre Applikationen, Willkommensseiten und weiteren technischen Integrationen verantwortlich sind, können sich selbst helfen und müssen hier nicht behandelt werden.

Gut zu wissen: Was ist unter Community-Management zu verstehen?

Der Beruf eines Community Managers ist vielfältig und gerade bei einer hohen Anzahl von Fans auf der Unternehmensseite unabdingbar. Sie oder er ist für die Konversation auf der Seite zuständig und achtet darauf, in welche Richtung sich Dialoge entwickeln, beantwortet Fragen und greift in Diskussionen ein, sobald diese drohen, aus dem Ruder zu laufen. Ein Community Manager erstellt allein oder im Team den Redaktionsplan für die Unternehmensseite, überlegt sich neue Themen und Ideen zur weiteren Ansprache. Ein wöchentliches und/oder monatliches Reporting sowie (häufig auch) Krisenbereitschaft gehören ebenfalls zu dem Aufgabenbereich eines Community Managers. Mit dem Einzug diverser Filterungsmöglichkeiten, werden die Aufgaben eines Community Managers künftig immer komplexer. Er beobachtet und moderiert nicht mehr allein, sondern sorgt auch dafür, dass die Inhalte auf der Facebook-Seite für die Fans attraktiv bleiben.

Wenn Sie einen Kollegen oder einen externen Mitarbeiter mit dem Community-Management betreuen, sollten Sie auf ein paar Punkte achten – es kann sich im späteren Verlauf als äußerst vorteilhaft erweisen.

Was ein Community Manager mitbringen sollte

- Ist kommunikativ und liebt die Kommunikation.
- Ist mit den Features von Facebook bestens vertraut.
- Weiß, wie Texte und weiterer Content am effektivsten miteinander verlinkt werden.
- Hat eine gute Menschenkenntnis und kann sich in User gut einfühlen.
- Weiß, wie eine Fangemeinde kreativ angesprochen wird.
- Ist schlagfertig und behält auch in hektischen Momenten einen kühlen Kopf.
- Ist ideenreich.
- Ist sicher in der Rechtschreibung und Grammatik.

6.2.8 Die Trockenübung – unter fast realen Bedingungen die Seite testen

Sie haben einen großen Facebook-Seitenauftritt geplant, mit komplexen Abstimmungsprozessen im Hintergrund und aufwendigen Programmierungen? Dann sollten Sie sich überlegen, ob es vielleicht sinnvoll ist, eine Testseite zu eröffnen und eine Trockenübung durchzuführen. Generell können Sie davon ausgehen, je technischer und komplexer Ihr Produkt ist, desto mehr Fragen werden dazu auf der Facebook-Seite auftauchen. Auch wenn dieses Vorgehen Ihren finalen Startschuss und Zeitplan eventuell verzögert, so ist ein Pretest in manchen Fällen anzuraten.

Testen Sie die internen Prozesse

Denken Sie sich unterschiedliche Szenarien aus, die Sie dann mit Ihrem Community Manager und Team durchspielen. Dieser Test kann folgende internen Prozesse zum Ziel haben:

- **Generelle Anfragen**
  Ein Kunde hat Fragen zu einem Produkt oder einer Dienstleistung. Wer kann dem Fan diese Frage und weitere generelle Anfragen beantworten? Wo holt sich das Redaktionsmitglied die Informationen? Gibt es für unterschiedliche Produktgruppen und Angebote unterschiedliche Fokusgruppen oder Ansprechpartner? Wie sind die jeweiligen Mitarbeiter zu erreichen (über eine spezielle Telefonnummer, E-Mail etc.)?
- **Beschwerden**
  Was tun, wenn sich Beschwerden zu einem von Ihnen angebotenen Artikel häufen? Der Kunde hat ein Problem mit einer falschen Rechnung – was tun? Gibt es für Beschwerden speziell ausgebildete Ansprechpartner? Wann haben diese Bereitschaft, und wie sind sie am besten zu erreichen? Bestehen bereits Sprachregelungen für häufig gestellte Fragen und Probleme?
- **Krisenprävention**
  Ihr Unternehmen vertreibt ein oder mehrere Produkte, die in manchen Situationen zu Fehlermeldungen neigen oder Schwächen aufweisen. Selbstverständlich sollten Sie mit dieser Informationen nicht auf Facebook hausieren gehen, aber da nun dieses Problem besteht und nicht so ohne Weiteres ausgeräumt werden kann, sollten Sie sich über die eigene Krisenprävention Gedanken machen.

Schritte zum Pretest Ihrer Facebook-Seite

- Legen Sie eine identische Facebook-Seite zu der bereits geplanten an.
- Benennen Sie diese klar als TESTSEITE.
- Ernennen Sie alle Mitglieder der künftigen Redaktion zu Administratoren.
- Veröffentlichen Sie die Seite nicht (das betrifft auch die übrigen Administratoren).
- Starten Sie die Testwoche unter fast realen Bedingungen, und konfrontieren Sie Ihr Team mit möglichen Anfragen und Szenarien.
- Dokumentieren Sie alle Prozesse, und notieren Sie sich Besonderheiten, Pannen oder unklare Situationen.
- Besprechen Sie während und nach Ablauf der Testphase mit dem Team die Prozesse: Was ist gut gelaufen, und was kann noch optimiert werden?
- Integrieren Sie (und die Redaktion) alle Neuerungen.
- Starten Sie nach Ablauf der Testwoche mit der offiziellen Facebook-Seite. Die »alte« Testseite können Sie für künftige Checks von neuen Applikationen verwenden.

6.2.9 Netiquette – zum guten Benehmen verpflichtet

Die Netiquette gehört quasi zum guten Ton und schützt Ihre Seite zudem vor verbalen Übergriffen. Zudem ist der Seiteninhaber für die Inhalte, die auf der Seite gezeigt werden, verantwortlich. Daher handelt es sich hier nicht nur um die Wahrung guter Manieren, sondern auch aus rechtlicher Sicht kann die Verwendung einer Netiquette wichtig sein. Eine klare Regelung, was auf Ihrer Seite erlaubt ist und was nicht, macht es Ihnen später leichter, (im Fall der Fälle) resolut durchzugreifen. Es gibt zwei Wege, eine Netiquette auf der Seite zu integrieren:

- **Regeln auf der Infoseite hinterlegen**
  In diesem Fall verwenden Sie einen Bereich, der Facebook gehört. Das bedeutet, Sie haben keine Möglichkeit, die Netiquette hinsichtlich der Funktion oder der Gestaltung selbst zu bestimmen. Darüber hinaus kann sich ein User bei einem Regelverstoß »herausreden«, dass er von keinen Regeln gewusst habe, da er die Infoseite nicht aufgerufen hat. Daher ist hier eine Einbettung nicht zu empfehlen.
- **Regeln auf einem eigenen App-Reiter hinterlegen**
  Weitaus professioneller ist es, die Netiquette als einen eigenen Reiter anzeigen zu lassen. Neben den eigenen Gestaltungsmöglichkeiten ist ein Tab auch für jeden User sichtbar. Ein »Herausreden« ist in diesem Fall nicht möglich. Der kleine Nachteil gegenüber der Infoseite ist jedoch, dass so ein Reiter erst einmal entwickelt werden muss (Facebook bietet solche Anwendungen nicht an) und somit nicht ad hoc umsetzbar ist. Nichtsdestotrotz ist diese Variante sehr zu empfehlen.

Gut zu wissen: Was in einer Netiquette stehen kann/soll

- Ton: Geben Sie an, in welchem Ton sie gerne die Konversation führen möchten, und bitten Sie darum, sich daran zu halten.
- Was ist erlaubt: Freuen Sie sich über Content von Usern (der auch mit dem Thema etwas zu tun hat), dann können Sie diesen in die Regelung gerne mit aufnehmen.
- Wann wird gelöscht: Fans reagieren äußerst allergisch auf Löschungen ihrer Beiträge. Wenn diese aber Beschimpfungen und Beleidigungen enthalten, dann ist der Seiteninhaber klar im Recht. Sie schützen sich vor unnötigen Diskussionen, wenn Sie genau auflisten, wann eine Löschung vorgenommen wird.

Wie so eine Netiquette aussehen kann, finden sie im folgenden Beispiel von Senseo Deutschland (Abbildung 6.38). Der Kaffeemaschinenhersteller hat klare Regelungen formuliert und erläutert, was bei Verstößen droht. Diese Regelungen sind mittels eines Reiters auf der Facebook-Seite integriert worden.

Abbildung 6.38 Eine Netiquette schützt und macht späteren Diskussionen den Garaus.

7 Laufende Betreuung von Facebook-Seiten

Nur eine strategische Nutzung einer Facebook-Seite kann den erwünschten und langfristigen Erfolg bringen. Nutzen Sie erprobte und angewandte Werkzeuge, die Ihnen dabei helfen.

Ich hoffe, dieses Buch hilft Ihnen dabei, Ihre Facebook-Seite zu erstellen, die Sie sich erhofft hatten und die den Bedürfnissen Ihrer Besucher gerecht wird. Die Erarbeitung eines Facebook-Marketingkonzepts und das Aufsetzen einer Facebook-Seite stehen jedoch lediglich am Anfang eines langen Prozesses. Wenn die Seite erst einmal öffentlich gestellt ist und die ersten »Daumen« eingesammelt sind, erwarten Ihre Fans auch die erhofften Informationen und Updates, die sie unterhalten und tatsächlich informieren, ohne dass dieser Kanal zu Ihren eigenen werblichen Zwecken »missbraucht« wird. Häufig irrelevante Posts und spamähnliche Beiträge können Seitenbetreiber schnell Fans kosten und eine schlechte Platzierung im EdgeRank zur Folge haben. Mitglieder, die Sie auf diese Art verlieren, haben Sie meist für immer verloren. Die Führung einer Facebook-Seite ist daher ein sehr verantwortungsvoller Job, der zum Teil eine minutiöse Planung erfordert.

7.1 Ansprache von Fans und Kunden

Die richtige Ansprache von Facebook-Usern ist nicht immer ganz einfach. Auch wenn es vielleicht platt klingt, hinter jedem Profil und hinter jedem Beitrag steht ein Mensch. Jeder dieser Menschen hat ein individuelles Bedürfnis und einen ganz persönlichen Grund dafür, wieso sie oder er sich auf Facebook registriert und beispielsweise Ihrer Seite folgt. Neben diesen fast schon rationalen Gründen wird der Mensch aber auch häufig von Emotionen geleitet, die nicht selten in Facebook und an anderen »Orten« im Netz präsentiert werden. Glück, Wut, Freude, Trauer werden hier viel offener und hemmungsloser zelebriert, was zum Teil der angenommenen Anonymität geschuldet ist. Ein introvertierter Kunde, der sich niemals trauen würde, in einem Geschäft laut seine Stimme zu erheben, um einen Missstand anzuprangern, kann dies mittels Facebook und anderer Plattformen nun tun, ohne dass er unerwünschte Blicke riskieren muss.

Arten der Kommunikation auf Facebook

»Wie man in den Wald hineinruft, so hallt es wieder heraus« – diese bekannte Redewendung gilt nicht nur im Offlineleben, sondern mindestens genauso in den Netzwerken. Bei der Kommunikation mit Ihren Fans müssen Sie sich immer einem entscheidenden Unterschied zur »realen« Welt bewusst sein. Sie sehen nur das geschriebene Wort – die sonst immer mit transportierte Mimik und auch Gestik innerhalb eines Gesprächs fallen komplett weg (sofern Sie nicht Videochats oder Ähnliches verwenden). Ob Sie nun einen Witz vom Stapel gelassen haben, ob ein ironischer Unterton mitschwingt oder Sie es gar ernst meinen, kann nur über die Schrift mitgeteilt werden. Wenn Sie sich also bei einem Witz nicht sicher sind, dass dieser auch tatsächlich bei den Lesern ankommt, sollten Sie es sein lassen. Großes Können in der Kommunikation mittels Postings zeigt immer wieder aufs Neue die Facebook-Redaktion des ZEITmagazins (Abbildung 7.1).

Abbildung 7.1 Das ZEITmagazin versteht es, über Postings Witz zu vermitteln.

Ergänzende Bilder, Fotos und Motive können Sie darin unterstützen, Ihre Message »richtig« rüberzubringen (z. B. mittels eines Bilderpostings). Wie und in welcher Art der Kommunikation Sie also mit Ihrer Community in Kontakt treten, ist entscheidend für den erfolgreichen Fortbestand der eigenen Facebook-Unternehmensseite.

7.1.1 Reagieren oder agieren?

Was gilt es, abzustimmen? Selbstverständlich geht es um die Beiträge auf der eigenen Facebook-Seite. Hierbei wird zwischen zwei Arten der Kommunikation unterschieden:

- **Push-Kommunikation: Reaktion auf vom User getätigte Beiträge**
  Die Push-Kommunikation fokussiert sich auf bereits laufende Konversationen und die Diskussion auf der Facebook-Seite, die von der Redaktion verfolgt werden und in die sich das Unternehmen reaktiv einbringt. Von dieser Handlung hängen viele weitere Reaktionen seitens der User und schlussendlich auch die Stimmung unter den Fans und der Marke ab. Die Art der Kommunikation beschränkt sich auf die passive Rolle. Die Marke agiert also nicht, sondern reagiert und versucht so, die Unterhaltung auf der Seite in die gewünschten Bahnen zu lenken. Beachten Sie aber bei Ihren Lenkversuchen, dass das letzte Wort noch immer der Kunde hat. Eine zu progressive oder gar harsche Herangehensweise kann zu krisenähnlichen Situationen auf der eigenen Seite führen.

- **Pull-Kommunikation: proaktive Posts vom Unternehmen**
  Dem gegenüber steht die Pull-Kommunikation. Aktive Postings des Seiteninhabers sollen zu (mehr) Konversationen führen und setzen somit neue Impulse für Diskussionen zwischen dem Unternehmen, den Kunden und den Fans untereinander. Die Pull-Kommunikation kann selbstverständlich nicht autark handeln und sollte immer wichtige Insights aus der laufenden Push-Kommunikation im Hinterkopf behalten. Beachten Sie aber auch hier bei Ihren Lenkversuchen, dass das letzte Wort noch immer der Kunde hat. Eine zu progressive oder gar harsche Herangehensweise kann zu krisenähnlichen Situationen auf der eigenen Seite führen.

7.1.2 Wie häufig Sie Ihre Fans ansprechen sollten

Wie häufig Sie Ihre Fans mittels Pull-Kommunikation ansprechen, ist selbstverständlich Ihnen überlassen. Sie sollten sich jedoch darüber im Klaren sein, dass nicht nur Ihre Community Manager die User ansprechen, sondern diese auch von unzähligen anderen Facebook-Kontakten, Seiten, Applikationen und anderen Kommunikationsformen innerhalb des Netzwerks angesprochen werden. Das Mitglied muss also mit einer Flut von Informationen, Meldungen und Aufrufen (z. B. klicke »Gefällt mir«) klarkommen. Allzu penetrante Seitenbetreiber, die häufig Postings absetzen, stechen dann häufig nicht durch die originellen Beiträge hervor, sondern schlichtweg, weil sie den Newsfeed der User zuspamen! Dies trifft insbesondere dann zu, wenn der User beispielsweise nur unterdurchschnittlich wenige Freunde (unter 130 Kontakte) hat und auch nur ein paar wenigen Seiten folgt. Das hat zur Folge, dass der Kommunikationsfluss in seinem Newsfeed deutlich langsamer ist als bei einem »Heavy User« und sich somit häufige Beiträge von ein und derselben Unternehmensseite im Kommunikationsstream stauen, sprich SPAM.

Empfehlung: Wann und wie häufig Sie posten sollten

Gleich vorweg möchte ich anmerken, dass die folgenden Angaben nur eine pauschale Empfehlung markieren. Sie sollten daher nun nicht sklavisch diese Zahlen übernehmen und drauflosposten. Vielmehr sind es Richtwerte, die Sie an Ihre eigene Fangemeinde anpassen und nachjustieren sollten.

Sehr stark abhängig davon, um was für eine Art von Unternehmensseite es sich handelt, schwankt auch die »erlaubte« Anzahl proaktiver Postings.

So ist es für eine Medienseite (z. B. Nachrichtenmagazin und Radiosender) völlig in Ordnung und notwendig, wenn sie täglich mehrfach Meldungen an die User verteilt – schließlich handelt es sich bei der Facebook-Seite um einen ausgelagerten Nachrichtenkanal. Ganz anders sieht es da wiederum bei »gewöhnlichen« Facebook-Firmenseiten aus.

Auch wenn die Seiteninhaber das Gefühl haben, jede Meldung sei relevant für die Fans, so sollten sie sich Schwerpunkte setzen und die folgende Faustregel beachten:

- zwei bis vier Beiträge in der Woche reichen meist aus
- nicht häufiger als einmal pro Tag

Hinsichtlich der optimalen Uhrzeit gibt es leider auch keine universelle Antwort. Lange Zeit galt die Regel: gepostet wird werktags tagsüber. Diese Ansicht wurde mittlerweile etwas aufgeweicht. Denken Sie einfach an sich selbst: Wann haben Sie (privat) Zeit, sich mit dem Netzwerk zu beschäftigen? Vermutlich lautet Ihre Antwort ähnlich wie die vieler anderer Mitglieder auch:

- frühmorgens vor 9 Uhr
- abends ab ca. 20 Uhr

Der Grund für diese Uhrzeiten liegt auf der Hand. Ein Großteil der Deutschen arbeitet schlichtweg oder hat anderes zu tun, als im Netzwerk zu kommunizieren. Häufig findet sich nur morgens vor der Arbeit und zum Feierabend etwas Zeit für die Community.

Laut der neuesten Studie von *danzarrella.com* (Januar 2012) sind auch die Wochentage für den Redaktionsplan entscheidend. Demnach sind die besten Tage, damit Sie sich Likes von Ihren Fans abholen können:

- Samstag und Sonntag (mit Abstand die besten Tage)
- Dienstag und Mittwoch (die besten Werktage)

Sehen Sie diese Zahlen nicht als ein Muss an. Vielmehr sollen Ihnen diese Empfehlungen eine gewisse Orientierung für den Start liefern. Wann und wie häufig schlussendlich Ihre Fans neue Beiträge wünschen, können Sie nur über genaues Hinschauen (z. B. via Facebook-Statistik) und Hinhören herausfinden. Generell sollte jedoch eine Regel immer an oberster Stelle stehen:

Wenn Sie nichts Relevantes zu melden oder bei einem Thema kein gutes Gefühl haben, verzichten Sie darauf!

7.2 Team, Inhalte, Plan

Die laufende Betreuung einer Facebook-Seite erfordert pauschal heruntergebrochen die folgenden Komponenten: ein *Team*, *Inhalte* und einen *Plan*. Alle drei Faktoren sind direkt voneinander abhängig, und ohne ihr Mitwirken ist kein erfolgreiches Community-Management möglich.

7.2.1 Team, Struktur, Anforderungen

Nicht nur die Anzahl Ihrer Fans bestimmt die Größe Ihres Teams. Die Art der Facebook-Präsenz bzw. der thematische Fokus wirken sich ebenfalls direkt auf das künftige Redaktionsteam aus. Ob es sich also um eine Seite mit dem Schwerpunkt Information und Kundenservice handelt oder ob mehr Entertainment im Vordergrund steht, ist entscheidend für die späteren Useraktivitäten auf Ihrer Facebook-Seite. Wie das?

Fallbeispiele: Telekom hilft und Senseo Deutschland

Es gibt Marken und Produkte, die auf Facebook überschwänglich geliebt werden. Die Fans posten Fotos mit sich und den Produkten, schwören Treue und empfehlen die Angebote des Unternehmens an ihre Freunde weiter. Im Gegensatz zu so einer emotionalen Marke wie beispielsweise Senseo Deutschland (*https://www.facebook.com/senseodeutschland*) auf Facebook haben es Unternehmen aus der Telekommunikationsbranche schon schwerer. Meist kommen die Mitglieder nicht auf die jeweilige Seite, um Lobeshymnen zu verkünden, sondern vielmehr, um richtig Dampf abzulassen. Die Beziehung zur Marke ist weniger emotional und fußt lediglich auf rationalen Beweggründen. Der Kunde drückt also nicht GEFÄLLT MIR weil er Fan ist, sondern weil er sich beschweren möchte. Die Deutsche Telekom bietet bekannterweise eine Fülle technischer Komponenten an. Von Hardware (Telefonen, Receivern, Routern, Smartphones etc.) über Telefon- & Internettarife bis hin zu unterschiedlichen TV-Angeboten hat der Kunde eine breite Auswahl, um seinen Wunsch nach Kommunikation und Entertainment zu befriedigen. Gerade im Bereich der Telekommunikation reagieren Fans und Kunden zum Teil sehr verärgert und wütend, wenn die TV-Verbindung ruckelt oder die Telefonleitung verstummt (die Schuldfrage spielt hier jetzt keine Rolle). Das Unternehmen hat sich im September 2010 dieser Situation in Facebook angepasst und zusätzlich die Kundenservice-Seite »Telekom hilft« *(https://www.facebook.com/telekomhilft)* eröffnet, die auf Kundenwünsche aller Art eingeht und unter anderem auch auf Beschwerden spezialisiert ist. Das Redaktionsteam besteht aus sage und schreibe über 30 Mitgliedern (siehe hierzu auch die offizielle Teamvorstellung unter *http://www.telekom-hilft.de/team*) und beantwortet an sieben Tagen die Woche die Kommentare und Beiträge von über 27.000 Fans (Stand November 2011) auf Facebook inklusive Anfragen auf Twitter (Abbildung 7.2). Zum Vergleich: Das Redaktionsteam von Senseo Deutschland besteht aus weniger als fünf Mitgliedern und steht knapp 40.000 Kunden auf Facebook Rede und Antwort.

Die Anzahl Ihrer Redaktionsmitglieder ist also nicht nur davon abhängig, wie groß Ihre Fanbase ist, sondern auch welche Grundtonalität und welches Thema vorherrschen. Zeit oder vielmehr Ihre angestrebten »Öffnungszeiten« sind der dritte Indikator, der sich auf die Größe Ihres Teams auswirkt. Es ist logisch, dass mehr Tage, an denen Sie offiziell für Ihre Kunden auf Facebook zur Verfügung stehen, auch mehr Manpower erfordern. Planen Sie also eine redaktionelle Betreuung auch am Wochenende und an Feiertagen, wirkt sich das erheblich auf die Teamstruktur aus.

Abbildung 7.2 »Telekom hilft«-Team (für Facebook und Twitter)

Zum Start Ihrer Seite – eine erste, mögliche Teamstruktur

Es ist mir hier natürlich nicht möglich, Ihnen einen Rat zu geben, wie groß Ihr Team sein sollte. Die jeweilige individuelle Ausgangslage und Art der Präsenz auf Facebook sowie die Ziele jeder Seite sind so unterschiedlich, dass ein professioneller Ratschlag im Detail nicht möglich ist. So oder so – an einem eigenen Facebook-Team werden Sie über kurz oder lang kaum vorbeikommen.

Sie haben schon genug auf dem Tisch. Täglich auch noch auf der Facebook-Seite nach dem Rechten zu schauen, wird über einen längeren Zeitraum fast nicht möglich sein. Daher bietet es sich an, einen Community Manager mit diesem Job zu beauftragen. Je nach Größe Ihrer Seite und nach Intensität der dort geführten Konversationen sind dem Community Manager weitere Redaktionsmitglieder unterstellt, die im täglichen und direkten Kontakt mit ihm stehen. Sie selbst stehen wiederum kontinuierlich im Austausch mit dem Community Manager. Mit ihm besprechen Sie den aktuellen Stand und künftige Ideen und Maßnahmen. Der Ausgang und die Updates dieser Meetings werden dann an das Team weitergetragen (vom Community Manager). Ein ausgeglichenes Verhältnis sieht vor, dass der Community Manager Ihnen Bericht erstattet und Vorschläge für das weitere Vorgehen einbringt. Sie wiederum versorgen ihn mit Neuigkeiten, Infos und bestenfalls Content (in Video- und/oder Fotoformat), die er und das Team mit in den Redaktionsplan einpflegen und mit deren Hilfe sie sich Ideen für die Kommunikation überlegen können. Dieser Austausch ist sehr wichtig. Wenn der Community Manager kein »Futter« bekommt, ist es ihm nur sehr schwer möglich, kreative Maßnahmen zu entwickeln. Wenn beide Seiten im regen und konstruktiven Austausch bleiben, führt das zu einem Kommunikationsfluss, der sich an der Zufriedenheit Ihrer Facebook-User zeigt und belohnt wird. Die hier skizzierte Teamstruktur sehen Sie in Abbildung 7.3.

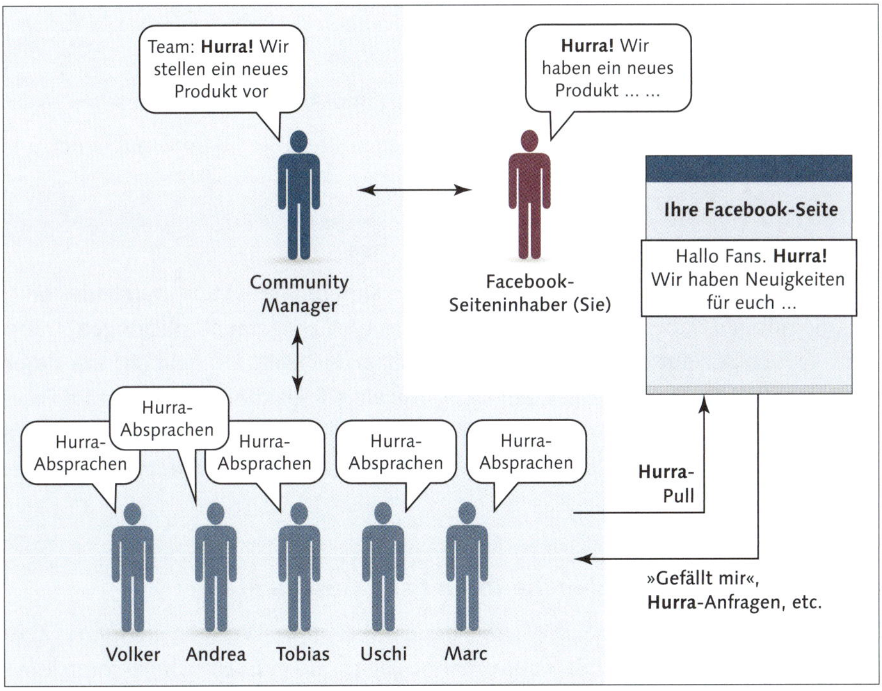

Abbildung 7.3 Eine möglich Teamstruktur für Ihren Start auf Facebook

Holen Sie sich Unterstützung ins Haus – ernennen Sie einen Community Manager

Falls Sie selbst keine Zeit dafür haben sollten, sich um die Seite zu kümmern, sollten Sie einen festen Community Manager einstellen bzw. bestimmen. Unter anderem abhängig von der Seitengröße ist dieser Job keine Arbeit, die man mal eben so nebenher macht, sondern die nicht selten nach erheblichen zeitlichen Ressourcen verlangt. Sie können diese Stelle entweder intern besetzen oder einen externen Berater/eine Agentur damit beauftragen. Der Community Manager ist verantwortlich für alles, was auf Ihrer Seite passiert, wie z. B.:

- Entwickelt Konzepte, die künftig zu mehr Interaktion auf der Seite führen und die neue Fans ansprechen.
- Sorgt für immer wieder neue, kreative Impulse in Form einzelner saisonaler Maßnahmen und Aktionen auf der Facebook-Seite (z. B. Weihnachtskalender, Gewinnspiele).
- Dient als Ansprechpartner für Ihre Fans.
- Treibt die Konversation auf der Seite an und greift notfalls in Diskussionen ein (und löscht Beiträge bei einem Verstoß gegen die Netiquette, mehr dazu in Abschnitt 6.2.9, »Netiquette – zum guten Benehmen verpflichtet«).
- Steht in Kontakt zu Programmierern und anderen Dienstleistern, die für Ihre Seiten gegebenenfalls Applikationen entwickeln.
- Ist zuständig für kontinuierliche Reportings und Analysen der Seite.
- Führt und dirigiert in Absprache mit Ihnen weitere Redaktionsmitglieder und Arbeitsschritte.

Vergewissern Sie sich über die nötige Expertise

Nicht nur der Community Manager, auch alle anderen Redaktionsmitglieder müssen die nötige Erfahrung hinsichtlich Community-Management mitbringen. Dabei geht es weniger um die strategische Betreuung der Seite als vielmehr um deren operative Handhabung. Sie glauben nicht, wie viele Redaktionsmitglieder auf Facebook unterwegs sind, aber das Instrumentarium nicht ausreichend oder schlichtweg gar nicht kennen. Sie sollten daher Ihr künftiges Team nach dessen bisheriger Erfahrung auswählen.

7.2.2 Inhalte – erzählen Sie Ihren Fans Geschichten

»Ein Bild sagt mehr als tausend Worte«, diese altbekannte Weisheit gilt für das Zeitalter von Social Media und Facebook mehr denn je. Sie müssen sich bei Ihren künftigen Postings auf der Seite immer vor Augen halten, dass der User am anderen Ende nicht nur Ihrer Präsenz, sondern auch vielen anderen Interessen und Marken folgt. In dieser Masse an Newsfeed-Informationen werden »einfache« Textinhalte meist schnell überlesen oder schlichtweg nicht wahrgenommen. Daher sollten Sie bei Ihren Postings stets darauf achten, dass Ihre Beiträge nach Möglichkeit mit Bildern und/oder Videos unterfüttert werden. Die Nutzung von visuellen Inhalten ist aus vielerlei Gründen sehr hilfreich:

- Postings mit integrierten Bildern und Videos werden von den Usern häufiger angeklickt und partizipiert als »Textwüsten«.
- Visueller Content kann auf vielen weiteren Kanälen im Social Web (auch außerhalb von Facebook) genutzt und gestreut werden.

- Jeder Klick, jeder Kommentar, jedes »Gefällt mir« beflügelt die Performance Ihrer Seite und lässt sie im EdgeRank steigen.
- (Bewegt-)Bilder erlauben es Ihnen, Ihre Botschaften, verpackt in kleinen Geschichten, zu kommunizieren. An bloßen Werbesprüchen und Marketingfloskeln ist kein User interessiert.

Empfehlung: Machen Sie eine Inventur!

Bevor Sie zu einem Erzähler spannender Geschichten werden, sollten Sie also eine Art Inventur durchführen mit dem Ziel, Bilder, Fotos und Videos aufzuspüren und für eine eventuelle Integration im Redaktionsplan zu berücksichtigen. Die Kenntnis über diese Besitztümer oder eben deren Nichtverfügbarkeit machen es erst möglich, eine strategische Planung aufzusetzen. Bereits bestehendes Material können Sie somit wunderbar verwerten. Content, der bislang nicht vorliegt, aber benötigt wird, muss im späteren Verlauf produziert werden.

Thematische Aufhänger für die Nutzung von Content als Posting (eine Auswahl)

- **Zeigen Sie, was Sie anbieten**
  Bilder von den angebotenen Produkten und Artikeln machen die Postings gleich sehr viel lebendiger und anschaulicher. Eine Möglichkeit kann sein, als Café- oder Restaurantbesitzer über die angebotenen Speisen zu berichten, wie es das Münchner Café »München72« vormacht (Abbildung 7.4).

Abbildung 7.4 Das Münchner Café »München 72« postet Bildergeschichten und informiert so seine Fans.

- **Zeigen Sie, wer sie sind**
  Fans sind nicht nur interessiert, was es für neue Angebote gibt, sondern freuen sich in der Regel auch über Updates zu Ihrem Betrieb und Team, wie z. B. neue Mitarbeiter, Büroumzüge, neue Einrichtungsgegenstände, Jubilare etc. (Abbildung 7.5).

Abbildung 7.5 Das Team von der Onlinehörbuch-Plattform »Audible« sagt Facebook »Hallo«.

- **Dabei sein, ohne dabei zu sein**
  Sie sind auf einer Messe oder veranstalten im Namen des Unternehmens ein Event. Bilder und Videos transportieren besser als alles andere die Stimmung vor Ort. Mit dem Content können Sie Fans auf dem Laufenden halten, auch wenn diese bei der Veranstaltung nicht dabei sind oder sein können (Abbildung 7.6).

- **Behind the Scenes**
  Content zu »Behind the Scenes«-Postings gehen weg wie warme Semmeln oder, in Facebook gesprochen, erzeugen Likes. Inhalte, die Ihre Kunden sonst nicht zu sehen bekommen, beispielsweise ein Making-of einer Printkampagne, von TV-Auftritten oder anderen Ereignissen hinter den Kulissen können ein gelungener Klickanreiz für User sein (Abbildung 7.7).

Abbildung 7.6 Euronics nutzt Foto-Content zur Dokumentation von Veranstaltungen (hier IFA 2011).

Abbildung 7.7 Die RTL-Serie »GZSZ« gewährt den Usern seltene Einblicke hinter die Kulissen des Filmsets.

Selbstverständlich sollen Sie und Ihre Kollegen jetzt nicht losziehen und alles auf die Facebook-Seite posten, was nicht bei drei auf den Bäumen ist. Nicht jeder Content ist geeignet für die externe Kommunikation. Das fängt bei den Persönlichkeitsrechten der Mitarbeiter an (nicht jeder Kollege möchte sich in der »Öffentlichkeit« auf Facebook wiederfinden) und endet bei unpassenden oder schlichtweg nicht mehr aktuellen Inhalten. Alle diese Punkte erfahren Sie jedoch nur, wenn Sie die Ärmel hochkrempeln und die besagte Content-Inventur durchführen.

Ein Plan hilft beim Management der Facebook-Seite – Inventur mündet in einen Content-Plan

Die Inventur hat ergeben, dass Sie über unzählige Fotos und Videos verfügen. Eine gute Hilfe für einen besseren Überblick kann sein, einen Content-Plan, z. B. in Form einer Excel-Tabelle, zu erstellen.

Diese Liste enthält Angaben zu den folgenden Punkten:

- Content-Art: Fotos, Videos, Bilder, Grafiken, Illustrationen etc.
- Themencluster: Produktbilder, Feiern, Messebesuche etc.
- Beschreibung: kurze Beschreibung des jeweiligen Contents »Filialeneröffnung im Jahr 19XX/20XX in XY«
- Klassifizierung: A (generisch nutzbar), B (abhängig von der Saison), C (z. B. geeignet für Bilderrätsel), D (nicht verwenden) ...
- Thematischer Aufhänger: kurze Anmerkung, wie der jeweilige Content für Facebook genutzt werden könnte

Sie wissen jetzt, welche Inhalte Ihnen zur Verfügung stehen und wie Sie diese verwenden möchten. Im nächsten Schritt müssen die beiden vorab erwähnten Arbeitsprozesse (Team, Inhalte) miteinander in Einklang gebracht und ein Plan erstellt werden.

7.2.3 Plan

Häufig scheinen die Beiträge von Marken in Facebook mit großer Leichtigkeit geschrieben zu sein. Besonders erfolgreiche Postings werden dafür dann auch mit vielen Likes, Kommentaren und Shares gewürdigt. Meist durchlaufen aber diese leicht anmutenden Beiträge einen langen Prozess und werden zum Teil schon Wochen im Voraus geplant.

Geschichten, Geschichten, Geschichten

Wie bereits eingangs erwähnt, ist ein Posting nicht einfach nur ein Posting. In der Flut von Newsfeed-Informationen werden nur Inhalte und Beiträge kommentiert und geliket, die eine Geschichte erzählen. Diese Geschichten müssen explizit auf Ihre Facebook-Fans und Ihre Kundschaft zugeschnitten sein.

Der Grad kann hier manchmal sehr schmal sein, wie das Beispiel von adidas OUTDOOR zeigt. Die Facebook-Seite des Sportartikelherstellers richtet sich an Fans, Kunden und Sportler, die eine Affinität zu Tourenski, Bergsteigen, Klettern und ähnlichen Aktivitäten hegen, sich jedoch nicht mit bloßem Wandern zufriedengeben. Es handelt sich hierbei um ambitionierte Sportler, die immer auf der Suche nach einem neuen Kick sind – und so möchten und müssen sie auch angesprochen werden. Wie so eine Ansprache aussehen kann, sehen Sie an dem folgenden Bilderposting in Abbildung 7.8. Adidas OUTDOOR spricht die Fangemeinde mittels eines Fotobeitrags an und fragt bei den ambitionierten Sportlern an, was der Athlet im Motiv als Nächstes tun soll.

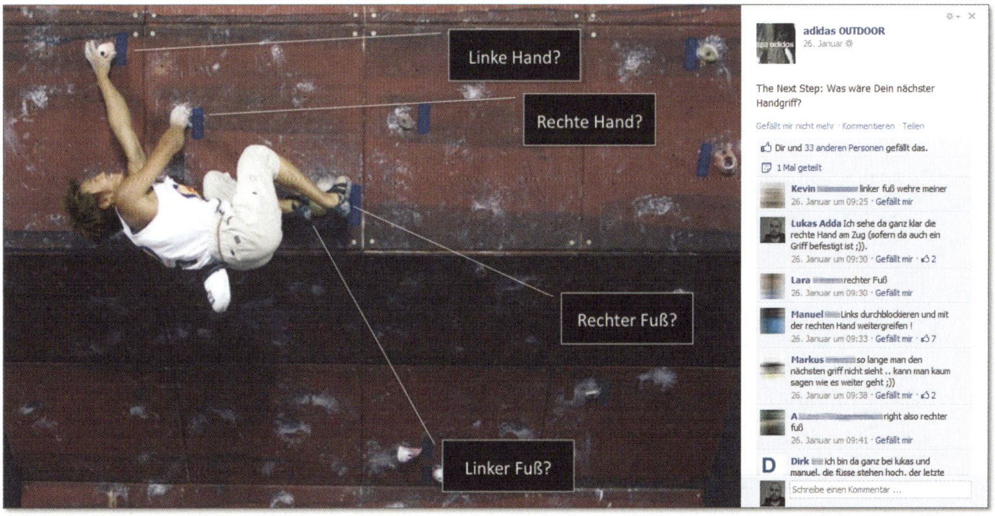

Abbildung 7.8 Ein Bild, viel Planung – adidas OUTDOOR setzt auf Interaktionsansprache.

Von der Idee bis hin zum tatsächlichen Post

Das Herzstück eines jeden Community-Managements ist der Redaktionsplan, der Einblick in die bereits getätigten, die aktuellen und künftigen Themen und Postings bietet. Dieser Plan ist für alle Mitglieder der Redaktion und alle anderen direkt beteiligten Personen eine Orientierung und ein Leitfaden zugleich.

Es gibt viele unterschiedliche Systeme, auf denen dieser Plan aufgesetzt sein kann. Die einfachste und gängigste Methode ist vermutlich aber auch hier die Listenform (z. B. basierend auf Microsoft Excel).

So ein Plan ist nicht nur dienlich für eine Seite mit bereits vielen (mehreren tausend) Fans, sondern auch kleine und wachsende Präsenzen können von dieser strategischen Herangehensweise nur profitieren. Denn auch diese Seiten werden (wenn Sie alles richtig machen) eine große Anhängerschaft erzielen, was spätestens dann eine strategische Führung und Planung notwendig werden lässt. Ein erfolgreiches Community-Management setzt voraus, dass alle Redaktionsmitglieder wissen, wann was passiert und welche Aktionen auf Facebook wie kommuniziert werden. Investieren Sie daher schon jetzt Zeit in das Aufsetzen einer Kommunikationsinfrastruktur, damit Sie für später vorgesorgt haben.

Die Führung Ihrer Seite beinhaltet unterschiedliche Arbeitsschritte im Vorfeld und währenddessen, die unabdingbar sind.

Planung – Abstimmungsprozesse

Das A und O jeder Kommunikation fängt bei der korrekten internen Kommunikation an. Erst wenn sich die Kollegen, Mitarbeiter und andere Teilnehmer eines Teams richtig verstehen und sich immer auf dem aktuellen Stand der Dinge halten, kann eine erfolgreiche Kommunikation nach außen funktionieren. Die häufigsten Fehler entstehen durch Missverständnisse, Falschinterpretationen und zu guter Letzt durch die eigene Unkonzentriertheit und falsches Hinhören. Daher sollte sich jedes Redaktionsmitglied immer bewusst sein: Informationen, die falsch an Fans und Kunden gestreut werden, können zu unkalkulierbaren Folgen führen.

Abstimmungsprozess von (Push-)Postings

Durch die gefühlte Echtzeit im Netz, insbesondere in Facebook, warten User nicht gerne und lange auf eine Reaktion eines Unternehmens. Daher lohnt es sich, beim Start einer Unternehmensseite einen sogenannten Abstimmungsprozess zu definieren, der jedem beteiligten Redaktionsmitglied aufzeigt, bei welchem Szenario welche Prozesse zu befolgen sind, damit jede Anfrage und jeder Post schnellstmöglich, im Interesse des Kunden, beantwortet werden kann.

Alles beginnt damit, dass der User den Beitrag auf die Pinnwand Ihrer Seite einstellt. Denn der Abstimmungsprozess bezieht sich primär auf die Push-Kommunikation – das heißt auf Beiträge, auf die der Seiteninhaber reagieren sollte.

Wieso werden keine Pull-Postings im Abstimmungsprozess besprochen?

Sie fragen sich jetzt vielleicht, wieso die Pull-Postings von diesem Verfahren ausgenommen sind? Die Antwort liegt auf der Hand. Wie bereits oben beschrieben, bezieht sich die Pull-Kommunikation auf proaktive Postings, das bedeutet auf Beiträge, die von der Redaktion eingestellt werden, ohne dass dem eine Anfrage von einem User vorausgegangen ist. Alle Beiträge, die die Pull-Kommunikation betreffen, werden im Rahmen der Aktualisierung des Redaktionsplans entwickelt und getextet. Weitere Angaben hierzu finden Sie im weiteren Verlauf dieses Abschnitts.

Prüfung durch die Redaktion

Der zuständige Redakteur prüft, um was für eine Art von Anfrage es sich handelt. Ein neutraler Beitrag bleibt entweder unbeantwortet oder wird mit einem kurzen Kommentar beantwortet und/oder die Sympathie mit einem »Gefällt mir« ausgedrückt.

Vier Szenarien und die jeweiligen Abstimmungsprozesse dazu

Szenario »Gefällt mir«: Der Post ist positiver Natur, bedarf aber einer weiteren Bearbeitung, weil spezifische Punkte angefragt werden. In diesem Fall gibt es verschiedene Herangehensweisen:

- Die Redaktion hat ausreichende Informationen vorliegen, um die Anfrage sachgemäß und qualitativ beantworten zu können.
- Die Frage kann von der Redaktion nicht beantwortet werden, da hierfür weitere Informationen nötig sind:
  - Das Posting wird an die zuständige Person, die sich im Unternehmen mit diesem Sachverhalt bestens auskennt, weitergeleitet (z. B. Produktmanager, Pressestelle, Kundenservice etc.).
  - Die jeweilige Stelle gibt Auskunft. Die Redaktion formuliert einen Vorschlag für das Posting und erbittet die Freigabe durch das Unternehmen (z. B. Sie) und kommentiert.
  - Die Auskunft reicht dem User aus. Er bedankt sich und/oder hebt den Daumen: »Gefällt mir«.

Szenario Kritik: Der Post ist negativer Natur oder kritisch konstruktiv verfasst und verlangt nach einer Reaktion seitens des Unternehmens. Der Fanbeitrag enthält keine Beschimpfungen, verstößt also nicht gegen die Regeln.

- Der Redaktion liegen ausreichend Informationen vor, um das Posting mittels einer Richtigstellung zu kommentieren oder die Anfrage zu kommentieren. Falls für die richtige Beantwortung der Beschwerde eine zusätzliche Expertise herangezogen werden muss, dann sollte der Post (wie schon im vorangegangenen Szenario) an die jeweilige Stelle im Unternehmen weitergeleitet werden mit der Bitte um weitere Informationen, um diesen Fall klären zu können. Nach der Freigabe wird der Post des Users kommentiert.
- Je nach »Schwere« der Beschwerde (ob nun berechtigt oder nicht) sollte der Redakteur auch im weiteren Verlauf diesen Thread im Auge behalten. Nicht selten kommt es vor, dass der Fan abermals auf den Kommentar von der Redaktion eingeht. Werden in dieser Reaktion versöhnliche Töne angeschlagen, ist das meist schon ein erstes Signal für ein Happy End.

Szenario Regelverstoß: Der Beitrag eines Users auf der Pinnwand Ihrer Unternehmensseite ist negativ.

Der Redakteur klärt, ob der Beitrag Begriffe und Äußerungen enthält, die im Rahmen der vorab definierten Netiquette (siehe auch Abschnitt 6.2.9, »Netiquette – zum guten Benehmen verpflichtet«) gegen die Regeln verstößt. In diesem Fall wird der Post von der Redaktion gelöscht. Um dieses Vorgehen zu rechtfertigen, verweisen manche Unternehmen auf die existierenden Regeln oder begründen anderweitig diesen Schritt (Abbildung 7.9).

Abbildung 7.9 Seitenbetreiber Shock Shirt begründet die Löschung eines Fankommentars.

Szenario Eskalation: Der Post erhebt schwerwiegende Anschuldigungen oder ist eine noch heftigere Reaktion auf eine unzureichende Beantwortung (aus der Sicht des Users) aus dem vorab geschilderten »Szenario Kritik«. Die Situation droht eventuell zu eskalieren.

- Eine für diesen Fall zur Verfügung stehende Instanz wird über die aktuelle Situation informiert. Diese Instanz kann eine bestimmte Person in Ihrem Unternehmen, Sie selbst oder aus einem ganzen Team an Leuten bestehen. Es ist zu empfehlen, die Gruppe in solchen Situationen über eine eigens eingerichtete E-Mail-Adresse zu informieren oder wahlweise auch über ein Krisentelefon via SMS (in besonders schweren Fällen). Informationen, die über diesen Kommunikationskanal verschickt werden, signalisieren den jeweiligen Empfängern gleich, dass eine schnelle Reaktion erforderlich ist.
- Da es sich um eine angespannte Situation handelt und ein schlecht durchdachter und umgesetzter Kommentar zu einer weiteren Verschärfung führen könnte, sollten an dieser Stelle alle Faktoren perfekt miteinander harmonieren: schnelle Reaktion mit inhaltlicher Tiefe (keine leeren Floskeln) und einer sauberen Umsetzung (z. B. eine fehlerfreie Rechtschreibung und Grammatik).
- Es wird dringend empfohlen, in diesem Fall den Thread auch nach dem getätigten Posting weiterhin im Blick zu behalten und regelmäßig alle folgenden Kommentare zu checken. Falls dem User Ihre Reaktion nicht zusagt, wird er mit der Kritik fortfahren und eventuell versuchen, weitere Fans zu mobilisieren, um so für mehr Aufmerksamkeit zu sorgen.

Wann wird ein Fan zu einem Troll?

Wann ein Fan zu einem Troll wird, kann nicht ab einem bestimmten Zeitpunkt definiert werden. Oftmals ist es auch die subjektive Sicht des jeweiligen Facebook-Seitenbetreibers. Postet ein User einen negativen Kommentar auf Ihrer Präsenz, dann ist er noch lange kein Troll. Wenn der gleiche Besucher auch nach mehrmaligen Argumentationsversuchen Ihrerseits unablässig böse Kommentare, Beschuldigungen und andere imageschädigende Posts über einen sehr kurzen Zeitraum tätigt, können das die ersten Anzeichen für ein Trollaufkommen sein. Mehr zu Trollen finden Sie in Abschnitt 7.5, »Achtung vor Trollen«.

Redaktionsplan

Der Redaktionsplan ist das Herzstück einer jeden professionellen Facebook-Unternehmensseite. Dieser Plan ist die Pumpe, die die Konversation auf der Präsenz am Laufen hält. Denn auch auf einer erfolgreichen Markenseite kommt über kurz oder lang die Interaktion unter den Fans und mit den Fans zum Erliegen, wenn nicht der Seitenbetreiber kontinuierlich für spannende und informative Impulse sorgt. Dieser Antrieb kann nur mittels einer strategischen Planung am Laufen gehalten werden und ist als ein fortlaufender Prozess anzusehen.

Langzeitplanung – Themen

Ein Themenplan ist eine Art langzeitiger Leitfaden, der Themen aus unterschiedlichen Ressourcen bündelt. Die Ressourcen können aus externen und internen Themenaufhängern bestehen. Mit Hilfe dieser Übersicht weiß die Redaktion, welche Themen für die kommenden Wochen und Monate in Form von Postings und anderen Aktivitäten auf der Facebook-Seite behandelt werden.

Externe Ressourcen

- Nationale und internationale Jahrestage, Feiertage und andere »Gedenktage«: Dabei muss es sich nicht (allein) um »seriöse« Feiertage handeln, auch lediglich kommerzielle Feierlichkeiten bieten sich an, neben dem Tag der Deutschen Einheit also etwa Silvester, Halloween, Karnevalstart, Tag des Kusses etc.
- Themen-Presseaufhänger, die für die eigene Kommunikation als Trittbrett benutzt werden: nationale Ereignisse (z. B. Geburt des Zoo-Eisbären »Flocke«, bedeutende Siege nationaler Sportler, Hochzeiten) und andere Themenaufhänger, die in der Presse erwartungsgemäß eine hohe Aufmerksamkeit genießen oder genießen werden

Der Vollständigkeit halber möchte ich hier erwähnen, dass sich politische oder wirtschaftliche Themen nur in seltenen Fällen für eine redaktionelle Posting-Nutzung eignen. Berichte über Krisen, Kriege, Gesetze und Katastrophen sind meist (sehr) schlimme Ereignisse und sollten nicht zu Promotion- und Marketingzwecken verwendet werden.

Interne Ressourcen

- Neue Angebote und Dienstleistungen: Sie planen im nächsten Quartal die Einführung eines neuen Artikels im Sortiment oder bieten künftig neue Services an! Informieren Sie rechtzeitig Ihr Redaktionsteam, damit es dieses Thema im Plan berücksichtigt.
- Teamvorstellung: Stellen Sie die Redaktionsmitglieder vor und auch Ihr Team, das Sie tagtäglich im Büro, im Laden oder im Außendienst unterstützt.
- Jubeltage und andere Jubiläen: Ihr Unternehmen feiert ein Jubiläum (Geburtstag der Geschäftsgründung), oder es gibt andere relevante Tage, die bejubelt werden können (z. B. Gewinn eines wichtigen Branchenpreises).
- Andere Neuigkeiten: Ihr Unternehmen ist auf einer Messe vertreten oder wurde in der Presse erwähnt? Sprechen Sie darüber.

Innerhalb des Themenplans sollten Sie in der Planung auch berücksichtigen, welche Art von Content Sie für ein Posting zusätzlich benötigen. Dieser Themenplan lässt sich übrigens auch wunderbar mit dem bereits bestehenden Content-Plan (basierend auf der durchgeführten Inventur, siehe Abschnitt 7.2.2 »Inhalte – erzählen Sie Ihren Fans Geschichten«) kombinieren. Wie schon erwähnt, lebt ein Posting von Bildern und Videos. Beiträge, die keinen »visuellen Haken« besitzen, werden im Newsfeed oftmals schlichtweg übersehen. Nicht immer braucht ein Posting auch tatsächlich eigenes Bildmaterial. Wenn Sie beispielsweise ein Thema kommunizieren und dieser Beitrag auch einen Verweis (URL) auf eine andere Website beinhaltet, werden Ihnen meist Miniaturbilder angezeigt, aus denen Sie eines auswählen können.

Darf ich fremde Bilder und Videos nutzen?

Generelle Faustregel: Nein! Von Content (z. B. Fotos, Videos und Audiodateien), der Ihnen nicht gehört, lassen Sie bitte die Finger. Auch wenn uns diese Verstöße überall im Netz begegnen, bedeutet das nicht, dass das nicht rechtswidrig ist. Unrechtmäßig genutzte Inhalte werden geahndet und können bei Verstößen schwere Folgen nach sich ziehen. Sie sollten daher stets darauf achten, dass Ihre Redakteure nur Materialien verwenden, die Ihnen tatsächlich gehören.

Wochenplanung – redaktionelle Postings

Basierend auf dem Themenplan (und Content-Plan) wird ein detaillierter Redaktionsplan entwickelt. Dieser sollte immer die folgenden zwei Wochen beinhalten. Der Plan zeigt auf, an welchen Tagen (Wochentag und Datum) welcher Beitrag gepostet werden soll.

Redaktionsplan – Abstimmungsprozess

Wenn das Facebook-Team aus vielen unterschiedlichen Mitgliedern und Instanzen (Unternehmen, Agentur, Berater etc.) zusammengesetzt ist, dann sollte auch die Erarbeitung und kontinuierliche Weiterentwicklung des Redaktionsplans einen vorab definierten Abstimmungsprozess durchlaufen. Das garantiert Ihnen, dass alle Beteiligten mit »im Boot« sind und ein effektiver Informationsaustauch gewährleistet ist:

1. In einem monatlichen Jour fixe, dem das Unternehmen, die Agentur und/oder der Community Manager beiwohnen, werden die nächsten »großen« Dachthemen besprochen und in den Themenplan eingepflegt.
2. Daraufhin formuliert das Redaktionsteam Postingvorschläge für die kommenden ein, zwei Wochen. Diese Vorschläge beinhalten nicht nur das konkrete Wording für den Beitrag, sondern auch weitere Angaben, welcher zusätzliche Content hierfür verwendet werden soll.
3. In einem wöchentlichen Update werden die Pull-Postings für die kommende Woche besprochen. Durch eine zusätzliche Feedbackspalte innerhalb des Redaktionsplans wird die Rückmeldung der jeweiligen Instanzen aufgenommen.

7.3 24/7-Verfügbarkeit versus Realität

Je mehr Mitglieder Ihrer Seite folgen, desto mehr Diskussionen sind zu erwarten, was schlussendlich auch zu mehr Aufwand in Sachen Monitoring und zu guter Letzt zu einer erhöhten und notwendigen Push-Kommunikation führt.

Muss mein Team nun rund um die Uhr zur Verfügung stehen?! Nein, muss es nicht!

Wenn Sie als ein Unternehmen beginnen, dass den Start und den Aufbau der Präsenz langsam und ruhig angehen möchte, dann reicht es vermutlich fürs Erste vollkommen aus, wenn Sie oder Ihr Community Manager immer mal wieder (täglich) auf der Seite vorbeischauen und »nach dem Rechten« sehen. Dies gilt jedoch nur für Seiten, die erst über wenige Fans verfügen, und sollte auf eines der folgenden Modelle umgestellt werden, sobald der Trend hin zu mehr Fans und Konversationen geht. Unternehmen in Facebook wenden meist eines der drei folgenden Modelle an.

7.3.1 5–6-Tage-Woche

Das am häufigsten genutzte Modell ist vermutlich dieses. Die Zeiten, an denen die Redaktion für Anfragen zur Verfügung steht, orientieren sich an den »üblichen« Öffnungszeiten innerhalb der Werktage oder Arbeitswoche. Die Bereitschaft beginnt meist morgens zwischen 8 und 9 Uhr und endet zwischen 18 und 20 Uhr (Abbildung 7.10).

Abbildung 7.10 »Öffnungszeiten« des Nestlé Marktplatzes auf Facebook

Diese Form der genutzten »Öffnungszeiten«, orientiert sich an den »gelernten« und uns vertrauten Zeiten. Die Verfügbarkeit des Teams an Wochenenden und an Feiertagen oder gar nachts ist nicht nur eine Frage der tatsächlichen Notwendigkeit, sondern zu guter Letzt auch eine Frage der Kosten. Denn die Bereitschaft an Tagen, an denen »die anderen« frei haben, muss auch extra ent- und belohnt werden. Nicht immer ist es jedoch nötig, dass Ihr Team Dienst am Wochenende schiebt. Häufig reicht es vollkommen aus, sich am Freitag ins Wochenende zu verabschieden, indem man den Fans ausrichtet, dass das Team am Montag wieder zur Verfügung steht. Selbstverständlich wird auch am Samstag und Sonntag auf Ihrer Seite gepostet. Die Mitglieder sind jedoch informiert und erwarten somit auch keine Antwort vor Wochenbeginn.

7.3.2 5–6-Tage-Woche + X

Eine weitere Variante kann aber auch sein, dass Sie eine Art Notbesetzung einführen. Der Community Manager (oder ein anderes Mitglied der Redaktion) schaut über die freien Tage immer mal wieder (auch das sollte vorab geklärt und definiert sein, z. B. alle zwei Stunden) auf die Seite und checkt lediglich den Verlauf. Je nach Szenario, werden weitere Schritte ergriffen. Diese Szenarien sollten Sie in der Definition Ihrer Abstimmungsprozesse bestimmen und niederschreiben (siehe auch Abschnitt 7.2.3, »Plan«).

7.3.3 7-Tage-Woche

Im Fall von »Telekom hilft« ist dieser konstante Einsatz mit Sicherheit unausweichlich. Das Unternehmen hat allein in Deutschland Millionen von Kunden, die besonders am Wochenende und an den Feiertagen die angebotenen Dienstleistungen nutzen, weil die Kunden eben frei haben. Sie telefonieren mit Freunden, Verwandten und Bekannten. Sie surfen und spielen im Netz oder lassen sich via TV unterhalten. Für mögliche auftretende Störungen bietet das Unternehmen den meist verärgerten Kunden eine Anlaufstelle auf Facebook (und Twitter) und versucht so, den User mit ersten Ratschlägen und Tipps auszuhelfen.

7.3.4 Welches Zeitmodell passt nun zu Ihnen?

Es gibt unterschiedliche Modelle, wie Sie die Verfügbarkeit für Ihre Fans gewährleisten können. Welches nun tatsächlich zu Ihrer Unternehmensseite am besten passt und am besten funktioniert, muss individuell geklärt werden und ist keineswegs in Stein gemeißelt. Wenn Sie merken sollten, dass die Fans besonders häufig in Zeiten aktiv sind, in denen die Redaktion nicht im Einsatz ist, dann muss eben bezüglich der Öffnungszeiten nachjustiert werden.

7.4 Eigendynamik von Konversationen auf Facebook-Seiten

Okay, das wissen wir nun also: Auf Facebook wird (viel) gesprochen. Diese Gespräche finden meist in den drei möglichen Bereichen statt:

- auf der eigenen Profilseite
- auf der Profilseite eines anderen Users
- auf einer Unternehmensseite

Aus der Sicht der derzeit schlechten kommerziellen Nutzung lassen wir Präsenzen wie Veranstaltungen und Gruppen außen vor.

7.4.1 Fan oder Feind? Beide haben »Gefällt mir« gedrückt

Auf die Konversationen der ersten beiden Bereiche hat ein Unternehmen nur passiv Einflussmöglichkeiten. Dieses passive Instrument ist die Unternehmensseite einer Marke. Mit den Kommentaren und Konversationen auf der Seite wird die Meinung des Fans in seinen Newsfeed getragen und so für seine Kontakte sichtbar gemacht.

Es gibt unterschiedliche Nutzer auf einer Seite, die die Konversationen maßgeblich beeinflussen können, was zu einer Art Eigendynamik führen kann. Gerade auf Seiten, die Tausende von Fans beheimaten, kann diese Eigendynamik ein Segen und ein Fluch zugleich sein. Hier lassen sich häufig zwei entgegengesetzte Extreme finden: Fans, die tatsächlich diesen Begriff auch leben, weil sie Ihre Marke lieben, und »Fans«, die Ihre Firma hassen und alles daransetzen, den Administratoren das Leben schwer zu machen. Dazwischen liegt ein weites Feld aus unterschiedlichen Nutzertypen, die ebenfalls für eine Eigendynamik auf der Seite sorgen.

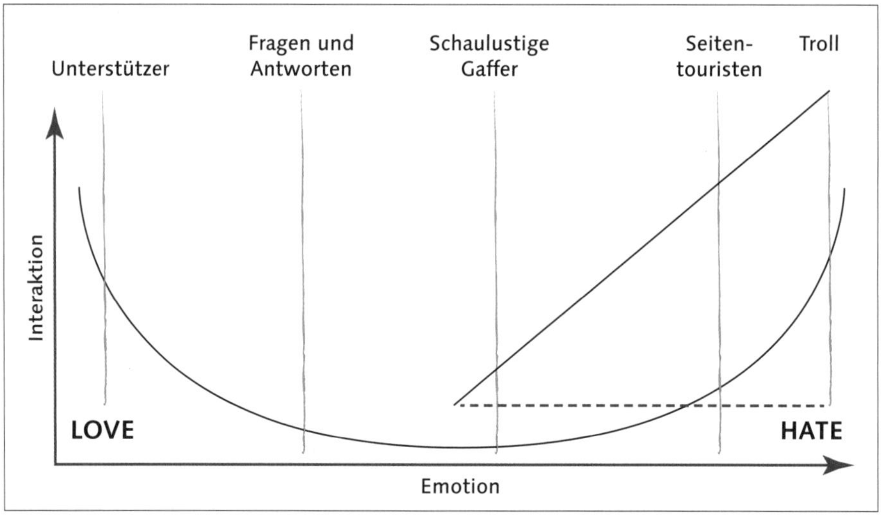

Abbildung 7.11 Love or hate – die Interaktion ist Typsache.

7.4.2 Die Unterstützer

Diese Mitglieder sind Gold wert. Fans, die zu dieser Gruppierung zählen, sind Fans aus Überzeugung. Meist sind diese User schon jahrelange treue Kunden aus der »Offlinewelt«. Knapp ein Drittel der Fans auf einer Seite sind tatsächliche und bereits bestehende Kunden (Quelle: Razorfish.com, »What are top reasons people follow brands«, November 2011). Sie verwenden Produkte und Dienstleistungen der Marke, vertrauen dem Werbeversprechen und wurden in der Regel in dieser Hinsicht auch noch nicht enttäuscht. Meist werden Neuigkeiten der liebgewonnenen Marke mit den eigenen Freunden, Bekannten und Familienangehörigen geteilt und Produkte gegenseitig empfohlen. Diese emotionale Gruppe ist auf vielen Seiten wiederzufinden. Der Anteil der Unterstützer bezugnehmend auf die gesamte Fanbase variiert und ist abhängig davon, welche Art von Facebook-Seite angeboten wird.

Die Unterstützer sind wahre Experten. Sie kennen sich mit den angebotenen Produkten des Unternehmens bestens aus und reden daher auch gerne darüber. Facebook bietet ihnen diese Plattformen, um sich als Kenner zu profilieren und um die eigenen Erfahrungen weiterzutragen. Diese Erfahrung wird nicht nur durch das Posten von Statusmeldungen geteilt, sondern häufig auch (kreativ) mit weiteren Content-Arten unter Beweis gestellt. Die Unterstützer sind sehr aktiv, agieren selbstständig und reagieren häufig auf die Posts der jeweiligen »geliketen« Unternehmensseite. Die Beiträge und Kommentare sind häufig sehr emotional und gewähren tiefe Einblicke in die Privatsphäre der jeweiligen User.

Beispiel Mirácoli: Die Marke, mit der ein Großteil der deutschen Facebook-User am gemeinsamen Familientisch aufgewachsen ist. Die überaus beliebte Seite, die mehr als 60.000 Fans hat, ist voll von Unterstützern. Sie bringen sich in bestehende Konversationen ein oder sind der Impuls für einen neu entfachten Dialog. Bilder von selbst gekochten (Mirácoli-) Gerichten und von Familienangehörigen, die diese essen, sind keine Seltenheit. In dem unten aufgeführten Fall wird die Liebe zu dem Unternehmen eindrucksvoll demonstriert. Mirácoli nutzte die Affinität der User für ein Interaktionsposting, das den Marketingverantwortlichen sicherlich hat Freudentränen in die Augen schießen lassen. Die Frage war: »Wie lange seid ihr eigentlich schon Mirácoli-Fans?« Das Ergebnis: 230 Kommentare von begeisterten Mitgliedern, die sich mit Lobeshymnen überschlugen (Abbildung 7.12). Wenn Stress auf der Seite droht, sind diese Fans die ersten User, die dem Unternehmen helfen (sofern eine mögliche Attacke unbegründet und nicht selbst verschuldet ist).

Wenn es hart auf hart kommt, dann können Unterstützer sehr hilfreich sein, um hitzige Konversationen möglichst im Gleichgewicht zu halten. Denn nichts ist schlimmer, als wenn sich eine anfängliche kleine Verstimmung auf der Facebook-Seite zu einem großen *Shitstorm* ausweitet und die gesamte Konversation negativ in Beschlag nimmt, die womöglich über die User und deren Newsfeeds nach »draußen« getragen wird. Die Unterstützer stellen sich vor die Marken und verteidigen ihre Ansichten und Wertvorstellungen.

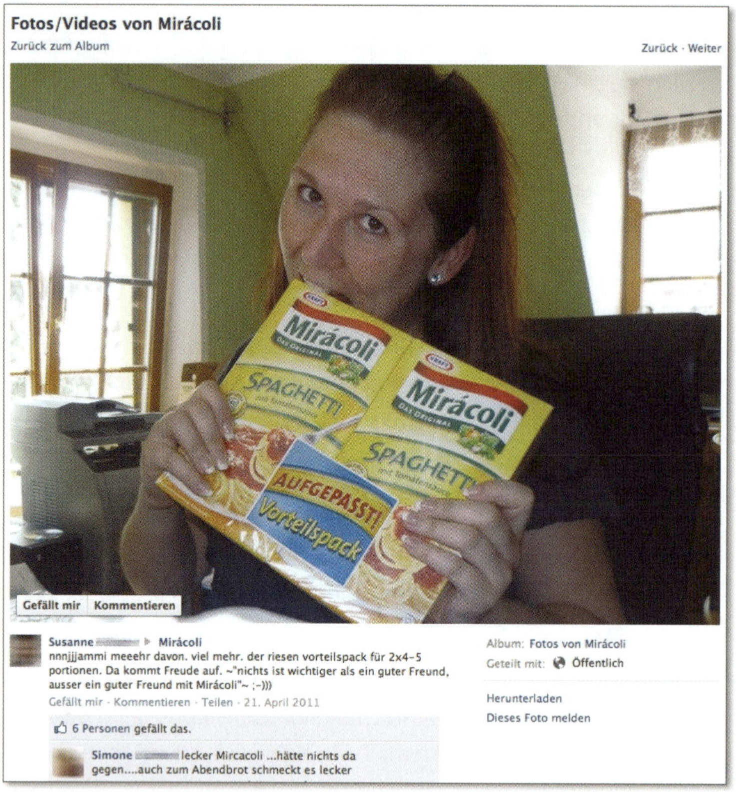

Abbildung 7.12 Mirácoli Deutschland kann sich über viele Unterstützer freuen.

> **Gut zu wissen: Was ist ein Shitstorm?**
>
> Ein Shitstorm ist die vielfach geäußerte Wut von Usern, die sich aus einem vorangegangenen Ereignis oder einer Situation entwickelt hat. Diese Wut kann in einer bereits bestehenden Community entstehen oder dezentral aufkeimen. Erst die Bündelung aller Kommentare (häufig arten diese in Beschimpfungen und Beleidigungen aus) auf einer Plattform (z. B. einer Facebook-Seite) oder in einem Kanal (z. B. Twitter) macht einen Shitstorm möglich.

7.4.3 Nicht planbar – die Kraft der Selbstregulierung

Beispiel Burger King: Der Fastfood-Kettenbetreiber hatte im Dezember 2011 ein neues Weihnachtsmotiv aufgenommen und auf Facebook präsentiert. Das Foto zeigte zwei »glückliche« Rinder, auf dem das eine Tier zum anderen sagt: »Mit Dir gehe ich durch's Feuer!« (Abbildung 7.13).

Abbildung 7.13 Burger King Deutschland polarisiert: »Mit Dir gehe ich durch's Feuer!«

Die stark polarisierende Kampagne sorgte mit dem anschließenden Posting auf der Facebook-Seite für eine heftige Diskussion im Kommentarpfad und in über 200 Beiträgen (Abbildung 7.14). Nach einem Tag mit vielen Pros und Contras bezüglich des Motivs kehrte wieder Ruhe ein. Ohne die konstante Unterstützung der Fans hätte die Situation ab einem bestimmten Moment auch in die (aus der Sicht von Burger King) negative Richtung kippen können.

Abbildung 7.14 Burger King Deutschland – Auszug aus dem Kommentarpfad zum Rindermotiv

Empfehlung: Wie gehen Sie mit Unterstützern um?

Versuchen Sie stets, mit Ihren Unterstützern in einem engen Kontakt zu bleiben. Reagieren Sie auf deren Posts, und kommentieren Sie die Beiträge von ihnen. So zeigen Sie Ihren Fans, dass Sie sie »hören« und ihre Aktivitäten verfolgen. Spezielle Kundenbindungsprogramme (z. B. »Wir verschenken Testpakete« oder Ähnliches) können Ihnen helfen, die Beziehung zu den bestehenden Unterstützern zu festigen und weitere hinzuzubekommen.

7.4.4 Die Informierten

Diese User kommen primär aus dem einem Grund: Sie möchten auf dem Laufenden bleiben. Sie interessieren sich für Ihre Präsenz auf Facebook und drücken daher die »Gefällt mir«-Taste, damit sie auch künftig über ihren Newsfeed über neue Beiträge mit der Marke in Verbindungen bleiben. Es muss sich nicht zwangsläufig um Mitglieder handeln, die tatsächlich ein »Fan« im wörtlichen Sinn sind. Das »Verfolgen« hat eher rationale Beweggründe. Ähnlich wie die Unterstützer verfügen diese User über einen sehr guten Kenntnisstand hinsichtlich der derzeitigen Angebote. Damit einher geht auch, dass Sie zu den Onlinern gehören, die (meist) konstruktive Fragen stellen und eine schnelle Beantwortung einfordern (Abbildung 7.15). Auch diese Fans können unter Umständen schon zu ihrem langjährigen Kundenstamm gehören, jedoch lassen sie sich meist nicht dazu hinreißen, einen »emotionalen« Beitrag abzusetzen, wie beispielsweise die »Unterstützer«. Ihr Anteil wird, laut razorfish.com, auf etwa 20 % geschätzt.

Abbildung 7.15 Bosch Profi-Elektrowerkzeuge – die Marke geht auf Anfragen und Anregungen von Usern ein.

Wenn sich die Informierten gut informiert und beraten fühlen und das Redaktionsteam zufriedenstellend auf die Anfragen eingeht, dann hat das nicht nur einen glücklichen Fan zur Folge. Aus der Sicht des Marketings ist ein weiterer Aspekt sehr interessant: Diese User empfehlen Sie und Ihre Facebook-Seite an deren Kontakte im Netzwerk weiter. Fans, die über diesen Weg einer Facebook-Seite ihren Daumen hoch zeigen, machen einen Anteil von durchschnittlich 6 % aus. Ein generisches und kontinuierliches Fanbase-Wachstum ist der weitere Effekt des konstruktiven Dialogs mit den Informierten.

7.4.5 Die passiven Begleiter

Sie sind wie Luft. Man weiß, dass sie da sind, aber man kann sie weder sehen noch hören. Die passiven Begleiter werden aus den unterschiedlichsten Gründen Fan: weil sie die Marke lieben, weil sie informiert bleiben möchten oder weil sie sich eine Gewinnspielchance nicht entgehen lassen möchten. Es kann aber auch sein, dass diese User einer Unternehmensseite folgen, weil sie vor Monaten oder gar Jahren einmal »Gefällt mir« gedrückt haben. Sie selbst wissen es aber auch gar nicht mehr, weil sie voneinander nichts wissen. Es besteht also eine Verlinkung, aber weder Sie noch der User wissen davon. Ein Grund kann sein, dass die Seite im EdgeRank des Users im negativen Bereich liegt und die Facebook-Präsenz daher schlichtweg nicht auf dem Newsfeed angezeigt wird.

7.4.6 Seitentouristen

Mit dem Einzug von Facebook und den damit einhergehenden Maßnahmen der Marken entwickelte sich eine neue Art von Nutzern, die im gesamten Netzwerk sehr weit verbreitet sind. Sie sind die Nomaden der Facebook-Seiten und halten sich überwiegend an »Orten« auf, an denen es auch etwas abzugreifen gibt. Die Rede ist von den sogenannten Seitentouristen, die vorwiegend Markenpräsenzen »liken«, auf denen Gewinnspielaktionen stattfinden. Diese User besuchen die Seite nicht, weil sie eine besondere Affinität zur Marke und zu deren Produkten haben. Sie sind auch nicht gekommen, weil Sie sich mit den Angeboten auseinandersetzen möchten oder Fragen dazu haben. Sie sind lediglich da, weil Sie die Chance erhalten, eines der Produkte zu gewinnen. Häufig ist es völlig nebensächlich, ob es sich nun um eine elektrische Zahnbürste, einen Drogerie-Coupon oder Kleidungsartikel handelt. Die Seitentouristen drücken »Gefällt mir« auf einer Seite, auf der aktuell ein Gewinnspiel stattfindet, und verschwinden wieder. Eine besonders »verschärfte« Form wird in Marketingkreisen auch als die »Hausfrauenmafia« bezeichnet. Dieser eher mit einem Augenzwinkern zu nutzende Begriff beschreibt eine Gruppierung meist weiblicher User, die sich untereinander kennen und die sehr stark vernetzt sind. Sie informieren sich gegenseitig, wo auf Facebook und anderen Webseiten derzeit ein Gewinnspiel läuft.

Selbstverständlich freut es im ersten Moment jeden Administrator, wenn eine Aktion gut anläuft und viele User so zu neuen Fans werden. Die Seitentouristen sind jedoch mit Vorsicht zu genießen, da sie aufgrund ihrer hohen Vernetzung zu Konversationen auf der Seite führen können, die eine ungewollte Eigendynamik entwickeln. Häufig bemängeln sie beispielsweise die, aus ihrer Sicht, unfairen Wettkampfbedingungen. Das kann dazu führen, dass die Seitentouristen andere User und deren Beiträge attackieren. Falls sich aus einem Vorfall eine hitzige Diskussion entwickeln sollte, ist es zu empfehlen, als Seitenbetreiber erst einmal nicht zu intervenieren. Oftmals greift auch hier die Kraft der Selbstregulierung. Die echten Fans (die Unterstützer) schreiten hier meist ein und sorgen für den nötigen Ausgleich bis der Seitentourist entnervt nachgibt und verstummt.

7.4.7 Dislike-Fans

Diese Fans mögen Sie oder vielmehr Ihr Unternehmen nicht. Sie sind gekommen, weil sie selbst verschuldet oder nicht selbst verschuldet schlechte Erfahrungen mit Ihren angebotenen Artikeln, Dienstleistungen oder mit Ihren Mitarbeitern gemacht haben. Sie posten negative Beiträge auf der Unternehmensseite. Bevorzugt stürzen sich die Disliker aber auch auf bereits getätigte Posts, die ebenfalls negativer Natur sind und zeigen so ihre Verbundenheit mit den anderen »Betroffenen«. Eine dritte beliebte Variante der Unfans ist es, kritische Kommentare zu liken und dem Post mehr Gewicht zu verleihen – in der Hoffnung, dass sich weitere User diesem Beispiel anschließen. Dislike-Fans sind (noch) keine Trolle. Wenn diese Nutzer jedoch nicht richtig angesprochen werden, können sie zu einem waschechten Troll »heranwachsen«. Meist ist der Auftritt eines Dislikers eher von kurzer Dauer. Sie oder er kommunizieren lediglich ihren Unmut, kommentieren und liken andere Beiträge, lassen dann aber wieder davon ab. Manchmal verlassen sie im Anschluss die Seite wieder oder verstummen und bleiben im Verborgenen. Abhängig davon, um was für ein Seite hinsichtlich der Tonalität es sich handelt (emotionale oder rationale Präsenz), greifen auch hier die Unterstützer ein, wenn es Probleme geben sollte. Besteht jedoch eine Unternehmensseite überwiegend aus Dislikern, sollten sich der Seitenbetreiber und das Redaktionsteam ein dickes Fell zulegen (Abbildung 7.16). In diesem Fall ist man gut beraten, wenn interne Prozesse gut abgestimmt sind, damit die Flut an negativen Kommentaren schnell eingedämmt werden kann.

Abbildung 7.16 Eine Unternehmensseite mit vielen Dislikern (Auszug)

7.5 Achtung vor Trollen

Ähnlich hoch emotional wie die Unterstützer verhalten sich die Trolle. In diesem Fall agiert der User nicht aus Sympathie, sondern aus einer starken Antipathie gegenüber der Marke heraus. Die systematische Störung ist das zu erreichende Ziel. Mehr zu diesem Thema finden Sie im folgenden Abschnitt.

Vergleichbar mit dem Phänomen »Hausfrauenmafia« hängt die Entstehung der Trolle zwangsläufig mit der fortwährenden Internetentwicklung zusammen. Unter einem Troll versteht man einen User, der sich Zugang zu einer Community (z. B. einer Facebook-Seite) verschafft und von innen heraus versucht, die Kommunikation und Ruhe zu stören. Das hehre Ziel eines Trolls ist es, die Aufmerksamkeit zu erlangen – um jeden Preis.

Vollständigkeitshalber möchte ich erwähnen, dass Trolle nicht nur in der Facebook-Gemeinde auftreten. Sie sind überall dort präsent, wo sich eine bestimmte Anzahl von Leuten trifft:

- in Foren (aller Genres)
- in Kommentar-Threads innerhalb eines Blogs
- in Kommentar-Threads im Anschluss an Onlineartikel
- in Twitter (durch die Nutzung von Hijacking Hashtags)
- etc.

7.5.1 Sie sind gekommen, um Stress zu machen

Die digitalen Kobolde sind meist anonym im Netz unterwegs. Sie besuchen Onlineorte, an denen sich Menschen treffen, um miteinander zu diskutieren. Genau hier liegt der Hund begraben: Es geht den Trollen nicht um die Teilnahme an einem konstruktiven Dialog, sondern immer darum, zu stören.

Die Motive für dieses Verhalten sind vielfältig: Laut dem deutschen Blogger Sascha Lobo *(http://saschalobo.com/)* liegt der Grund für das Stören meist daran, »weil sich Trolle provoziert fühlen und darauf reagieren«. Motivationen, die dazu führen, dass ein User zu einem Troll mutiert, können die folgenden sein:

- Rache: Beispielsweise fühlt sich ein ehemaliger Kunde betrogen und möchte es dem Unternehmen zurückzahlen.
- Schadenfreude und Spaß: Der User hat pure Freude daran, wenn er/sie eine Konversation stört und sich die anderen Beteiligten darüber aufregen.
- Langeweile: Die stumpfe Langeweile treibt das Mitglied dazu, für Aufruhr zu sorgen.

Die eiserne Regel zur Bekämpfung eines Trolls lautet, diesen keine weitere Nahrung zu geben: »Trolle nicht füttern!«

Gut zu wissen: Trolle nicht füttern!

Diese Aussage wird im Zusammenhang von Trollattacken häufig von der Netzkultur verwendet. Sie wird im Fall des Falles an die Community-Mitglieder ausgerufen, und so wird versucht, dem Troll keine weitere Aufmerksamkeit zu schenken. Fans, Forenteilnehmer, Blogger und weitere mögliche Teilnehmer werden so für die Abwehr weiterer Attacken genutzt. Wo keine Konfrontation, da auch kein Kampf.

Aus welchen Gründen auch immer ein Troll Ihre Facebook-Seite belagern sollte, in den seltensten Fällen ist es möglich, den Konflikt mit ihm oder ihr auf konstruktive Art und Weise zu klären. Das bedeutet, dass die Ansprache des Users mit der Bitte um Klärung häufig als eine weitere Provokation verstanden wird und somit als Nahrung für den Troll. Das neutrale und konstruktive Vorhaben, die Situation aus der Welt zu räumen, hat eben die Konsequenz, die der Troll anstrebt: mehr Aufmerksamkeit.

7.5.2 Was können Sie tun, wenn es trollt?

Die Bekämpfung eines Trolls ist deshalb so schwierig, weil jedes Handeln Ihrerseits zum einen zu mehr Aufmerksamkeit für den Troll und zum anderen zu mehr Turbulenzen und Unruhen in der gesamten Community sorgt. Einen genauen Leitfaden für einen möglichen Trollbefall gibt es daher nicht. Dazu sind der jeweilige User und die jeweilige Situation zu unterschiedlich, um hier ein, zwei, drei Tipps abgeben zu können. Es gibt jedoch Mechaniken, die je nach Fall greifen können und den sozialen Störer zur Aufgabe bewegen.

In einer nicht repräsentativen Feldforschung von 2010 hat Sascha Lobo Kommentare untersucht. 344 Trollkommentare wurden 200 Nichttrollkommentaren gegenübergestellt. Die sehr subjektiven, aber dennoch lehrreichen Erkenntnisse hat der Blogger in dem Vortrag »Jüngste Erkenntnisse der Trollforschung« auf der Social-Media-Konferenz re:publica im April 2011 in Berlin vorgestellt. Zwei sehr experimentelle Gegenmaßnahmen können nach seiner Erfahrung die im Folgenden beschriebenen sein.

Troll-Gegenmaßname nach Sascha Lobo: Troll füttern!

Wie wir bereits wissen, ist ein Troll ein individueller Störer, der nach immer mehr Aufmerksamkeit innerhalb einer Gruppierung strebt. Er ist also ein egogetriebener User, den es freut, wenn er Beachtung erlangt. Bei dieser Gegenmaßnahme geht es also darum, dem Troll Recht zu geben und ihn mit weiteren Fragen und Kommentaren zu konfrontieren. Diese Ansprache erfolgt nicht über einen User allein, sondern mit Hilfe von weiteren. Der Troll wird also plötzlich zu einem Teil der Gemeinschaft, in der er nun das Zentrum der Konversation ausmacht. Die plötzliche und massive Anteilnahme an seiner Person macht den Troll auch deshalb nervös, weil er/sie zum Handeln gezwungen wird. Aus der anfänglich offensiven Haltung wird eine defensive Reaktanz, die die meisten Trolle nicht lange durchstehen. Diese Gegenmaßnahme ist kein Schnellschuss, sondern muss von langer Hand geplant sein, benötigt Unterstützung weiterer User und ist dennoch kein Garant für einen Erfolg.

Troll-Gegenmaßname nach Sascha Lobo: Paroli bieten!

Ein Troll fühlt sich sicher, weil er in der jeweiligen Gruppe anonym auftritt und so seine Identität geschützt ist. Diese Anonymität gilt es, aufzuweichen. Der Trick dabei ist, dem User mit weiteren (Fake-)Profilen in der Community zu begegnen, die identisch seinem Auftritt folgen, jedoch immer das Gegenteil vom Original kommentieren. Das genaue Gegenbild des Trolls, der zudem auch noch laufend gegen seinen Willen kommuniziert, sorgt für großen Trollunmut, der zur Beilegung der Attacken führen kann.

Den gesamten Vortrag »Jüngste Erkenntnisse der Trollforschung« von Sascha Lobo finden Sie auf YouTube unter:

http://www.youtube.com/watch?v=smKKsVGL3Ig

Zum sofortigen Anschauen können Sie aber auch den folgenden QR-Code mit Ihrem Smartphone einscannen. Länge des gesamten Vortrags: 60 Minuten.

Wie schon erwähnt, sind das zwei Maßnahmen, die eine gewisse Risikobereitschaft seitens der Facebook-Seiteninhaber erfordern. Da nun das Netzwerk ein über die eigentliche Seite hinaus sehr verdrahtetes System bildet, sollten Sie sich bei einer Trollattacke sehr genau überlegen, ob diese zwei Lösungsvorschläge auch tatsächlich Ihrer Kommunikation auf der Seite entsprechen. Jede Diskussion und jeder Schlagabtausch sind mit nur einem Klick in den Newsfeeds anderer User verbreitet.

Weitere Maßnahmen, die gegen Störer auf der eigenen Facebook-Seite helfen und für Ruhe und Ordnung sorgen können

Dem Troll selbstbewusst begegnen

Der Ton macht häufig die Musik. Gehen Sie offensiv auf den User zu, fordern Sie ihn auf, seine Attacken einzustellen, und bieten Sie ihm ein konstruktives Gespräch an. Manche Community Manager verwenden auch den Weg des Humors (ohne den User lächerlich wirken zu lassen!) und versuchen so den Twist beizulegen.

Troll auf die schwarze Liste setzen

Als Facebook-Seiteninhaber haben Sie die Möglichkeit, einzelne User von der Seite zu verweisen und die eigene Präsenz für deren Profil dauerhaft zu blockieren. Diese Lösung kann jedoch nur für den ersten Moment wirksam sein. Wie schon erwähnt, sind Trolle häufig anonym unterwegs. Das Risiko einer Sperrung liegt darin, dass der User zwar entfernt wird, er sich jedoch mit einem neuen (Fake-)Profil auf Facebook anmelden und zu Ihrer Seite zurückkehren kann. In diesem Fall ist nicht davon auszugehen, dass er oder sie besser auf Sie zu sprechen ist.

Zum Sperren eines Fans gehen Sie auf die eigene Facebook-Seite und lassen sich über die Facebook-Statistik die Userliste anzeigen. Wählen Sie den Troll aus, und klicken Sie auf das Kreuz (rechts vom Namen). Eine weitere Meldung erscheint und fragt an, ob Sie diese Person tatsächlich entfernen möchten. Setzen Sie jetzt noch ein Häkchen vor den Befehl DAUERHAFT AUSSCHLIESSEN, und klicken Sie abschließend OK (Abbildung 7.17). Beachten Sie, dass dieser Schritt unumkehrbar ist und daher wohlüberlegt sein sollte.

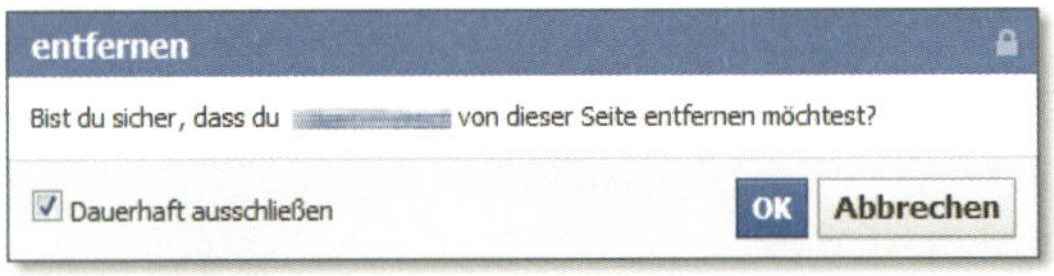

Abbildung 7.17 Dauerhaft Fans von der eigenen Facebook-Seite verweisen.

Beiträge vorab prüfen

Im Falle eines hartnäckigen Trolls können Sie auch auf eine Funktion zurückgreifen, die Facebook mit der Einführung der neuen Timeline-Struktur eingeführt hat. Es handelt sich dabei um die manuelle Überprüfung aller eingehenden Fanbeiträge. Erst mit der erteilten Freigabe werden Posts auf Ihrer Seite sichtbar. Bei Trollbefall können Sie so alle Beiträge bis auf die des Störers freigeben. Je nach Anzahl der Fangröße kann dieser Weg jedoch sehr zeitaufwändig sein, und sollte daher lediglich als eine Übergangslösung angesehen werden, bis der Troll das Interesse an Ihrer Seite verloren hat. Danach sollten Sie unbedingt die Funktion wieder deaktivieren, um sicherzustellen, dass alle Beiträge angezeigt werden. Nutzen Sie diese Funktion nicht, um kritische Posts auszufiltern. Dies käme einer Zensur gleich und würde von Fans überaus ungern gesehen.

Individuelle Äußerungen und Formulierungen sperren

Dieser Schritt lohnt sich nur (!), wenn der Troll in seinen Beiträgen und Kommentaren Äußerungen und Wörter verwendet, die sonst sehr selten bis gar nicht von anderen Usern gebraucht werden. Diese Begriffe können Sie in den Einstellungen der Facebook-Seite blockieren. Die Folge ist, dass der Troll seinen Beitrag (mit eben diesen zensierten Wörtern) zwar weiterhin posten kann, diese Kommentare jedoch der restlichen Community nicht angezeigt werden. Der Troll ist in dem Glauben, dass sein Beitrag für alle einsehbar ist. Da die restlichen Fans diesen jedoch nicht sehen können, kann diesen auch keiner »liken« oder anderweitig kommentieren. Das wiederum hat zur Folge: weniger Aufmerksamkeit für den Troll.

Zum Blocken von einzelnen Wörtern gehen Sie in die Einstellungen Ihrer Facebook-Seite und wählen den Reiter GENEHMIGUNGEN VERWALTEN aus. Ein weiteres Fenster erscheint. Die Funktion zur Filterung heißt BLOCKIERLISTE FÜR MODERATOREN (Abbildung 7.18). In das dazugehörige Feld können Sie die einzelnen Wörter (jeweils mit einem Komma getrennt) eintragen. Ein abschließender Klick auf ÄNDERUNGEN

SPEICHERN aktiviert die Filterung. Auch hier sollten Sie beachten, dass dieses Vorgehen mit Risiken verbunden ist. Die Gefahr besteht, dass die eingestellten Begriffe doch häufiger und in einem positiven Kontext von anderen Usern verwendet werden – auch diese sind von der Filterung betroffen und werden nicht mehr angezeigt.

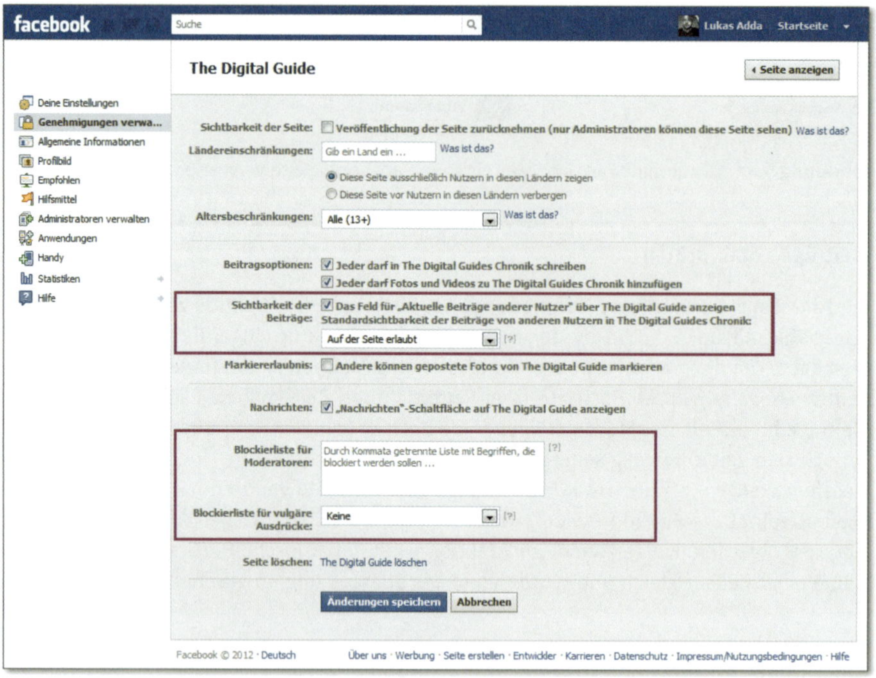

Abbildung 7.18 Filtermechanismen im Falle von Trollattacken

Abschließend möchte ich Ihnen eines mit auf den Weg geben. Trolle sind User, die meist nicht ein Problem mit Ihnen, sondern vielmehr mit sich selbst haben. Dies soll Ihre Attacken nicht entschuldigen, soll jedoch Ihren Blick darauf lenken, dass die Art und Weise, wie mit diesen Menschen gesprochen wird, einen erheblichen Einfluss auf deren weitere Reaktionen und Aktionen hat. Versuchen Sie daher, sich in den User hineinzuversetzen und herauszufinden, wo das Problem liegt und wie Sie einen Teil zur einer Lösung beitragen können.

8 Einsatz von Facebook Ads

Onlinebanner waren gestern. Facebook-Werbung unterscheidet sich markant von den Internetwerbeformen von damals. Erfahren Sie, wie Sie mit Facebook Ads Ihre Kampagnen und Ihren Auftritt optimieren.

Der Einsatz von Werbung in Facebook ist schon längst keine Seltenheit mehr. Das zeigen schon allein die Zahlen, die das Netzwerk im Februar 2012 veröffentlicht hat. Die Werbeeinnahmen steigen jedes Jahr sprunghaft an. Im Jahr 2011 erwirtschaftete Facebook 3,7 Mrd. US$ Umsatz (Quelle: Handelsblatt.com, 09.02.2012). Die Dimensionen lassen also schon durchaus erahnen, welche Bedeutung Werbung in Facebook mittlerweile eingenommen hat. Facebook Ads unterscheiden sich zu einem großen Teil von den gewöhnlichen Werbeformen. Das Netzwerk hat zur Bewerbung von Produkten, Kampagnen und Seiten eine neue Form der Werbeansprache entwickelt, die nicht für sich allein steht (plump ein Werbebanner), sondern einige Erfolgsfaktoren integriert und nutzt.

Werbung von morgen – Erfolgsfaktoren von Facebook Ads

- **Empfehlungsmarketing:** Was die eigenen Freunde im Netzwerk mögen und worüber sie sprechen, beeinflusst das Handeln jedes einzelnen Users. Sie können dieses Phänomen für Ihre eigenen Marketingzwecke nutzen und das starke Instrument »Freundesempfehlungen« mit spannenden und ansprechenden Werbeformen kombinieren.
- **Individualität in der Werbeform:** Die Weiterentwicklung von unterschiedlichen Werbemöglichkeiten und -formen lassen viel Raum für Individualität. Für Ihr Unternehmen bedeutet das: viele bedürfnisoptimierte Wege, um Ihre Fans und künftige Kunden anzusprechen.
- **Targeting der Zielgruppe:** Großer Kostenpunkt im Marketing von gestern war häufig der Streuverlust von Werbemaßnahmen, sprich Geld, das an der Zielgruppe vorbei investiert wurde und zu keinem *Return of Investment* (*ROI*) geführt hat. Eine Vielzahl von Einstellungsmöglichkeiten hilft Ihnen, nur die gewünschten User im Facebook-Netzwerk zu erreichen und so individuell auf eine laufende Kampagne hinzuweisen, die eigene Facebook-Seite zu bewerben ober aber auch mehr Mitglieder über die Präsenz einer externen Plattform zu informieren.

Neben neuen und innovativen Werbeformen in Facebook bietet Ihnen das Netzwerk selbstverständlich auch weiterhin die üblichen Bannerschaltungen an. Aber auch diese können Sie mit Hilfe von effektivem Targeting und effizientem Budgetmanagement für eine erfolgreiche Werbestrategie nutzen.

8.1 Formen von Facebook Ads

Das Netzwerk entwickelt ständig neue Werbeformen, um für jede individuelle Kundenanfrage ein passendes Instrument anbieten zu können. So erstaunt es nicht weiter, dass Facebook derzeit sage und schreibe 16 unterschiedliche Werbeformen offeriert. Bis auf momentan fünf Arten (betreffend Facebook-Werbeanzeigen), können Sie alle Werbeschaltungen selbst in Auftrag geben, ohne hierzu speziell das Facebook Sales Team kontaktieren zu müssen. Die folgende Übersicht soll Ihnen helfen, den Überblick über die Vielzahl von Möglichkeiten zu behalten.

8.1.1 Werben oder Empfehlen? Für beides gibt es spezielle Kommunikationsformen

Generell werden in Facebook die Werbeformen in zwei große Bereiche eingeteilt:

1. Facebook Werbeanzeige (Facebook Ads)
2. Gesponserte Meldung (Sponsored Stories)

Der große Unterschied zwischen den beiden Formen liegt darin, wer die Werbebotschaft übermittelt. Um unnötige Verwechslungen und mögliche Verwirrungen zu vermeiden, werden in der folgenden Übersicht lediglich die Originalnamen der einzelnen Werbeformen verwendet.

8.1.2 Einteilung Facebook Ads

Facebook Ads enthalten momentan neun unterschiedliche Instrumente, die zum Teil über das Facebook Sales Team gebucht werden müssen (Abbildung 8.1). Diese Form der Werbeanzeigen sind »klassische« Werbeanzeigen, die jedoch – ganz im Facebook-Stil – mit zusätzlichen Features angereichert werden. Unterschieden wird dieser Bereich zudem auch in die Kategorien Premium Ads und Marketplace Ads.

Premium Ads

Häufig lässt sich schon aus den jeweiligen Namen erschließen, welcher Fokus auf dem einzelnen Tool liegt. Die Premium Ads sind nur über das Facebook Sales Team buchbar, weil diese Anzeigen alle mit weiteren Specials verfügbar sind, wie z. B. einem Reach Block:

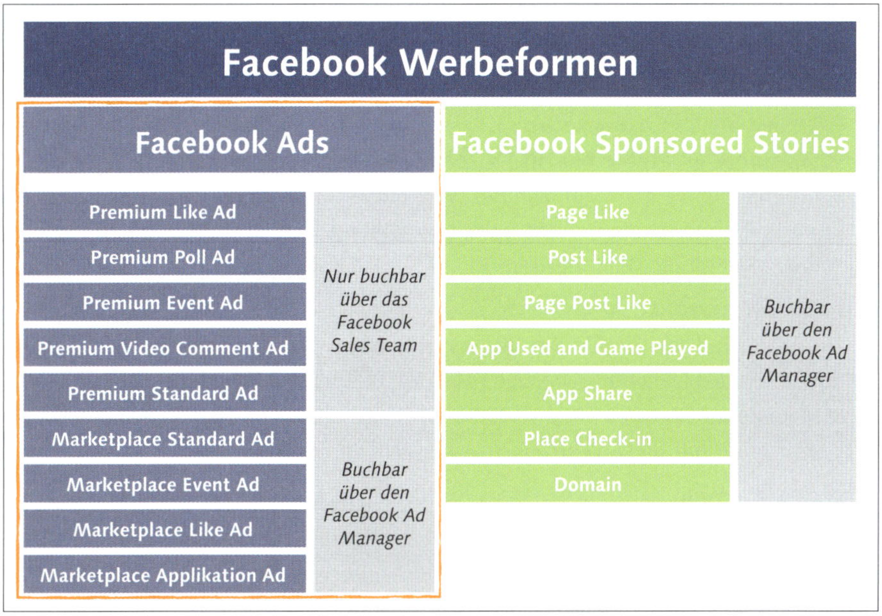

Abbildung 8.1 Überblick über die Facebook Ads

Gut zu wissen: Was ist ein Reach Block?

Unter einem *Reach Block* wird eine spezielle Werbeschaltung verstanden, die nur über Facebook direkt buchbar ist. Bei einer Buchung eines Premium Reach Blocks wird die gesamte Zielgruppe am Tag der Schaltung angesprochen, und dies innerhalb der ersten drei Werbekontakte.

- Premium Like Ad
  Diese Werbeform kann für Sie interessant sein, wenn Sie beispielsweise für Ihre Fanpage werben möchten. Durch das Anklicken werden die User direkt Fan Ihrer Seite.
- Premium Poll Ad
  In dieser Form der Ansprache wird dem User in Facebook eine einfache Umfrage angezeigt, die beispielsweise eines Ihrer Produkte betreffen kann. Jede Teilnahme wird automatisch im Newsfeed der Freunde des Users eingeblendet und birgt somit ein großes Potenzial für eine virale Verbreitung.
- Premium Event Ad
  Wie der Name schon andeutet, handelt es sich hierbei um eine Anzeige für eine bestimmte Veranstaltung. Wenn Sie also beispielsweise eine Aktion planen, die ein Event beinhaltet, dem möglichst viele Personen beiwohnen sollen (z. B.

eine Messe), kann dieses Tool für Sie interessant sein. Die Werbeform stellt kurz das Event vor sowie konkrete Daten zu wann und wo. Die User können direkt zu- oder absagen (oder das übliche »Vielleicht« angeben).

- Premium Video Comment Ad
  Werbespots sind nicht nur im TV spannend. Facebook bietet Ihnen mit dieser Werbemöglichkeit an, Ihr eigenes Videomaterial anzeigen zu lassen. Zudem können Facebook-User direkt im Video »Gefällt mir« klicken und somit gleich Fan der Facebook-Seite werden.
- Premium Standard Ad
  Diese Werbeform ist für Sie interessant, wenn Sie ausschließlich für Inhalte außerhalb des Netzwerks werben möchten (wie zum Beispiel Ihre Webseite). Es sind keinerlei Features integriert, die eine Interaktion mit der Anzeige ermöglichen. Daher hat diese Werbeform auch kein virales Potenzial.

Änderung zu den Premium Ads: Während der Entstehung des Buches hat das Netzwerk Änderungen angekündigt, die die Werbeform Premium Ads betreffen. Da zu diesem Zeitpunkt noch kein genauer Start-Termin genannt wurde, informieren Sie sich bitte über den aktuellen Stand. Künftig sollen die Premium Ads vereinfacht werden.

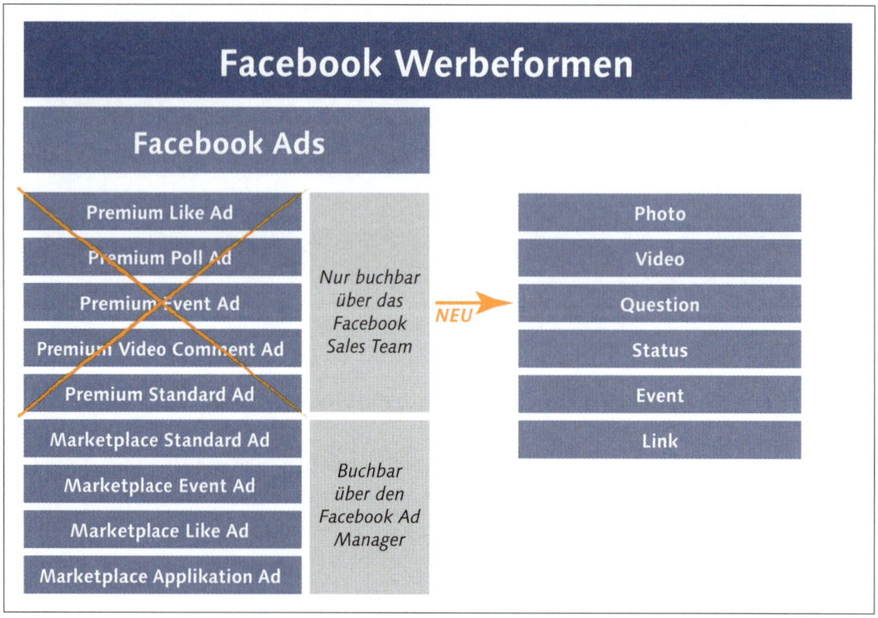

Abbildung 8.2 Angekündigte Neustrukturierung der Facebook Premium Ads

Die Änderungen der Premium Ads betreffen die Namensgebung der einzelnen Leistungen und die maximal erlaubte Verwendung von Zeichen.

Hier sehen Sie die neuen Namen der künftigen Werbeformen und deren Merkmale im Schnellüberblick:

- STATUS UPDATES
  Maximal erlaubte Zeichen: 150
  Es sind keine weiteren Medien mit enthalten.
- PHOTOS
  Maximal erlaubte Zeichen: 90
  Größe des Miniaturbilds: 185 Pixel × 104 Pixel
  Seitenverhältnis: 16:9
- VIDEOS
  Maximal erlaubte Zeichen: 90
  Größe des Miniaturbilds: 185 Pixel × 104 Pixel
  Seitenverhältnis: 16:9
- LINKS
  Maximal erlaubte Zeichen: 90
  Größe des Miniaturbilds: 75 Pixel × 75 Pixel
- EVENTS
  Maximal erlaubte Zeichen: 90
  Größe des Miniaturbilds: 75 Pixel × 75 Pixel
- QUESTIONS
  Anmerkung: Diese Umfrage-Werbeform erlaubt bis zu vier Antwortmöglichkeiten oder alternativ drei Antworten und zusätzlich einen »MEHR ANZEIGEN«-Link

Marketplace Ads

Die folgenden Werbeformen innerhalb des Bereichs Facebook-Werbeanzeigen sind alle komplett eigenständig über den eigenen Facebook Ad Manager buchbar, und von den Änderungen innerhalb der Facebook Premium Ads nicht betroffen:

- MARKETPLACE STANDARD AD
  Mit dieser Werbeform wird Ihren potenziellen Empfängern eine frei wählbare Anzeige eingeblendet, die für eine externe Website wirbt. Die Anzeige erlaubt die Verwendung von maximal 135 Zeichen. Das Motiv sollten Sie in einer Größe von 110 × 80 Pixel bereithalten, damit es auch nicht verzogen angezeigt wird. Die Anzeige kann zwar geliket werden, aber eine andere Interaktionsmöglich-

keit besteht nicht, was einer möglichen viralen Verbreitung nur wenig Nahrung bietet.

- Marketplace Event Ad
  Mit dieser Anzeigeform werben Sie für eine Veranstaltung, die Sie auf der eigenen Facebook-Seite eingebettet haben. Wenn ein User dem Event zustimmt bzw. zusagt, wird diese Information an dessen Freunde weitergetragen. Der Beschreibungstext kann bis zu 135 Zeichen lang sein, und die Headline darf nicht mehr als 25 Zeichen verwenden.
- Marketplace Like Ad
  Das ist vermutlich eine der häufigsten Werbeformen in Facebook. Diese Anzeige wirbt für Ihre eigene Seite. Potenziellen (also noch Nicht-)Fans wird nicht nur das Angebot gemacht, Ihrer Seite beizutreten, ihr oder ihm wird zudem auch eingeblendet, welche der eigenen Freunde bereits Fans sind (sofern bereits die eigenen Kontakte der Seite beigetreten sind). Der Titel der Anzeige ist der Name der Seite und kann somit nicht frei gewählt werden. Auch hier gelten die gleichen Zeichenangaben und Bildabmessungen wie schon bei den beiden vorangegangenen Marketplace Ads. Wenn Sie das Gefühl verspüren, einfach mal eine Facebook-Schaltung ausprobieren zu wollen, dann empfiehlt sich diese Form (gesetzt den Fall, Ihr Unternehmen hat bereits eine eigene Facebook-Seite).
- Marketplace Application Ad
  Diese Werbeform dürfte für Sie relevant sein, wenn Sie beispielsweise eine eigene Facebook-Applikation auf der Facebook-Seite führen und im Rahmen einer Kampagne auf diese verweisen möchten. Dem User wird dann nicht die Facebook-Seite, sondern die Anwendung angezeigt. Er kann zudem auch sehen, ob und welche Freunde ebenfalls diese Applikation verwenden oder verwendet haben. Abmessungen und Zeichenlimits sind die gleichen wie schon bei den übrigen Marketplace Ads.

8.1.3 Einteilung Facebook Sponsored Stories

Wie schon eingangs angedeutet, unterscheiden sich die beiden großen Werbeformen hauptsächlich dadurch, dass der Sender der Werbebotschaft ein anderer ist. Im Fall von Sponsored Stories (gesponserten Meldungen) werden personalisierte Instrumente genutzt und somit als Verstärker für Ihr Empfehlungsmarketing verwendet (Abbildung 8.3).

- Page Like
  Im Rahmen des Empfehlungsmarketings wird diese Anzeige für eine Facebook-Seite nur den Usern angezeigt, deren Freunde bereits Mitglieder der Fanpage sind. Bei dieser Werbeform haben Sie keinerlei Möglichkeit, gestalterisch tätig

zu werden. Das ist auch nicht unbedingt nötig. Durch die starke Zugkraft der Freunde des Users ist diese Form der Werbenutzung beliebt und häufig anzutreffen.

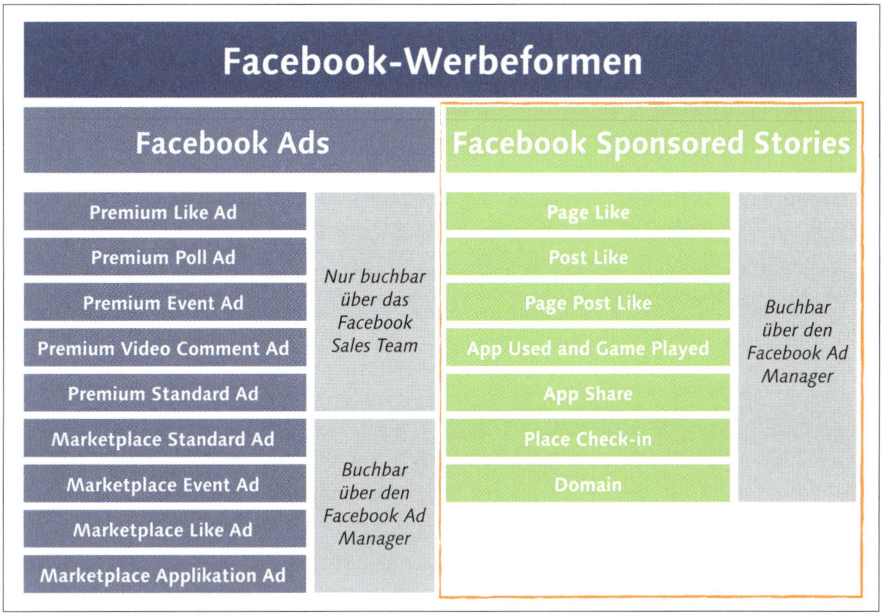

Abbildung 8.3 Überblick über die Facebook Sponsored Stories

- Post Like
  Ein sehr interessante Werbeform ist diese, auch wenn nicht immer anwendbar. Beim Post Like wird nur den bereits bestehenden Fans eine bestimmte (frei wählbare) Statusmeldung der eigenen Facebook-Seite angezeigt. Dies kann der Interaktion zwar sehr förderlich sein, aber Sie sollten unbedingt darauf achten, dass Sie auch mit einem interessanten/relevanten Post werben, sonst war die Mühe umsonst. Auf die Gestaltung haben Sie auch hier keinen Einfluss.
- Page Post Like
  Hierbei handelt es sich um eine Kombination aus beiden vorangegangen Sponsored-Stories-Formaten. Diese Anzeige wird nur Usern angezeigt, deren Freund bereits Fan Ihrer Facebook-Seite ist und darüber hinaus auch einen (von Ihnen bzw. einem Ihrer Administratoren abgesetzten) proaktiven Post auf der gleichen Fanpage geliket hat.
- App Used and Game Played
  Auch hier ist der Name Programm. Diese Werbeform sollten Sie verwenden, wenn Sie beispielsweise eine Applikation in Facebook laufen haben. Facebook generiert für die ausgewählte Anwendung eine Anzeige und blendet diese nur

den Usern ein, deren Freunde die gleiche Applikation schon einmal verwendet haben.

Gut zu wissen: Wann ist ein User ein »App Used and Game Played«-Influencer?

Ein Influencer für den eigenen Freundeskreis wird ein User erst, wenn er im vergangenen Monat mindestens 10 Minuten die beworbene Applikation genutzt hat. Erst dann wird der Name des Users bei den Freunden eingeblendet und somit mit ihm geworben.

- App Share
  Hierbei handelt es sich um eine Art Kombination aus Page Post Like und der Applikationsanzeige. Facebook generiert eine Anzeige, die eine Statusmeldung beinhaltet, die jedoch nicht direkt von Ihrer Facebook-Seite stammt, sondern aus Ihrer Applikation heraus entstanden ist.
- Place Check-in
  Diese gesponserte Meldung ist für Sie interessant, wenn Sie ein physisches Geschäft oder einen Laden besitzen, den Sie im Netzwerk als Facebook-Ort angelegt haben (z. B. ein Restaurant, Buchladen, Beratungsbüro etc.). Die Schaltung kommuniziert den Check-in von Freunden, wird aber nur all jenen angezeigt, die sich bereits ebenfalls schon einmal in Ihrem Laden eingecheckt haben. Im Umkehrschluss bedeutet das aber auch für Sie, wenn sich bislang niemand oder nur wenige User bei Ihnen eingecheckt haben, ist diese Form der Werbung weniger geeignet, da nur wenige User erreicht werden. Gerade für Maßnahmen, die die stärkere Kundenbindung zum Ziel haben, kann dieses Tool dagegen durchaus interessant sein.
- Domain
  Angezeigt wird hier ein Motiv, das sich auf eine externe Webseite bezieht. Wie schon bei den übrigen Sponsord-Stories-Formaten wird diese Anzeige nur Usern angezeigt, die bereits das Like gedrückt haben – in diesem Fall aber die Schaltfläche auf der externen Seite. Aus diesem Grund muss für diese Werbeform dem Werber der Zugriff auf die Domain-Insights der jeweiligen Website gestattet sein.

Zu guter Letzt sollte erwähnt werden: Eine Werbeanzeige kann zwar auch Elemente integriert haben, die Rückschlüsse darauf zulassen, ob Freunde eine Anzeige gut finden, aber erst mit der gesponserten Meldung wird das Empfehlungsmarketing vollends ausgeschöpft. Das bedeutet, Sie sollten sich im Vorfeld überlegen, welche Art der Kommunikation hinsichtlich der bevorstehenden Aktion für Sie erfolgversprechender ist.

8.2 Nutzung von Facebook Ads

Mit Facebook Ads stehen Ihnen eine Fülle von Möglichkeiten zur Verfügung, um Ihre geplanten oder laufenden Projekte anzutreiben, zum Gespräch zu machen und/oder für mehr Traffic zu sorgen. Verabschieden Sie sich von der Vorstellung, dass das Bewerben dieser Aktionen lediglich und immer über klassische Onlinebanner erfolgen muss. Wie eingangs erwähnt, hat es Facebook geschafft, Ihnen aus seinem »Freundesnetzwerk« heraus interessante Werbeformen anzubieten. Viele dieser Instrumente basieren einzig und allein auf dem Empfehlungscharakter.

Inspirationen – wofür Sie im Netzwerk wie werben können

Manchmal ist die Euphorie groß, endlich auch Werbung auf Facebook zu schalten. Aber wofür können Sie eigentlich wie werben? Die folgende Auswahl soll Sie für eigene Werbebestrebungen inspirieren:

Ich will mehr Fans
Welcher Facebook-Seiteninhaber wünscht sich das nicht: mehr Fans auf der eigenen Seite. Mit Gesponserten Meldungen (Marketplace like ad) können Sie sehr schnell und kurzfristig diesem Wunsch näherkommen (Abbildung 8.4).

Abbildung 8.4 Mehr Fans durch gesponserte Meldungen – in der einfachsten Form

Ich will mehr bedürfnisbezogene Interaktion
Die Fanzahlen stimmen, aber Sie möchten zu einem bestimmten Thema einen möglichst hohen Austausch in Form von Konversation und Feedback erzeugen. Kein Problem mit der Werbeform Gesponserte Meldungen (post like) ist es Ihnen beispielsweise möglich, bestimmte Postings direkt als einen Bestandteil Ihrer Werbeform mit zu verwenden. Beispiel: Zur Optimierung Ihres Redaktionsplans möchten Sie erfahren, was Ihre Fangemeinde am meisten interessiert. Eine Facebook-Umfrage in Kombination mit einer Facebook-Werbeanzeige kann Ihnen hier vielleicht weiterhelfen (Abbildung 8.5).

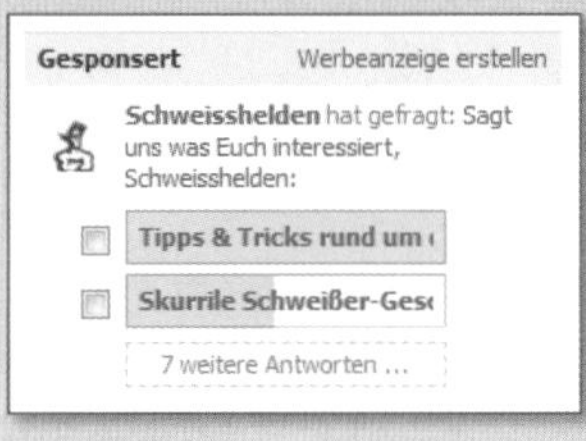

Abbildung 8.5 Facebook-Werbeanzeige in Kombination mit einer Facebook-Umfrage

Ich will mehr Websitebesucher

Facebook ist ein wichtiger Bestandteil Ihres Marketings, schon allein deshalb, weil Sie die Mitglieder auf eine Aktion direkt auf Ihrer eigenen Homepage hinweisen können. Das Ziel ist es also, mehr User auf die Internetseite zu ziehen, um beispielsweise auf eine Kampagne, Produkte und andere Angebote hinzuweisen. Das Beispiel von Philips zeigt, wie das aussehen kann: FACEBOOK-WERBEANZEIGEN (MARKETPLACE STANDARD AD) kommuniziert die Botschaft, die mit der Kampagnenwebsite *Licht-macht-wach.de* verlinkt ist. Zusätzlich wird ein Produkt als Motiv verwendet und so auf die neuen Geräte in der Range aufmerksam gemacht (Abbildung 8.6).

Abbildung 8.6 Philips nutzt Facebook Ads zur Unterstützung der eigenen Kampagne.

Selbstverständlich können Sie die Werbeform auch für viele andere externe Verlinkungen verwenden:

- Verweis auf ein Event, das Ihre Firma ausrichtet
- Weiterleitung zu bestimmten (Rabatt-)Angeboten
- Optimierung Ihres Recruiting-Programms (neue Mitarbeiter werben)
- u.v.m.

Ich will neue Produkte vorstellen

Ihr Unternehmen hat ein neues Produkt oder eine sonstige Neuheit, für die es sich lohnt, Aufmerksamkeit zu generieren. Dann können Sie dies natürlich über die bereits oben aufgeführten Wege tun und dem sogar noch eins draufsetzen. Verwenden Sie hierfür Ihr eigenes Videomaterial (z. B. Werbespot), und nutzen Sie FACEBOOK-WERBEANZEIGEN (PREMIUM VIDEO COMMENT AD). Avis Deutschland macht so nicht nur auf die Angebote aufmerksam, sondern bietet den Zuschauern mittels »Gefällt mir«-Integration an, Fan zu werden (Abbildung 8.7) – zwei Fliegen mit einer Klappe.

Abbildung 8.7 Avis Deutschland setzt auf Facebook Ads mit Bewegtbild.

8.2.1 Schalten Sie Ihre eigene Werbeanzeige auf Facebook

Wie schon erwähnt, stehen Ihnen für das Werben auf Facebook zwei Arten der Werbung zur Verfügung. Beide Werbeformen sind immer anklickbar und werden, wie gewohnt, in der rechten Spalte eines jeden Users (z. B. im Newsfeed und in der Timeline) angezeigt. Nach dem Klick wird der Onliner auf die Seite weitergeleitet, die Sie für Ihre Werbekampagnen vorgesehen haben. Dies kann entweder die eigene Website oder die eigene Facebook-Unternehmensseite sein. Die Weiterleitung an eine laufende Anwendung, die beispielsweise auf Ihrer Unternehmensseite online gestellt wurde, ist ebenfalls möglich.

Erlaubt und verboten – Facebook-Werberichtlinien

Selbstverständlich hat das Netzwerk für die Nutzung von Facebook Ads eigene Richtlinien definiert, an die sich alle Nutzer halten müssen. Viele der Regeln sind selbstverständlich und nachvollziehbar. Sex, Gewalt, Tabak und Ähnliches hat demnach natürlich nichts in der Community verloren. Es gibt zudem explizite Branchen und Bereiche, die strengen Regulierungen unterworfen sind. Wenn Sie also aus einem der folgenden Umfelder kommen, Glücksspiel & Lotterie, Medikamente und Nahrungsergänzungsmittel, Software sowie Abonnentendienst, informieren Sie sich bitte im Detail über die Richtlinien. Eine besondere Anleitung für Anzeigen, die Alkohol bewerben, hat Facebook zudem zusätzlich aufgeführt. Alle detaillierten Anforderungen hierfür finden Sie unter dem folgenden Link: *http://on.fb.me/FB_Alk*

Auch ist es generell nicht erlaubt, Attribute in der Werbeanzeige zu verwenden, die sich persönlich auf eine bestimmte Zielgruppe beziehen. Diese Eigenschaften sind folgende:

- Rasse oder ethnische Herkunft
- Religion oder Weltanschauung
- Alter
- sexuelle Orientierung oder Sexualleben
- Geschlechtsidentität
- Behinderung und Krankheit (einschließlich physische oder geistige Gesundheit)
- Finanzstatus und -informationen
- Mitgliedschaft in einer Gewerkschaft
- Vorstrafen

»Facebook behält sich in jedem Fall das Recht vor, nach eigenem Ermessen festzulegen, ob ein bestimmter Inhalt einen Verstoß gegen unsere Gemeinschaftsstandards darstellt«, so Facebook. Lesen Sie sich zur Sicherheit die aktuellen Regelungen durch, bevor Sie eine Anzeigenkampagne entwickeln und durchführen. Wie bereits erwähnt, sind aber die meisten Richtlinien selbsterklärend und Ihnen bereits unlängst bekannt. Alle Infos hierzu finden Sie unter:

https://www.facebook.com/ad_guidelines.php

Drei Schritte zum Schalten Ihrer eigenen Werbeform auf Facebook

Für das Einstellen einer Werbeform auf Facebook gibt es viele unterschiedliche Einstellungsmöglichkeiten. Nicht nur die jeweilige Form – Werbeanzeige oder gesponserte Meldung – ist hier entscheidend, sondern auch innerhalb dieser Klassifizierungen werden dem User variable Parameter zur Verfügung gestellt. In den folgenden Schritten werden nicht alle dieser unterschiedlichen Funktionen beschrieben. Vielmehr geht es im folgenden Abschnitt darum, Ihnen eine häufig genutzte Variante vorzustellen. Weitere Feinheiten und Einstellungsmöglichkeiten sollten Sie an Ihr jeweiliges Projekt anpassen. Soviel aber schon einmal vorweg: Die meisten Funktionen sind selbsterklärend und einfach in der Handhabung. So können Sie alle Möglichkeiten durchspielen und sich das Resultat in einer Voransicht anzeigen lassen. Alles ist änderbar, solange Sie nicht die Taste BESTELLUNG AUFGEBEN drücken.

1. Entscheiden Sie sich für eine Werbeform, und gestalten Sie sie (Abbildung 8.8)

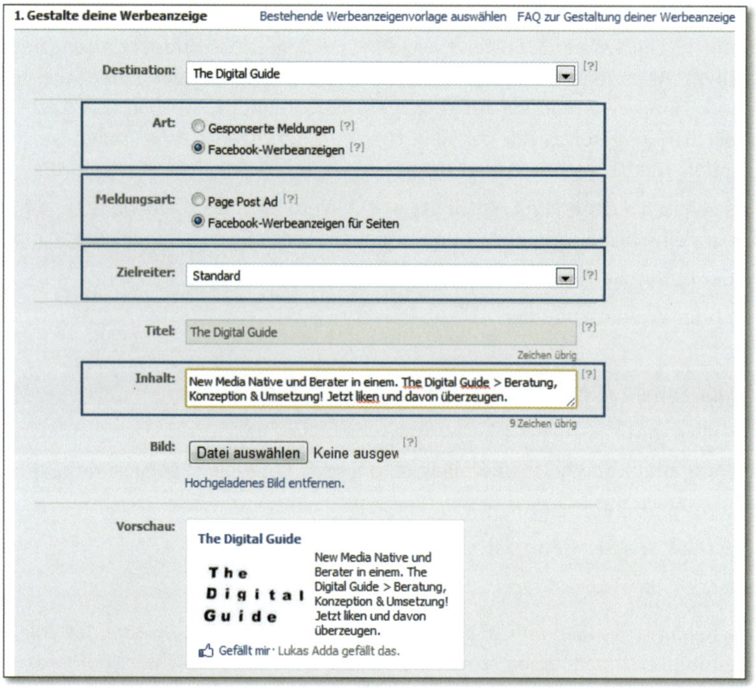

Abbildung 8.8 Erster Schritt zur eigenen Facebook-Anzeige

- DESTINATION: Wählen Sie aus, worüber Sie die Facebook-User informieren möchten. Als Destination stehen z. B. eine externe URL, die eigene Facebook-Seite oder ein eigener Ort zur Verfügung.

- ART: Möchten Sie eine gesponserte Meldung oder eine Werbeanzeige schalten? Je nachdem für was Sie sich entscheiden, werden Ihnen im weiteren Verlauf andere Funktionen zur Auswahl gestellt. Der bereits erwähnte PAGE POST AD ist beispielsweise nur wählbar, wenn Sie sich bei der Art der Werbung für FACEBOOK-WERBEANZEIGEN entscheiden.

  Falls Sie sich für eine Facebook Werbeanzeige entscheiden, können Sie angeben, auf welchen ZIELREITER innerhalb ihrer Unternehmensseite der User weitergeleitet werden soll.
- INHALT: Innerhalb einer Werbeanzeige bietet Ihnen das Netzwerk die Möglichkeit an, einen Werbetext zu integrieren. Dieser Text ist auf 135 Zeichen beschränkt, weshalb Sie sich Zeit nehmen sollten, eine griffige und wirksame Botschaft zu entwickeln. Neben dem Motiv entscheidet dieser Text darüber, wie erfolgreich die Anzeige angenommen wird.
- BILD: Entweder Sie verwenden das Profilbild Ihrer Seite als Motiv für die Anzeige (ist von Facebook voreingestellt), oder Sie verwenden ein separates Bild hierfür. Mit der Funktion DATEI AUSWÄHLEN können Sie dieses Motiv hochladen (Abbildung 8.9).

Abbildung 8.9 Beispiel für ein Facebook Page Post Ad – nur als Facebook-Werbeanzeige nutzbar

2. Definieren Sie Ihre Zielgruppen und den Radius Ihrer Anzeige (Abbildung 8.10)

   Sie haben Ihre Werbeform gewählt und gestaltet. Jetzt geht es darum, zu bestimmen, welchen Facebook-Usern diese überhaupt angezeigt werden soll. Das Bestimmen der Zielgruppe setzt voraus, dass Ihnen diese bekannt ist. Falls Sie hier noch Klärungsbedarf verspüren sollten, schauen Sie in Kapitel 5, »Ihre Ziele brauchen eine Strategie«, vorbei. Hier erhalten Sie weitere Informationen und Tipps zur Definition der eigenen Zielgruppe. Das Erstellen eines Rasters für die Facebook-Werbeform ist selbsterklärend. Sie müssen nur die jeweiligen Funktionen und Fragestellungen beantworten.

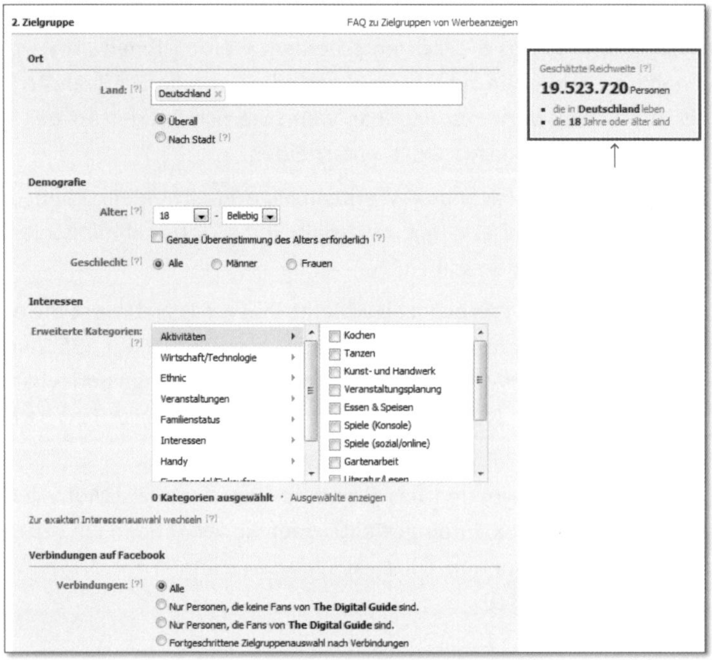

Abbildung 8.10 Definieren Sie Ihre Zielgruppe, und lassen Sie sich die potenzielle Reichweite anzeigen (blauer Kasten).

Generell geht es bei der Zielgruppenbestimmung darum, wie viele Menschen auf Facebook Ihre Botschaften erhalten und anklicken sollen. Wie groß diese Gruppe ist, wird Ihnen bei der Änderung der folgenden Parameter rechts als potenzielle Reichweite angezeigt.

- Ort: In welcher Region soll Ihre Werbung geschaltet werden? Nicht immer ist es nötig, in ganz Deutschland eine Anzeige zu schalten, da ein Berliner Restaurantbesitzer beispielsweise nicht zwingend in München werben muss. Das erhöht nur den Streuverlust und somit auch die Kosten.
- Demografie und Interessen: Grenzen Sie Ihre Zielgruppe noch mehr ein, indem Sie Angaben zu Alter und möglichen Interessen definieren.
- Verbindungen auf Facebook: Mit dieser Filterung bestimmen Sie, welchen Personen, mit denen Sie in Kontakt stehen oder auch nicht, die Werbebotschaft angezeigt werden soll.
- Erweiterte Demografien und Ausbildung & Arbeit: Diese weiteren Parameter grenzen die eigene Zielgruppe noch mehr ein.

3. Budget und Laufzeit (Abbildung 8.11)
Ähnlich wie bei Google werden auch auf Facebook Anzeigen und die Kosten für die Platzierung im Sinne von Angebot und Nachfrage gehandelt.

Abbildung 8.11 Legen Sie Ihr Budget für die geplante Anzeigenkampagne fest.

Facebook-Werbung muss nicht teuer sein!

Sie möchten gerne auf Facebook werben, aber irgendwie hat sich das Gerücht bei Ihnen eingenistet, dass Sie für Werbeanzeigen horrende Summen investieren müssen? Da kann ich Sie gleich beruhigen. Gerade für kleine und mittelständische Unternehmen kann die Verwendung von Facebook Ads wahre Wunder bewirken – die zudem nicht viel kosten. So ist es beispielsweise völlig in Ordnung, wenn Sie schon mit 5 bis 50 € pro Tag eigene Werbeanzeigen in Auftrag geben! Die Möglichkeiten der genauen Definition von Demografien und Interessen der User erlaubt es Ihnen, die Zielgruppe sehr genau und speziell anzusprechen. Diese kleinen Erfolge zeigen sich häufig schon bei Kampagnen, die Ihnen mehr Fans auf die Seite ziehen sollen. Selbstverständlich sind im weiteren Verlauf der Budgetskala nach oben keine Grenzen gesetzt.

Empfehlung: Eine Anzeige allein bringt keinen langfristigen Erfolg

Sie werden vermutlich schnell merken, dass Ihnen auch eine Anzeige mit einem verhältnismäßig kleinen Budget viele kleine Erfolge bescheren wird. Das sollte jedoch nicht das einzige Standbein sein, das Ihrer Seite neue Fans beschert. Langfristiger Erfolg kann nur garantiert werden, wenn Ihre Seite auch inhaltlich die User überzeugt. Ein gut ausgearbeiteter Redaktionsplan ist hier wichtiger als jedes noch so erfolgreiche Anzeigenmotiv oder jede gesponserte Meldung. Fans möchten überrascht, unterhalten, informiert werden. Die Anzeige ist nur ein zusätzliches Instrument, um neue Impulse für die Seite zu setzen. Sie sind jedoch kein Langzeitallheilmittel. Wenn Fans nicht das bekommen, was sie erwarten und sich erhoffen, sind sie häufig schneller weg als den Seiteninhabern lieb ist.

Generell unterscheidet das Netzwerk in zwei mögliche Abrechnungsoptionen, wie Ihre Werbeformen verrechnet werden:

- **Cost per click (CPC)**
  Bei dieser Art der Verrechnung werden Sie nach jedem Klick auf Ihre Werbeform zur Kasse gebeten. Je mehr Klicks und somit je erfolgreicher Ihre Anzeige oder Meldung ist, desto schneller wird Ihr festgesetztes Budget aufgebraucht.
- **Cost per thousand impressions (CPM)**
  Sie können aber auch diese Variante verwenden. Bei dieser Form der Medienschaltung wird Ihr Budget nicht von den Klicks auf die Anzeige beeinflusst, sondern wird mit der Anzahl der Einblendungen auf Facebook verrechnet. Alle 1.000 Einblendungen ist der festgesetzte oder von Ihnen definierte Preis fällig. Da diese Art, gegenüber CPC weniger wirkungsvoll ist, liegt das Gebot/der Preis niedriger. Diese Werbeform wurde nun um das Feature ACTION OPTIMIZED CPM erweitert, das sich zum Zeitpunkt der Buchentstehung noch in der Betaphase befunden hat und daher noch nicht im Detail aufgeführt werden kann.

Hintergrund: Action Optimized CPM

Wenn Sie eine Anzeige schalten, dann ist es ratsam, erst die Werbeform CPC zu wählen, da Sie im Falle keiner oder weniger Klicks auch nichts oder nur wenig Kosten tragen müssen. Erste wenn Sie merken, dass die Anzeige gut läuft und noch mehr herauszuholen ist, können Sie während der laufenden Phase auf die Werbeform CPM umsteigen. Hier greift die erweiterte Werbeform Action Optimized CPM (falls Sie es wünschen). Beim Aktivieren dieser Regelung wird das eingestellte Targeting vom Netzwerk selbst noch einmal gecheckt und gegebenenfalls optimiert. Bezahlt wird dann im CPM-Modus.

Wenn Sie also mehr auf die breite Masse gehen und generell Ihre Seite oder eine Kampagne promoten möchten, dann empfiehlt es sich, die CPM-Variante für eine Facebook-Schaltung zu verwenden. Falls es jedoch Ihr Ziel ist, einen direkten Userkontakt herzustellen und beispielsweise für mehr Mitglieder auf Ihrer Unternehmensseite zu sorgen, dann ist die CPC-Variante vielleicht eher zu empfehlen. Welche der beiden Schaltungen Sie verwenden, ist jedoch von Fall zu Fall sehr unterschiedlich und kann daher nicht pauschal entschieden werden.

Der erste Eindruck zählt – worauf Sie bei der Anzeigenbestellung achten sollten

Bevor es losgeht: Es bringt nichts, beispielsweise eine Facebook Ad für Ihre Facebook-Seite zu schalten, wenn auf dieser Seite inhaltlich (bezogen auf den Redaktionsplan) nichts passiert. Wenn neue User auf eine neue Seite kommen und veraltete Posts und Beiträge vorfinden, werden Sie diese vermutlich nicht als neue Fans aufnehmen können. Darüber hinaus gilt auch hier: Der erste Eindruck zählt. Daher vergewissern Sie sich vor der Bestellung, ob die visuelle Aufmachung Ihrer Seite auch korrekt ist. Werden alle Bilder gut angezeigt? Ist das Profilbanner aktuell? Ist die Miniaturansicht angepasst? Das sind alles Kleinigkeiten, die nur negativ auffallen, wenn sie eben nicht korrekt verwendet werden.

Wenn alles soweit stimmt, dann kann es losgehen:

1. Festlegung eines Tagesbudgets oder eines Betrags für eine gesamte Laufzeit, was ist Ihnen lieber? Facebook bietet Ihnen an, einen fixen Betrag anzugeben, auf den das Netzwerk während der Beauftragung zurückgreifen kann. Dieser Betrag kann für einen Tag festgelegt werden oder ein Gesamtbetrag für die gesamte Laufzeit Ihres Projekts sein. Im zweiten Fall geben Sie an, wie lange die gesamte Aktion laufen soll. Facebook stellt Ihnen hierzu einen Kalender zur Verfügung, in dem Sie den Start und das Ende der Laufzeit minutengenau festlegen können.
2. Legen Sie fest, welche Art der Verrechnung am besten zu Ihrer geplanten Kampagne passt, und aktivieren Sie die jeweilige Funktion.
3. Im folgenden Schritt schlägt Ihnen Facebook ein bestimmtes Gebot vor. Sie können den Wert aber auch selbst festlegen. Diese Möglichkeit sollten Sie jedoch erst in Betracht ziehen, wenn Sie bereits ein paar Anzeigen in Auftrag gegeben haben. Mit der Zeit bekommen Sie ein besseres Gefühl dafür, wie die vorangegangenen Anzeigen angenommen wurden und können so von den Erfahrungswerten profitieren.
4. Bevor Sie die Schaltfläche BESTELLUNG AUFGEBEN drücken, vergewissern Sie sich, ob der Anzeigentext hinsichtlich Grammatik und Rechtschreibung korrekt ist, ob die Zielgruppe richtig definiert ist, ob die Budgetinformationen übernommen wurden und ob die Laufzeit Ihrer Planung entspricht. Für diesen letzten Check verwenden Sie die Funktion WERBEANZEIGE ÜBERPRÜFEN (Abbildung 8.12). Auf der folgenden Ansicht werden Ihnen alle Ihre Einstellungen nochmals übersichtlich präsentiert.
5. Wenn alles zu Ihrer Zufriedenheit ausgefüllt ist, können Sie Facebook mittels der Taste BESTELLUNG AUFGEBEN den Auftrag freigeben. Das Netzwerk behält sich vor, Ihren Auftrag erst noch einmal intern zu checken. Eine Freigabe erfolgt (meist) sehr zeitnah.

Wie bereits erwähnt, haben Sie auch während der laufenden Kampagnenphase die Möglichkeit, regulierend in den Entwicklungsverlauf Ihrer Anzeige einzugreifen. Falls Sie also das Gefühl haben, dass die Schaltung nicht Ihren Zielen und Erwartungen entspricht, können Sie jederzeit den verwendeten Text optimieren, das Motiv gegen eine Neues auswechseln oder das festgelegte Zielgruppenraster verfeinern.

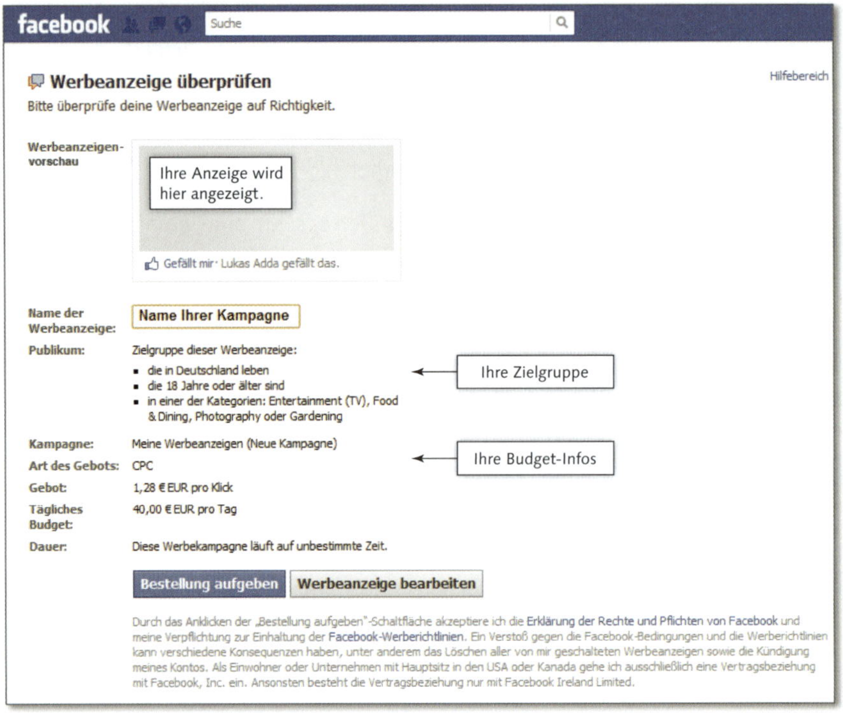

Abbildung 8.12 Werbeanzeige überprüfen – der letzte Check vor der Auftragsfreigabe

Gut zu wissen: Achtung vor zu spitzer Filterung

Eine Facebook-Anzeigenschaltung im »Gießkannenprinzip« anzugehen, verursacht einen großen Streuverlust und schlägt sich negativ in Ihrem Budget nieder. Auf der anderen Seite besteht jedoch bei einer zu spitzen Definition der Zielgruppe die Gefahr, dass der Erfolg ebenfalls ausbleibt. Denn Facebook zeigt Ihnen zwar an, wie viele User Ihre Anzeige rein theoretisch sehen können, jedoch handelt es sich um eine potenzielle Userschaft. Nicht alle User, die hier mit eingerechnet werden, sind zu der Zeit, in der Sie die Kampagne laufen lassen, auch im Netzwerk. Das Ziel ist es also, ein »gesundes« Mittelmaß zu finden. Mit etwas Übung und Erfahrung bekommen Sie hier aber wunderbar den Dreh raus.

8.2.2 Aufbau und Funktionen des Facebook Ad Managers

Über den Facebook Ad Manager können Sie neue Anzeigen einstellen, laufende Aktionen verwalten und sich die Nutzungszahlen anzeigen lassen. Innerhalb dieses Managers werden darüber hinaus auch Ihre bereits verwendeten Vorlagen für die wiederholte Nutzung gespeichert und Rechnungen von vergangenen Aktivitäten auf Wiedervorlage archiviert.

Der Zugang zu dem Werbemanager befindet sich auf Ihrer Facebook-Seite in der Fußzeile (Abbildung 8.13). Scrollen Sie daher bitte runter, und klicken Sie auf WERBUNG, oder geben Sie folgenden Link direkt in die URL-Leiste ein: *https://www.facebook.com/ads/manage/*

Abbildung 8.13 Werben Sie im Netzwerk – Zugang zum Tool Facebook Ads

Der Befehl führt Sie im weiteren Verlauf direkt zu dem Managementtool zur Verwaltung Ihrer künftigen Werbeanzeigen. Zur besseren Übersicht hat das Netzwerk den Manager in unterschiedliche Reiter strukturiert (Abbildung 8.14). Diese werden Ihnen helfen, sich schnell und einfach zurechtzufinden.

Abbildung 8.14 Facebook-Reiter innerhalb des Facebook Ad Managers schaffen eine bessere Übersicht über die Funktionen.

Weitere Details zu den einzelnen Reitern

KAMPAGNEN & WERBEANZEIGEN

Alle Aktivitäten, die Sie je über eine Werbeanzeige laufen gelassen haben, befinden sich hier. Eine Auflistung von Kampagnen verschafft Ihnen einen guten Überblick über die folgenden Punkte (Abbildung 8.15):

- Titel/Zweck der Anzeige
- Datum und Laufzeit der Aktivität
- Angaben zum maximalen Budgeteinsatz
- tatsächlich verwendetes Budget

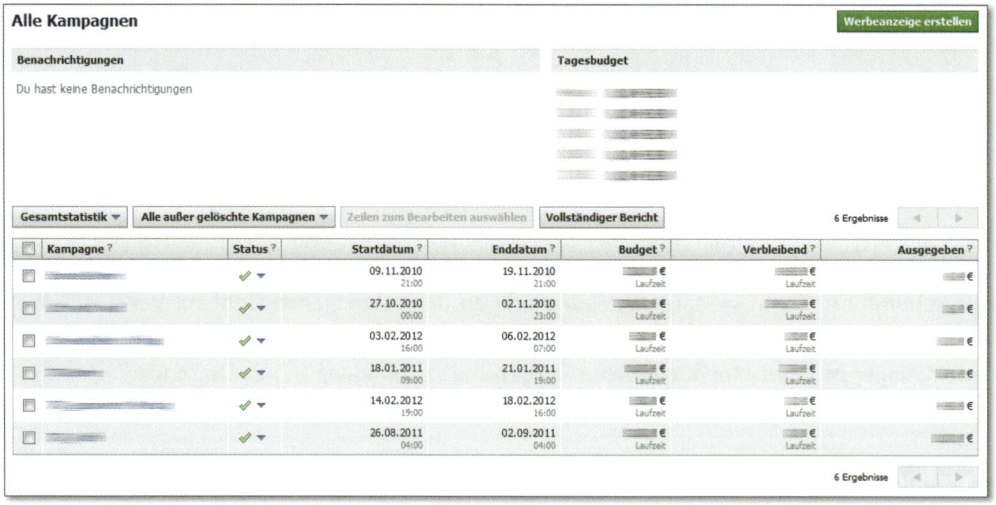

Abbildung 8.15 Übersicht über alle laufenden und vergangenen Werbeaktionen

Des Weiteren können bevorstehende oder bereits laufende Werbekampagnen hier bearbeitet werden. Durch das Klicken auf einen bestimmten Kampagnentitel gelangen Sie zu näheren Details zu dem jeweiligen Projekt. So wird Ihnen hier beispielsweise mittels eines Kuchendiagramms (Name des Messinstruments: PUBLIKUM) angezeigt, ob Ihre Maßnahme die gewünschte Zielgruppe erreicht und wie sich die RESONANZ hinsichtlich der Klicks und Verbindungen entwickelt.

Gut zu wissen: Resonanzchecks können Ihre Maßnahme optimieren

Die von Facebook angebotenen Analysetools PUBLIKUM und RESONANZ dokumentieren immer die letzten 28 Tage einer Kampagne. Sollte sich der Verlauf negativ entwickeln (die max. mögliche Zielgruppenerreichung sinkt, oder Klicks auf die Anzeige nehmen ab), dann versuchen Sie, den Werbetext zu optimieren, oder verwenden Sie ein neues Bildmotiv, das Ihre Zielgruppe besser anspricht.

SEITEN

Der Reiter SEITEN ist eine schöne Übersichtsseite über alle laufenden Facebook-Seiten. Wenn Sie Administrator von mehr als einer Facebook-Seite sind, können Sie hier schnell ablesen, welche Präsenz sich wie hinsichtlich der Anzahl der Fans (»GEFÄLLT MIR«-ANGABEN INSGESAMT) und der aktuellen Nutzerentwicklung (WÖCHENTLICH AKTIVE NUTZER) entwickelt. Ob der derzeitige Trend positiv oder negativ ist, wird Ihnen mit einem grünen Pfeil nach oben oder einem roten Pfeil nach unten angezeigt.

Berichte

Mit dem Tab Berichte können Sie sich Reportings für jede Werbeanzeige, Kampagne oder aber auch für das gesamte Konto anzeigen lassen, über das die Aktivitäten abgewickelt werden. Welche Aktion ist wann in welchem Zeitraum gelaufen, wie viele Klicks und Impressions hat sie erreicht und wie viel Budget wurde von welchem Konto dafür aufgewendet. Die Facebook-Zusammenfassung ist eine Kontrolle und Erfolgsmessung zugleich und ermöglicht es Ihnen (besser), Ihre Ressourcen zu planen. Die ausgewählten Berichte können Sie sich in HTML (direkt auf der Internetseite) anzeigen lassen oder die Daten mittels einer Excel-Datei exportieren.

Einstellungen

Die Funktion Einstellungen ist das Herzstück des Facebook Ad Managers hinsichtlich Ihres Werbekontos. Konten, Bankdaten, Rechnungsadresse, verwendete Währungen werden hier von Ihnen festgelegt. Darüber hinaus können Sie weiteren Personen die Genehmigung erteilen, auf dieses Konto zuzugreifen, und sie mit unterschiedlichen Rechten belegen. Das ist also eine Frage des Vertrauens gegenüber der Kollegin/dem Kollegen, ob Sie ihr/ihm diese Genehmigung aushändigen. Bestimmen Sie innerhalb dieses Reiters auch, welche E-Mail-Benachrichtigungen Sie hinsichtlich des Werbekontos (und dessen Veränderungen) wünschen. Es ist zu empfehlen, dass Sie im ersten Schritt bei allen Infoangeboten ein Häkchen setzen und im späteren Verlauf entscheiden, welche Informationen Sie tatsächlich für relevant halten.

Gut zu wissen: Weitere Nutzer zum Werbekonto hinzufügen

Wenn Sie ein Werbekonto angelegt haben, ist es Ihnen möglich, diesem Konto auch weitere Nutzer hinzuzufügen. Das hat den Vorteil, dass auch andere berechtigt sind, auf dieses Konto zuzugreifen. Sie können bestimmen, ob der User alle Funktionen im vollen Umfang verwenden kann oder nur Einsicht in die Berichte bekommt. Um einen neuen Nutzer zum Konto hinzuzufügen, verfahren Sie wie folgt:

Unter Einstellungen befindet sich der Bereich Genehmigungen und im weiteren Verlauf der Befehl Nutzer hinzufügen. Wenn Sie diese Funktion ausgeführt haben, erscheint ein Fenster, über das Sie bestimmen können, welcher Ihrer Kontakte den Zutritt bekommen und über welche Genehmigungen sie oder er verfügen soll. Sie können zwischen Allgemeiner Nutzer und Berichte auswählen (Abbildung 8.16).

Mit der ersten Funktion ist dem Nutzer die vollständige Verwendung erlaubt. Die zweite Option erlaubt lediglich das Lesen der Berichte. Auch wenn Sie Ihrem künftigen (vertrauenswürdigen) Mitverwalter die volle Genehmigung erteilen, hat er keinen Zugriff auf Ihr persönliches Konto.

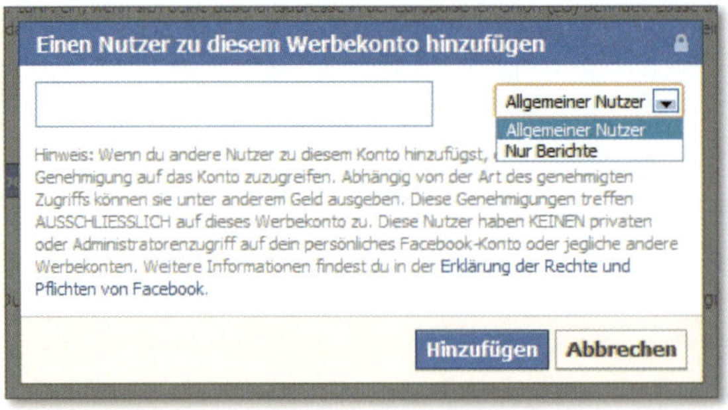

Abbildung 8.16 Weitere Nutzer zum Werbekonto hinzufügen

RECHNUNG
Unter dem Reiter können Sie sich alle Rechnungen zu vergangenen Maßnahmen anzeigen lassen. Die weitere Funktion FINANZQUELLEN (innerhalb dieses Tabs) ermöglicht Ihnen, bestehende Angaben zum verwendeten Kreditinstitut zu ändern oder neue verwendete Institute hinzuzufügen.

Gut zu wissen: Welche Arten der Bezahlung sind möglich?

Das Netzwerk bietet Ihnen unter RECHNUNGEN und FINANZQUELLEN eine Reihe von Zahlungsmöglichkeiten an (Abbildung 8.17). Die üblichen Verdächtigen, wie beispielsweise per Kreditkarte (Visa, MasterCard, American Express, Discover), müssen vermutlich nicht weiter erläutert werden. Darüber hinaus offeriert Ihnen Facebook die Bezahlung via JCB (für Zahlungen in bestimmten Währungen) und via PayPal.

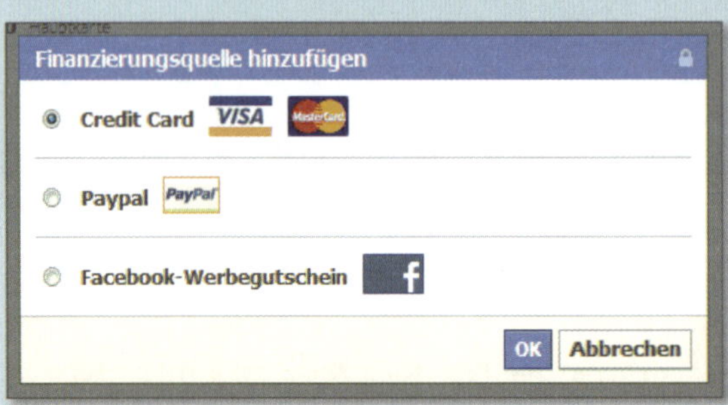

Abbildung 8.17 Finanzierungsquellen – wie möchten Sie bezahlen?

PayPal: Um dieses internetbasierte Bezahlsystem nutzen zu können, müssen Sie bei dem Unternehmen erst ein Konto eröffnen bzw. sich mit einem bestehenden Account anmelden. Im weiteren Verlauf wird dieses mit Ihrem Facebook-Werbekonto verlinkt.

Zum Zeitpunkt der Buchentstehung war es nicht möglich, die Finanzierungsquelle FACEBOOK-WERBEGUTSCHEIN zu wählen.

Vorlagen für Werbeanzeigen

Wenn Sie in der Vergangenheit bereits eine Werbeanzeige auf Facebook geschaltet haben und zu dem gleichen Thema wieder eine weitere Welle einstellen möchten, müssen Sie sich nicht die Mühe machen, eine neue Vorlage zu erstellen. Die Funktion Vorlagen für Werbeanzeigen speichert alle bereits getätigten Anzeigen (inklusive der gewählten Zielgruppenparameter, wie beispielsweise der demografischen Zielvorgaben). Einfach auf den Reiter klicken, die vergangene Kampagne auswählen, mit einem neuen Titel versehen (und eventuell der aktuellen Situation anpassen), neues Budget eingeben: fertig!

Learn More

Unter Learn More bietet Ihnen Facebook einen zusätzlichen Reiter an, über den Sie sich informieren können, welche weiteren Möglichkeiten der Fanansprache Sie haben. Der direkte Link zu dieser Seite lautet: *https://www.facebook.com/business/*

9 Integration weiterer Facebook-Features

Nicht nur Facebook-Seiten bieten Unternehmen eine Plattform, sich zu präsentieren. Weitere Features machen es möglich, mit der Zielgruppe in Kontakt zu treten. Setzen Sie ab sofort auf Facebook Social Plugins.

Wenn wir von Facebook-Marketing und Strategien sprechen, dann kreisen im Prinzip in den meisten Fällen unsere Gedanken um die erfolgreiche Nutzung der Facebook-Seite. Das beinhaltet die sachgemäße Instandsetzung einer Seite und im weiteren Verlauf die richtige Handhabung, sprich das Community-Management. Schließlich bewegen sich hier auch die meisten User, oder? Eben nicht. Die Bewohner des Netzwerks verbringen ihre meiste Zeit auf ihrem eigenen Newsfeed. Je nach Anzahl der eigenen Kontakte, der abonnierten Beiträge und »geliketen« Unternehmensseiten ist der Wettbewerb um die größte Aufmerksamkeit hart und muss immer wieder mit neuen Aktionen und Kampagnen neu ausgefochten werden. Zu den genannten Aktivitätsherden gesellen sich jedoch noch weitere Features, die zusätzlich um die Gunst der Mitglieder werben. Da gibt es beispielsweise die Instrumente wie Facebook Veranstaltungen und Facebook-Gruppen. Gerade Zweiteres ist jedoch aus kommerzieller Sicht nur schwer einsetzbar. Wie Sie dieses Tool trotzdem nutzen können, erfahren Sie in Abschnitt 9.3, »Nutzung von Facebook-Gruppen«. Der Wettbewerb um die größtmögliche Aufmerksamkeit beginnt häufig nicht erst in der Community. Wenn Sie eine eigene Website betreiben (wovon ich jetzt einfach mal ausgehe), dann gibt Ihnen Facebook unterschiedliche Instrumente an die Hand, damit Sie bereits »dort« User zur Facebook-Interaktion aufrufen können. Denn eben diese Interaktion auf Ihrer Seite sorgt für die gewünschte Aufmerksamkeit in der Timeline der User in Facebook.

9.1 Verwendung von Facebook Social Plugins auf Ihrer Website

Wie bereits eingangs in Kapitel 1, »Was bisher geschah ...«, grob angerissen, hat Facebook nach dem überwältigenden Erfolg und Siegeszug des Netzwerks damit begonnen, auch externen Websitebetreibern Verlinkungsmöglichkeiten anzubieten. Das Ziel war und ist es, die Unternehmen und User noch stärker mit der sozialen Plattform zu verzahnen und die Interaktion zu steigern. Dies erfolgt über »kleine« Anwendungen, Facebook Social Plugins genannt, die eben diese engere

Vernetzung gewährleisten sollen. Es gibt unterschiedliche Plugins, die allesamt einen anderen Funktionsschwerpunkt in sich tragen. Die Liste der von Facebook angebotenen Plugins umfasst mittlerweile weit über zehn unterschiedliche Anwendungen. Eine aktuelle Übersicht über alle Lösungen finden Sie im Facebook-Entwicklerbereich unter:

https://developers.facebook.com/docs/plugins/

Mehr ist nicht gleich besser!

Facebook bietet Ihnen viele Social Plugins an, die Sie auf der eigenen Website unentgeltlich integrieren können. Und ständig kommen neue dazu. Diese Freiheit sollte Sie aber nicht dazu verleiten, alle Funktionen auch tatsächlich in die Homepage einzubauen. Die Website birgt ein großes Potenzial für Ihr Facebook-Marketing: ja. Aber sie sollten auch in den Zeiten des Netzwerkbooms der Herr über Ihre eigene Unternehmensseite bleiben. »Kleistern« Sie Ihre Website nicht zu, denn Ihre Besucher sind da, um Ihre Seite und Produkte zu sehen und nicht um sich von einer Vielzahl an Facebook Social Plugins erschlagen zu lassen. Facebook soll Sie unterstützen und nicht überlagern.

9.1.1 Facebook-Marketing fängt bereits außerhalb der Community an

Nutzen Sie das Potenzial Ihrer eigenen Homepage maximal aus. Häufig wird in Sachen Facebook-Marketing »nur« über die Möglichkeiten im Netzwerk nachgedacht. Dabei bietet Ihnen Facebook eine Vielzahl von Lösungen an, die bereits »außerhalb« in ein erfolgreiches Marketing einzahlen. Welche Social Plugins nun für Ihre Website notwendig und sinnvoll sind, hängt selbstverständlich von der Art der Homepage und Ihren Absichten bzw. Zielen ab. Bevor dieser Punkt geklärt werden kann, sollten Sie sich einen Überblick über die unterschiedlichen Instrumente verschaffen. Ob Sie nun generell Ihre Websiteinhalte zum Gegenstand von Interaktionen machen, ob Sie mehr für Ihre Facebook-Seite werben oder Usern einen schnelleren und einfacheren Einstieg in den eigenen Community-Bereich ermöglichen möchten – für jede Maßnahme gibt es einen passenden Deckel.

Die folgende Aufteilung in Abbildung 9.1 soll Ihnen helfen, die richtigen Plugins für Ihre Website auszuwählen. Generell lässt sich der Strauß an Angeboten grob in vier Bereiche einteilen. Beachten Sie, dass es sich bei der Aufteilung um keine offizielle Segmentierung handelt. Sie soll Ihnen lediglich den Überblick über die einzelnen Funktionen erleichtern. Ausgehend davon, welche Art von Unternehmensseite Sie betreiben, sind auch unterschiedliche Plugins sinnvoll.

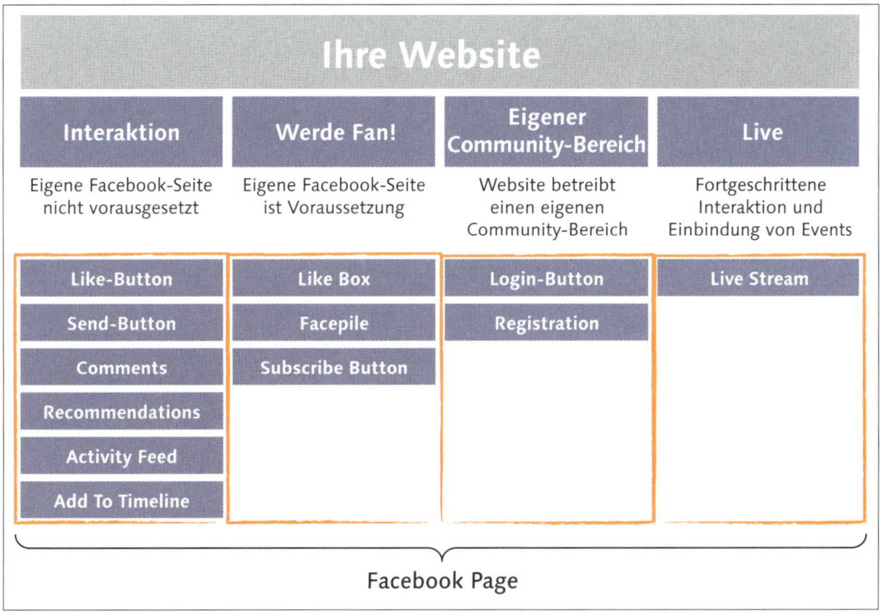

Abbildung 9.1 Facebook Social Plugins – Aufteilung

9.1.2 Plugins für mehr Interaktion

Unter die Interaktionsfunktionen fallen alle Facebook Social Plugins, die Ihnen helfen können, Inhalte von Ihrer Hompage oder Ihrer Kampagnenseite teilbar zu machen. Es geht also darum, Ihren Usern und Kunden die Möglichkeit zu bieten, Ihren Content an deren Freunde weiterzuleiten. Diese Weiterleitungen können auf die unterschiedlichsten Arten erfolgen. Die meisten der folgenden Social Plugins platzieren die Meldungen in der Timeline der Mitglieder, was die Streuung via Newsfeed zur Folge hat. Erfahren Sie hier mehr über die gängigsten Plugins:

- LIKE BUTTON
  Das wohl populärste und erfolgreichste Facebook Social Plugin ist der LIKE BUTTON. Wie bereits erwähnt, handelt es sich hierbei um den berühmten Daumen, mit dem nahezu alle Arten von Content (Text, Videos, Fotos etc.) auf externen Webseiten »bewertet« werden kann. Aber nicht nur unabhängige Homepages können mit diesem Daumen versehen werden. Wenn Sie eine Kampagne planen oder einfach nur einzelne Elemente wie Beiträge auf Ihrem eigenen Blog schnell und einfach streuen möchten – das ist Ihr Button.
- SEND BUTTON
  Der Like-Funktion sehr ähnlich, ist es Nutzern mit dem SEND BUTTON möglich, Beiträge von externen Webseiten an einzelne Kontakte in Facebook weiterzu-

empfehlen. Empfohlen wird also nicht pauschal dem gesamten Facebook-Freundesnetzwerk, sondern nur gezielt einzelnen Kontakten. Diese erhalten die Weiterempfehlung als Facebook-Nachricht zugestellt. Sehr sympathisch und unaufdringlich nutzt beispielsweise der Bastelshop DaWanda das Plugin (Abbildung 9.2). Jedes offerierte Produkt der Community ist unter anderem mit einem SEND BUTTON versehen. User können so, mit einer persönlichen Meldung, einzelne Produkte an die Freunde im Netzwerk weiterleiten.

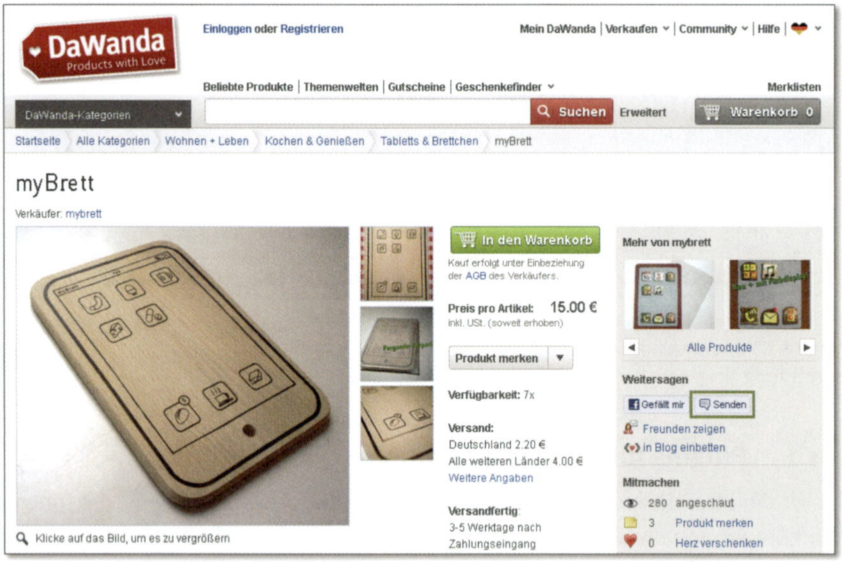

Abbildung 9.2 DaWanda setzt auf den Senden-Button.

- COMMENTS
  Die Kommentarbox ist eine weitere Funktion, die es Ihnen ermöglicht, mit Ihren Kunden direkt in Kontakt zu treten bzw. ihnen eine Stimme zu geben. Ist das Plugin integriert, können Besucher (die auch Mitglieder des Netzwerks sind) Kommentare und Meinungen hinterlassen, die zeitgleich auch auf der eigenen Timeline in Facebook angezeigt werden. Andere User können diese Beiträge zusätzlich kommentieren und liken (innerhalb der Plugin-Box).

- RECOMMENDATIONS
  Diese Empfehlungsfunktion kann auf der eigenen Website eingebettet werden mit dem Ziel, den Besuchern Beiträge vorzuschlagen. Ist der User parallel bei Facebook angemeldet, werden ihm Meldungen angezeigt, die bereits die Freunde auch empfohlen haben. Nicht eingeloggten Onlinern werden Empfehlungen aller Mitglieder angezeigt.

- Activity Feed
  Websitebetreiber, die sich dieses Feature auf der eigenen Homepage integrieren, können dem Besucher die Aktivität der Freunde oder der Nutzer anzeigen lassen. Ob ein Community-Mitglied nun einen Beitrag geteilt oder geliket hat, kann in einer Box angezeigt werden. Ob nun die Aktivitäten von Freunden oder »fremden« Usern hervorgehoben werden, hängt davon ab, ob der Besucher auch auf Facebook eingeloggt ist.
- Add To Timeline
  Der Button Add To Timeline (in der Facebook-Übersetzung: Zur Chronik hinzufügen) ist eine relativ neue Funktion (Abbildung 9.3). Dieses Plugin ist aber im Prinzip auch nichts weiter als ein Streuinstrument, das hilft, Produkte, Artikel und andere Beiträge, die mit dieser Schaltfläche versehen sind, nach dem Klick in der Timeline des jeweiligen Users anzuzeigen und via Newsfeed die Freunde darüber zu informieren.

Abbildung 9.3 Facebook Social Plugin – Zur Chronik hinzufügen

9.1.3 Plugins für mehr Fans

Facebook bietet jedoch nicht nur Social Plugins an, die »lediglich« auf mehr Interaktion abzielen. Häufig suchen Websitebetreiber nach Lösungen, wie sie die Besucher Ihrer Website über die eigene Facebook-Präsenz informieren können. Sofern Sie also über eine Homepage und im Netzwerk über eine Facebook-Seite verfügen, ist es fast schon ein Muss, eines der folgenden Plugins zu verwenden. Sie müssen sich immer bewusst sein, dass Facebook-Marketing nicht erst in der Community beginnt, sondern bereits außerhalb dieser Sphäre ihren Anfang findet. Wenn Sie vielleicht mehr darüber nachdenken sollten, wie Sie Ihre Website besser mit der Facebook-Seite verzahnen können, hält das Netzwerk die folgenden Instrumente für Sie bereit:

- Like Box
  Die Like Box ist im wahrsten Sinne des Wortes eine Box, die auf Ihrer Seite eingebettet wird. Anders als bei den vorangegangenen Plugins, die auf Streuung ausgerichtet waren, ist für dieses Tools eine eigene Facebook-Seite zwingend notwendig. Sie zeigt, wie viele Fans das Unternehmen bereits auf Facebook hat. Je nach Einstellung können darüber hinaus die aktuellsten/neuesten Beiträge auf der Fanpage eingeblendet werden. Mit der Einstellungsoption Show Faces

beispielsweise können in der Box die Gesichter der Facebook-Kontakte angezeigt werden, die bereits Fan der Seite sind. Der Vorteil hierbei: Je mehr Freunde eines Users als bereits vorhandene Fans angezeigt werden, desto höher ist der Anreiz, ebenfalls die »Gefällt mir«-Schaltfläche zu drücken. Der Nachteil kann aber auch sein, dass der Besucher auf den ersten Blick sieht, wie »attraktiv« die Page ist. Boxen mit wenigen Fans und alten Beiträgen sind demnach keine guten Argumente, um den Daumen für diese Seite zu heben.

- FACEPILE
  Die Funktion FACEPILE ist der »Like Box« sehr ähnlich. Auch hierbei handelt es sich um eine Box, die in die eigene Website eingebettet ist. Das Plugin zeigt den Besuchern die Profilbilder an, die bereits auf dieser angemeldet sind. Die eigenen Freunde werden nur angezeigt, wenn der Nutzer selbst auch auf Facebook eingeloggt ist.

Gut zu wissen: Wann ist der Subscribe-Button sinnvoll?

Der SUBCRIBE BUTTON dient auch dazu, mehr User zu erreichen. Jedoch handelt es sich hierbei nicht um Fans, sondern um Abonnenten. Dieses Plugin ist für diejenigen interessant, die keine Facebook-Seite betreiben und ihr eigenes Facebook-Profil für die öffentliche Kommunikation und Ansprache verwenden. Das eigene Profil ist das Sprachrohr der Firma. Sinnvoll ist diese Funktion für selbstständige oder freiberufliche Dienstleister (z. B. selbstständige Berater). Der eingebettete Button auf der Website zeigt den Besuchern lediglich, wie viele Abonnenten der User hat (in diesem Fall der selbstständige Berater). Auf der Seite kann so eine Einbettung dann aussehen wie in Abbildung 9.4 und suggeriert die Relevanz der jeweiligen Person. Denn je mehr User ein Abonnent hat, desto interessanter wirkt er auch auf seine Außenwelt.

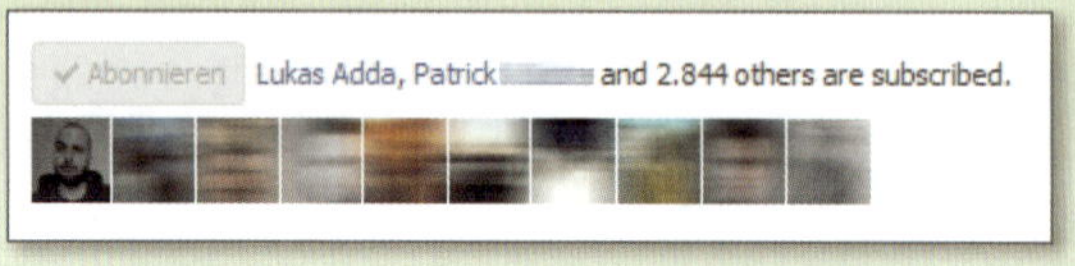

Abbildung 9.4 Mit dem Subscribe-Button neue Abonnenten erreichen.

9.1.4 Plugins für einen eigenen Community-Bereich

Auch im Zeitalter der Massen-Community Facebook bedeutet es nicht, dass eigene Unternehmens-Communitys dem Tod geweiht sind. Gerade Betreiber von Plattformen, auf denen Waren und Dienstleistungen verkauft werden oder aber auch Forenbetreiber haben häufig eine eigene Community angeschlossen. Wenn Sie bereits eine eigene Gemeinde führen oder im Begriff sind, eine aufzubauen (abseits einer Facebook-Seite), so bietet Facebook auch hierfür unterstützende Lösungen an, die effektive Synergien schaffen.

- LOGIN BUTTON
  User sind auf unzähligen Plattformen registriert und angemeldet. Um der unzähligen Profile und Passwörter Herr zu werden, können Websitebetreiber, die einen eigenen Community-Bereich anbieten, auf dieses Plugin zurückgreifen. Mit dem LOGIN BUTTON ermöglichen Sie es Ihren Usern, sich mit dem Facebook-Account anzumelden (und sich somit kein weiteres Passwort merken zu müssen). Wie so etwas aussehen kann, sehen Sie am Beispiel von bigFM. Der Radiosender ermöglicht seinen Besuchern und Hörern einen schnelleren und einfachen Einstieg in den eigenen Community-Bereich mit der Hinterlegung eines Login-Buttons (Abbildung 9.5).

Abbildung 9.5 BigFM nutzt das Facebook-Login.

- REGISTRATION
  Wenn Sie einen eigenen Community-Bereich auf Ihrer Website betreiben oder vielmehr im Begriff sind, einen aufzubauen, können Sie die gesamte Registrierung von neuen Mitgliedern auch über den Facebook Social Plugin REGISTRATION abwickeln. Seien Sie sich aber dessen bewusst, dass das Netzwerk solche Plugins nicht aus reiner Nächstenliebe kostenfrei zu Verfügung stellt. Der Vorteil gegenüber einem eigenen Registrierungsmanagement liegt darin, dass Ihnen, und nur Ihnen, die erhobenen Daten gehören. Bei der Plugin-Lösung von Facebook ist dies nicht der Fall. Die Daten gehören dem Netzwerk, was die Gefahr der Abhängigkeit mit sich bringt.

Weniger ist manchmal mehr

Das Sie nicht alle verfügbaren Plugins auf die eigene Homepage heften, haben wir schon gehabt. Jede Funktion kann in den Einstellungen anders auf der Seite angezeigt werden. Von plakativ groß bis hin zu subtil klein – ein Plugin kann in unterschiedlichen Ausprägungen angezeigt werden. Wenn Sie also denken, dass eine dezentere Integration ansprechender für Ihre Besucher ist, dann vertrauen Sie auf Ihr Gefühl. Die Brauerei Paulaner bleibt sich beispielsweise ihrer traditionellen Linie treu, ohne auf die modernen Kommunikationslösungen zu verzichten (Abbildung 9.6).

Abbildung 9.6 Dezente Integration von Facebook Social Plugins auf der Paulaner-Brauseite

9.1.5 Plugins für Live-Berichterstattung

Der letzte und vierte Bereich ist für Sie interessant, wenn Sie beispielsweise ein Konzertveranstalter sind oder berufsbedingt häufig Events organisieren, durchführen oder in Auftrag geben (z. B. Pressekonferenzen, Partys, Messeauftritte etc.). Facebook bietet hier ein Instrument an, dass es Ihnen ermöglicht, User »live« an Veranstaltungen teilnehmen zu lassen. Das Plugin ist auf der Website integriert, und User, die in Facebook eingeloggt sind, können das Event »von außen« in Echtzeit kommentieren:

- Live Stream
  Sie planen ein Konzert oder eine andere Art von Live-Event, dann kann dieses Plugin dienlich sein. Die Statusmeldungen der Besucher einer Veranstaltung werden in diesem Livestream auf der eigenen Website sichtbar gemacht. Zwei Reiter ermöglichen es dem Nutzer zudem, sich nur die Meinungen der eigenen Freunde anzeigen zu lassen oder die aller eingehenden Aktualisierungen. Die Band »Foo Fighters« setzt schon längst auf den Einsatz von Facebook Live

Stream. Live-Konzerte, die auch über das Internet ausgestrahlt werden, können von Usern kommentiert werden (Abbildung 9.7).

Abbildung 9.7 Facebook Live Stream integriert auf der Konzertseite der Foo Fighters

Richtlinien zur Nutzung von Facebook Social Plugins?

Das Netzwerk hat für die Verwendung von Social Plugins, insbesondere für die Nutzung von beispielsweise der »Gefällt mir«-Schaltfläche, für externe Webseiten Richtlinien definiert. Detaillierte Informationen zu diesen Regelungen und mehr Nutzungsrichtlinien weiterer Markenwerte von Facebook erhalten Sie in Abschnitt 11.5, »Don't play with the logo – Nutzung von Facebook-Markenwerten«.

9.1.6 So erstellen Sie sich Ihre Facebook Social Plugins selbst

Auch wenn jedes Social Plugin individuell angepasst werden kann, ist das Prozedere hinsichtlich der Erstellung häufig gleich oder zumindest ähnlich. Jede Plugin-Erstellung hat ein und denselben Ausgangspunkt. Hierzu hat das Netzwerk einen extra Bereich eingerichtet, der es jedem User und Entwickler ermöglicht, seine eigenen Funktionen zu erstellen. Für die Erstellung eigener, »einfacher« Social Plugins ist kein zusätzlicher Account notwendig. Erst wenn es darum geht, beispielsweise eigene Applikationen für die Facebook-Seite zu entwickeln, ist ein zusätzlicher Developer-Account nötig. Für die oben aufgeführten Plugins ist dieser jedoch nicht nötig. Sie müssen noch nicht einmal ein Facebook-User oder im Netzwerk eingeloggt sein. Gehen Sie auf die Plattform FACEBOOK DEVELOPERS (*https://developers.facebook.com/*), und klicken Sie auf GET STARTED (Abbildung 9.8).

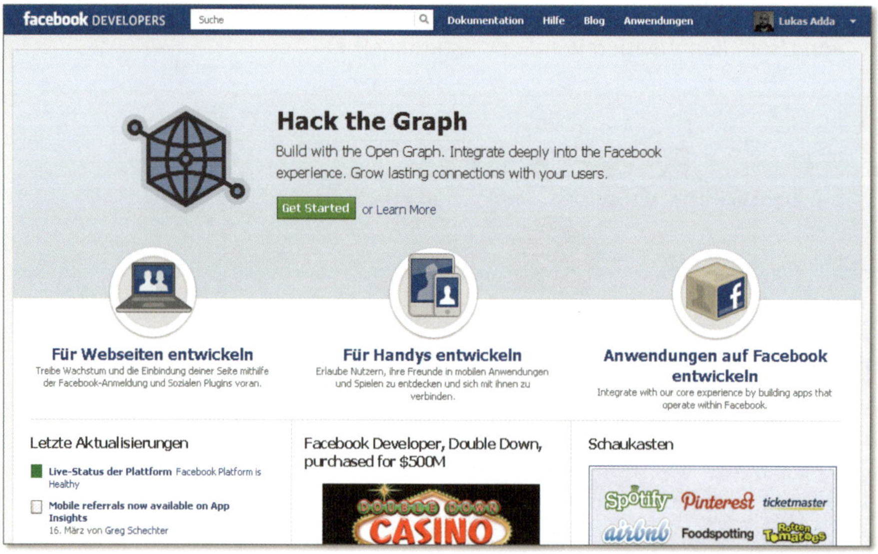

Abbildung 9.8 Auf der Plattform »Facebook Developers« Social Plugins erstellen

Auf der folgenden Seite werden Sie unterschiedliche Entwicklungsfelder finden. Für Sie ist in diesem Moment der Bereich SOCIAL PLUGINS relevant. Die Einstellungsmöglichkeiten sind vielfältig und je nachdem, welches Plugin sie wünschen, sind die Anforderungen unterschiedlich. Das Prozedere zur Erstellung ist jedoch meist ähnlich. Im folgenden Beispiel finden Sie einen Leitfaden zum Bau eines eigenen Like-Buttons (Abbildung 9.9).

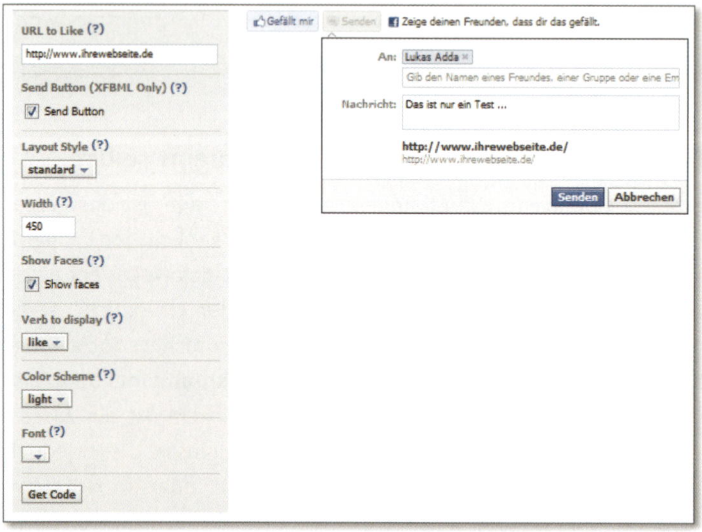

Abbildung 9.9 Social Plugin »Like Button« selbst erstellen

1. Erstellen Sie sich einen Code: Geben Sie die Internetseite (URL) der Webseite an, die den Facebook Like Button tragen soll.

Häkchen bei »Send Button« setzen?

Wenn Sie sich einen LIKE BUTTON erstellen möchten, dann fragt Sie Facebook in diesem Zusammenhang auch an, ob auch ein SEND BUTTON erstellt werden soll. Wie bereits erwähnt, können User mit Hilfe dieser Funktion einzelne Freunde über den jeweiligen Inhalt individuell per Facebook-Nachricht informieren. Entscheiden Sie, ob Sie diese Funktion auf Ihrer Website integriert haben möchten, und aktivieren Sie dementsprechend das zusätzliche Plugin mit Setzen des Häkchens.

2. Im weiteren Verlauf können Sie Angaben darüber treffen, ob die Profilbilder der vorhandenen Fans mit angezeigt werden sollen, in welchem Layout, Schrifttyp und Größenformat die Integration erfolgen soll und weitere Einstellungsmöglichkeiten.

Was ist mit »Verb to display« gemeint?

Das Netzwerk bietet Ihnen das Like in zwei Varianten an: als Schaltfläche mit der Aufschrift GEFÄLLT MIR oder mit der Aufschrift EMPFEHLEN, für letztere Variante wählen Sie den Befehl RECOMMEND. Beide Begriffe sind identisch in der Funktion. Es ist also lediglich eine Frage des persönlichen Geschmacks, ob nun GEFÄLLT MIR oder EMPFEHLEN unter dem jeweiligen Content steht.

3. Wenn Sie alle Parameter eingegeben haben, drücken Sie auf GET CODE. Das Netzwerk blendet Ihnen anschließend den gewünschten Code (HTML5, XFBML oder IFRAME) ein, den Sie für die Einbettung auf Ihrer eigenen Website benötigen.
4. Bevor Sie den Code jedoch integrieren, können und sollten Sie die Funktion auch austesten. Im Beispiel in Abbildung 9.9 wird direkt auf der Facebook-Entwicklerseite ausgetestet, ob der Senden-Button auch die gewünschte Funktion ausführt.
5. Integrieren Sie den Code anschließend auf der Website. Fertig! (Falls Sie sich mit der IT Ihrer Seite nicht auskennen sollten, bitten Sie Ihren Administrator um Unterstützung. Es sollte ein Leichtes für ihn sein, diesen Code binnen weniger Minuten auf der Seite zu integrieren.)

9.2 Nutzung von Facebook Veranstaltungen

Im Jahr 2010 hat dieses Facebook-Feature einen zweifelhaften Ruhm erlangt. Fast täglich wurde in Nachrichten, auf Blogs, auf Twitter und im Netzwerk selbst von Partys berichtet, die erst durch die Funktion Facebook Veranstaltungen zu einem unvergesslichen Event für den Gastgeber wurden. Auch wenn es den Anschein hatte, dass sich solche Vorkommnisse häufen, bleiben sie eher Einzelfälle. Facebook Veranstaltungen ist eine Funktion, die es Ihnen erlaubt, Ihre Fans und Kunden über eine bevorstehende Veranstaltung zu informieren. Das Feature ist von Facebook hauptsächlich für die private Nutzung bestimmt. Die professionelle Nutzung ist zwar auch möglich, wenn auch dieser Schritt nicht immer sinnvoll ist und die Verwendungsmöglichkeiten sehr begrenzt sind.

9.2.1 Private Nutzung

Wie schon angedeutet, hat das Netzwerk die Funktion Facebook Veranstaltungen primär für die privaten Nutzer online gestellt. Das Event-Organisationsinstrument macht jedes Mitglied zu einem Veranstaltungsplaner. Die Funktion ermöglicht es Ihnen, für jede beliebige Festlichkeit und für jedes Event eine eigene Veranstaltung zu erstellen, die alle nötigen Details für die Besucher parat hält und die Sie individuell an andere Facebook-Nutzer verschicken können.

Die Erstellung ist spielend einfach:

- Klicken Sie unter VERANSTALTUNGEN auf VERANSTALTUNGEN ERSTELLEN (Abbildung 9.10).

Abbildung 9.10 Veranstaltung erstellen

Im weiteren Verlauf wird Ihnen eine Eingabemaske angezeigt (Abbildung 9.11), die es Ihnen erlaubt, alle nötigen Informationen (Art und Name des Events, Adresse, Datum/Uhrzeit) und Details (Beschreibung der Feierlichkeit) zur Veranstaltung einzutragen. Auf dieser Seite können Sie das bevorstehende Ereignis auch mit einem Bild versehen.

Wenn Sie die Zusatzinformationen eingetragen haben, geht es im weiteren Schritt darum, Ihre Gäste auszuwählen. In diesem Abschnitt wurde in der Vergangenheit häufig ein Fehler begangen, der zum Teil teure und weitreichende Folgen nach sich gezogen hat. Der Fehler liegt darin, dass ein Häkchen darüber entscheidet, ob Sie nur Ihre gewünschten Kontakte einladen oder in Wahrheit »Gott und der Welt« Tür und Tor öffnen (Abbildung 9.12).

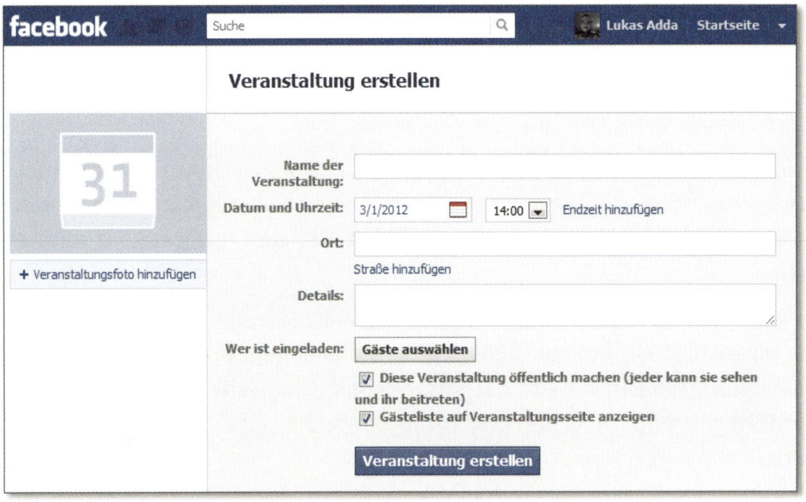

Abbildung 9.11 Facebook Veranstaltungen

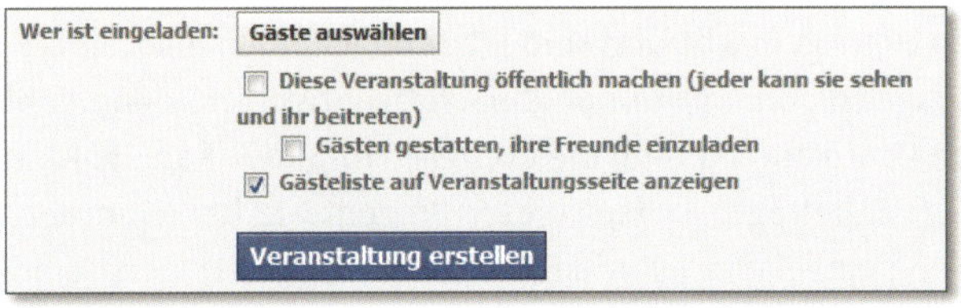

Abbildung 9.12 Öffnen Sie nicht jedem fremden User Tür und Tor.

Gut zu wissen: Ein Häkchen mit großer Wirkung

Es wird immer wieder von Fällen berichtet, in denen »ahnungslose« User mit Festen und Partys konfrontiert werden, die sie so nicht geplant hatten. Wenn plötzlich aus einer Feier mit 20 Freunden ein Mega-Event mit 100, 500 und mehr fremden Personen wird, kann das an einem kleinen unbedeutend wirkenden Häkchen liegen. Diese Funktion schützt Sie und Ihr Fest vor der breiten Veröffentlichung in Facebook und macht unerwünschte Gäste zu unwissenden Usern.

- Beim Klick auf GÄSTE AUSWÄHLEN bietet Ihnen Facebook zwei unterschiedliche Optionen an:
  - Per Auswahl: Aus bereits bestehenden Kontakten auf Facebook auswählen. Einfach die gewünschten Personen mit einem Häkchen markieren.
  - Per E-Mail: Eine zusätzliche E-Mail-Funktion ermöglicht es Ihnen, auch Personen zu der Veranstaltung einzuladen, die nicht im Facebook aktiv sind. Beim Versenden der Einladung erhält der User einen Einblick in die Veran-

staltungsbeschreibung. Zustimmen, absagen und kommentieren kann dieser aber erst, wenn sie oder er sich auf dem Netzwerk registriert.

- Setzen Sie **kein** Häkchen bei der Funktion DIESE VERANSTALTUNG ÖFFENTLICH MACHEN (JEDER KANN SIE SEHEN UND IHR BEITRETEN).
- Auch die folgende Häkchen-Funktion GÄSTEN GESTATTEN, IHRE FREUNDE EINZULADEN ist mit Vorsicht zu genießen. Wenn Sie viele Gäste einladen und zusätzlich diese Erlaubnis erteilen, kann das Büfett schneller leer geräumt sein, als Ihnen lieb ist.
- Um Ihren Gästen einen besser Überblick zugeben, wer ebenfalls zur Veranstaltung eingeladen ist, können Sie die gesamte Einladungsliste anzeigen lassen. Diese Lister erscheint nur auf der tatsächlichen Eventseite und wird nicht via Newsfeed gestreut. Um diese Funktion zu aktivieren, setzen Sie ein Häkchen auf GÄSTELISTE AUF VERANSTALTUNGSSEITE ANZEIGEN.

Die Zuverlässigkeit von Zusagen

Wie häufig haben Sie bereits bei einer Veranstaltung auf Facebook TEILNEHMEN geklickt oder die Angabe VIELLEICHT gemacht und sind letztendlich doch nicht hingegangen? Wenn Sie diese Frage mit »häufig« oder ähnlich beantworten, dann geht es Ihnen wie vielen anderen Usern auch. Wenn die normale No-Show-Rate, je nach Veranstaltung, ca. 30 bis 50 % beträgt, so liegt dieser Prozentsatz bei Events, zu denen die Gäste via Facebook eingeladen werden, meist weit darüber! Gerade bei öffentlichen Veranstaltungen wie Kunstausstellungen oder Auftritten zeigt die Erfahrung, dass die Zusagen von Usern nicht als echte Bestätigung zu werten sind. Häufig wird die Zusage-Schaltfläche getätigt, um sich eine persönliche Option freizuhalten – entschieden wird meist kurz vor dem Veranstaltungstermin. Ob die bestätigten Mitglieder tatsächlich auch kommen, sehen Sie erst vor Ort.

Gut zu wissen: Name einer eingestellten Veranstaltung ändern

Den Namen einer bereits eingestellten Veranstaltung können Sie nur ändern, wenn Sie weniger als 100 Personen eingeladen haben. Daher sollten Sie bei der Wahl des Namens kurz in sich gehen und überlegen, ob der gewählte Titel tatsächlich der richtige ist.

9.2.2 Geschäftliche Nutzung

Wie schon erwähnt, ist die Verwendung der Veranstaltungsanwendung für den kommerziellen Gebrauch nicht immer sinnvoll. Die größten Profiteure dieser Funktion sind die, die tatsächlich auf Events angewiesen sind und deren Interesse es ist, dass sich die Informationen darüber möglichst breit innerhalb der Community streuen. Darunter fallen beispielsweise Bands.

Die im Abschnitt zur privaten Nutzung genannten Schritte zur Erstellung einer Veranstaltung ähneln dem Prozess für die geschäftliche Verwendung. Bevor Sie jedoch ein Event einstellen können, müssen Sie die Facebook-Anwendung für die Seite aktivieren, damit diese als Tab für Ihre Fans sichtbar wird (Abbildung 9.13).

Abbildung 9.13 Fügen Sie die Anwendung »Veranstaltungen« zu Ihren Facebook-Tabs hinzu.

So gehen Sie im Detail vor:

- Öffnen Sie auf Ihrer Facebook-Seite das Einstellungsfenster, und klicken Sie auf den Reiter ANWENDUNGEN. In der darauffolgenden Auflistung befindet sich auch die gewünschte Facebook-Applikation (Abbildung 9.13).
- Klicken Sie als Nächstes auf den Befehl EINSTELLUNGEN BEARBEITEN.
- Ein weiteres Funktionsfenster erscheint (Abbildung 9.14), welches Sie zur Verfügbarkeit des Reiters (Tabs) befragt. Klicken Sie auf HINZUFÜGEN, um Ihren Fans künftig alle Veranstaltungen als Tab anzeigen zu lassen.

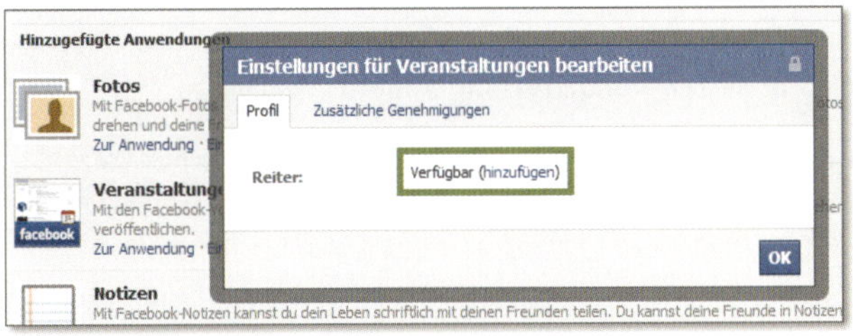

Abbildung 9.14 Veranstaltungs-App als Tab hinzufügen

- Unter ZUSÄTZLICHE GENEHMIGUNGEN finden Sie eine weitere Option, die Sie abfragt, ob Inhalte auf der Pinnwand angezeigt werden sollen. Prüfen Sie für Ihr Vorhaben, ob Sie Facebook diese Erlaubnis erteilen möchten, und setzen Sie gegebenenfalls ein Häkchen.
- Nach diesem Schritt kehren Sie zurück zur Übersicht (siehe Abbildung 9.13) und klicken auf ZUR ANWENDUNG. Hier können Sie, ähnlich der privaten Nutzung, alle relevanten Daten zur Veranstaltung eintragen (Abbildung 9.15).

Abbildung 9.15 Veranstaltung erstellen innerhalb Ihrer Facebook-Seite

- Das Einladen der Gäste erfolgt nach dem gleichen Prinzip wie bei privaten Veranstaltungen. Die Funktion DIESE VERANSTALTUNG ÖFFENTLICH MACHEN fehlt jedoch, da die Eventinfos auf Ihrer Facebook-Seite angezeigt werden, die per se allgemein zugänglich ist (sofern keine spezifischen Einstellungen vorliegen).
- Um den Usern die Möglichkeit zu geben über die Veranstaltung im Vorfeld zu diskutieren, können Sie die Pinnwand für dieses Ereignis zusätzlich freischalten. Im Zuge des kontinuierlichen Monitorings bedeutet das jedoch, dass Sie nicht nur die Kommentare auf der Seiten-Pinnwand, sondern auch die Beiträge auf der Event-Applikation im Blick behalten und gegebenenfalls kommentieren müssen.

Gut zu wissen: Namen einer Seiten-Veranstaltung ändern

Der Titel einer bereits publizierten Veranstaltung kann nur bis zu einer Anzahl von maximal 1.000 eingeladenen Personen geändert werden.

9.3 Nutzung von Facebook-Gruppen

Seit 2009 steigt die Anzahl der neu erstellten Facebook-Seiten rapide an. Viele Unternehmen, Organisationen, Medienanstalten, Institutionen, Bands, öffentliche Personen und andere Individuen drängen ins Netzwerk, um sich eine Facebook-Seite zu erstellen oder erstellen zu lassen (die unzähligen »Fun-Fanseiten« noch nicht einmal mit aufgelistet).

Diese gigantische Flut an neuen Seiten hat Facebook auf den Plan gerufen, Userkollektiven, die sich gerne zu einem Thema austauschen, aber keine andere Möglichkeit sehen, als eine Facebook-Seite zu erstellen, eine neue Art des Zusammentreffens im Netzwerk zu bieten. Die Funktion Facebook Gruppen, die bereits seit Jahren angeboten wird, wurde zu diesem Zweck im Oktober 2010 komplett überarbeitet. Diese Funktion ist nicht Fisch, nicht Fleisch und macht es daher nicht ganz einfach, ihren tatsächlichen Mehrwert zu ermitteln. Gegenüber den Facebook-Seiten verfügen Facebook-Gruppen nicht über einige zwingend relevante Funktionen und sind daher für die kommerzielle Nutzung nicht geeignet. Darunter fallen beispielsweise die essenziellen Facebook-Features der Integration und Verwendung von Facebook-Applikationen und der Bereitstellung von Facebook Insights (ohne diese beiden Kernelemente ist das Community-Management, wie wir es heute kennen, nicht möglich).

9.3.1 Wieso also Facebook-Gruppen?

Wie Sie also jetzt wissen, ist die Funktion Facebook-Gruppen für nahezu alle Arten der kommerziellen Nutzung nicht zu empfehlen. Es gibt jedoch ein paar Vorteile, mit der eine Seite nicht mithalten kann. Facebook-Gruppen sind ein »Ort«, an dem sich User mit den gleichen Interessen treffen und austauschen können. Im Gegensatz zu einer Seite kann diese Interessengruppe als ein geschlossenes Kollektiv existieren. Ein zusätzlich angebotener Gruppenchat macht es möglich, mit den Gruppenmitgliedern in Verbindung zu treten (auch in einem nichtöffentlichen Raum). Diese zwei Vorteile bietet Ihnen und Ihrer Firma oder Organisation die Chance, eine neue Art der internen Kommunikation aufzusetzen.

Optimieren Sie Ihre Facebook-Seite mit einer Facebook-Gruppe

So ist es beispielsweise möglich, eine Art Arbeitsgruppe auf Facebook einzurichten, die Hand in Hand mit dem Redaktionsteam Ihrer Facebook-Seite zusammenarbeitet. Wie in Kapitel 7, »Laufende Betreuung von Facebook-Seiten«, erwähnt, ist ein gutes Community-Management der eigenen Facebook-Seite der Schlüssel zu einem dauerhaften Erfolg.

Die Redaktion lebt davon, den Usern laufend interessante Informationen und Neuigkeiten zu präsentieren, die sie animieren sollen, auf der Facebook-Seite zu interagieren und im besten Fall auch Ihre Produkte und Dienstleistungen zu kaufen/zu nutzen. Diese Inhalte zu recherchieren und aufzubereiten kostet viel Zeit und Ressourcen. Gründen Sie eine geschlossene Facebook-Gruppe, die dem Team künftig hilft, weitere Themen zu generieren.

Möglicher Ablauf:

1. Allen Mitarbeitern (auf freiwilliger Basis) steht es frei, sich der geheimen Gruppe anzuschließen.
2. Die Kollegen können hier alle Inhalte und Neuigkeiten posten, die sie für die anderen Mitarbeiter als relevant erachten. Eigene Social Media Guidelines haben im Vorfeld klar definiert, was in diesem Zusammenhang von den Usern veröffentlicht werden darf und was nicht.
3. Das Redaktionsteam ist in dieser Gruppe ebenfalls aktiv und diskutiert interessante Themen aus. Jeder darf mitreden, kann aber auch einfach nur stiller Begleiter sein. Die am meisten diskutierten Vorschläge, die auch inhaltlich zur Facebook-Seite passen, werden von der Redaktion für ein Posting aufbereitet.

Gut zu wissen: Was sind Social Media Guidelines?

Social Media Guidelines definieren die Verwendung Ihres Firmennamens durch Ihre Kollegen, wenn diese auf Social-Media-Plattformen (wie Facebook, YouTube, Twitter usw.) unterwegs sind. Das Dokument legt fest, ob und über welche Inhalte (die das Unternehmen betreffen) und in welcher Tonalität gesprochen bzw. gepostet werden darf. Viele Unternehmen haben bereits den Umgang mit den unterschiedlichen Kommunikationskanälen genau definiert. Die Firma Kodak beispielsweise hat das Aufsetzen der eigenen Regeln besonders gut umgesetzt und öffentlich zugänglich gemacht (Abbildung 9.16). Lassen Sie sich inspirieren, und besuchen Sie hierzu die folgende Internetseite: *http://bit.ly/Face2Face_SoMeGuidlines*

Social Media Guidelines lassen sich am besten in einem Team aus Kollegen aus unterschiedlichen Abteilungen und Hierarchien gemeinschaftlich erstellen. Das hat einen großen Vorteil: Da jeder an dem Regelwerk mitgearbeitet hat, handelt es sich um Guidelines, die aus der Mitte entstanden sind. Das bietet Ihnen im Nachhinein eine bessere Stellung und Argumentation, falls es Probleme mit der Einhaltung der Regeln geben sollte. Auch dieses Erarbeiten können Sie über eine eigens dafür erstellte (geheime) Arbeitsgruppe auf Facebook abwickeln.

Abbildung 9.16 Vorreiter in Sachen Social Media Guidelines – Kodak

Falls Sie also im Begriff sein sollten, eine interne Arbeitsgruppe zu nutzen, dann werden Ihnen die folgenden wesentlichen Elemente (die Sie auf einer Facebook-Seite vergeblich suchen werden) helfen, Ihre Pläne umzusetzen (Abbildung 9.17):

- Privatsphäre Einstellung: Schalten Sie Ihren Arbeitskreis als GEHEIME GRUPPE (1). So bleibt alles intern, und nichts gelangt nach außen.
- Verwenden Sie und Ihre Kollegen nicht nur die übliche Statusmeldungsfunktion, sondern auch die Möglichkeit, Dokumente anzulegen (siehe DOCS, 2), auf die alle zugreifen und an denen alle mitarbeiten können.
- Verabreden Sie sich mit Ihren Mitarbeitern in der Arbeitsgruppe, und diskutieren Sie via Chat (3) über einzelne Aspekte eines Dokuments, über die weiteren Schritte oder andere Agendapunkte, die den Kreis betreffen. Wie in die gesamte Gruppe, bekommen auch in diesem Fall nur die User Einblick in die Diskussion, die auch tatsächlich Mitglieder des geheimen Kreises sind.

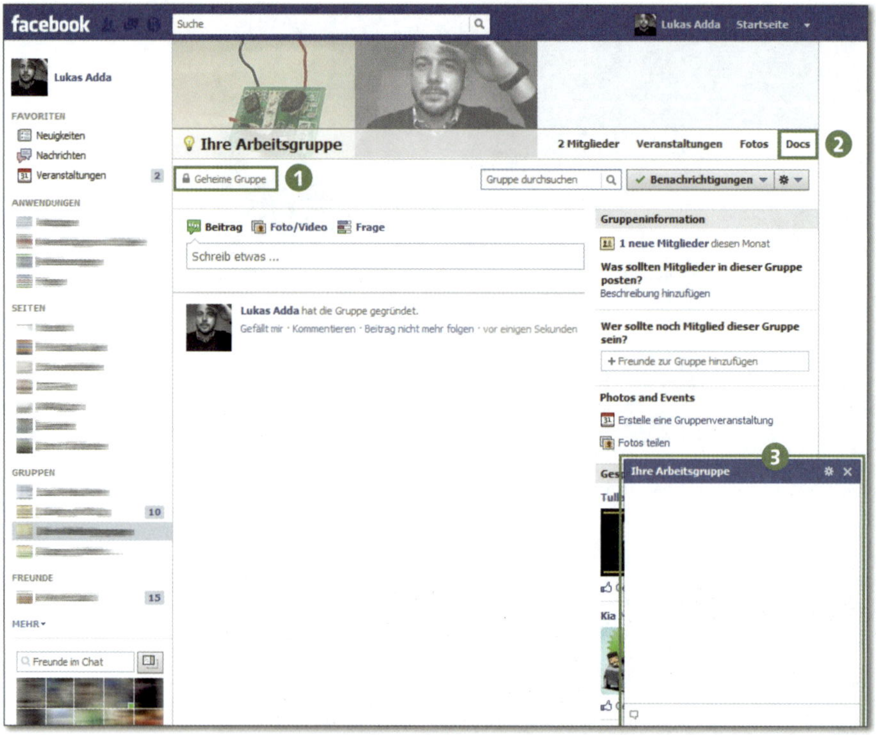

Abbildung 9.17 Eine Facebook-Gruppe können Sie für interne Arbeitskreise verwenden.

Auch wenn es vielleicht interessant und verlockend klingt, einen eigenen Arbeitskreis auf Facebook zu gründen, sollten Sie jedoch beachten, dass es weiterhin User gibt, die zwischen der privaten und geschäftlichen Nutzung von Facebook klar trennen. Wenn es ein Mitglied gibt, dass nicht über Facebook mit der Gruppe kommunizieren und arbeiten möchte, sollte diese Einstellung respektiert werden. Eine Facebook-Gruppe soll ein Kollektiv bilden, um gemeinsam Neues zu schaffen, und nicht, um Mitarbeitern eventuell das Gefühl der Ausgrenzung zu geben.

10 Was Applikationen sind, und wieso sie so wichtig für Ihre Kampagne sind

Kaum ein Unternehmen kommt mittlerweile ohne dieses Kommunikationsinstrument aus! Facebook-Applikationen sind zu einem wichtigen Baustein innerhalb des modernen Marketingmix eines Unternehmens geworden.

Wenn Sie sich auf Facebook und auf einer Vielzahl dortiger Seiten etwas umschauen, werden Sie vermutlich schnell erkennen, dass viele Aktionen nicht über die Pinnwand abgewickelt werden. Das hat unterschiedliche Gründe. Der wichtigste ist der, dass Facebook mit den Jahren klare Guidelines definiert hat, die das Durchführen von Kampagnen auf den Seiten regelt. So besagt eine Regelung, dass keine Maßnahme die von dem Netzwerk angebotenen Funktionen (z. B. das »Taggen« von Fotos oder die Verwendung des Like-Buttons) als Bestandteil der Aktion beinhalten darf. Facebook bietet den Seitenbetreibern jedoch eine Infrastruktur und Plattform an, die von Marken für deren Kampagnen genutzt werden kann: Dies ist durch die Nutzung von Facebook-Applikationen möglich.

Dieses Kapitel zeigt auf, was Applikationen sind, welche Ziele damit verfolgt werden und was Sie bei der Entwicklung einer Anwendung beachten sollten. Darüber hinaus geht es um Beispiele von Programmen, die aus der Sicht des Nutzers sinnvoll sind, oder solcher, die an den Bedürfnissen des Users vorbeizielen. Für den Fall, dass Sie mit dem Gedanken spielen, auch auf Ihrer Seite eine Anwendung einzubetten, finden Sie hier auch einen Leitfaden für das »Briefen« Ihrer Agentur oder Ihres Entwicklers.

10.1 Was sind Applikationen?

Gleich vorweg: Der Begriff *Applikation* (kurz App) hat im ersten Moment nichts oder nicht nur etwas mit Facebook zu tun. Es handelt sich vielmehr um eine technologische Weiterentwicklung, deren kommerzieller Ursprung wohl am ehesten bei dem Unternehmen Apple und dem Siegeszug des iPhones zu suchen ist. Applikationen sind programmierte Anwendungen, deren Job es ist, einen oder mehrere bestimmte Befehle auszuführen. Eine App hat meist ein thematisches (Kochrezepte) oder funktionales (Radio-App) Dach, unter dem alle weiteren programmierten Befehle laufen und für den Nutzer anwendbar sind. Applikationen begegnen uns mittlerweile in vielen Bereichen unseres Lebens. Falls Sie ein Smartphone oder ein Tablet besitzen, dann greifen Sie tagtäglich auf diese technologische Weiterentwicklung zurück, z. B. durch das Betätigen der App »DB Navigator« der Deutschen Bahn (Zugauskunft, Ticketbuchung etc.) oder aber auch durch das Aufrufen der überaus erfolgreichen Spiele-App »Angry Birds«. Applikationen, wie wir Sie auf Facebook kennen, sind Anwendungen, die ebenfalls speziell für ein bestimmtes Projekt entwickelt werden und von der Community im Netzwerk abgerufen werden können. Es handelt sich also um Programme, die für eine klar definierte Aufgabe konstruiert werden.

10.1.1 Die kleinen Alleskönner sind da

Zu Beginn der ersten Facebook-Jahre hat das Netzwerk eine Reihe von eigenen Apps den Usern und den Seiteninhaber an die Hand gegeben, damit sie sich die Facebook-Seite ein stückweit selbst individualisieren konnten. Diese Tabs wurden häufig als »Willkommensseiten« verwendet und dienten dazu, neue potenzielle Fans auf der eigenen Seite zu begrüßen und sie zu animieren, »Gefällt mir« zu drücken. In den folgenden Jahren hat der Betreiber die Infrastruktur seiner Plattform immer weiter ausgebaut und verfeinert, im Gegenzug aber auch begonnen, seine eigenen Applikationen, die von den Seiteninhabern und der Community gleichermaßen genutzt wurden, sukzessive wieder abzuschalten und nicht weiter anzubieten. Plötzlich waren die Administratoren gezwungen, selbst Applikationen zu entwickeln bzw. programmieren zu lassen. Da die Infrastruktur bereits bestand und sich Facebook den Programmierern geöffnet hat, waren der Kreativität hinsichtlich eigener Apps (fast) keine Grenzen gesetzt. Nichtsdestotrotz hat der Betreiber aber weiterhin Anwendungen im Repertoire, die von jedem Seiteninhaber verwendet werden dürfen – die sind jedoch strengen Regeln unterworfen. Weitere Informationen zu den Guidelines entnehmen Sie bitte Abschnitt 5.3, »Spielregeln von Facebook beachten«.

Zum Start einer jeden Seite hat Facebook eine Auswahl an Applikationen voreingestellt, die Sie nutzen können (Abbildung 10.1). Diese und auch alle anderen Anwendungen (die Sie künftig vielleicht programmieren lassen) werden immer als separate Reiter auf der Seite angezeigt.

Abbildung 10.1 Apps, die Facebook als Voreinstellung anbietet (von links nach rechts): Foto, Links, Notizen, Video, Veranstaltungen.

Gut zu wissen: Applikationen und Reiter

Bis einschließlich März 2012 hat Facebook alle Applikationen mit Hilfe einer Reiterstruktur auf der jeweiligen Seite integriert und geordnet. Diese Art der Strukturierung der Facebook-Seiten gibt es nicht mehr. Wie Sie in Kapitel 6, »Facebook Integration und Umsetzung von Seiten«, nachlesen können, werden mittlerweile alle Anwendungen in einem separaten Applikationsbereich gebündelt angezeigt. Da diese Änderung seit dem 30. März 2012 in Kraft ist, kann es durchaus sein, dass Sie hin und wieder, über den Begriff »Reiter« stolpern. Wenn dem so ist, dann können Sie davon ausgehen, dass hiermit der besagt Applikationsbereich gemeint ist. Dieser ist jedoch nur dann gemeint, wenn der Begriff im Kontext einer Facebook-Seite steht. Weiterhin strukturiert das Netzwerk bestimmte Bereiche mit Hilfe von Reitern wie zum Beispiel innerhalb der Seiteneinstellungen oder aber auch im Facebook Ad Manager.

10.1.2 Facebook-Anwendungen – nur in begrenztem Maß

Ihre Applikationen und jene von Drittanbietern können Sie auf der Facebook-Seite hinzufügen und entfernen, wie es Ihnen am besten ins Konzept passt. Alle Programme (auch jene, die sie entwickeln sollten) finden Sie aufgelistet im Administrationsbereich Ihrer Seite unter dem Reiter ANWENDUNGEN (Abbildung 10.2).

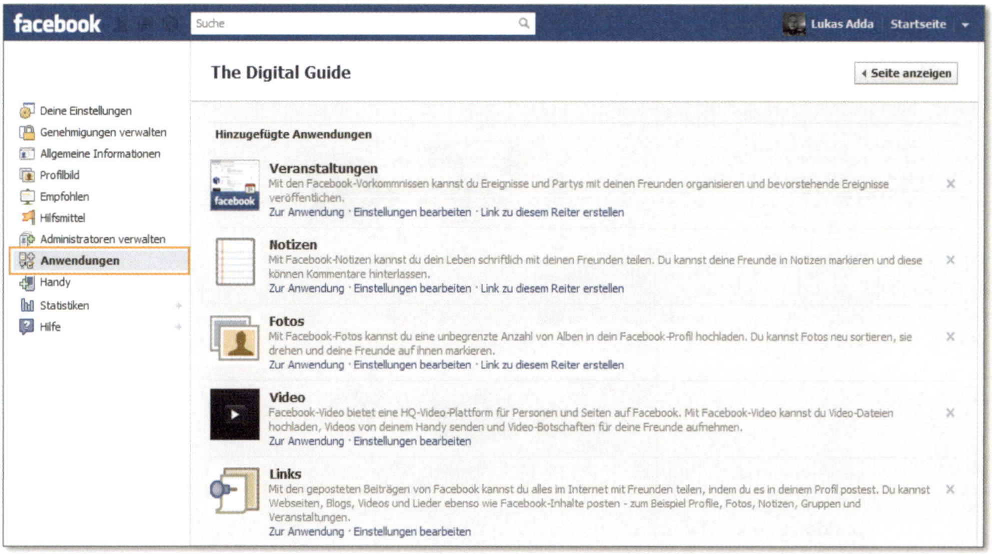

Abbildung 10.2 Alle Ihre Anwendungen, übersichtlich gelistet, unter Ihren Seiteneinstellungen

Die oben genannten Facebook-Applikationen können zwar für den täglichen Gebrauch auf der eigenen Seite nützlich sein und dienen der Steigerung der Interaktion zwischen Ihnen und den Fans. Sie dürfen diese aber beispielsweise nicht für eigene Kampagnen verwenden. Daher haben immer mehr Marken damit begonnen, ihre eigenen Anwendungen zu kreieren und in die Facebook-Seite einzubetten. Wie so etwas aussehen kann, zeigt die Drogeriekette dm (Abbildung 10.3). Das deutschlandweite Unternehmen nutzt neben den bereits aufgeführten Apps eine Vielzahl weiterer Anwendungen, die den Fans angeboten werden. Von statischen Team-Apps über funktionale Applikationen, wie z. B. Produktfinder, bis hin zu komplexen, kampagnenbegleitenden Anwendungen, wie z. B. »armer schwarzer Kater«, ist hier nahezu alles vertreten. Das Unternehmen zeigt viel Engagement, um den Kunden einen bedürfnisorientierten Service mittels Apps anzubieten. Alle angebotenen Applikationen finden Sie in der folgenden Abbildung grün umrandet. Der Erfolg gibt der Kette recht: Die Facebook-Seite *https://www.facebook.com/dm.Deutschland* gehört zu einer der erfolgreichsten deutschen Facebook-Präsenzen. Dieses Ergebnis ist nicht nur die Konsequenz aus einer rein auf Applikationen basierenden Marketingkommunikation (hinzu kommen beispielsweise die Zusammenarbeit mit Testbloggern, diverse Kooperationen mit »befreundeten« Facebook-Markenseiten etc.), jedoch hat dieser Baustein einen weiteren Einfluss auf die erzielte Leistung.

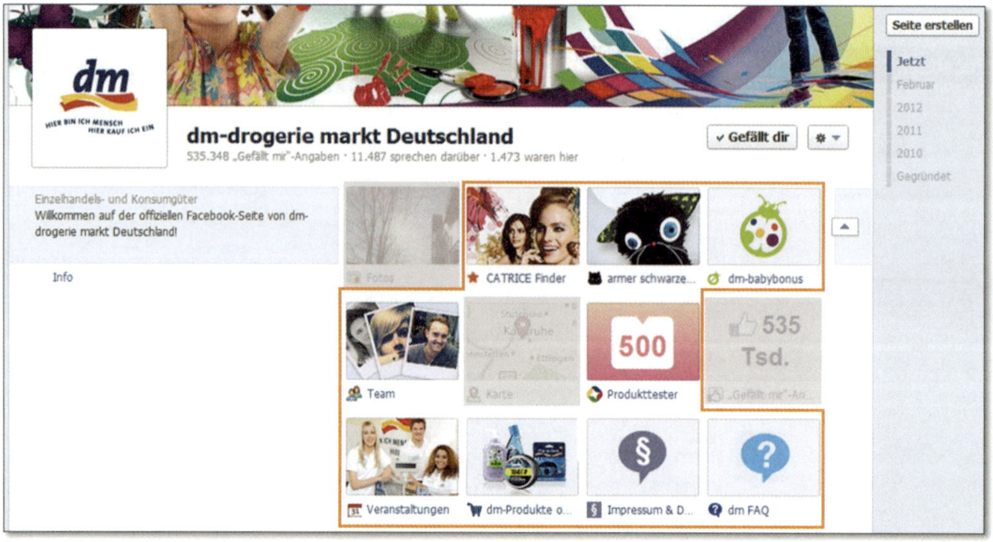

Abbildung 10.3 Die dm-Drogeriekette setzt in Sachen Marken- und Servicekommunikation ganz auf Facebook-Applikationen.

Der große Vorteil für das Netzwerk ist, dass sie sich auf die Entwicklung von Applikationen für Seitenbetreiber nicht weiter konzentrieren müssen und zudem auch alle möglichen Haftungsansprüche an den jeweiligen Seitenbetreiber übertragen, da er für die Anwendung und deren Inhalte verantwortlich ist.

Gut zu wissen: Facebook-Applikationen und deren Haftung

Grundsätzlich gilt: Facebook versucht, alle Rechte und Pflichten auf den Seiteninhaber abzuwälzen. So besagt der Punkt 9 der offiziellen Regelung »Erklärungen zu Rechten und Pflichten« Folgendes: *»Du bist für Deine Anwendungen, deren Inhalte und jegliche Verwendung der Plattform verantwortlich. Dies bedeutet auch, dass Deine Anwendungen oder Nutzung der Plattform unseren Richtlinien zur Facebook-Plattform und unseren Werberichtlinien entsprechen muss.«* Detaillierte Informationen zu dieser und weiteren Erklärungen in Bezug auf Entwicklung und Nutzung von Anwendungen auf Facebook finden Sie unter: *https://www.facebook.com/legal/terms*

10.1.3 Arten von Applikationen

Sie werden sich jetzt vielleicht überlegen, ob auch Sie auf Applikationen innerhalb Ihres Marketingmix setzen sollten? Es stellt sich also die Frage, welche Branchen für die Verwendung geeignet sind und welche nicht? Die Beantwortung ist im Prinzip einfach: Es gibt nahezu keinen Industriezweig, der nicht von dieser Technologie profitieren kann. Ob nun Konsumgüterproduzenten, Gastronomiebetreiber, die Gesundheitsbranche, Nonprofit-Organisationen oder Telekommunikationsanbieter, für alle Branchen bieten sich kreative Wege für die B2C-Konsumentenansprache. Einzig der Schritt, eine Applikation für die eigene B2B-Kommunikation zu nutzen, sollte gründlich überlegt sein. Eine Anwendung ist für die breite Masse gedacht und dient dazu, die Fans mit leichten und einfachen Inhalten zu versorgen. Schon allein diese Faustregel spricht nicht immer für die Verwendung von Anwendungen auf Facebook-Seiten in der B2B-Kommunikation. Eine App wird nur erfolgreich angenommen und darüber gesprochen, wenn sie sich tatsächlich an den Bedürfnissen der Zielgruppe orientiert und einfach in der Handhabung ist.

Gut zu wissen: Was bedeuten die Begriff »B2B«/«B2C«

Beide Abkürzungen kommen aus dem Sprachgebrauch des Marketings und definieren die Beziehung zwischen dem Unternehmen und dem Rezipienten (in diesem Fall: im Kommunikationsumfeld). »B2B« steht für »Business to Business« und umschreibt eine Beziehung von Unternehmen zu Unternehmen. Das bedeutet, der Endkonsument steht hier nicht im Fokus. Ganz im Gegensatz zu »B2C«, welches die Abkürzung für »Business to Consumer« ist. In dieser Ansprache wendet sich das Unternehmen direkt an den (End-)Kunden (Beispiel: Facebook-Seite der Drogeriekette dm).

Der überwältigende Erfolg von Applikationen in der Marketingkommunikation hat eine enorme Bandbreite von unterschiedlichen Verwendungsmöglichkeiten geschaffen. In der Gesamtheit betrachtet, lassen sich die gängigsten Anwendungen in den im Folgenden vorgestellten Typen kategorisieren.

Willkommen

Neben der Team-Anwendung (siehe folgende Kategorie) ist die Willkommensapplikation eine der meist verbreiteten Anwendungen auf deutschen Facebook-Seiten. Es handelt sich dabei um eine Art Visitenkarte des Unternehmens und gehört schon fast zum guten Ton im Netzwerk. Die Marke hat hier die Möglichkeit, sich im besten Licht zu zeigen und um die Gunst oder vielmehr um den Daumen des Facebook-Mitglieds zu buhlen. Ob Sie sich hier mit statischen Inhalten vorstellen oder eher einen dynamischeren Weg wählen (Abbildung 10.4) ist eher nebensächlich. Ein ansprechendes und klares Design sollte erkennbar sein. Häufig gilt auch hier die Faustregel: »weniger ist manchmal mehr«.

Abbildung 10.4 Facebook-Begrüßung der Anwaltskanzlei »Schwenke & Dramburg«

Team

Gerade bei einer großen (bezogen auf die Anzahl an Facebook-Fans) Unternehmensseite ist eine Teamvorstellung sinnvoll. Aber auch für eine Marke mit einer noch kleinen, aber wachsenden Präsenz ist diese Art der Vorstellung empfehlenswert. Wie schon der Name andeutet, beschäftigt sich diese Seite mit den Redaktionsmitgliedern (Abbildung 10.5). Häufig erfolgt diese kurze Vorstellung in Form eines Fotos und ein paar Infos zur Person (Vorname, Abriss der Vita, verantwortlich für).

Abbildung 10.5 Nestlé Marktplatz stellt sein Team auf Facebook vor.

> **Gut zu wissen: Informationstiefe bei Teamvorstellungen**
>
> Wie Sie sich und Ihr Team in Facebook vorstellen und präsentieren, kann auf unterschiedlichste Art und Weise erfolgen. Im Hinblick auf die Privatsphäre ist jedoch davon abzuraten, zu viele persönliche Informationen anzugeben. Unternehmen, die die eigene Seite als Servicekanal verwenden und häufig mit verärgerten Kunden zu tun haben, geben beispielsweise häufig nur den Vornamen der Redakteure an, um möglichen Übergriffen auf deren persönliche Profil-Accounts vorzubeugen. So soll verhindert werden, dass etwa ein erboster Kunde den vollen Namen des Redakteurs in Facebook (oder anderswo) recherchiert und ihn mit direkten Nachrichten und/oder E-Mails konfrontiert.

Service

Facebook ist schon lange keine reine Plattform mehr, auf der sich Marken lediglich den Usern präsentieren und sie auf ihre Aktionen aufmerksam machen. Das Netzwerk wird immer häufiger als ein ausgelagerter Servicekanal verwendet. Dies erfordert aber auch neue Wege der Kommunikation bezüglich der Prozesse und der Handhabung (Abbildung 10.6):

- User Generated Q&A: So bietet sich etwa bei erklärungswürdigen Produkten oder Dienstleistungen an, dem User zu eben diesen häufig gestellten Fragen einen Lösungsvorschlag in Form eines Frage- und Antwortkatalogs anzubieten. Es handelt sich dabei um eine Auflistung realer Anfragen, die bereits in der Vergangenheit von dem Team beantwortet und von den Usern als hilfreich bewertet wurde. Laufend neue Anfragen von Kunden und deren Beantwortung fließen in den Katalog kontinuierlich mit ein und machen daraus ein »User Generated Q&A«, also ein Dokument, erstellt aus den Live-Anfragen von Kunden und potenziellen Fans.
- Produktfinder: Eine andere Art des Services kann aber auch sein, dass dem Fan eine Applikation angeboten wird, mit welcher der Kunde mehr Informationen über bestimmte Artikel anfragen oder aber auch deren Verfügbarkeit in bestimmten Filialen nachschauen kann.

Abbildung 10.6 Serviceorientierte Applikation vom TV-Koch Alfons Schuhbeck: Tischreservierung via Facebook

Impressum

Seit dem Aschaffenburger Landgerichtsurteil im November 2011 sind Impressums-Applikationen immer häufiger auf Facebook anzutreffen. Für das Eintragen des Impressums auf der eigenen Seite gibt es unterschiedliche Lösungswege, um der Vorschrift Genüge zu tun. Die Regelung besagt, dass jeder Absender einer Seite klar ersichtlich sein muss – und zwar in weniger als zwei Klicks. Da das Infotext-Feld begrenzt ist, ist dieser Bereich für den Impressumsnachweis nicht geeignet und wird auch vor Gericht nicht anerkannt. Eine gute Möglichkeit ist es daher, das Impressum mit einer eigenen Applikation auf der Seite zu integrieren (Abbildung 10.7).

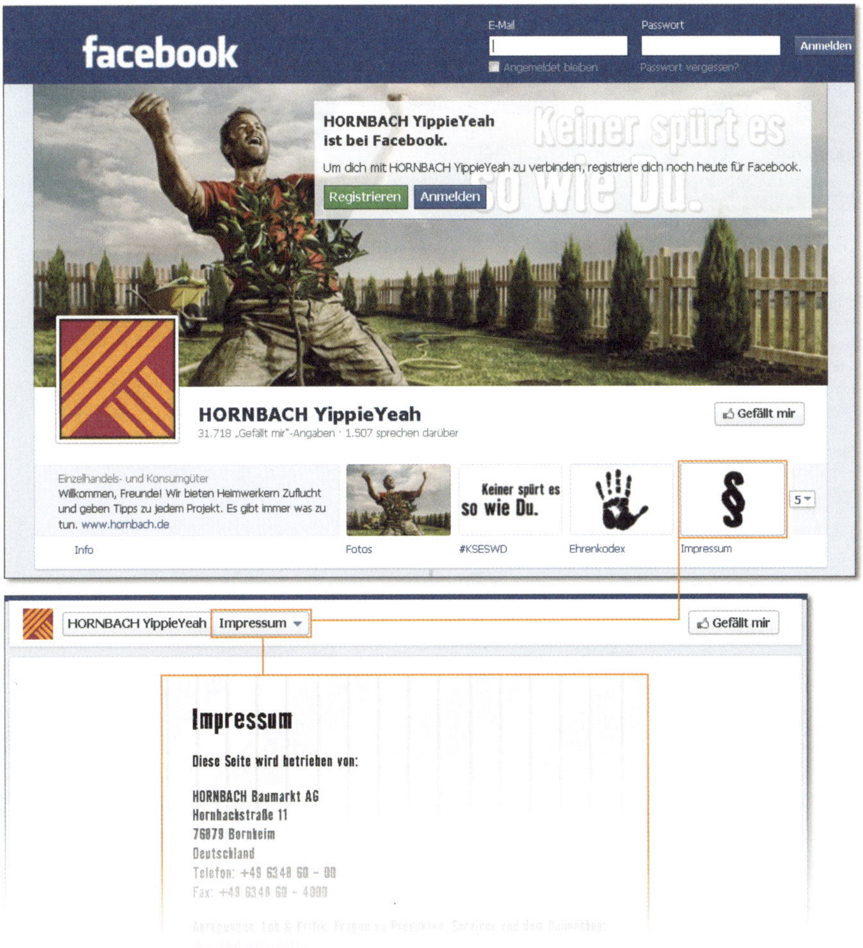

Abbildung 10.7 Der Impressumsverweis ist Pflicht auf Facebook. Hornbach löst dies mit einer eigenen Anwendung

Recruiting

Suchen und Finden von gutem und zuverlässigem Personal ist nicht immer einfach. Um den Suchradius zu erweitern und möglichen Interessenten eine erste Anlaufstelle für detaillierte Informationen zu geben, werden von Firmen gerne auch Recruiting-

Anwendungen auf der Seite angeboten. Hier können Sie umfassende Informationen zum Unternehmen, zum Arbeitsklima und zu den geforderten Kenntnissen für den Job bei Ihnen eintragen (Abbildung 10.8).

Abbildung 10.8 Neue Mitarbeiter dort rekrutieren, wo sie sich aufhalten – Job-Applikation der Otto Group

»Shop-in-Shop«

Der Trend zu »Shop-in-Shop«-Systemen in Social-Media-Umfeldern ist ungebrochen. Social Shopping (auch Social Commerce genannt) steht in den Startlöchern und wird auf manch einer Unternehmensseite bereits vorangetrieben und praktiziert. Die Idee dahinter (am Beispiel von design3000.de erläutert, Abbildung 10.9): Fans gehen auf die Facebook-Seite des Onlineshops und besuchen die dortige Shopping-App Shop. Mit dem Klick auf den Befehl wird der Einkäufer auf eine Shopping-Anwendung geleitet, die ähnlich funktioniert, wie eine »gewöhnliche« Onlineshoppingplattform. Produkte können angeschaut, verglichen, die Anzahl der Artikel ausgewählt und im Anschluss bezahlt werden. Der gesamte Prozess wird nicht auf der Website abgewickelt, sondern direkt über das Netzwerk. Share-Funktionen an jedem angezeigten Artikel geben dem Einkäufer zudem die Möglichkeit, seine Facebook-Kontakte in Echtzeit über seine neuesten Errungenschaften zu informieren – via Status- und Newsfeed-Updates.

Abbildung 10.9 design3000.de setzt auf Social Shopping via Facebook.

Gut zu wissen: Hilfe bei der Shop-Einbindung

Sie haben ein eigenes Geschäft oder betreiben einen eigenen Onlineshop und möchten jetzt auch in Facebook aktiv werden? Der Anbieter »ondango« hilft Ihnen bei der Umsetzung dieser Pläne. Nach eigenen Angaben ist das Unternehmen der größte Dienstleister im Bereich Shopsystem-Integrationen. Mehr Informationen finden Sie unter *http://www.ondango.com/*.

Kampagnen

Kampagnen sind Applikationen, die entweder nur für einen klar definierten Zeitraum online gestellt werden oder sich langfristig einem Thema widmen. Meist handelt es sich in beiden Fällen und Maßnahmen, die einen aktiven Part des Users einfordern. Beispielsweise das Hochladen von Fotos und Videos, die zu einem Pool von Teilnehmern wandern und aus denen später ein Gewinner ermittelt wird.

Kampagnen mit einem definierten Zeitraum

Vielleicht haben Sie es ebenfalls beobachtet. Dezember 2011 war der Monat für Weihnachtsapplikationen – insbesondere in Form eines Adventskalenders. Ob nun mit dem Motiv eines Geschenkebergs, mit Tannenbaumkugeln oder in einem anderen Layout, letztes Weihnachten war diese Art von Apps der Bestseller schlechthin (Abbildung 10.10). Die Methodik und Aufgabe waren meist gleich oder ähnlich: User konnten täglich ein neues Türchen öffnen und schauen, was sich dahinter verbirgt. Häufig konnte der Fan an einer Gewinnverlosung teilnehmen oder musste sich mit einem Tipp zu einem bestimmten Thema begnügen.

Abbildung 10.10 Dezember 2011 war der Monat der Adventskalender-Apps auf Facebook, so auch bei frubiase SPORT.

Kampagnen mit einem langfristigen Themenfokus

Applikationen, die längerfristig angelegt sind, verwenden meist ein thematisches Dach, das den Markenkern eines Produkts aufgreift. Das setzt selbstverständlich voraus, dass der Kern auch bekannt ist. Nutella hat sich für eben diese Form der App-Nutzung entschieden und die Anwendung NUTELLA TOAST-IT ins Leben gerufen. Jeder Fan bekommt die Möglichkeit, seinen Kontakten im Netzwerk ein Toastbrot mit einer Botschaft via Newsfeed-Posting zu zu schicken. Der User kann einen individuellen Text auf den Toast schreiben oder auf vorgefertigte Vorschläge zurückgreifen (Abbildung 10.11).

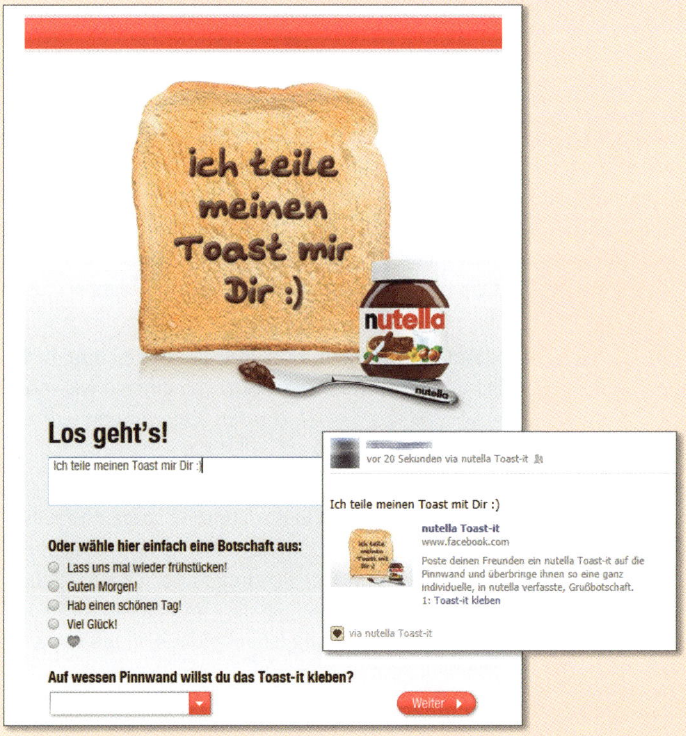

Abbildung 10.11 Mit Hilfe der Anwendung von Nutella Toast-it Nachrichten an Freunde in Facebook verschicken

10.2 Wann lohnen sich Facebook-Applikationen?

Wie schon erwähnt, begegnen uns Applikationen in Facebook sehr häufig. Die Nutzung von Anwendungen hat das Marketing grundlegend verändert und ihm neue Chancen eröffnet. Nicht immer sind Apps auch a) notwendig und b) sinnvoll umgesetzt. Sie sollten daher nicht auf Biegen und Brechen versuchen, eine Anwendung auf Ihrer Seite umzusetzen, wenn dies im ersten Schritt gar nicht vonnöten ist.

Wissen Sie nicht so recht, ob Sie nun eine Applikation benötigen oder nicht? Kein Problem. Gehen Sie einfach die Anmerkungen im folgenden Abschnitt für Ihr Unternehmen durch, vielleicht sehen Sie dann klarer.

Was macht Ihre Anwendungen zu einem Erfolg?

Applikationen sprechen die Zielgruppe an
Eine Anwendung spricht Ihre Kundschaft an. Daher ist es entscheidend, die Zielgruppe zu kennen. Darunter fällt nicht nur die Kenntnis über deren Demografie und Interessen. Die Ansprache fängt schon bei der eigentlichen Ausrichtung an. Ob Sie Ihre Applikation auf B2B- oder B2C-Kommunikation ausrichten, hat einen großen Einfluss auf die Art der Anwendung.

Applikationen sprechen alle an
ine Anwendung spricht die gesamte Fangemeinde einer Seite an. Es gibt zwar die Möglichkeit, die Sichtbarkeit einzelner Elemente auf der Facebook-Seite nur für eine bestimmte Userschaft zu ermöglichen, aber das bezieht sich nur auf Sprache und Location. Falls Sie beispielsweise nur weibliche oder männliche Fans innerhalb einer Altersspanne ansprechen möchten, dann ist das nicht über eine Filterung der Reiter-Sichtbarkeit möglich und muss über das Festlegen von eigenen Teilnahmebedingungen erfolgen.

Applikationen sind einfach
Ob es sich nun um eine statische App handelt oder ob komplexe Maßnahmen umgesetzt werden, die Mechanik und die Handhabung müssen für den Nutzer so einfach wie möglich sein. Wenn für das Hochladen eines Fotos erst diverse Hürden überwunden werden müssen, ist das eine schlechte Ausgangslage für den erhofften Erfolg.

Applikationen sind transparent
Schleierhafte Anwendungen und eine unklare Stringenz in der Führung sorgen für Misstrauen und führen schlussendlich zum Aktionsabbruch durch den User. Applikationen sollten eine klar ersichtliche Transparenz aufweisen. Der Fan muss also nachvollziehen können, welche Daten abgefragt werden, was mit diesen passiert und wer darauf auch im späteren Verlauf Zugriff hat. In diesem Zusammenhang ist auch die Abfrage von Genehmigungen entscheidend.

Applikationen erfüllen ihren Zweck und funktionieren
Nichts ist schlimmer, als wenn die Applikation bei der »Live-Schaltung« fehlerhaft ist und technische Mängel aufweist. Dies führt meist zu einer Liste negativer Kommentare von erbosten Usern. Was der User anklickt, das sollte er auch bekommen. Wenn die Erwartungen eines Nutzers nicht erfüllt werden, ist dieser meist für eine lange Zeit abgeschreckt und vergrault.

Applikationen verwenden virale Hebel
Auch die tollste Applikation ist nur eine halbe Applikation, wenn sie keine viralen Hebel integriert hat. Das Ziel ist ja schließlich, dass so viele User wie möglich über Ihre Projekte sprechen. Versuchen Sie also, Funktionen und Instrumente einzubetten, die es den Fans ermöglichen, ihre eigenen Freunde darüber zu informieren oder, noch besser, sie zu involvieren.

10.2.1 Gründe und Beispiele für die Nutzung von Applikationen

Ob nun eine Applikation auf der Facebook-Seite notwendig ist oder nicht, hängt wie so oft von den eigenen Zielen ab. Selbstverständlich ist die Verwendung einer App kein Allheilmittel. Eine Anwendung ist immer so erfolgreich, wie deren konzeptionelle Vorarbeit und die schlussendliche Umsetzung. Wenn eine Idee nicht ausreichend durchdacht und nicht mit professioneller Sorgfalt entwickelt wurde, merkt der User diesen Mangel als Erster und äußert dies über genervte Beiträge.

Eine Applikation steht selten für sich allein und sollte daher immer als eine Ergänzung und Verlängerung im Rahmen der eigentlichen Idee angesehen werden.

Mögliche Gründe für die Verwendung von Applikationen können sein:

- **Abwicklung von Gewinnspielen**
  Wie schon eingangs erwähnt, ist es Ihnen von Facebook untersagt, für Gewinnspielaktionen die eigenen Features vom Netzwerk zu verwenden. Diese Regelung wurde wirksam, als 2009 das Möbelhaus IKEA für eine Aktion das »Taggen« vom eigenen Namen in eines ihrer Möbelbilder auf Facebook zur Teilnahmebedingung machte. Nach Ablauf einer Frist wurde unter den Tausenden »getaggten« Mitspielern ein Gewinn verlost. Auch wenn das Projekt als äußert erfolgreich zu werten ist, sah sich Facebook gezwungen, die Guidelines dahingehend zu ändern. Denn bei einer direkten Nutzung wird Facebook zum Veranstalter und kann somit rechtlich belangt werden. Diese Regelung schließt beispielsweise auch ein, dass der Like-Button kein Bestandteil einer Gewinnspielmaßnahme sein darf. Der Aufruf »ladet eure Bilder hoch und das Motiv mit den meisten ›Gefällt mir‹ gewinnt« ist somit verboten. Es gibt jedoch Möglichkeiten, eben solche Ideen umzusetzen, ohne auf die Instrumente vom Netzwerk zurückgreifen zu müssen. Eine Gewinnspielapplikation, die in der Voting-Mechanik zwar gleich ist, aber eine eigens programmierte Oberfläche mit eigenen Icons verwendet, kann die Lösung bringen. Auf diese Art von Integration setzte beispielsweise Ecco Schuhe: User konnten mittels einer Anwendung, die auf einem Facebook-Seitenreiter hinterlegt war, für ihren Lieblingsschuh voten und erhielten die Chance, diesen auch zu gewinnen.
- **Erweiterung/Verbesserung des Kundenservices**
  Produkt und Marken werden immer austauschbarer. Neben der Qualität der Produkte wird der Service am Kunden daher unverzichtbar für den Erfolg eines Unternehmens. Wie diese neue Form von Service aussehen kann, zeigt der Telekom-Konzern auf der Facebook-Seite »Telekom hilft« mit der Applikation Service-Videos. Tagtäglich werden von vielen Tausenden von Kunden unterschiedliche Anfragen zu den Angeboten der Telekom gestellt. Die Facebook-Applikation Service-Videos unterteilt im ersten Schritt die Herkunft der jewei-

ligen Anfrage (Internet, Mobilfunk, Entertain etc.) und bietet für häufig gestellte Fragen ein passendes Video an (Abbildung 10.12).

Abbildung 10.12 »Telekom hilft« stellt seinen Fans und Kunden Servicevideos mittels einer App zur Verfügung.

- **Applikationen sorgen für mehr Traffic auf der Seite**
  Um die Interaktion zu steigern, braucht es eine Idee, die Ihre Community dazu animiert, sich selbst einzubringen. Diese Idee ist jedoch lediglich das Ziel einer lange vorausgegangenen Planung. User reagieren nur auf das, was ihre persönlichen Bedürfnisse anspricht. In dem folgenden Fall der Herrenduftmarke AXE führte die genaue Kenntnis über die Wünsche der Kunden in Kombination mit einer Applikation zu einer Interaktion, die ihresgleichen sucht (und ohne dass auch nur ein Gewinn verlost werden musste): Das Unternehmen stellte die App AXE MULTIPLE GIRLFRIENDS allen Facebook-Usern zur Verfügung. Die Anwendung ermittelte für jeden männlichen User, wie viele weibliche Kontakte er in seiner Liste hat und publizierte diese Gesamtsumme im Beziehungsstatus des App-Nutzers. Das führte dazu, dass dieser plötzlich nicht nur mit der festen Freundin liiert war (sofern er dies im Netzwerk angegeben hat), sondern auch mit allen weiteren Freundinnen innerhalb seines Freundeskreises – was zu einer sehr hohen Interaktion (Kommentare, Likes etc.) führte (Abbildung 10.13).

Abbildung 10.13 Mit der AXE-App haben Jungs viele Freundinnen.

Gut zu wissen: Vor der Applikation steht der Redaktionsplan

Sie sind nicht zufrieden mit der Interaktion auf der eigenen Seite? Zu wenige Kommentare, seltene Likes und generelle Langeweile durchzieht Ihre Fangemeinde? Zur Steigerung der Interaktion kann Ihnen eine kreative Applikation mit Sicherheit helfen. Bevor Sie sich aber zu diesem Schritt entscheiden sollten, reicht es meist schon aus, wenn Sie den eigenen Redaktions- und Content-Plan genau unter die Lupe nehmen und auf Schwachstellen hinsichtlich falsch gewählter Themen und Inhalte prüfen. So ein Check kann manchmal Wunder bewirken, ist gegenüber einer App ad hoc umsetzbar und schont zudem Ihren Geldbeutel. Weitere Informationen zu diesem Punkt finden Sie in Kapitel 7, »Laufende Betreuung von Facebook-Seiten«).

- **Steigerung der Fanzahlen**
  Mehr Fans zu generieren, ist ein harter Job. Einen User davon zu überzeugen, sich Ihrer Seite anzuschließen, kostet viel kreativen Input. Die Steigerung der Fanzahlen ist daher nicht immer ganz einfach und braucht einen großen Anreiz für die User, um die »Gefällt mir«-Schaltfläche zu drücken. Lufthansa stand eben vor dieser Herausforderung: mehr Fans, aber wie? Sie entschlossen sich, eine Anwendung online zu stellen, die es jedem User ermöglichte, im Rahmen des Vielfliegerprogramms bis zu 1.000.000 Flugmeilen zu gewinnen. Hier hatten die User selbst die Wahl, wie diese Millionen auf die Gewinner verteilt werden: 1 × 1.000.000 Meilen, 4 × 250.000 Meilen oder 10 × 100.000 Meilen. Die Kampagne war überaus erfolgreich, die Anzahl an Fans der Unternehmensseite ist um 100.000 neue Mitglieder binnen zweier Wochen in die Höhe geschnellt.
- **Produkt-Launch/Steigerung der Bekanntheit eines Produkts**
  Um ein neues Produkt oder einen neuen Service zu promoten, gibt es viele Möglichkeiten, die User darauf hinzuweisen. Neben Produktankündigungen auf der Wall oder Facebook-Ad-Kampagnen kann auch hier eine Applikation gute Dienste leisten. Die Umsetzung ist abhängig von der Ausgangslage und kann beispielsweise in Form einer Simulationsapp erfolgen, wie sie etwa der Computerhersteller Dell Mittelstand Deutschland gewählt hat. Die Firma hat mittels einer solchen Anwendung ein virtuelles Büro auf der Facebook-Seite hinterlegt.

Aufgabe der User war es nun, sich dieses Büro mit den neuen Produkten von DELL einzurichten (Abbildung 10.14). Zuallererst musste sich der Fan aber über die Produkte und deren technische Angaben informieren. Denn nur so war es dem User möglich, die richtigen Komponenten zusammenzusetzen. Der User mit dem effizientesten Budgetverbrauch von maximal 2.000 € konnte die neuen Produkte des Computerherstellers gewinnen.

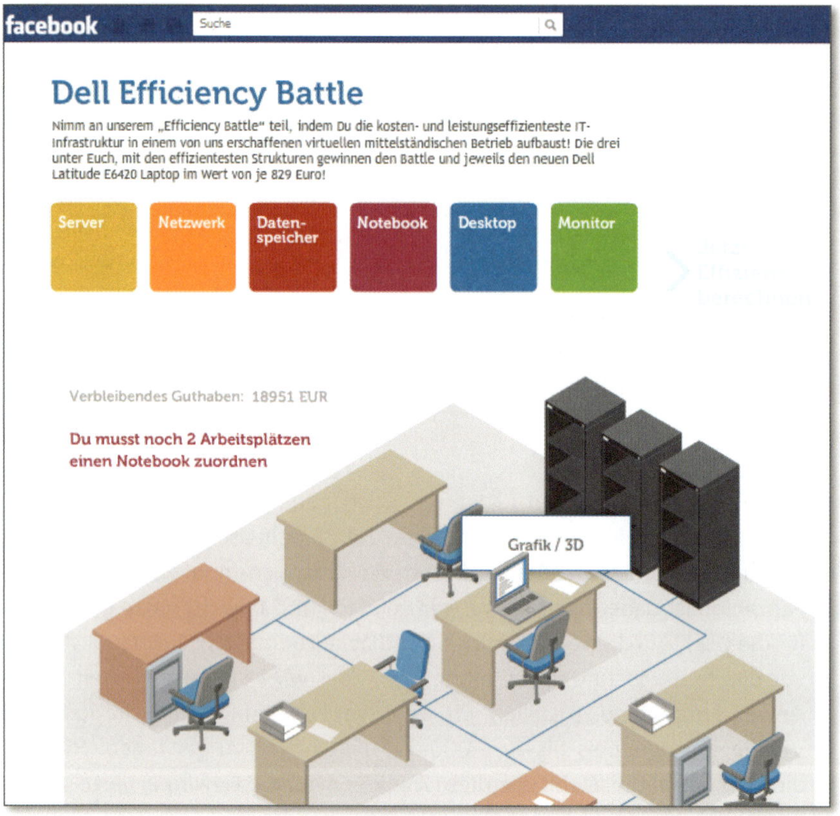

Abbildung 10.14 Dell Mittelstand Deutschland präsentiert spielerisch seine neuen Produkte mittels einer Simulationsapplikation.

- **Steigerung des Absatzes**
  Wer träumt nicht davon, mittels Facebook den eigenen Absatz von Produkten direkt zu beeinflussen. Es gibt Wege und Möglichkeiten, diesem Traum ein Stück weit näherzukommen, ohne gleich auf das Feature »Facebook Angebot« zurückgreifen zu müssen. In diesem Fall kann Ihnen möglicherweise die Idee der Onlineplattform *www.rabattwiese.de* weiterhelfen. Eine Applikation bietet ein bestimmtes Kontingent eines Produkts an, dass in einer Special Edition oder

vergünstigt erhältlich ist. Der User klickt auf das Produkt, um sich eines dieser Angebote zu sichern. Um später im Geschäft nachweisen zu können, dass er tatsächlich Anspruch hat, muss er in die Applikation seine Handynummer eingeben, auf welche er einen individuellen Code zugeschickt bekommt. Der Kunde präsentiert dem Kassierer den Code und erhält das gewünschte Produkt zum vergünstigten Preis.

- **Entwicklung eines neuen Produkts (Crowdsourcing)**
  Crowdsourcing-Projekte drängen immer stärker in den Fokus von Marketingverantwortlichen. Bei dieser Art von Maßnahmen geht es darum, den (Facebook-)User bei der Entwicklung eines neuen Produkts mit einzubeziehen und ihm so das Gefühl zu geben, dass dem Unternehmen seine Stimme wichtig ist und dass auf seine Bedürfnisse eingegangen wird. Die Anwendungsfelder sind vielfältig: »*Entwickle mit uns ein neues Rezept*« (Abbildung 10.15), »*Entscheide Du, wie die neue Verpackung aussehen soll*«, »*Werde unser neues Cover-Titelbild*«.

Abbildung 10.15 Maggi ruft seine Fans auf, Rezepte für eine neues Gericht einzureichen, und lässt von den Usern den Gewinner ermitteln.

Meist wird durch einen vorab definierten Prozess der Internetnutzer um seinen Vorschlag zum jeweiligen Projekt gebeten, der im weiteren Verlauf von den Fans bewertet wird. Besonders beliebte Einreichungen haben dann die Chance, dass sie tatsächlich von der Marke aufgegriffen und für den Handel verwendet werden. Den Fan mittels Crowdsourcing anzusprechen, hat neben dem hohen Interaktionsgrad durch die Mitglieder auch den Vorteil, dass es die Kundenbindung stärken kann. Um solche Ideen auf Facebook umsetzen zu können, reicht es natürlich nicht aus, lediglich eine Postingfrage in der Community zu stellen. Dazu braucht es einiges mehr und zudem eine einwandfrei konzipierte Applikation. Bei Facebook-Crowdsourcing-Projekten müssen einige Mechanismen zusammenwirken, die von Ihnen und dem Entwickler berücksichtigt werden müssen:

- Welche Art von Content ist für die Einreichung nötig?
- Über welchen Weg/Prozess kann der User seine Daten hochladen?
- Wie können die User für ihren Favoriten stimmen?
- Welche Art der Interaktion wird zusätzlich erlaubt?
- Wie wird schlussendlich der Gewinner ermittelt?
- und viele (detaillierte) Fragen mehr

Crowdsourcing-Projekte erstrecken sich je nach Anforderung und Produkt meist über 4 bis 8 Wochen und sorgen somit für ein stetiges Grundrauschen in der Community. Bei einer guten Planung und Umsetzung kann diese Art der Produkteinführung ein perfekter Wegbereiter sein.

Crowdsourcing-Projekte können viel Positives bewirken, aber auch für mindestens genauso viel Ärger sorgen. Weitere Informationen zu diesem Thema finden Sie in Abschnitt 11.3.2, »Crowdsourcing – mit der Kraft der Community«.

Bei schlechten Applikationskonzepten droht Ärger

In dem folgenden Beispiel hat ein Discounter seinen Usern eine Gewinnspielaktion online gestellt, damit sie sich Coupons für den Einkauf im Handel ergattern konnten (Abbildung 10.16). Zwei Fehler taten sich in kürzester Zeit auf: fehlerhafte Programmierung der Applikation und konzeptionelle Fehler in der Coupon-Vergabe (hier trifft aber nicht die Anwendung als solches die Schuld, sondern den Menschen, der für das Konzept verantwortlich war).

Abbildung 10.16 Verärgerte Kunden bei einer Verlosung (via Facebook) durch eine Supermarkt-Kette

10.3 Applikationen für Ihren Facebook-Kommunikationsmix nutzen

Erfolgreiche Applikationen für die eigene Seite zu erstellen, ist nicht nur eine Frage der kreativen Vorarbeit, sondern steht und fällt schlussendlich mit deren technischer Umsetzung. Es gibt hierbei unterschiedliche Herangehensweisen, um eine tolle Idee Wirklichkeit werden zu lassen. Dabei geht es nicht nur darum, was in Facebook oder, besser gesagt, auf der jeweiligen Seite passiert. Die festgesetzten Ziele können auch mit Hilfe von externen Maßnahmen und Anwendungen platziert und mit der Power der Facebook-User in die Community getragen werden.

10.3.1 So setzen Sie Applikationen für Ihre Facebook-Kampagne ein

Um eine Applikation für Ihre Kampagne zu nutzen, haben Sie eine Reihe von Freiheiten, die Idee ins Leben zu rufen. Die folgenden Punkte sollten Sie bei der Entwicklung von Applikationen beachten.

Format der Applikation

Das Format einer Anwendung ist wesentlich für die weitere Entwicklung der Applikation. Schließlich handelt es sich um einen entscheidenden Faktor, wie viel Raum Ihrem Programmierer zur Verfügung steht und welche Funktionen dem User angeboten werden.

Große Ideen brauchen viel Platz – Canvas

Seit der Umstellung auf das Timeline-Layout für Fanpages gilt das »Canvas«-Format (dt. Leinwand) als reguläre Größe. Diese Größe ermöglicht dem Entwickler und zu guter Letzt dem User weitaus mehr Raum für Umsetzung, Funktionen und Interaktion (Abbildung 10.17).

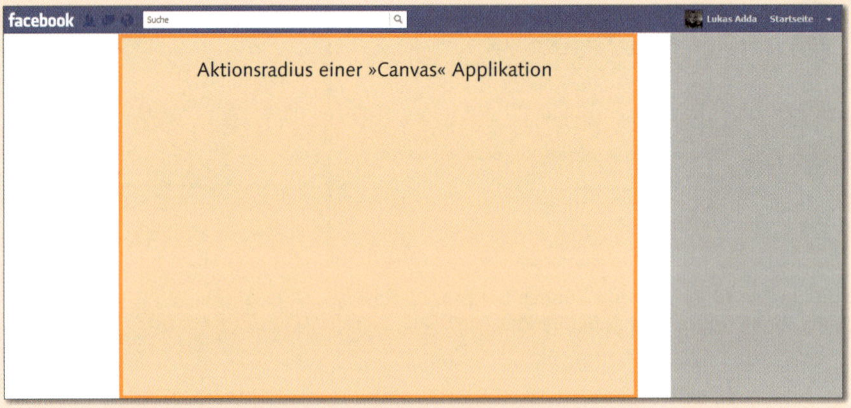

Abbildung 10.17 Eine Applikation im Canvas-Format gibt Entwicklern und Usern gleichermaßen viel Raum für die Interaktion.

Unabhängig davon, für welche Darstellungsform Sie sich entscheiden, Sie sollten darauf schauen, dass der Nutzer Ihrer Anwendung alles im Blick hat und nach Möglichkeit wenig bis gar nicht nach unten scrollen muss.

Genehmigungen

Aus der Sicht des Nutzers gibt es zwei Arten der Applikationsnutzung: Anwendungen, die keine Genehmigung durch den User erfordern, und jene, für die er erst eine Erlaubnis erteilen muss. Die Freigabe von persönlichen Daten ist bei vielen Kampagnen zwingend notwendig, da sonst kein reibungsloser Prozess möglich ist.

Einfaches Beispiel: Eine Marke veranstaltet eine Gewinnspielpromotion auf der Facebook-Seite. Der Fan muss lediglich einen Klick tätigen (z. B. das Öffnen des richtigen Feldes innerhalb eines Adventskalenders) und nimmt automatisch am Spiel teil. Das Netzwerk verbietet dem Seiteninhaber jegliche Form der direkten Useransprache, um ihn beispielsweise über den Gewinn zu informieren.

Gut zu wissen: Was heißt »jegliche Form der direkten Ansprache«?

Ein Administrator darf mit Usern über die Wall kommunizieren, die Facebook Promotion Guidelines untersagen es jedoch den Seiteninhabern, direkten Kontakt zum Fan aufzunehmen. Diese Regelung beinhaltet unter anderem die Nutzung von Direktnachrichten an den Fan oder aber auch der Versuch, der punktuellen Kontaktaufnahme durch die Kommentarfunktion auf der Pinnwand, wie z. B.: *»Hallo Andreas, Du hast gewonnen! Schick uns doch bitte eine E-Mail an die folgende Adresse xy@xy.de, damit wir alles Weitere mit Dir besprechen können.«*

Zu viele Abfragen von Genehmigungen senken die Teilnehmerzahlen

Wann, welche Genehmigungen durch den User nötig sind, hängt von jedem Projekt individuell ab. Generell gilt: Jede Angabe, die der User in seinem persönlichen Profil publiziert hat, kann mit der vorherig erteilten Freigabe von einer Applikation abgefragt werden (Abbildung 10.18). Darunter fallen beispielsweise Profilinformationen, Kontaktinformationen, eventueller Beziehungsstatus, Angaben zur Familie, Zugriff auf die Fotos und Videos des Users und weitere Daten. Darüber hinaus kann ein User auch um die Erlaubnis für eine Aktivität gebeten werden, wie z. B. das selbstständige Posten im Namen des Unternehmens.

Für einen Marketingentscheider mag dieses Sammeln von Userdaten hinsichtlich der Durchführung einer Bedürfnisanalyse oder einer Zielgruppensegmentierung, verlockend wirken, doch sollte beachtet werden, dass auch ein Fan aufmerksam hinschaut, welche Informationen von ihm abgegriffen werden. So wird geschätzt, dass pro einzelner abgefragter Erlaubnis die Beteiligung durch die User um 4 % sinkt (Quelle: Vortrag auf der Word of Mouth & Social Media Summit am 21. November 2011/Frankfurt, Dr. Andreas Bersch, Agentur-Geschäftsführer Berliner Brandung und Gründer des Blogs von *www.futurbiz.de*). Bei dem in Abbildung 10.18 gezeigten Beispiel kommt so eine beträchtliche Anzahl von Abbrechern zusammen. Fast die Hälfte aller User hat sich aufgrund der hohen Datenabfrage gegen die Nutzung der Applikation entschieden (Schätzung!).

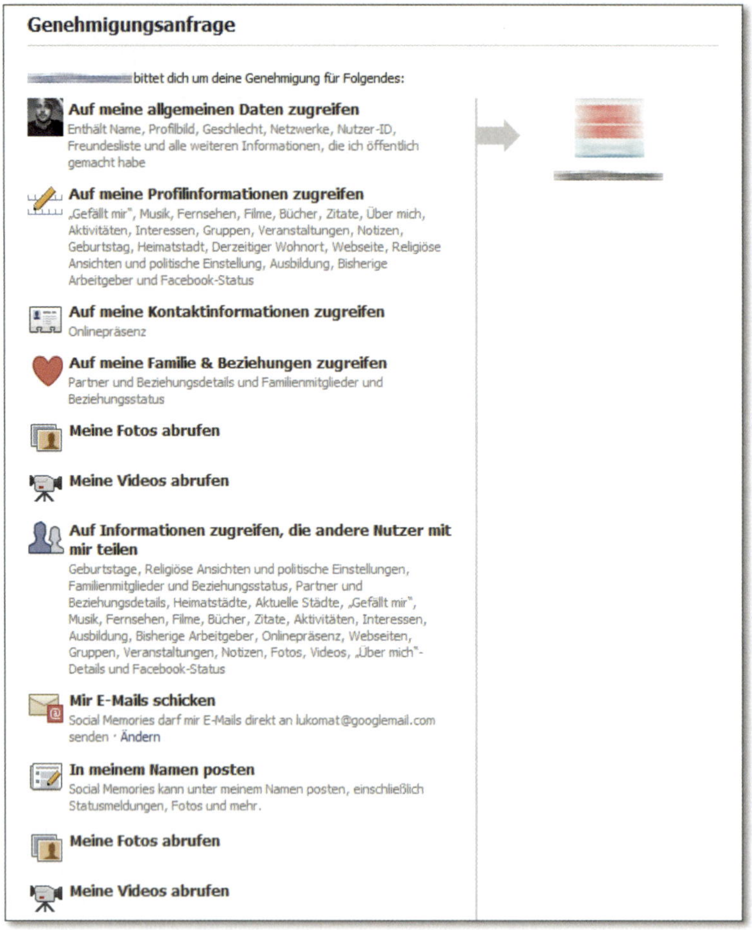

Abbildung 10.18 Eine Applikation kann viele Erlaubnisse einzelner User anfragen.

Seien Sie sich auch darüber im Klaren, dass User mit den Jahren immer sensibler hinsichtlich ihrer Daten werden. Sie möchten wissen, wann ein Unternehmen welche Information wofür sammelt und was damit passiert. Datenschutz ist ein Thema, dem bereits viel Relevanz beigemessen wird und das künftig auch immer stärker in den Fokus drängen wird. Die Empfehlung lautet also: Weniger ist mehr, fragen Sie tatsächlich nur die Informationen ab, die für die Umsetzung der Kampagne nötig sind.

Applikationen, für die es keiner vorherigen Genehmigung bedarf

Falls Sie eine Anwendung in Form eines statischen Reiters mit keinerlei Interaktion planen, dann ist für das weitere Prozedere auch keine ausdrückliche Genehmigung seitens des Users vonnöten. Meist haben diese Applikationen keinen Kampagnenhintergrund und dienen lediglich dem passiven Informationsaustausch. Eine Interaktion durch den Fan wird nicht eingefordert. Darunter fallen beispielsweise Reiter wie:

- Willkommensseiten
- Teamvorstellung
- Impressumsverweis
- etc.

Applikationen, für die es einer oder mehrerer Genehmigung/en bedarf

Die Abfrage einiger oder mehrerer persönlicher Daten ist erforderlich, sobald Sie den User auffordern, etwas zu tun. Welche Informationen hierfür nötig sind, hängt ganz von der Kampagne oder dem Projekt ab. Das Beispiel von Playmobil und der Kampagnenapplikation My Story verdeutlicht den klassischen Prozess der Abfrage und den weiteren Verlauf (Abbildung 10.19):

Abbildung 10.19 Aktivierungsablauf einer Applikation – am Beispiel von Playmobils »My Story«

1. Der User besucht die Facebook-Seite und drückt »Gefällt mir«, um die Playmobil-Applikation My Story nutzen zu können. Nach dem Klicken kommt er auf eine Art Kampagnenseite, die ihm die Idee genauer erläutert und ihn animiert, Teil der Playmobil-Geschichte zu werden.
2. Die Applikation bittet den User um seine Erlaubnis, auf ausgewählte Daten zugreifen zu können. Der Nutzer erteilt die Freigabe.
3. Nun erhält der User den kompletten Einblick in die Welt von Playmobil. Er kann sich durch die Spielzeughistorie klicken, sich über einzelne Produkte informie-

ren und seine eigene Playmobil-Geschichte in Form eines Textes, Videos oder Fotos ebenfalls hochladen.

Das Beispiel von Playmobil verdeutlicht, wie gute Applikationen umgesetzt sein können, wenn das eigentliche Konzept, die Entwicklung und die schlussendliche Umsetzung auf die Bedürfnisse der Zielgruppe eingehen:

- bedürfnisorientierte Applikationen (mit Mehrwert für die Zielgruppe),
- komplexe Aufgabenstellung einfach nutzbar gemacht und dargestellt
- userfreundliche Datenabfrage

Datenschutzbestimmungen bei genehmigungspflichtigen Apps

Applikationen, die eine Genehmigung von (Facebook-)Usern einfordern, sind den Datenschutzbestimmungen unterworfen. Diese müssen jedem Nutzer der App zugänglich sein. Da der Platz auf einer Facebook-Anwendung meist begrenzt ist, können Sie die Bestimmungen beispielsweise mit einer Schaltfläche DATENSCHUTZBESTIMMUNGEN auf der App hinterlegen und separat auf eine weitere Seite (innerhalb der App) verweisen. Sie enthält Angaben darüber, wofür die erhobenen Daten verwendet und wie sie nach Ablauf der Aktion genutzt werden. Die Regelungen sollten darüber hinaus darauf verweisen, dass der Seitenbetreiber für die Inhalte der Anwendungen verantwortlich ist. Wenn Sie die Datenschutzbestimmung aufsetzen (lassen), dann sollten Sie diese zur Sicherheit von Ihrem Anwalt gegenprüfen lassen, um möglichen Missverständnissen und späterem Ärger vorzubeugen.

Hosting von Applikationen

Applikationen bzw. deren Inhalte brauchen einen Platz, über den Facebook auf die Informationen zugreifen kann. In der Vergangenheit, als das Netzwerk den Seitenbetreibern noch eigene FBML-Anwendungen zur Verfügung gestellt hat, wurden hier auch alle nötigen Daten abgerufen. Seit der Umstellung (Anfang 2011) werden Applikationen mittels der iFrame-Technologie umgesetzt. Fortan ist es auch nicht mehr möglich, Ihre Daten bei Facebook zu hosten. Sie sollten daher im Hinterkopf behalten, dass Sie entweder die benötigten Informationen auf Ihrem eigenen Server vom Unternehmen hinterlegen oder sich Webspace bei einem Anbieter dazu buchen müssen. Meist werden diese Speicherplätze von den Anbietern nur für mindestens ein Jahr Laufzeit angeboten. Die Preise hierfür sind günstig. Informieren Sie sich bei Ihren Entwicklern nach den aktuellen Angeboten.

Wo liegen die Daten einer Applikation?

Die Frage, ob Sie eine Applikation von einem Entwickler programmieren lassen oder doch lieber auf die günstigere Variante eines Template-Anbieters setzen, sollte nicht vom Preis entschieden werden!

Gute Programmierer sind nicht immer günstig, aber gerade deshalb sind sie auch gut. Die Verwendung von vorgefertigten Templates, die Sie entsprechend Ihrer Seite anpassen können, muss nicht schlecht sein, jedoch ist klar, dass ein Entwickler weitaus mehr auf Ihre Bedürfnisse und die Ihrer Fans eingehen kann. Mit einer Vorlage müssen Sie immer einen Kompromiss eingehen, der sich auf die gesamte Qualität Ihrer App-Präsenz auswirken kann.

10.3.2 »Gefällt mir« – Ihre Unternehmenswebsite mit Hilfe von Facebook-Applikationen optimieren

Anwendungen und Kampagnen in Facebook zu realisieren, ist spannend, nicht nur für Sie, sondern auch für Ihre Fans. Doch das Netzwerk ist weitaus mehr. Facebook ist nicht nur innen, sondern auch außen. Häufig ist zu beobachten, dass sich die Unternehmen die größte Mühe geben, in der Community erfolgreich aufzutreten, aber vergessen, die eigene (externe) Unternehmenswebsite mit in den Facebook-Prozess einzubinden. Dabei kann eben diese Power (Besucher der Website) für die Facebook-Kommunikation umgeleitet werden.

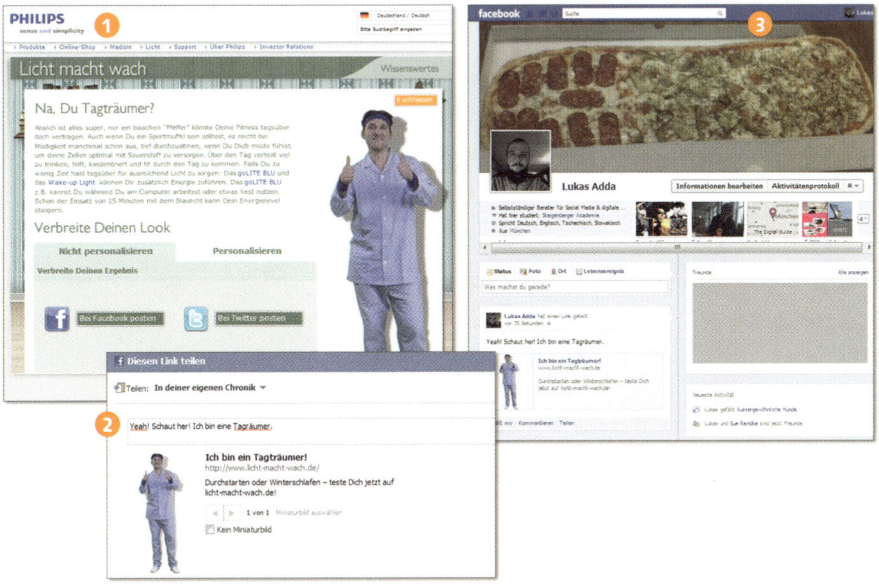

Abbildung 10.20 Der Facebook-Community zeigen, was extern passiert

Die »klassische« Herangehensweise sieht z. B. wie folgt aus (Abbildung 10.20):

1. Ein User besucht die Kampagnenseite *www.lichtmachtwach.de* von Philips. Auf dieser Seite geht es darum, einen kurzen Gesundheitstest durchzuführen. Das

Ergebnis wird dem User durch einen Avatar präsentiert, den er selbst noch individualisieren kann (Gesichtsfotoupload).

2. Der Nutzer kann im nächsten Schritt seine Ergebnisse und den individualisierten Avatar mit den eigenen Facebook-Freunden teilen.

3. Der Beitrag erscheint im Newsfeed und auf der eigenen Pinnwand. Mit der Kraft des Users und dem Einsatz von Social Plugins werden Informationen über eine Kampagne in Facebook gestreut, die tatsächlich gar nicht im Netzwerk stattfindet.

Längst bietet das Netzwerk aber auch Anwendungen an, die über das reine Drücken einer »Gefällt mir«- oder der »Empfehlungs«-Schaltfläche hinausgehen. Diese Tools sind weitestgehend gesetzt und werden häufig verwendet. Die nächste Generation an Anwendungen basiert auf dem sogenannten *Open Graph* – einer von Facebook entwickelten Technologie, die externe Webseiten noch stärker an die Community binden soll und somit auch die Fans an die Unternehmen (Abbildung 10.21).

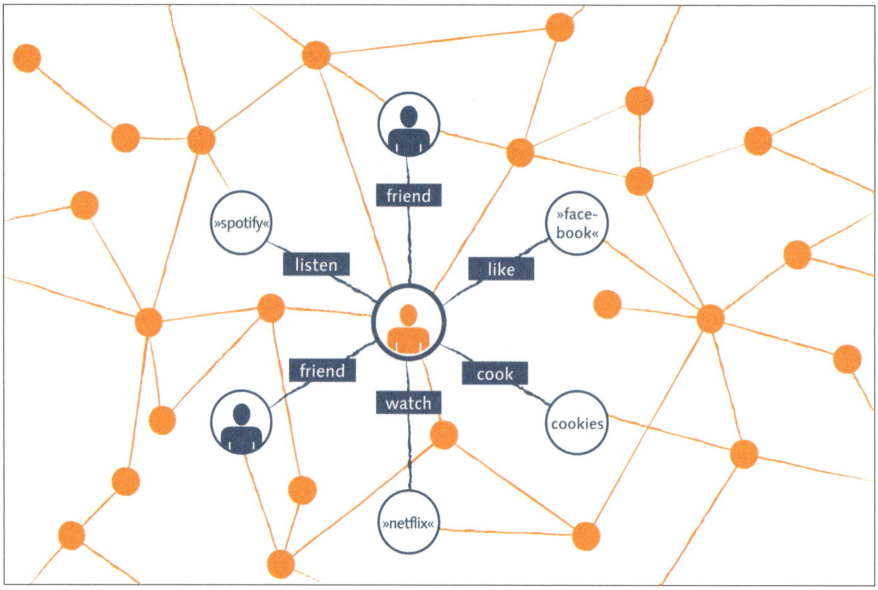

Abbildung 10.21 Facebook Open Graph schafft Datenaustausch zwischen dem Netzwerk, Unternehmen, Nutzern und deren Inhalten.

Open-Graph-Applikationen – die nächste Generation

Im Jahr 2011 hat das Netzwerk damit begonnen, neben den »üblichen« und weit verbreiteten Social Plugins (z. B. »Gefällt mir«) weitere neue und verbesserte Applikationen für Websitebetreiber anzubieten. Die folgende Auswahl an Anwendungen kann Ihnen helfen, Ihre Homepage noch stärker mit der Community zu verknüpfen. Nutzen Sie die Kraft jedes Homepage-Besuchers durch den Einsatz …

… eines Login-Buttons

Sie bieten Ihren Besuchern auf der Website einen Bereich an, den nur registrierte Kunden betreten dürfen? Nach vielen Jahren der ständig neuen und unterschiedlichen Anmeldungen, sind die User müde geworden, was das Anlegen von neuen Profilen betrifft. Mit der Facebook-Applikation LOGIN auf der Website ermöglichen Sie eine Anmeldung über das bereits bestehende Facebook-Profil des Besuchers (Abbildung 10.22). Daraus ergeben sich viele weitere Vorteile für den Nutzer und Sie als Unternehmer. So ist es Ihren Kunden möglich, Beiträge auf Ihrer Homepage zu kommentieren (falls Sie das zulassen), und dieser Beitrag wird automatisch auch im Newsfeed des Kunden in Facebook angezeigt.

Abbildung 10.22 Anmeldung über den bestehenden Facebook-Account ermöglicht den späteren Austausch von Daten und Informationen.

… von Like-Boxen

Bei den LIKE-BOXEN handelt es sich um Container, die auf der Homepage eingebettet werden. So werden Besucher einer Website darüber informiert, dass das Unternehmen auch auf Facebook aktiv ist und welche Inhalte (seitens des Seiteninhabers) besprochen werden (Abbildung 10.23). Die Einbettung einer solchen »Like Box« ist meist schnell umgesetzt (das ist jedoch abhängig von Ihrer IT). Hierzu hält das Netzwerk auf seiner Entwicklerseite FACEBOOK DEVELOPERS nützliche Funktionen bereit, die es Ihnen ermöglichen, auch ohne eigenen Programmieraufwand an solche Boxen heranzukommen.

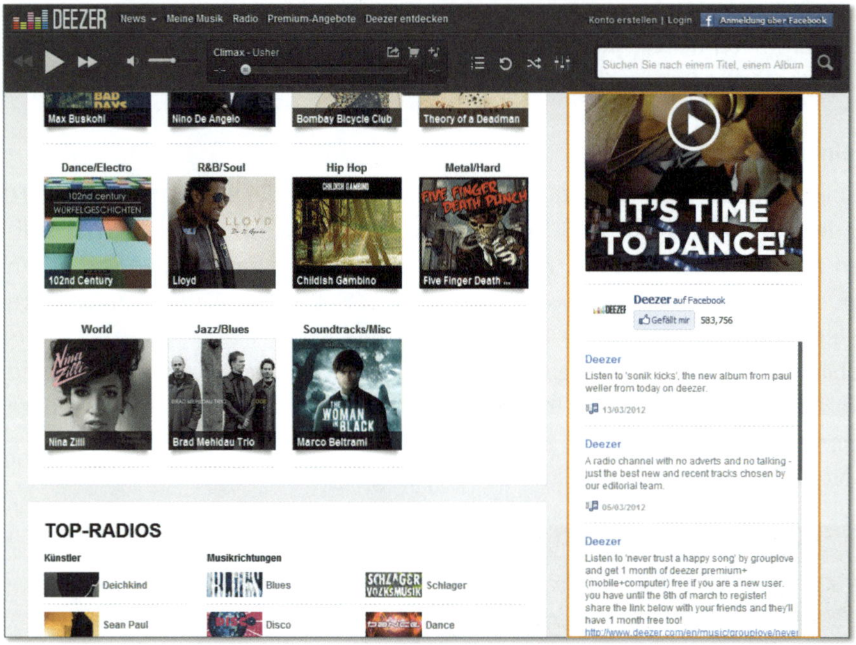

Abbildung 10.23 Zeigen Sie zum Beispiel Ihren Websitebesuchern, dass Sie auch auf Facebook eine Präsenz haben, und bieten Sie Ihnen an, Fan zu werden.

... unterschiedlicher Interaktionsfelder

Wie bereits beim Login-Button erwähnt, können auch die Aktivitäten der Kunden auf Ihrer Webseite für die Kommunikation auf Facebook genutzt werden. Unterschiedliche Interaktionsapplikationen bietet das Netzwerk hier an. So können beispielsweise die Facebook-Freunde eines Kunden darüber informiert werden, wenn dieser auf der Website einen Artikel gekauft hat. Dem Kunden wiederum können vom Shopbetreiber genau die Produkte angeboten werden, die sich mit dessen Interessen auf Facebook decken. Ein Fan mit Vorliebe für Jeans wird in diesem Fall nicht mit Angeboten für Anzüge konfrontiert.

Automatisierte Funktionen sind bald keine Seltenheit mehr

Eine weitere Richtung der innovativen Kommunikation mittels Applikation hat erst kürzlich die Onlineausgabe der Washington Post eingeschlagen. Sie bietet ihren Lesern eine Anwendung auf Facebook an, die auch einen direkten Einfluss auf deren Newsfeed ausübt, auch wenn der User weder gerade im Netzwerk eingeloggt ist noch einen Artikel der Zeitung kommentiert. Schon allein das Anklicken der Überschrift eines Artikels wird an das Netzwerk weitergegeben und an die Freunde übermittelt. Darüber hinaus hebt die Zeitung Themen hervor, die sich mit den Interessen bzw. dem Facebook-Profil decken (Abbildung 10.24).

Abbildung 10.24 »Washington Post Social Reader« protokolliert die Nutzung und den Leseverlauf der Websitebesucher.

Es gibt viele unterschiedliche Möglichkeiten der Verwendung von Facebook-Applikationen für Ihre Website. Sie sind mit Sicherheit sehr hilfreich, um die Bekanntheit Ihres Unternehmens zu steigern. Für welche Art der Anwendung Sie sich entscheiden, ist abhängig von der jeweiligen Firma und Homepage. Aber auch hier gilt: weniger ist manchmal mehr. »Kleistern« Sie Ihre Homepage nicht mit einem wilden Strauß an Facebook Social Plugins zu. Auch wenn Facebook für das Marketing wichtig ist, die Website ist weiterhin Ihre Präsenz! Der Kunde besucht sie wegen der Angebote dort und will sich nicht erst durch eine Vielzahl von Facebook-Funktionen kämpfen. Eine detaillierte Übersicht über die aktuell populärsten Facebook Social Plugins und eine Empfehlung, wie Sie diese verwenden können, finden Sie auch in Abschnitt 9.1, »Verwendung von Facebook Social Plugins auf Ihrer Website«.

10.4 Wie Sie Ihre Entwickler für einen effizienten Ablauf briefen

Ein erfolgreiches Projekt beginnt nicht erst bei der Kampagne als solcher, sondern bereits sehr viel früher: beim Aufsetzen und Entwickeln des eigenen Projektmanagements. Wenn Sie sich entschließen sollten, Ihren Fans eine Applikation auf der Seite anzubieten, dann brauchen Sie ein Team, das Sie dabei unterstützt. Dieses besteht aus mindestens drei Parteien:

- Grafiker
- Entwickler/Programmierer
- Projektmanager (gegebenenfalls Sie)

Der folgende Praxisteil begleitet ein Projekt, in dem es um die Entwicklung eines Weihnachtskalenders in Form einer Facebook-Applikation geht.

(Facebook) User sind wie Reisende, die mal hier, mal da anhalten und schauen. Sie bleiben jedoch nicht stehen, wenn es nichts zu sehen gibt. Daher besteht das Entwickeln einer Applikation nicht nur aus ihrer eigentlichen Programmierung, sondern auch aus einem Layout. Die Gestaltung einer Anwendung ist der erste wichtige Aspekt, der einen User dazu animiert, anzuhalten und sich umzuschauen oder weiter seinen Newsfeed abzugrasen. Den visuellen (An-)Reiz sollten Sie keinesfalls unterschätzen.

Gut zu wissen: Erst der Grafiker, dann der Programmierer

Eine Applikation wird meist von zwei Parteien operativ umgesetzt. Von einem Grafiker und einem Programmierer. Sie sollten bei der Entwicklung beachten, dass ein Programmierer erst mit seinem Job beginnen kann, wenn der Grafiker seine Arbeit erledigt hat. Erst jetzt kann der Programmierer, basierend auf den gestalterischen Vorgaben, die eigentliche technische Infrastruktur schaffen.

10.4.1 Schritte zu einer erfolgreichen Applikation

Setzen Sie als Projektmanager einen Plan auf, der beinhaltet, welche Partei welchen Content wann liefern muss (Abbildung 10.25). Planen Sie ausreichend Zeit für Abstimmungen ein und für die Überarbeitung durch die jeweilige Instanz.

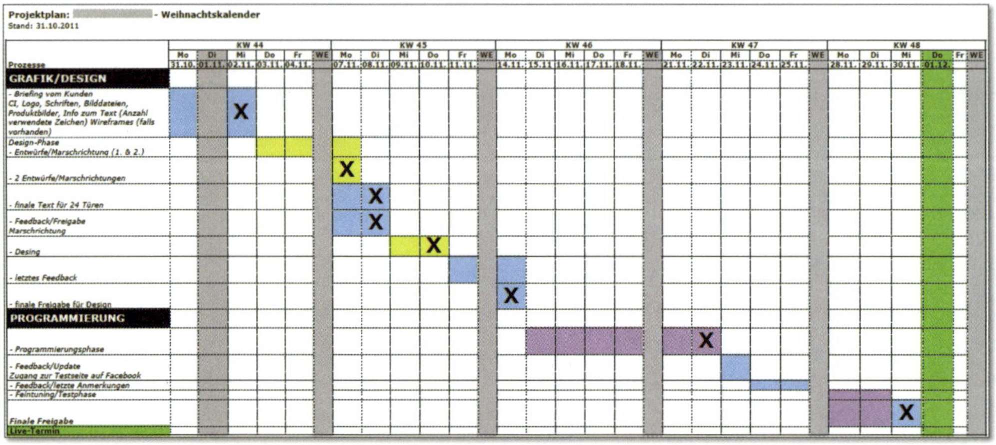

Abbildung 10.25 Ein detaillierter Projektplan hilft Ihnen, den Überblick zu bewahren.

Erste Instanz – die Grafik

- Briefen Sie den Grafiker darüber, in welchem Format er das Weihnachtsdesign anlegen soll (diese Information ist später auch für den Entwickler relevant!).
- Stellen Sie dem Grafiker alle relevanten Daten zur Verfügung, die es ihm erst möglich macht, mit dem Arbeiten zu beginnen. Das beinhaltet beispielsweise die Bildmotive und Abbildungen, die verwendet werden sollen, und Ihre verwendeten Schriften und Logos (kurz Ihre Corporate Design Guidelines, falls vorhanden).
- Je nach Konzept sind unterschiedliche Ansichten für eine Weihnachtskalender-App zu erstellen: Design für die Totale bzw. Teaser (Übersicht über alle Weihnachtstüren/Vorstellung der Aktion), Design für das einzelne (geöffnete) Türchen (das je nach Tag thematisch angepasst wird), Design für eventuelle Infoboxen (bei einer angeschlossenen Gewinnverlosung müssen die User mittels eingeblendeter Benachrichtigung über den weiteren Prozess informiert werden), Design für die separate Seite zu den Datenschutzbestimmungen, Design für das Applikationsmotiv
- Nennen Sie Ihrem Grafiker eine realistische Deadline, bis wann Sie die Entwürfe und Layouts für die Facebook-Applikation benötigen.
- Informieren Sie indes parallel den Programmierer, wann er die finalen Designvorlagen zur Weiterverarbeitung zugeschickt bekommt.

Zweite Instanz – der Entwickler

- Informieren Sie den Entwickler darüber, wo die Applikation gehostet werden soll. Um eventuellen späteren Streitigkeiten auszuweichen, sollten Sie Daten nicht direkt beim Programmierer hosten. Wenn bislang kein Ort definiert ist, wenden Sie sich an einen Webspace-Anbieter, und buchen Sie sich einen Hosting-Platz an.
- Briefen Sie den Programmierer sorgfältig, und stellen Sie ihm die finalen Grafikvorlagen (inklusive der Formatangabe) zur Weiterverarbeitung zur Verfügung.
- Damit die aktuellen Fans nicht schon Anfang November Zeugen eines ungewollten und unfertigen Weihnachtskalenders werden, ist es zu empfehlen, eine weitere Seite anzulegen, auf die keiner außer Ihnen und Ihrem Programmierer Zugriff haben. Hier kann die entstehende App im Applikationsbereich der Facebook-Seite eingebettet und im weiteren Verlauf getestet werden.
- Planen Sie ausreichend viel Zeit für die Testphase ein, und nutzen Sie diese, um die neue Anwendung auf Herz und Nieren zu checken.
- Um die Applikation nach ihrer Testphase auf die eigene Seite zu übertragen, können Sie entweder selbst die Anwendung einstellen oder Ihren Programmierer für diese Phase zum Mitadministrator der Seite machen. Er bettet Ihnen dann die Anwendung ein.

11 Facebook-Kampagnen – ganzheitliche Nutzung von Facebook-Diensten

Setzen Sie eine Social-Media-Struktur auf, die Ihre Facebook-Seite und alle Ihre bisherigen Kanäle sinnvoll integriert. Lassen Sie sich einen Leitfaden für die Entwicklung von Kampagnen an die Hand geben, und inspirieren Sie Ihre Kollegen mit neuen, innovativen Ideen.

Lange sind die Zeiten her, als sich Unternehmen in der komfortablen Situation befanden, nur der Sender von Botschaften zu sein. Es gab ein paar kleine und große Kommunikationskanäle wie TV, Print, Radio und Webseiten, die es einer Firma ermöglichten, eine Kampagne nach ihrem Ermessen zu entwickeln und zu steuern. Mit dem Einzug des Webs 2.0 und einer Fülle neuer Kommunikationskanäle und Technologien hat sich das Marketing radikal verändert. Plötzlich steht den Entscheidern eine schier unbegrenzte Zahl an Kommunikationsinstrumenten zur Verfügung, um die Menschen, Kunden und jene, die es vielleicht noch werden (sollen), anzusprechen.

In diesem Kapitel geht es nicht darum, zu erörtern, ob dieser Paradigmenwechsel gut oder schlecht für das Marketing ist. Da Sie dieses Buch gerade in der Hand halten, ist davon auszugehen, dass Sie eben dieser modernen Entscheidergeneration angehören, die sich für diese Form der Ansprache begeistert und die Frage »Ob?« schon längst durch »Wie?« abgelöst hat. Auch die Frage, wie relevante 2.0-Plattformen und -Portale strategisch sinnvoll unter Ihrem Unternehmensdach integriert werden und wie groß der Einfluss von Facebook dabei ist, ist eine grundlegende Überlegung Ihrerseits. Gerade wegen der großen Dominanz von Facebook sollten Sie genau überlegen, welchen Stellenwert das Netzwerk heute für Ihre Marke hat und wie wichtig es künftig für die Marke werden wird. Wenn Ihr Unternehmen bereits über weitere Plattformen wie YouTube, Twitter und flickr verfügt, gibt es unterschiedliche Modelle, die eine Verzahnung von Ihrer Website mit Facebook ermöglichen.

Die strategische Frage ist demnach, ob das Netzwerk eine zentrale Rolle für die Markenpräsenz und -kommunikation einnehmen soll oder ob die Community lediglich als Ergänzung Ihrer Unternehmens- und Marketingplanung dienen soll.

11.1 Wie Sie Ihre bereits bestehenden Social-Media-Plattformen integrieren

In den letzten fünf bis sechs Jahren sind viele Communitys, Video- und Fotoportale, Blogs und andere User-Generated-Content-Plattformen auf der Bildfläche erschienen und wieder verschwunden. Hunderte kommen monatlich dazu, und der User hat eine scheinbar unbegrenzte Anzahl von Anbietern. Auch wenn die Masse groß erscheint, einige wenige dieser Anbieter sind bereits längst zum Mainstream übergangen. Dieser Abschnitt setzt voraus, dass ein Unternehmen, neben einer Facebook-Präsenz, über weitere Social-Media-Kanäle verfügt oder Planungen für so ein Vorhaben bestehen.

Massenmedien und Medienmassen – wie ergibt die Integration der eigenen Medien Sinn?

Generell gilt: Eine Integration anderer Social-Media-Kanälen in Facebook und/oder innerhalb der Homepage lohnt sich erst, wenn eine langfristige und kontinuierliche Nutzung der Portale angedacht wird. Falls Sie bereits über weitere 2.0-Accounts verfügen, diese aber eher situationsbedingt und ad hoc verwenden, reicht es möglicherweise aus, wenn Ihre Fans auf dem Inforeiter der Facebook-Seite über die weiteren Plattformen informiert werden. Eine weitere Einbettung erfolgt dann mit kontinuierlichen Fotos-/Videopostings, die Ihre Nutzer an die jeweiligen Portale verweisen.

Die folgenden beiden Modelle sollen Ihnen aufzeigen, welche zwei grundsätzlichen Möglichkeiten der strategischen Integration es gibt. Es ist dabei nicht entscheidend, ob Sie auf allen genannten Plattformtypen aktiv sind. Vielmehr sollen die Modelle Ihnen helfen, die künftige Marschrichtung hinsichtlich der Organisation und Koordination der Kanäle zu bestimmen.

11.1.1 Modell I – Facebook ist die Mitte

Im ersten Modell nimmt die Facebook-Seite eines Unternehmens eine zentrale Rolle in der gesamten Kommunikation ein. Alle bestehenden Social-Media-Kanäle (inklusive Blogs) existieren für sich selbst, werden aber zusätzlich im Netzwerk eingebettet und gebündelt (Abbildung 11.1). Die Integration kann beispielsweise durch die Verwendung von separaten Applikationen erfolgen, die die neuesten Inhalte immer automatisch von der jeweiligen Plattform auf die Seite ziehen. Der Seiteninhaber kann aber auch auf Applikationen verzichten und postet nur den aktuellen Content des Portals. In diesem Fall sollte Ihr Community Manager Aktivitäten im Redaktions- und Content-Plan aufgreifen und planen. Die Website der Firma ist von einer generellen Umstrukturierung nicht betroffen. Lediglich ein Social-Plugin-

Verweis, z. B. in Form einer »Like Box«, ist auf der Unternehmens-Homepage integriert und macht die Besucher der Marke auf die Existenz/Aktivitäten in Facebook aufmerksam. Einzig die Integration eines möglicherweise bestehenden Location-Based-Service-Accounts (z. B. foursquare) erscheint in einer Facebook-Unternehmensseite nicht ganz sinnvoll.

Gut zu wissen: Wozu foursquare, wenn Sie bereits Facebook Orte verwenden?

Das Anlegen eines Unternehmensprofils auf foursquare ist nur relevant, wenn es sich bei der Firma auch tatsächlich um einen physischen Ort wie ein Restaurant/Café oder eine Bekleidungsgeschäft handelt. In diesem Fall ist jedoch die Facebook-Seite ebenfalls optimaler Weise als Facebook-Ort angelegt, an dem sich User einchecken können. Um einer Kannibalisierung vorzubeugen, ist eine Integration daher nicht sinnvoll – schließlich sollen sich die Kunden lieber direkt in Ihrem Geschäft auf Facebook einchecken als auf foursquare. Dies schließt aber die Nutzung von foursquare im Kampagnenkontext nicht unbedingt aus. Gegen eine private Nutzung spricht selbstverständlich nichts, aber dieser Account hat in der aktuellen Business-Aufstellung nicht zu suchen.

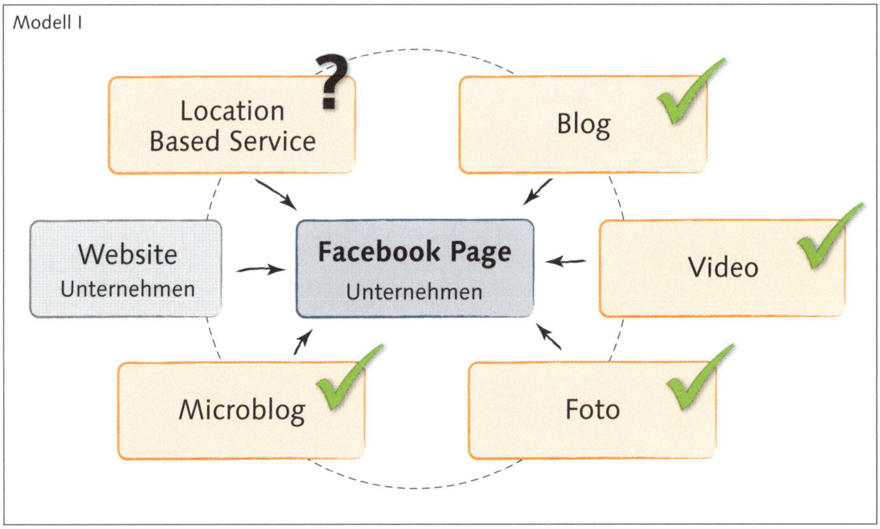

Abbildung 11.1 Facebook als Zentrum aller Social-Media-Kanäle des Unternehmens

Falls Sie planen, sich für die Modell-I-Marschrichtung zu entscheiden, können Sie, wie bereits erwähnt, jeden neuen Content der anderen Plattformen manuell (basierend auf einem Redaktionsplan) als Beitrag posten. Sie können aber auch anders verfahren und die bestehenden Social-Media-Kanäle auf der eigenen Facebook-Seite direkt integrieren. Für diesen Fall stehen Ihnen zwei Varianten zur Verfügung, die beide den Griff in die Applikationskiste erfordern:

- **Entwicklung eigener Applikationen**
  Da das Netzwerk zu solchen Zwecken keine eigenen Anwendungen anbietet, muss Ihnen Ihr Entwickler für jeden einzelnen Kanal eine Applikation programmieren. Wie Sie die Reiter gestalterisch umsetzen und wie der Content innerhalb der App strukturiert und angezeigt wird, bleibt Ihnen überlassen.
- **Nutzung eines Drittanbieters**
  Eigens für Facebook-Seiten gibt es Drittanbieter, die für solche Situationen Lösungen für jeden einzelnen Kanal anbieten (YouTube, Twitter, flickr etc.). Der Nachteil: Es handelt sich um vorgefertigte Templates, auf die der Nutzer wenig bis kaum Einfluss nehmen kann, was das Design oder die Anordnung der Inhalte angeht. Nichtdestotrotz kann es sich hierbei um einen guten Kompromiss handeln. Einer dieser Anbieter ist Involver, der für jeden Topf den passenden Deckel anbietet (Abbildung 11.2). Speziell bei diesem Dienstleister können, auf Anfrage, auch individuelle Vorlagen entwickelt werden, was folglich bedeutet, dass die Applikation gebaut wird und wieder die erste Option in Kraft tritt. Mehr Details und Preisauskünfte finden Sie unter: *http://www.involver.com/*

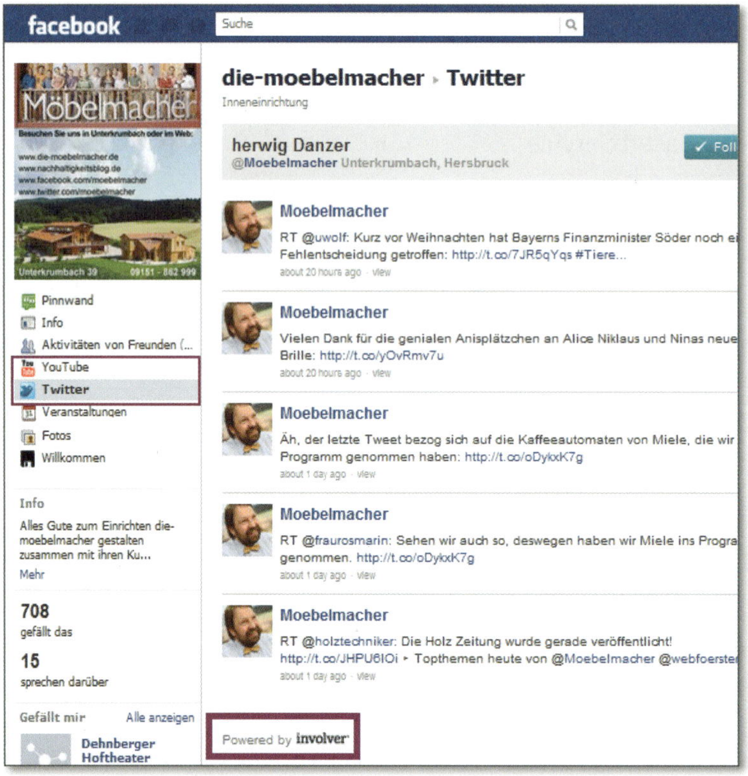

Abbildung 11.2 Involver bietet für die Integration der relevantesten Social-Media-Kanäle die passende Applikation an.

11.1.2 Modell II – Ihre Website ist der King

Das zweite Modell unterscheidet sich grundlegend vom ersten. Die Homepage der Firma ist der »Star« und bündelt alle verfügbaren Kanäle auf der eigenen Präsenz (Abbildung 11.3). Die Facebook-Seite ist weiterhin ein wichtiger Bestandteil der Kommunikation, jedoch bildet das Netzwerk nicht das Zentrum der Kommunikationsstrategie. Alle Aktivitäten hinsichtlich Videos, Fotos, neuer Beiträge des hauseigenen Blogs und eventueller Check-ins in Ihrem Laden/Geschäft werden auf der Firmenwebsite angezeigt. Wichtige Informationen bzw. relevante Inhalte (Redaktions- und Content-Plan!) werden vom Unternehmen manuell auf der Facebook-Seite gepostet. Darüber hinaus sorgen integrierte Open-Graph-Applikationen auf der Website dafür, dass der genutzte Content (Artikel, Videos, Fotos) an das Netzwerk und an die Freunde des Verwenders weitergeleitet wird.

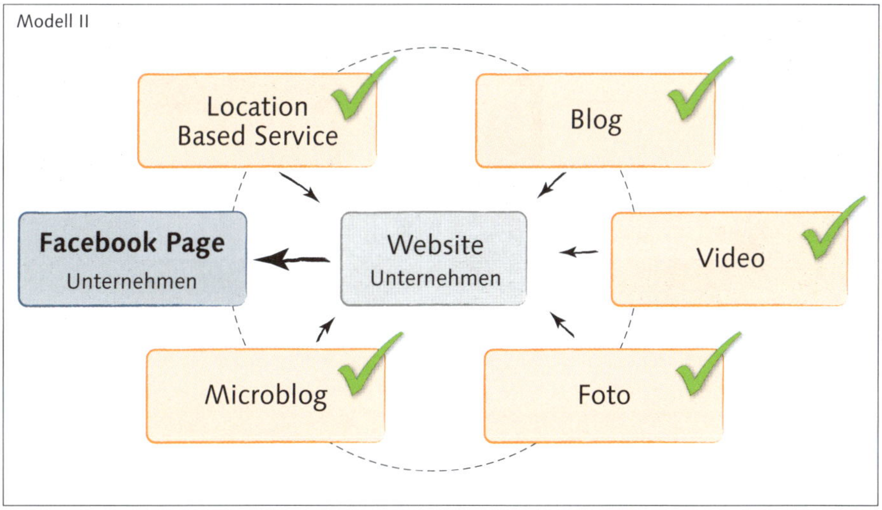

Abbildung 11.3 »Homepage is King« und streut alle relevanten/verwendeten Inhalte an das Netzwerk weiter.

Wie so ein Modell »live« aussehen kann, zeigt uns der niederländische Radiosender 3FM.nl (Abbildung 11.4). Die Unternehmenswebsite gleicht einem interaktiven Newsboard, das seine Informationen kontinuierlich von den Unternehmensquellen auf den Portalen wie YouTube, flickr und Twitter anzapft und gebündelt in Infoboxen auf der Homepage anzeigt. Mit einem Klick auf eine dieser Boxen wird der User an den jeweiligen Kanal weitergeleitet. Mit einer Login-Schaltfläche über das eigene Facebook-Profil kann der User 3FM-Beiträge »liken«, kommentieren und zeitgleich die Freunde im Netzwerk darüber informieren, ohne tatsächlich vor Ort zu sein.

Abbildung 11.4 Radiosender 3FM.nl bündelt alle Social-Media-Kanäle auf seiner Website.

Strategische Entscheidung: Welches Modell passt zu mir?

Diese Frage können Sie am allerbesten entscheiden. Hier finden Sie weitere Anmerkungen, die Ihnen bei der Entscheidungsfindung hilfreich sein können:

- Hören Sie in Ihre Kundschaft/in Ihre Fans rein, und versuchen Sie, herauszufinden, wie deren Mediennutzungsverhalten aussieht. Im Fall des Radiosenders 3FM handelt es sich um eine sehr junge und dynamische Zielgruppe, die es gewohnt ist, viele Informationen zeitgleich, parallel und schnell aufzunehmen. Daher ergibt eine Kommunikationspolitik in diesem Stil für die Firma und die User Sinn. Für Ihre Firma auch?
- Rechtfertigt die Anzahl der unterschiedlichen Kanäle eine langfristige Restrukturierung der Website oder reicht es aus, die ein oder zwei Portale als einzelne Reiter direkt auf der Facebook-Seite zu integrieren?
- Werden die bereits bestehenden Social-Media-Kanäle wie YouTube oder flickr kontinuierlich mit neuen Inhalten aktualisiert? Falls dem nicht so ist, dann ist es vielleicht sinnvoller, keinen der Kanäle auf Facebook oder der Website zu integrieren und vielmehr die User via einer Postingstrategie (basierend auf einem Redaktionsplan) zu informieren.

11.2 Kampagnenentwicklung

Sie haben sich entschlossen, eine Kampagne umzusetzen, die auf die Facebook-Seite Ihres Unternehmens einzahlen soll. Sie haben hier zwei Möglichkeiten, weiter vorzugehen. Entweder Sie entscheiden sich dafür, eine Agentur zu Rate zu ziehen. Diese liefert Ihnen hierzu die Strategie und die Leitideen und unterstützt Ihr Unternehmen auch bei der operativen Umsetzung. Die zweite Option sieht vor, dass Ihr Unternehmen alles selbst in die Hand nimmt und nur Spezialisten hinzuzieht, wenn es beispielsweise um die Produktion von Content (Videoclips, Fotoaufnahmen, Grafiken etc.) geht. Abhängig von den zeitlichen Ressourcen und dem zur Verfügung stehenden Budget wird die Wahl auf eine der beiden Varianten fallen.

11.2.1 Agentur übernimmt die Kampagnenentwicklung

Ob nun aus zeitlichen Gründen, aus Mangel an Personal oder schlichtweg, weil in Ihrem Unternehmen bislang noch keine große Facebook- und Social-Media-Expertise gelebt wird – es gibt viele gute Gründe, sich für eine Agentur zu entscheiden und die operative Begleitung Ihrer Kommunikationsmaßnahme zu beauftragen. In diesem Fall kann Ihr künftiger Partner jedoch auch nur die gewünschten Erwartungen erbringen, wenn der Zusammenarbeit ein möglichst reibungsloser Prozessablauf zugrunde liegt:

1. **Setzen Sie Ihrer (künftigen) Agentur Ziele**
   Egal wer Ihr Unternehmen ist, was Sie produzieren/anbieten oder welche groben Vorstellungen Sie bereits hinsichtlich einer Kampagne im Kopf haben, ohne vorab definierte Ziele wird Ihnen eine Agentur nur schwer helfen können. Formulieren Sie also so konkret wie nur möglich klare Ziele, die auch im späteren Verlauf kontrollier- und messbar sind. Zielvorgaben können beispielsweise sein:
   - Steigerung der Facebook-Fanzahlen um 25 % innerhalb der nächsten sechs Monate
   - Steigerung des weiblichen Zielgruppenanteils auf der Facebook-Seite um 12 % mit Ablauf des laufenden Jahres
   - monatliche Steigerung der Interaktion auf der Facebook-Seite um je 5 % in den kommenden drei Monaten.

   Die Erfahrung zeigt aber, dass die Realität meist doch etwas anders aussieht: »Einführung des Produkts XY mit Hilfe von Facebook und anderen Social-Media-Maßnahmen«. Generell ist das ein schönes Ziel, wenn es doch nur ein Ziel wäre. Hierbei handelt es sich um eine Aufgabenstellung. Falls Sie vor dieser Situation stehen sollten, versuchen Sie daher, aus der Aufgabe ein oder mehrere Ziel(e) abzuleiten. Die Agentur und Ihre spätere Erfolgskontrolle werden es Ihnen danken.

2. **Schreiben Sie ein Agentur-Briefing**
   Sie haben eine konkrete Vorstellung, was die künftige Agentur für Sie machen soll. Führen Sie alle diese relevanten Punkte und Details in einem Briefing-Dokument aus, damit der Partner einen umfassenden Überblick über die Situation und die Erwartung bekommt. In diesem Fall gilt: mehr ist mehr – welche Bestandteile ein Briefing beinhalten sollte, erfahren Sie in Abschnitt 11.4, »Das richtige Briefen von Agenturen und Beratern«.
3. **Schreiben Sie einen Agentur-Pitch aus**
   Eine Ausschreibung dient dazu, dass Sie aus einer Reihe von Ideenvorschlägen einen auswählen, der Ihrer Ansicht nach am effektivsten (und effizientesten) die gesteckten Ziele erreicht. Einen Aufruf zum Pitch können Sie beispielsweise in Ihren relevantesten Fach- und Kommunikationsmedien (z. B. Horizont, Werben und Verkaufen etc.) inserieren oder konkret unterschiedliche Agenturen anschreiben (falls Sie bereits welche favorisieren).
4. **Wählen Sie aus den ersten Interessenten aus**
   Sie haben von vielen unterschiedlichen Dienstleistern eine positive Rückmeldung bekommen, dass diese sich gerne vorstellen möchten. Wählen Sie von diesen drei bis fünf Favoriten aus, und senden Sie Ihnen das Briefing-Dokument zu. Auch bei einem gut geschriebenen Briefing ergeben sich meist Fragen auf Seiten der Agentur. Dem kann Abhilfe geschaffen werden, wenn ein zusätzliches persönliches oder telefonisches Meeting einberufen wird und die letzten offenen Fragen geklärt werden. Jetzt ist die Agentur bereit, für Ihre Firma eine Pitch-Präsentation zu erstellen.
5. **Laden Sie zur Pitch-Präsentation ein**
   Eine Pitch-Präsentation dient Ihnen dazu, sich von den Agenturen die erdachten Maßnahmen vortragen zu lassen. Ein persönliches Treffen ermöglicht zugleich, einander besser kennenzulernen und zu checken, ob Sie sich eine Zusammenarbeit vorstellen können.
6. **Wählen Sie die beste Idee aus**
   Alle Agenturen haben sich bei Ihrem Unternehmen vorgestellt und ihr Konzept für eine Facebook-Kampagne vorgetragen. Jetzt liegt es an Ihnen und Ihren Kollegen, zu entscheiden, welches Konzept das Unternehmen am ehesten voranbringt.

11.2.2 So entwickeln Sie eine Kampagne

Sie werden sich vielleicht wundern, wieso in diesem Kapitel nicht explizit von einer Facebook-Kampagne die Rede ist. Auch wenn Sie diese planen, ist und bleibt es eine Kampagne, die sich bei der Entwicklung an einen bestimmten Ablauf halten muss/sollte.

Zielsetzung und Aufgabenstellung

Die Zielsetzung steht über allem anderen. Wenn ein Entscheider nicht weiß, was er für Ziele verfolgt, hat er auch keine Möglichkeit, zu entscheiden oder Aufgaben auf andere (z. B. Agenturen) zu übertragen. Werden Sie sich darüber klar, was Sie und Ihr Unternehmen erreichen möchten (Abbildung 11.5).

Abbildung 11.5 Setzen Sie Ihren geplanten Aktivitäten konkrete Ziele.

Recherchieren Sie, so viel Sie können

(Sehr) gute Hintergrundinformationen sind das A und O jeder Kampagne, die erfolgreich zum Ziel führen soll. Nur mit umfangreichen Recherchen können Sie sich einen Überblick über die aktuelle Situation verschaffen und setzen womöglich mit einer finalen Idee auf kein falsches Pferd. Es ist zu empfehlen, nicht wild draufloszurecherchieren, sondern die Suche nach wichtigen Informationen, die das Konzept betreffen, systematisch zu betreiben. Eine Clusterung nach Dachthemen kann hier sehr hilfreich sein:

Zielgruppe/n | Da Sie tagtäglich Ihre Zielgruppe begleiten, liegen Ihnen bereits viele wichtige Informationen vor, wie beispielsweise wer Ihre Kundschaft ist, wie sie tickt, was sie mag und welche Bedürfnisse sie hat. Falls Ihnen ein genaues Profil noch nicht vorliegt, kann da eine Zielgruppensegmentierung gute Dienste leisten. Für eine Facebook-Kampagne reicht es jedoch nicht aus, zu wissen, wie die eigene Zielgruppe soziodemografisch (Geschlecht, Alter, Wohnort, Bildung, Haushaltseinkommen etc.) aufgestellt ist. Wesentlich ist vor allem die Information, ob die (potenzielle) Kundschaft überhaupt auf Facebook aktiv ist. Besteht die Kundschaft einer Marke beispielsweise vermehrt aus Kindern unter 13 Jahren, sind Aktionen auf Facebook schon per se nicht realisierbar, da eine offizielle Registrierung seitens Facebook erst ab diesem Alter erlaubt ist. Diese Situation muss jedoch nicht zur Folge haben, dass an dieser Stelle die Facebook-Fahrt vorbei ist. Vielmehr ist dieses erlangte Wissen Gold wert. Die Marke kann dieses »Insight« nutzen, indem Sie eine Zielgruppe anspricht, die den Kindern am nächsten ist, die Mütter. Und wenn eine Nutzergruppe auf Facebook stark vertreten ist, dann sind es die Mütter.

Selbstverständlich ist aber nicht nur das Alter der Zielgruppe auf Facebook wichtig. Weitere Indikatoren und Verhaltensmuster helfen, die Fans besser zu verstehen, wie z. B.:

- Welche Push-Posts sind in der Vergangenheit gut angekommen, und welche haben für wenig Interaktion gesorgt?
- Sind Ihre Fans Frühaufsteher und bereits morgens mit Konversationen auf der Wall beschäftigt, oder sind sie eher nachtaktiv?
- Bekommt Ihre Facebook-Präsenz wiederkehrenden Besuch von Fans und Unterstützern, die eventuell für spezielle Fanprogramme angefragt werden können?

Gut zu wissen: Was ist eine Zielgruppensegmentierung?

Mit diesem Begriff wird ein Vorgang beschrieben, der eine große Zielgruppe in kleinere Gruppen aufteilt und jede einzelne nach soziodemografischen und weiteren Parametern definiert. Beispiel: Ein Restaurantinhaber hat eine Segmentierung durchgeführt und festgestellt, dass unter allen seinen Gästen drei Gruppen besonders hervorstechen: Frühstücker, Pasta-Liebhaber und Familien mit Kindern. Mit diesen Insights kann sich der Inhaber gezielte (Online-)Aktionen überlegen, um eben diese relevanten Zielgruppen noch stärker an sich zu binden.

Auch ist es wichtig, zu ermitteln, welche weiteren Kommunikationskanäle neben Facebook eine Zielgruppe verwendet und in welcher Form. Die Beweggründe für das Verhalten von Usern im Netz gilt es, zu ergründen. Sie werden sehen, dass Sie im Zuge Ihrer Recherchen über Verhaltensformen Ihrer Kundschaft stolpern, die Ihnen bislang völlig unbekannt waren und vielleicht auch etwas komisch vorkommen. Aber eben diese neuen Erkenntnisse versetzen Sie später in die Lage, eine zielgruppengerechte und bedürfnisorientierte Kampagne zu entwickeln.

Die eigene Zielgruppe an Orten finden, wo Sie sie nicht vermuten

Eine Drogeriemarktkette analysiert die eigenen Kunden und findet im Lauf der Recherchen heraus, dass überwiegend junge Konsumentinnen in ihren Geschäften einkaufen gehen, zuhause alle Produkte auspacken und von ihren »Beutezügen« Videos aufzeichnen (dieses Verhalten wird als *Haul* bezeichnet). Im weiteren Verlauf laden sie dieses Video auf YouTube hoch, worüber sich Hunderte und Tausende Fans dieser Kundin dann via Videobotschaft oder Kommentaren austauschen (Abbildung 11.6). Dieses Kundenverhalten ist ein großartiger Insight, den die Drogeriemarktkette für künftige Kampagnen nutzen kann. Ohne eine intensive Onlinezielgruppenrecherche wäre dieses Wissen vielleicht noch lange im Verborgenen geblieben.

Abbildung 11.6 Zielgruppe Rossmann – EbruZa macht ein »Haul«-Video und Tausende Fans schauen zu.

Mitbewerber | Neben der eigenen Zielgruppe sind Kenntnisse über das Marktumfeld und die Mitbewerber von großer Wichtigkeit. Zum einen geht es hierbei um das tatsächliche Umfeld, in dem sich die Marke und die Branche befinden, im weiteren Schritt aber auch darum, welcher Ihrer Mitbewerber ebenfalls wie aktiv ist. Neben den üblichen Analysefeldern Produkt- und Preispolitik ist die Art der Kommunikation wichtig. Die Recherche zur Kommunikationspolitik des Mitbewerbers soll seine Stärken und Schwächen zutage bringen, damit im späteren Verlauf basierend auf diesen Erkenntnissen eine Strategie entwickelt werden kann. Die folgenden Recherchearbeiten lassen sich in die folgenden zwei Felder aufteilen:

- **Quantität der Kanäle**: Hier wird detailliert recherchiert, welche Kanäle ein Unternehmen bereits nutzt. Je nach Branche verschiebt sich zwar der Fokus der verwendeten Plattformen, aber meist ist einer der »üblichen« Verdächtigen mit dabei, als da wären: Facebook-Seite, YouTube-Kanal, Twitter-Account, flickr und diverse Blogs. Das bedeutet aber nicht, dass das konkurrierende Unternehmen nicht auch auf anderen Webseiten und User-Generated-Content-Plattformen aktiv ist. Nicht selten setzen Marken aber auch auf Portale, die vielleicht nicht die größtmögliche Reichweite aufweisen, aber dafür eine sehr spitze und treffende Zielgruppe beheimaten, wie z. B. Foren. Forenteilnehmer gelten als sehr intensive Internetnutzer, die, wenn der Funke erst einmal übergesprungen ist, als treue Kunden eingestuft werden können und das Unternehmen lange loyal begleiten.

- **Qualität der Kanäle**: Nur weil ein Unternehmen auf zig Plattformen namentlich vertreten ist, bedeutet das noch lange nicht, dass die Präsenzen auch dienlich sind. Nach der Ermittlung, wo Ihre Mitbewerber überall aktiv sind, geht es also im weiteren Schritt darum, zu ermitteln, wie diese Kanäle verwendet werden und worin deren Stärken und Schwächen liegen. Dazu gehört beispielsweise die Klärung der Frage, ob alle Plattformen regelmäßig mit Content befüllt werden und was im Anschluss mit den Daten passiert. Verbleiben die Informationen in den jeweiligen Accounts oder werden die Videos und Fotos weiter für das Community-Management auf der eigenen Facebook-Seite verwendet? Und wie wird dieser Content von den Fans der jeweiligen Marke aufgenommen?

  Das Feld der Recherchearbeiten ist groß und sollte umfassend betrieben werden. Es umfasst die Qualität der Onlineauftritte und deren einzelner Komponenten (Fotoaufnahmen, Videoclips etc.) sowie das Management der Social-Media-Struktur. Wenn wir den Fokus in diesem Punkt mehr auf die Facebook-Seite des Unternehmens richten, dann sollten Sie folgende Bereiche checken: Wie häufig und wann setzt die Marke Push-Posts ab und wie geht es mit den Anfragen/Kommentaren von den Fans um? Welche Tonalität hinsichtlich der Sprachkultur wird auf der Seite gepflegt? Welche Arten von Aktionen, Gewinnspielen und anderen Aktivitäten werden den Usern angeboten und in welchem Turnus? Wie wirkt der generelle Auftritt auf Sie? Nutzt die Firma bestimmte Facebook-Features zu Präsentations- und Marketingzwecken (z. B. Facebook-Profilbild und Facebook-Covearbild)? Kommen auf der Unternehmensseite neben den gängigen Applikationen auch zusätzliche Anwendungen zum Einsatz? Falls die Marke spezielle Apps für die User bereithält, können Sie prüfen, welche Ziele diese verfolgen. Häufig handelt es sich hierbei um Kampagnen-Apps, die wichtige Hinweise zu laufenden Aktionen preisgeben.

Themen & Tonalität | Der letzte große Bereich innerhalb der Recherchearbeit wendet sich zum einen der aktuellen Ist-Situation in der jeweiligen Branche zu und zum anderen möglichen Trends, die bereits erkennbar sind und vielleicht in die Kampagne integriert werden können.

Wie wird wo, wann und zu was gesprochen?
Recherchieren und für Ideen verwenden.

Der Umfang der Recherche sollte beinhalten:

- Welche (Social-Media-)Kommunikationskanäle sind vorhanden und könnten für das Projekt von Interesse sein?
- Welche Themen werden in der Branche (in der das Unternehmen agiert) derzeit am meisten besprochen und diskutiert?
- Kristallisieren sich Entwicklungen und Trends, die für die geplante Aktivität genutzt werden können?

Diese Trends müssen nicht weltpolitischer Natur sein. Schließlich möchten Sie eine Kampagne entwickeln und nicht unbedingt gleich die Welt retten. Es geht also um allgemeine oder Nischenentwicklungen, die ihr Vorhaben entweder positiv beflügeln oder negativ belasten könnten (Krisenprävention). Wie so oft gibt es für so eine Art der Recherche nicht DIE Suchmaschine, die Ihnen diese Arbeit abnehmen könnte, aber es gibt Orte im Netz, die Ihnen eine gute Ausgangsposition für tiefergehende Recherchen ermöglichen:

- **Google Blogsuche**: Wenn Sie wissen möchten, welches Stimmungsbild aktuell in der Blogosphäre zu einem bestimmten Thema vorherrscht, dann ist das ein guter Ausgangspunkt für Ihre Recherche.

  Gehen Sie auf: *http://www.google.de/blogsearch*
- **Google Trends**: Diese weitere Suchmaschine von Google ermittelt die aktuell wichtigsten Schlagwörter, die von Usern in das Suchfeld eingegeben werden. Nicht selten bekommt man hier eine neue Sichtweise auf ein bestimmtes Thema.

  Gehen Sie auf: *http://www.google.de/trends*
- **Facebook Öffentliche Beiträge**: Wie steht die Community zu einem bestimmten Thema? Ein Puzzlestück für die Beantwortung dieser Frage können Sie möglicherweise in den Kommentaren aus den öffentlichen Postings von Facebook-Usern erhalten. Gehen Sie hierzu auf Facebook, geben Sie das gewünschte Wort in die Suche ein, und klicken Sie dann auf ÖFFENTLICHE BEITRÄGE (linke Spalte, Abbildung 11.7).
- **Twitter-Suche**: Wenn irgendwo irgendetwas hochkocht, dann in einem der schnellsten Medien, das die derzeitige Kommunikation zu bieten hat. Twitter kann helfen, neue Sichtweisen innerhalb eines Themenkontextes zu ermitteln, besonders gut eignet sich diese Suche aber auch zur Stimmungsbildrecherche (Abbildung 11.8). Zukunftsweisende Trends werden hier ebenso tagtäglich behandelt wie auch negative Entwicklungen.

  Gehen Sie auf: *http://twitter.com/#!/search-home*

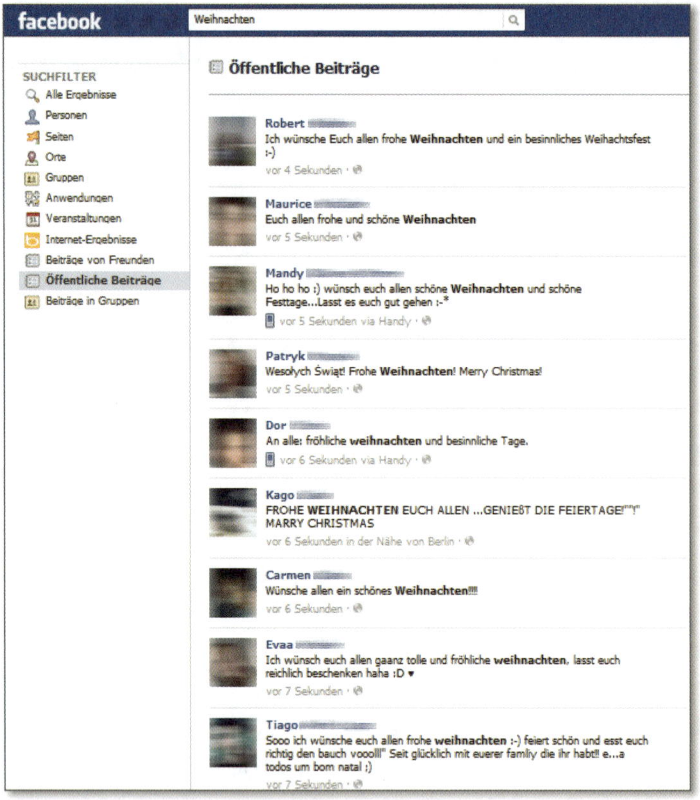

Abbildung 11.7 Stimmungsbilder zu einem Thema in Facebooks öffentlichen Beiträgen recherchieren

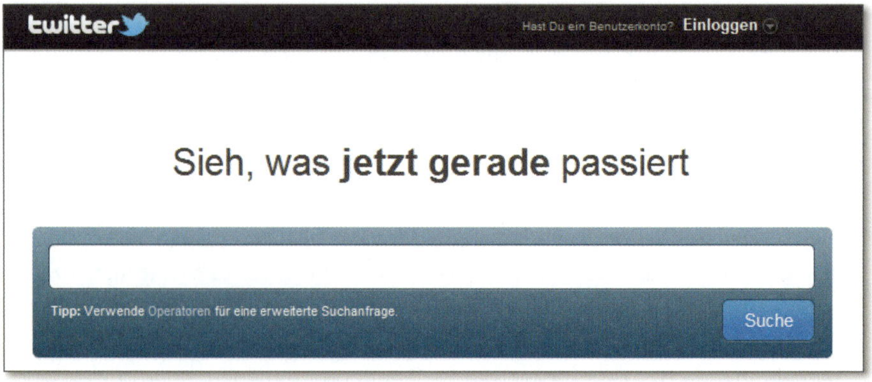

Abbildung 11.8 Eine Suche in Twitter hilft bei der Recherche von aktuellen Trends und Stimmungsbildern zu konkreten Themen.

Strategie | Das Herzstück jeder Kampagne ist die Festlegung der Strategie. Basierend auf den ermittelten Informationen

- zur eigenen Zielgruppe und deren Bedürfnissen,
- zur Mitbewerberanalyse inklusive der Insights zur quantitativen und qualitativen Social-Media-Nutzung und
- der aktuellen Trends und Stimmungsbilder zu Ihrem Thema

wird das Was, Wann und Wie der künftigen Marschrichtung definiert.

Unterstützen Sie Ihre Kampagnen mit zusätzlichen Kommunikationskanälen, und vernetzen Sie diese miteinander!

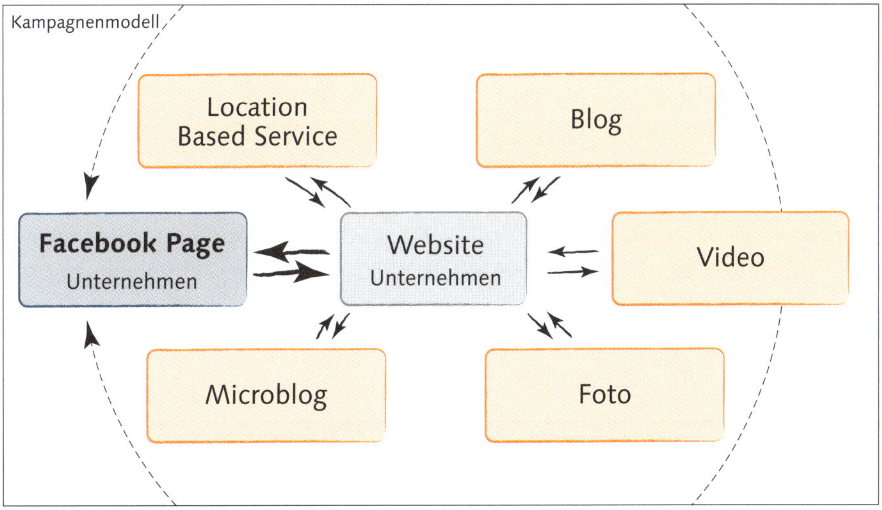

Abbildung 11.9 Eines von vielen möglichen Kampagnenmodellen

Die optimale Facebook-Kampagne

Schaut man sich eine optimale Social-Media-Kampagne in Facebook an, dann könnte das Modell hierzu der Abbildung 11.9 ähneln. Das Unternehmen kündigt auf seiner Homepage und der Facebook-Seite eine Aktion an. Hierfür hat die Marke zahlreichen Content produziert und auf die jeweiligen (eigenen) Social-Media-Kanäle hochgeladen. Diese Inhalte werden mittels Verlinkungen auf der Website eingebettet und auf der Facebook-Seite zur Interaktion mit den Fans genutzt.

Eine Empfehlung, welche Fotos, Videos und somit welche Botschaften kommuniziert werden sollten, kann hier selbstverständlich nicht abgegeben werden. Jede Situation ist verschieden und muss dementsprechend auch individuell betrachtet werden. Kampagnenkonzepte gibt es nicht von der Stange.

Voraussetzungen für eine Kampagne in Facebook sind z.B. folgende:

- Art der Ansprache
- Schwierigkeitsgrad
- technische Umsetzung
- virale Komponenten
- Zeitpunkt und Laufzeit
- Anreiz/Motivation/Gewinn
- Public Relations und Ads

11.3 Kampagneninspirationen und Trends

Das moderne Marketing kennt viele unterschiedliche Wege, um die Begeisterung der Kunden zu erlangen und neue Fans zu generieren. Die Mechanismen sind vielfältig und müssen je nach Ausgangslage und Idee angepasst werden. Im Jahr 2011/2012 waren und sind gerade die Themen Crowdsourcing, Statuskampagnen oder aber auch Social-Gaming-Projekte im Fokus vieler Kommunikatoren. In den folgenden Abschnitten werden Ihnen diese und andere Trends im Zusammenhang mit groß angelegten Kampagnen bis hin zu kleineren Aktionen vorgestellt. Die Motive der Kampagnen reichen von Produkteinführungen über Steigerung der Bekanntheit bis hin zur Erhöhung des Absatzes.

Ganzheitliche Kampagnen – denken Sie vernetzt

Worauf müssen Sie nun setzen? Auf die großen Massenmedien oder »lediglich« auf eine Auswahl aus den unzähligen Medienmassen? Ohne Sie unnötig erschrecken zu wollen – leider auf beides. Erfolgreiches Social Media Marketing (inklusive Facebook) versteht sich als ganzheitliches Netzwerkmarketing. Das bedeutet, auch wenn derzeit alles auf Facebook als DAS Marketinginstrument springt, sollten Sie den Blick für das große Ganze nicht verlieren. Das wahre Potenzial einer Kampagne (im Netzwerk) kann nur ausgeschöpft werden, wenn Sie auch weitere Kanäle sinnvoll einsetzen. Der Trick: Denken Sie vernetzt! Überlegen Sie, über welche Wege Sie noch auf eine Kampagne in der Community aufmerksam machen können? Klassische PR-Arbeit, Twitter, YouTube, Radiobeiträge sind nur eine Auswahl der Vielzahl von Möglichkeiten!

Auch wenn die Aufgabenstellungen und Ziele sehr unterschiedlicher Natur sind, ein Element ist in allen Kommunikationsplänen enthalten und übt einen großen Einfluss auf den Erfolg aus: das Facebook-Netzwerk. Die Inspirationen werden unter den folgenden Gesichtspunkten vorgestellt: Einleitung/Idee, verwendete Mechanismen und Instrumente, Ergebnisse (sofern bekannt).

11.3.1 Statuskampagnen

Facebook-User treten auf unterschiedliche Art und Weise mit Ihren Freunden in Kontakt. Neben dem klassischen Posten von Videos, Fotos und anderen Links verwenden die Mitglieder die Statusfunktion, um ihre Meinung kundzutun oder einfach die aktuelle (Stimmungs-)Lage zu kommunizieren. Auf diesem scheinbar einfachen Prinzip basiert die folgende überaus erfolgreiche Facebook-Kampagne.

AXE Multiple Girlfriends

Einleitung/Idee | Der Parfümhersteller AXE ist bekannt für seine überraschenden Kampagnen, wie er es auch im Mai 2011 einmal mehr unter Beweis stellte. Das Ziel war es, mehr User auf die Facebook-Seite zu locken und über den aktuellen Duft zu informieren. Dazu hat die Marke auf eine applikationsbasierende Strategie gesetzt, die bei Weitem nicht so erfolgreich gewesen wäre, hätte das Unternehmen nicht ein konkretes Bedürfnis der meist jungen Zielgruppe punktgenau getroffen: Heranwachsende Jugendliche verbringen in dieser Phase des Lebens viel Zeit damit, sich über die aktuellen Freundinnen zu unterhalten. Eine (erste) Freundin zu haben, gilt als wichtiges Statussymbol und beeinflusst das Image eines Jungen in der Gruppe. Das Unternehmen AXE hat sich eben diese Situation zu Nutze gemacht und mit dem Beziehungsstatus der Facebook-User eine appbasierte Idee umgesetzt (Abbildung 11.10). Mittels einer Anwendung (*http://apps.facebook.com/axestatus/*) hat das Programm ermittelt, mit wie vielen weiblichen Userinnen das Facebook-Mitglied in Kontakt steht. Die Summe aller Userinnen aus der Freundesliste wurde dann im Anschluss im Beziehungsstatus des männlichen Facebook-Users veröffentlicht (Abbildung 11.11).

Mechanismen und Instrumente | Die Idee war großartig, doch das reicht noch nicht aus, um den Erfolg möglich zu machen. Das eigentlich Geniale war die Art der Verbreitung durch die User selbst. Zur Verbreitung der Aktion benötigte es »lediglich« die folgenden Instrumente:

- *Applikation:* Durch die vorab gegebene Genehmigung an die Marke errechnet die Anwendung im Anschluss die Anzahl der weiblichen Freundinnen. Das Programm animiert den Fan dazu, sein Ergebnis an die Freunde im Netzwerk weiterzumelden. Schlicht soll mit der stolzen Summe an Freundinnen geprahlt werden. Die Summe erscheint hinter den Beziehungsstatus des jeweiligen Users.

Abbildung 11.10 Applikation »AXE Multpile Girlfriends«

Abbildung 11.11 Viele neue feste Freundinnen mit Hilfe der Applikation »AXE Multiple Girlfriends«

- *Newsfeed/Timeline:* Die errechnete Anzahl an neuen festen Freundinnen erscheint im Newsfeed und auf der eigenen Timeline. Der virale Hebel kommt jetzt zum Einsatz: Die Facebook-Freunde sind über diese hohe Anzahl von neuen Freundinnen verwundert und möchten erfahren, wer diese Personen sind. Nach dem Klick auf die Summe wird der User zu der Applikation weitergeleitet, in der der Freund ebenfalls seine Summe an Freundinnen errechnen lassen kann.
- *Kommunikationsstruktur:* Ein weiterer wichtiger Erfolgsfaktor der Kampagne war darüber hinaus die Aufstellung der Kommunikationskanäle und die Verzahnung dieser untereinander (Abbildung 11.12). Die Applikation auf der AXE-

Facebook-Seite wurde zum Mittelpunkt aller Anstrengungen gemacht. Externe »Einflüsse«, wie die eigene Website, Twitter-Verweise, eine AXE-Video auf YouTube, Beiträge aus der Blogosphäre, aber auch klassische PR-Maßnahmen machten die Internetuser auf die Applikation in Facebook aufmerksam und verlinkten direkt auf »AXE Multiple Girlfriends«. Im Netzwerk selbst informierte der Seitenbetreiber selbstverständlich seine bereits vorhandenen Fans mittels unterschiedlicher Postings und anderer Aktionen, wie z. B. mit kampagnenbezogenem Profilbild und Fotozeile. Ob das Unternehmen auch Facebook Ads geschaltet hat, ist nicht bekannt. Die interne Verbreitung erfolgte durch die Applikation und durch die User, deren Freunde und Freundesfreunde.

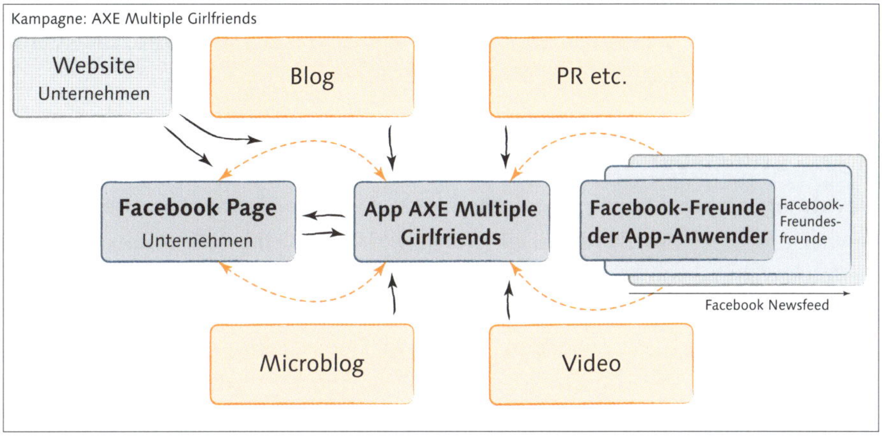

Abbildung 11.12 (Nachempfundene) Kommunikationsstruktur der Kampagne »AXE Multiple Girlfriends«

Ergebnis | Ob das Unternehmen mit dieser Aktion das angestrebte Ziel erreicht hat, ist nicht bekannt. Nach eigenen Angaben war die Kampagne jedoch sehr erfolgreich. Tausende User kamen mit der Marke in Kontakt und haben die Anwendung verwendet.

Einzigartige Ideen brauchen nicht immer eine Applikation!

Nicht immer braucht es unbedingt eine Applikation auf Facebook, um eine Statuskampagne umzusetzen. Manchmal reicht schon eine einzigartige Idee aus, um den Stein ins Rollen zu bringen. Das hat zumindest die Susan G. Konen Foundation im Jahr 2010 unter Beweis gestellt. Die Organisation kämpft gegen Brustkrebs und hat im besagten Jahr ein Projekt auf die Beine gestellt, das zum Ziel hatte, für mehr Aufmerksamkeit für das Leiden zu sorgen. Die Organisatoren riefen ihre Mitglieder auf, in Facebook lediglich eine Information in die Statuszeile einzutragen: die Farbe ihres BHs, den sie gerade tragen.

Die Userinnen folgten dem Aufruf. Die Freunde der Userinnen fragten selbstverständlich nach, was da vor sich geht und das Projekt nahm seinen Lauf. Kurze Zeit später waren auch in Deutschland und in anderen europäischen Ländern die Statusupdates voll von Farbpostings. Basierend auf dieser weltweiten überwältigenden Resonanz fand diese Idee viele Nachahmer, aber keine der folgenden Kampagnen war ansatzweise so erfolgreich, wie das Original.

Fazit: Ein Statusmeldungsprojekt wirkt auf den ersten Blick sehr einfach. Das täuscht allerdings. Eine Kampagne in dieser Form lebt von dem Überraschungseffekt und muss den Kern des Bedürfnisses einer Zielgruppe erfüllen. Neben der einfachen Mechanik müssen die weiteren verwendeten Kanäle optimal aufeinander abgestimmt sein. »Abgekupferte« Ideen werden als solche meist sehr schnell entlarvt und sind zwangsläufig zum Scheitern verurteilt.

11.3.2 Crowdsourcing – mit der Kraft der Community

Crowdsourcing beruht auf der einfachen Idee, dass eine Vielzahl von Usern an der Entwicklung eines Projekts beteiligt ist. Meist drehen sich solche Kampagnen um die Mitgestaltung von Produkten eines Unternehmens. Ob nun das Kreieren eines neuen Burgers, die Entwicklung einer neuen Senfsoße oder das Designen einer neuen Verpackung, das Crowdsourcing-Prinzip lässt sich auf viele unterschiedliche Felder anwenden. Ziel von Crowdsourcing-Projekten ist es, die Kunden mit Hilfe des »Mitentscheiden«-Hebels stärker an das Unternehmen zu binden. Produkte, die die Fans selbst gestaltet und entworfen haben, haben eine größere Chance, auch in Zukunft gekauft zu werden. Meist enthalten solche Arten von Projekte die Komponente des Votings. Das Prinzip »ich teile diese Info an meine Freunde, damit sie für mich stimmen« wird in Kampagnen zur optimalen Streuung in Facebook häufig eingesetzt. Selbstverständlich liegen einem Erfolg auch weitere Faktoren zugrunde, die am folgenden Beispiel von Balea erläutert werden.

Balea Mitmach-Dusche

Einleitung/Idee | Die Kosmetikmarke Balea hat zusammen mit den Crowdsourcing-Experten UnserAller.de im Frühjahr/Sommer 2011 eine Kundenbindungsaktion ins Leben gerufen, die die Fans der Marke aufforderte, für die kommende Winterzeit ein Duschgel mit zu entwickeln (Abbildung 11.13). Den Usern wurden ein paar Details, wie beispielsweise die Laufzeit und ein grober Rahmen genannt, in dem sie sich gestalterisch austoben durften. Mittels einer Facebook-Applikation durften die Fans Ihre Motive einsenden. Nach der Prüfung und Auswahl durch die Marke wurden die kreativsten Einreichungen zum Voting freigegeben.

Abbildung 11.13 Crowdsourcing: Produkte mit Hilfe der Community entwickeln

Mechanismen und Instrumente | Der Trend zum Individualismus und zur Selbstverwirklichung ist ungebrochen. Individualisierte Produkte, die vielleicht sogar ein wenig die eigene Handschrift tragen, machen von sich reden und sind ein Blickfang im Regal. Daraus resultiert auf Seiten der Kunden der Wunsch, Produkte bereits in der Konzeptionsphase mitzugestalten. Dies können Sie sich im Rahmen Ihres Crowdsourcing-Marketings zunutze machen. Aber Achtung: Die vermeintlich einfache Mitbestimmung muss strategisch und minutiös geplant sein, damit es nicht zu unerwünschten Entwicklungen kommt.

- *Applikation:* Die User wurden über das bevorstehende Crowdsourcing-Projekt über die Facebook-Seiten von Balea und UnserAller.de informiert. User konnten sich für das Mitgestalten via Facebook-Applikation bewerben und bekamen im Anschluss ein Paket mit allen Details zugeschickt. Jeder wichtige Projektschritt und nächste Phasen wurden auf der Facebook-Seite kommuniziert, damit die Fans laufend informiert blieben. Eine Voting-Applikation auf *www.unseraller.de* ermittelte den finalen Gewinner.
- *Voting:* Die ausgewählten Motive wurden den Usern zum Voting freigegeben. Auch diese Wahl fand auf der kooperierenden Seite (*www.unseraller.de*) statt.
- *Social Plugins:* Die User auf *www.unseraller.de* bekamen die Möglichkeit, ihre Freunde über die Aktion zu informieren. Die Integration von Facebook Social Plugins machte das mühelose Streuen der Inhalte im Netzwerk möglich.

Ergebnis | Über 1.000 User haben sich dem Aufruf angeschlossen, sich beworben und/oder an der finalen Abstimmung teilgenommen. Da Produkt »Eisschimmer«, entwickelt von der Usergemeinde, kam im September 2011 in den Handel (Abbildung 11.14).

Abbildung 11.14 Balea »Eisschimmer« in der dm-Drogerie erhältlich

Risiken von Crowdsourcing oder auch »wenn ein Spülmittel plötzlich nach Hähnchen schmeckt«

Gerade solche Werbeformen verlangen einen hohen Grad an Sensibilität. Sie müssen sich bei Crowdsourcing-Projekten bewusst sein, dass solche Maßnahmen Toleranz und Flexibilität erfordern, da der User nicht in der Sprache spricht, die sich das Unternehmen wünscht. Oftmals ist eine Kompromissbereitschaft hinsichtlich der Vermittlung von Key-Botschaften gefragt. Die Balance zu finden zwischen dem, was der Fan möchte, und dem, was das Unternehmen möchte, ist nicht leicht, die Vorstellungen sind nicht immer deckungsgleich. Die Vergangenheit hat bei Crowsourcing-Projekten gezeigt, dass eben diese Diskrepanz zu einem Problem führen kann. Neben einigen anderen Kampagnen, die in diesem Stil umgesetzt wurden, musste auch die Marke Pril in 2011 diese Erfahrung machen. Der Geschirrspülmittelhersteller hat eigens für den Designwettbewerb »Mein Pril – mein Stil« eine aufwendige Facebook-Applikation auf seiner Seite hinterlegt und die Community um ihre Entwürfe gebeten. Im Anschluss wurden alle Motive der User direkt zum Voting freigegeben (ohne eine vorherige Instanz/Jury, die eine Auswahl aus den besten Einreichungen vornahm – Abbildung 11.15).

Es kam, wie es kommen musste: Tausende Fans reichten Motive ein, aber auch solche, die nicht im Sinne des Unternehmens waren.

Als dann im weiteren Verlauf das Motiv »Pril – schmeckt lecker nach Hähnchen« drohte, das Rennen zu machen, entschied sich das Unternehmen nachträglich, die Teilnahmebedingungen zu ändern und besetzte eine Jury, die die besten (im Sinne der Marke) Einreichungen zum Voting auf Facebook zuließ. Der Aufschrei der Community war groß, und Pril wurde mit negativen Kommentaren auf der Pinnwand und schlechter PR in den Medien überschüttet. Dieses Beispiel zeigt gut auf, dass auch eine perfekt funktionierende Applikation nicht immer der Schlüssel zum Erfolg sein muss, sondern auch die Unternehmenshaltung zum Projekt passen muss.

Abbildung 11.15 Pril – schmeckt lecker nach Hähnchen.

11.3.3 Gaming & Konfigurator

Gaming und Konfigurator sind zwei unterschiedliche Bereiche, die jedoch gar nicht so weit voneinander entfernt sind. Bei Gaming handelt es sich um Programme, die entweder zusammen oder allein im Netz oder in sozialen Netzwerken gespielt werden können. Neben komplexen Spielverläufen können auch »kleine« Spielanwendungen auf Facebook-Seiten integriert und zu Promotionzwecken verwendet werden. Ein Konfigurator regt, ähnlich wie Gaming, den Spieltrieb des Users an. Mit einer programmierten Konfigurator-Anwendung wird dem Nutzer die Möglichkeit gegeben, etwas zusammenzubauen. Aus einer Auswahl an unterschiedlichen Einzelteilen erstellt/erbaut sich der User durch das Klicken und Ziehen diese Teile einen Gegenstand. Im Gegensatz zu Crowdsourcing ist ein »Ausbrechen« fast nicht möglich, da vorgegebene Parameter sehr eng gefasst sind und der Kreativität nur ein begrenzter Raum zugesprochen wird.

MINI-Maps

Einleitung/Idee | Wie in einem Spiel üblich, ist meist der Weg das Ziel. Dieses Prinzip hat sich auch die Automarke MINI zur Aufgabe gemacht, als sie sich mit »MINI Maps« für das Prinzip des Social Gamings entschied. Die Aufgabe bestand darin, den Usern den MINI-Fahrspaß vorzuführen, auch ohne dass sie sich dazu eigens zum nächsten Autohändler aufmachen mussten.

Abbildung 11.16 Mit Hilfe der Applikation »MINI Maps« das passende Auto für eine Spritztour zusammenstellen

Mechanismen und Instrumente | MINI bleibt seiner Zielgruppe treu und setzt auf eine spielerisch rasante und dynamische Maßnahme. Mit den beiden Mechanismen »Individualisierung« (des eigenen MINI-Autos) und »Spieltrieb« werden überwiegend männliche Rezipienten angesprochen und zum Mitmachen angeregt.

- *Applikation:* Die Anwendung ermöglicht es jedem User und Fan der Facebook-Seite von MINI France, sich sein eigenes Auto zusammenzustellen (Konfigurator, Abbildung 11.16) und dann mittels der Eingabe des aktuellen Orts und der Verknüpfung zu Google Maps eine Spritztour durch die jeweilige Stadt zu unternehmen.

- *Streuung:* Zur besseren viralen Verbreitung der Facebook-Applikation kann der User seine gefahrene Zeit, Strecke und das selbst konfigurierte Auto als Statusmeldung an seinen Newsfeed schicken und so seine Freunde über die Anwendung informieren.

Ergebnis | Über 105.000 Fans haben die App bislang geliket und über Ihren Newsfeed laufen lassen. Wenn man diese Zahl, multipliziert mit der durchschnittlichen Anzahl von Freunden pro User (130), zugrunde legt, beläuft sich die Reichweite auf über 13 Mio. Facebook-User. Diese Zahl ist nicht von Mini kommuniziert worden und ist lediglich eine kleine Rechenaufgabe hier in diesem Buch. Aber schon diese grobe Hochrechnung zeigt auf, dass die Dimensionen hoch sein müssen.

11.3.4 Social Shopping

Social Shopping, auch bekannt unter Social Commerce, hat nichts mit einer neuen Art von Kampagne zu tun als vielmehr mit einem Trend, der uns alle in den künftigen Jahren stark beeinflussen wird. Es handelt sich dabei um das Einkaufen im Netz mit der Integration von »Social Tools« und unseren Freunden als Kaufratgebern. Social Shopping steht noch am Anfang einer großen Zukunft. Anwendungen, wie sie beispielsweise asos bereits erfolgreich umsetzt, sind noch nicht weit verbreitet. Eine maßgebliche Rolle wird auch hier der Open Graph von Facebook spielen. Bestehende Onlineshops werden bei sich Anwendungen installieren, die es ermöglichen werden, dem User noch treffsicherer Produkte anzubieten und die eigentlichen Artikel und Angebote zum Thema in der Community zu machen. Denn erst, wenn ein Produkt zum Gesprächsstoff in der Freundesgemeinde wird, kann es auch im weiteren Verlauf auf potenzielle Käufer hoffen.

Unterschiedliche Social Plugins werden einen Austausch von Kommentaren, Beiträgen und Bewertungen auf der Shoppingseite und dem Facebook-Netzwerk gewährleisten. Mehr Informationen zu Facebook Open Graph finden Sie in Abschnitt 1.5, »Die nächste Generation hat bereits begonnen – Facebook Open Graph«.

Einkaufen bei asos auf Facebook

Einleitung/Idee | Das englische Bekleidungsunternehmen asos, das einen hohen Anteil an jungen Kundinnen und Kunden hat, trifft seine (potenziellen) Käufer dort, wo sie sich tagtäglich aufhalten: in Facebook. Dort unterhalten sich die Fans über alles, was in deren Augen wichtig ist, unter anderem über Mode und Lifestyle. Eine serviceorientierte Anwendung soll dieses thematische Feld aufgreifen und zum Einkaufen, direkt auf Facebook, animieren. Die Marke hat für die Fans ihren gesamten Onlineshop mittels einer Applikation auf der Netzwerkseite integriert (Abbildung 11.17). Ähnlich wie auf einer »gewöhnlichen« Shoppingplattform können alle

Kleidungsstücke angeklickt und in unterschiedlichen Größen und Farben ausgewählt werden.

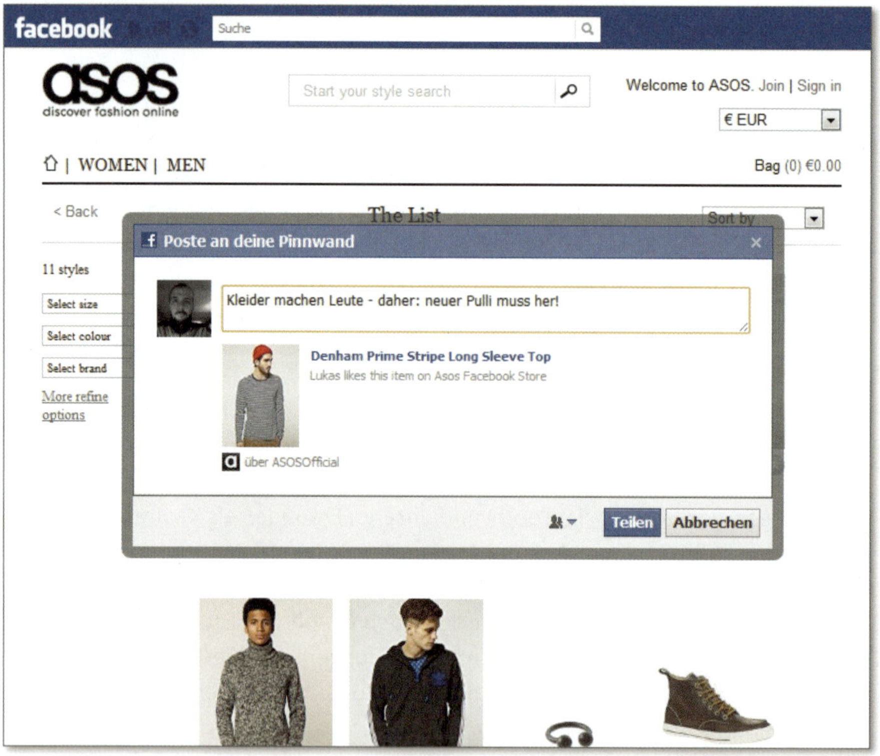

Abbildung 11.17 Einkaufen auf Facebook, bei Asos

Mechanismen und Instrumente | Gerade in der jungen Zielgruppe spricht man über die Einkäufe und führt beispielsweise neueste Kleidungsstücke vor. Dieser Mechanismus beruht darauf, dass jeder gut aussehen möchte und sich dieser Effekt daher auch positiv auf das eigene Image auswirkt. Der Wunsch nach Anerkennung wird zusätzlich geschürt, indem den Usern angezeigt wird, wie viele andere Freunde bereits das gleiche oder ein ähnliches Produkt gekauft haben.

- *Applikation:* Die Anwendung ist im Canvas-Format angelegt und ermöglicht die übersichtliche Präsentation der Sortimentstiefe und -breite.
- *Social Plugins:* Neben der optimalen Präsentation der Produkte wird seitens asos in unterschiedlicher Form versucht, mehr auf den »The World's Biggest Wardrobe« hinzuweisen. Mit Hilfe der Funktion INVITE YOUR FRIENDS kann der Besucher alle oder einzelne Freunde zu der Applikation einladen. Zur besseren

Streuung des Shops oder vielmehr der Angebote ist jeder Artikel mit Social Plugins ausgestattet:

- Share-Funktion: Jedes Produkt kann mit den Freunden geteilt werden. Entweder der User veröffentlicht das gesichtete Stück auf seiner Pinnwand bzw. im Newsfeed seiner Freunde oder postet das Angebot direkt an die Wand eines expliziten Freundes (im Stil einer Kaufempfehlung). Dazu muss der User im Kommentarfeld lediglich vor den Namen der Zielperson ein @-Zeichen setzen.
- Kommentarfunktion: Dieses integrierte Feature soll noch mehr die Interaktion auf Facebook steigern. Zu jedem angebotenen Kleidungsstück kann der User einen Kommentar eingeben, der im Anschluss für jeden sichtbar ist und zusätzlich im Newsfeed der Userfreunde auftaucht.

Ergebnis | Wie viele Produkte die Marke mittlerweile über diesen Kanal absetzt, ist nicht bekannt.

Einkaufen in Facebook – bald so selbstverständlich wie im »real Life«?

Im Dezember 2011 veröffentlichte die Unternehmensberatung Schickler eine Prognose, die bis 2015 einen Umsatz von 17 Mrd. US$ mit *F-Commerce* (Facebook-Commerce) prophezeit. Nun sind die amerikanischen Nutzer in Sachen Onlinenutzung häufig ein, zwei Schritte voraus. Wie stark sich dieser Trend auch in Deutschland niederschlagen wird, wird die Zukunft zeigen. Derzeit liegt der Anteil an Facebook-Nutzern, die bereits direkt im Netzwerk etwas gekauft haben, bei 2 %. Laut Fittkau & Maaß äußern 15 % der Mitglieder Interesse, im Netzwerk einzukaufen (Quelle: etailment.de, Olaf Kohlbrück, 25. Januar 2012). Die Zahlen mögen zwar noch verhältnismäßig niedrig klingen, jedoch ist schon jetzt ein Trend erkennbar. Das Netzwerk wird zunehmend zu einem Ort des Konsums. Es ist nur eine Frage der Zeit, bis sich zu den ersten bestehenden »Boutiquen« weitere dazugesellen und den realen Shoppingmeilen Konkurrenz machen werden.

11.3.5 Reale Echtzeit-Aktionen – handlungsfähige Facebook-Funktionen

Facebook führt es uns mit einer Reihe von Funktionen und Integrationsmöglichkeiten bereits vor, wohin die Reise in Sachen online künftig gehen wird. Das Ziel ist offline. An der Verschmelzung der beiden »Welten« führt kein Weg vorbei. Dies kann nur gelingen, wenn ein Mechanismus gefunden wird, der Handlungen »live«-bar macht. Die ersten Facebook-Kampagnen nutzen das Prinzip der Verschmelzung bereits: *»Online interagieren, offline und live Resultate sehen.«*

Jugend gegen Aids e.V.: »Gott sei Dank – Kondome schützen«

Einleitung/Idee | Der gemeinnützige Verein »Jugend gegen Aids« hat Ende 2011 die Aktion »Gott sei Dank – Kondome schützen« ins Leben gerufen. Mit der ungewöhnlichen Aufklärungsmaßnahme möchte der Verein mit Hilfe der Facebook-User Druck auf die Kirche ausüben:

> *»Jedes Jahr sterben ca. 2 Millionen Menschen an den Folgen von AIDS, die Zahl der Neuinfektionen liegt noch darüber. Den einfachsten Schutz vor einer Infektion bieten Kondome – trotzdem gibt die katholische Kirche ihre negative Haltung gegenüber Kondomen nicht auf.«*
> (entnommen der Infoseite *https://www.facebook.com/jugendgegenaids*)

Die innovative Aktion basierte auf dem Prinzip, dass jeder User einen kleinen Beitrag zum Erfolg einbringen kann. Die Idee sieht vor, dass mit jeder Aktion eines Mitglieds eine Reaktion offline erkennbar ist. Dazu wurde eine Jungfrau Maria in einen Glaskasten gestellt, die mit jedem »Like« eine Träne vergießt. Mittels eines Livestreams konnten die Facebook-User den aktuellen Verlauf mitverfolgen (Abbildung 11.18). Ziel der Organisatoren war es, die Kirche mit dem Bild einer »ertrinkenden Maria« auf den Missstand hinsichtlich der Verhütungsregelung hinzuweisen. Die Installation befindet sich in ganz Deutschland auf Tour und wird in unterschiedlichen Städten der Öffentlichkeit präsentiert.

Abbildung 11.18 »Gott sein Dank – Kondome schützen«, jeder Klick beeinflusst offline das Resultat.

Mechanismen und Instrumente | Eine häufig gestellte Frage in Sachen Wohltätigkeit ist: »Kommt meine Hilfe überhaupt an?« Diese »Problematik« greift das »Jugend gegen AIDS e.V.«-Projekt geschickt auf und demonstriert: Ja! Selbstverständlich kommt aber auch so eine Idee nicht ohne zusätzliche PR-Maßnahmen aus, die das Ziel haben, viele User über das Projekt zu informieren und sie zum Klicken des »Gefällt mir« zu bewegen.

- *Applikation:* Eine Anwendung zählt die Anzahl der »Likes« auf der Facebook-Seite. Mit jeder neuen Bestätigung fängt die Maria-Statue im wasserdichten Glaskasten an zu weinen. Die Applikation beinhaltet zudem einen Livestream, der es ermöglicht, sich über den aktuellen »Wasserstand« zu informieren. Auch wenn die Applikation auf der Facebook-Seite (Reiter AKTION) ein Bestandteil der Maßnahme ist, so ist sie im Gegensatz zu den vorherigen Beispielen kein zwingendes Muss. Der Anwendungsreiter wird lediglich zur Vorstellung der Aktion verwendet (+ Einbettung des Livestreams). Er enthält keine weiteren Funktionen, um der Maria eine Träne abzuringen. Für diesen Part ist nur die »Gefällt mir«-Schaltfläche der Facebook-Seite zuständig. Daher war es auch in der späteren Verlinkungsstrategie nicht notwendig, auf den Reiter zu verlinken – eine Weiterleitung auf die Facebook-Seite war ausreichend. Dass diese Art der Kopplungsmaßnahme seitens der Community eigentlich verboten ist, lassen wir in dieser Vorstellung außen vor.
- *Streuung:* Um die größtmögliche Aufmerksamkeit für die Aktion zu erlangen, wurden einige weitere Kommunikationsinstrumente integriert (Abbildung 11.19).
  - Intern: Die Verbreitung innerhalb des Netzwerks wurde über den Facebook Social Plugin TEILEN gewährleistet.
  - Extern: Außerhalb Facebooks wurde auf den Einsatz von klassischen und Social-Media-Kanälen gesetzt. Eigene Twitter- und SchülerVZ-Präsenzen verlinkten zu der Facebook-Seite. Fremde Blogbeiträge und eigene PR-Maßnahmen (z. B. Pressemitteilungen) sorgten ebenfalls für mehr Fans auf der Seite. Ein zusätzliches Video auf Vimeo stellt das Projekt detailliert und kompakt vor.

Ergebnis | Ende Dezember 2011 lag der aktuelle Stand bei knapp 10.000 Unterstützern (= Facebook-Fans) und die Maria stand bis zum Hals im Wasser.

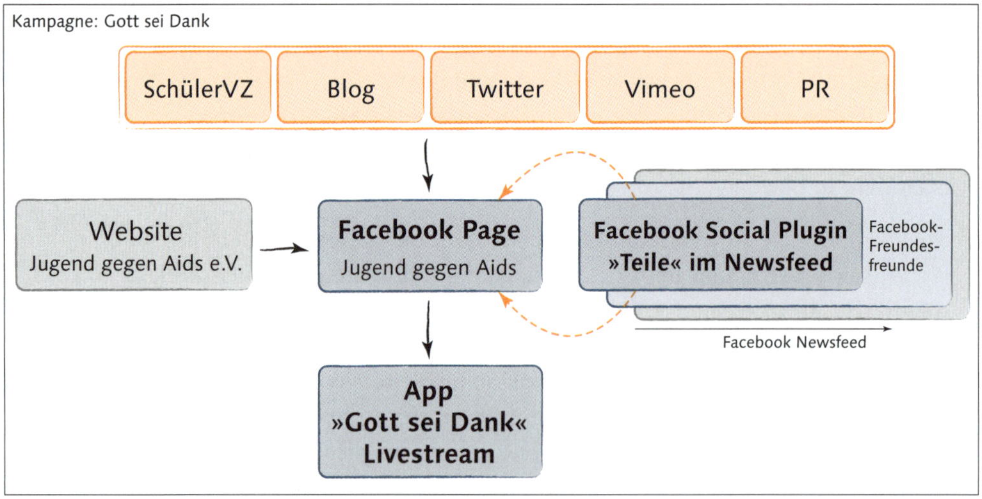

Abbildung 11.19 »Jugend gegen Aids«-Kommunikationsstrategie

Achten Sie auf die Facebook Guidelines

Jugend gegen Aids e.V. hat eine schöne und aufmerksamkeitsstarke Maßnahme geschaffen. Der einzige Knackpunkt der Aktion ist, wie bereits schon kurz erwähnt, die Tatsache, dass diese Herangehensweise genau genommen gegen die Facebook Guidelines verstößt. Falls Sie diese Idee für eine eigene Kampagne inspiriert hat, dann sollten Sie tunlichst vermeiden, die »Gefällt mir«-Schaltfläche als eine Komponente der Aktion einzubauen. Dieser Art der Kopplung ist verboten. Am Beispiel von »Gott sei Dank – Kondome schützen« könnte die Optimierung wie folgt aussehen:

- Kommunikationsstrategie (intern/extern) bleibt weitestgehend bestehen. Die Verlinkungen verweisen aber direkt auf die Facebook-Applikation (bzw. den Reiter Aktion).
- Ob der User die Facebook-Seite »liket«, hat auf Marias Tränen keinen Einfluss. Erst durch das Drücken auf eine von Facebook unabhängige Funktion (z. B. eine »Tränen«-Schaltfläche) wird die Offlineaktion der Statue aktiviert.

Basierend auf dem Prinzip »take one, get two« könnten in diesem Zusammenhang die User weiter mobilisiert werden. Wenn es beispielsweise ein Anwender schafft, weitere vier Freunde für die Applikation zu begeistern, vergießt Maria nicht nur fünf (User + vier Freunde) Tränen, sondern eine Bonusträne zusätzlich.

11.4 Das richtige Briefen von Agenturen und Beratern

Ein häufiger Irrglaube ist jener, dass das Briefen einer Agentur/eines Beraters eine einfache und schnelle Aufgabe ist. Ein Briefing ist dazu da, dass Ihr (künftiger) Dienstleister für eine geplante Aktion oder einen Pitch ausreichend informiert wird.

Dies erfolgt meist in der Zusammenstellung aller Fakten in einem gebündelten Briefing-Dokument. Bezugnehmend auf diese Informationen erarbeitet Ihr Partner die Vorschläge und Ideen für die gewünschte Maßnahme. Unabhängig davon, ob es sich nun um eine Facebook-Aktion oder eine andere Art der Kampagne handelt, ein detailliertes und gut geschriebenes Briefing ist der erste Schritt für eine gute und vertrauensvolle Zusammenarbeit. Falls das Briefing »heikle« oder geheime Informationen enthält (z. B. Angaben zum Umgang mit Krisenfällen) sollten Sie vorab von der Agentur eine unterzeichnete Stillschweigeerklärung anfordern.

Situation: *»Ich suche nach einer Agentur/einem Berater, die/der mich bei der künftigen Facebook-Kommunikation unterstützt.«*

Bestandteile eines Briefings: Die folgenden Angaben sollen Ihnen als eine Art Leitfaden helfen, selbst ein Briefing zu erstellen. Die Angaben müssen von Fall zu Fall auf die jeweilige Situation adaptiert werden. Ein Konzept kann nur so gut sein, wie das vorherige Briefing.

11.4.1 Einleitung/Status Quo

Es ist empfehlenswert, wenn Sie sich und das Unternehmen zum Einstieg kurz vorstellen und dem Dienstleister einen Überblick über den Status quo geben. Dieser aktuelle Stand sollte neben den Fakten zum Unternehmen vor allem die bisherigen Internetaktivitäten beinhalten. Zum Beispiel die Angabe von Details zu den folgenden Punkten:

- falls bereits vorhanden: dem Namen der Facebook-Seite (inklusive URL)
- allen weiteren verfügbaren (Social-)Media-Kanälen
- Auflistung aller relevanten Aktionen, die in der Vergangenheit bereits durchgeführt wurden und als Hintergrundinfo für die Ausarbeitung eines Vorschlags von Interesse sein könnten

Gut zu wissen: Fakten zu potenziellen Krisen und Issues

Sofern es sich in Ihrem Fall nicht um ein Kommunikationsbriefing eine aktuelle Krise betreffend handelt, sollten Sie unter dem Punkt »Status quo« nicht unbedingt gleich mögliche Krisenherde des Unternehmens aufführen. Da Sie vermutlich nicht nur eine Agentur/einen Berater zur Pitch-Präsentation einladen, werden am Schluss nicht alle für Sie arbeiten. Informationen über die möglichen Gefahren und Risiken für das Unternehmen hat dann nicht nur der ausgewählte Partner, sondern haben auch die übrigen Dienstleister.

11.4.2 Zielgruppe/n

Umfassende und konkrete Angaben zu der Zielgruppe dürfen in keinem Briefing fehlen! Ohne diese wichtigen Daten kann weder eine Strategie erarbeitet noch können darauffolgende Maßnahmen entwickelt werden. Neben den üblichen Angaben wie Geschlecht, Alter, Wohnort, Interessen und sozialer Status der Zielgruppe können auch die folgenden Daten für die eingeladene Agentur relevant sein:

- relevanteste Altersspannen der Facebook-Fans
- Angaben dazu, welcher Content/welche Postings bislang gut angekommen sind oder welche nicht
- Angaben zum Wohnort der User (Top zehn)
- Charakteristik und Nutzerverhalten der Zielgruppe und der Facebook-Seitenfans

11.4.3 Wettbewerber

Wie die meisten aller Unternehmen werden Sie vermutlich nicht allein den Markt beherrschen (falls dem doch so ist: Glückwunsch!), sondern teilen sich diesen mit anderen Wettbewerbern auf. Nennen Sie dem Dienstleister Ihre Konkurrenten. Sie müssen dazu keine weiteren Informationen hinzufügen. Wenn es sich um eine gute Agentur handelt, informiert sie sich über die Marken und führt eine Analyse durch, um die Stärken und Schwächen ausfindig zu machen

11.4.4 Ziel/Strategie/Tonalität

Wie bereits mehrfach in diesem Buch erwähnt, ist die Angabe von Zielen für jede Art von (Facebook)-Kampagnen wichtig für den schlussendlichen Erfolg. Nur mit der Angabe von Zielen ist später eine Messung der erreichten Leistung möglich. Formulieren Sie in dem Briefing-Dokument Ihre bisherige/künftige Strategie. Die Agentur/der Berater kann diese im Konzept aufgreifen oder Optimierungen vorschlagen, die erfolgversprechender für die Erreichung der Ziele sein können. Detaillierte Angaben zur Tonalität sind ebenfalls hilfreich für die Entwicklung eines Konzepts, da die Charakteristik eines Unternehmens und dessen Auftritts besser wiedergegeben wird: Die Attribute *traditionell*, *innovativ*, *seriös*, *lifestyle-orientiert* und *jugendlich* sind nur ein kleine Auswahl an Begriffen und Formulierungen, die Ihre Firma beschreiben können.

11.4.5 Erwartungen

Beschreiben Sie Ihre Erwartung an den künftigen Partner und das Konzept, das er für das Unternehmen entwickeln soll. Gibt es Elemente, die Sie in der Präsentation besonders hervorgehoben sehen möchten (z. B. Fokus der Ideen solle auf unsere Facebook-Präsenz liegen)? Wünschen Sie, dass das gesamte Team, das künftig für die Marke arbeiten soll, auch bereits im Präsentationsteam vorstellig wird? Sollen Referenzen für bestimmte Aufgabenbereiche besonders hervorgehoben werden? Diese und andere Erwartungshaltungen können ein Bestanteil des Dokuments sein.

11.4.6 Konkrete Aufgabenstellung

Entweder Sie integrieren die konkrete Aufgabenstellung bereits in den Agendapunkt »Erwartungen«, oder Sie führen diesen separat auf. Die Aufgabenstellung kann pauschal gehalten bleiben oder eine detaillierte Formulierung enthalten. Ersteres hat den Vorteil, dass Sie der Agentur mehr Platz für kreative Ideen einräumen und Sie so vielleicht auch Vorschläge präsentiert bekommen, auf die Sie selbst nicht gekommen wären. Die zweite Variante mindert den »Streuverlust« und reduziert die mögliche Gefahr, dass ein Dienstleister hinsichtlich Ideen und Umsetzung in die falsche Richtung marschiert.

11.4.7 Zeitplan/Leistungen

Ebenso wie Sie, kann ein Dienstleister besser arbeiten, wenn bestimmte Deadlines vorgegeben werden. Es ist also empfehlenswert, die wichtigsten Termine für Ihre Phase der Partnerfindung auch allen anderen Parteien mitzuteilen. Darüber hinaus kann in diesem Abschnitt auch ein zeitlicher Rahmen für die eigentliche Präsentation vermerkt werden, z. B. »Bitte planen Sie ein Präsentationszeit von 60 Minuten mit anschließender viertelstündiger Diskussionsrunde ein«. Die Agenturen können so ihren Präsentationsauftritt planen, und einer möglichweise zeitlich ausufernden Vorstellung wird Einhalt geboten. Unter Leistungen können Sie den finanziellen Punkt hinsichtlich des maximal verfügbaren Budgets angeben.

11.4.8 Kontaktpersonen

Zur besseren Kommunikation und Koordination sollten Angaben zu allen Personen in Ihrem Team, die den Pitch seitens des Unternehmens begleiten, integriert sein.

11.5 Don't play with the logo – Nutzung von Facebook-Markenwerten

Wie bereits erwähnt, beginnt das erfolgreiche Facebook-Marketing nicht erst in der Community selbst, sondern häufig bereits außerhalb. »Externe« Maßnahmen können den Einsatz von Facebook Social Plugins beinhalten oder aber auch die Verwendung von anderen Markenwerten des Unternehmens.

Gut zu wissen: Was sind Facebook-Markenwerte?

Unter dem Begriff »Markenwerte« bündelt Facebook alle Elemente, die das Unternehmen beschreiben bzw. die es visuell für sein Auftreten verwendet. Darunter fallen neben der eigentlichen Nutzung des Namens auch die Verwendung von allen Motiven, wie z. B. Schaltflächen und Logos. Ob und in welchem Kontext Sie die Community und deren Werbemittel verwenden dürfen, ist in den Markenwerten des Unternehmens verankert.

Wenn Sie also eine ganzheitliche Kampagne planen, die Facebook mit einschließt oder worin es gar ein zentrales Element der Maßnahme bildet, sollten Sie sich im Vorfeld mit den sogenannten *Brand Permissions* (Markengenehmigungen) auseinandersetzen. Zur besseren Übersicht teilt das Netzwerk die Markengenehmigungen in Themenbereiche ein, in denen die einzelnen Richtlinien gebündelt sind.

11.5.1 Bezugnahme auf Facebook

> *»Verbinde Deinen Namen niemals mit unserem Namen.«*
> (Facebook-Zitat, Richtlinien zur Bezugnahme auf Facebook, Regel 3)

Generell gilt: Was Sie auch planen, verwenden Sie keine Formulierungen, die beim Leser den Anschein erwecken, dass Facebook Ihre Aktion in irgendeiner Art und Weise unterstützt (abgesehen davon, dass es sich tatsächlich um eine offizielle Kooperation handelt).

Die Verwendung des Unternehmensnamens ist einigen Regeln unterworfen, die Sie unbedingt berücksichtigen sollten. Vielleicht denken Sie, dass diese Regeln Sie nicht weiter betreffen, da Sie bestenfalls »nur« eine Presseaussendung oder lediglich einen Hinweis auf der Website planen. Aber bereits hier beginnt die »Bezugnahme auf Facebook« und somit greifen die folgenden Regelungen:

- Wenn Sie das Wort »Facebook« auf Ihrer Webseite verlinken, sollte der Link immer zur Anmeldeseite des Netzwerks führen. Für Ihre eigene Unternehmensseite auf Facebook können Sie selbstverständlich die direkte URL zur Page verwenden. Diese Regelung betrifft ausschließlich den einzelnen Begriff »Facebook«.

- Das Wort »Facebook« sollte in der gleichen Schriftgröße und -art dargestellt werden, in der Sie Ihre anderen Texte angezeigt haben (dies gilt auch für die Integration bzw. Veröffentlichung Ihrer Facebook-Seiten-Vanity-URL).
- Facebook sollte im Text immer großgeschrieben werden.
- Wenn Sie Ihre User auffordern möchten, Ihrer Facebook-Seite beizutreten, verwenden Sie keine Formulierungen im Freundeskontext, wie z. B.: »Werde Freund unserer Seite«. Das Netzwerk spricht hierzu eine Empfehlung aus, die konform mit den Regelungen ist: »Klicke auf unserer Seite auf ›Gefällt mir‹« oder »Werde ein Fan, indem Du auf unserer Seite ›Gefällt mir klickst‹«. Diese Reglung betrifft übrigens nicht nur den Einsatz auf Webseiten oder offline (z. B. Plakate), sondern auch eigene Landing Pages auf den eigenen Facebook-Seiten.

Betreiben Sie vielleicht ein eigenes Geschäft oder Lokal, dann können Sie den Verweis auch auf eine sehr unkomplizierte Weise umsetzen. Das Münchner Lokal »Aroma Kaffeebar« beispielsweise hat hierfür einen einfachen, aber nicht weniger sympathischen Lösungsweg gewählt (Abbildung 11.20). Was es hierfür nur braucht: ein Stück Karton, einen Stift (+ Stempel), eine leserliche Schrift und die richtige Formulierung.

Abbildung 11.20 Richtige Bezugnahme auf Facebook: »Werde Fan auf Facebook«.

- Verwenden Sie Facebook nicht als Verb oder in der Mehrzahl. Alle Warenzeichen des Netzwerks (Facebook, »Gefällt mir« etc.) dürfen auf diese Art nicht verändert werden.
- Wenn Sie Events planen und hierfür die Funktion Facebook Veranstaltungen verwenden, müssen Sie deutlich hervorheben, dass Sie und nicht das Netzwerk der Organisator sind.
- Eine Vanity-URL darf nur erstellt werden, wenn Ihnen die jeweilige Seite gehört.

11.5.2 Logos & Marken

Vermeide die Verwendung von Markenwerten auf eine Weise, die auf jegliche Art von Verbindung oder Partnerschaft mit Facebook sowie Befürwortung, Unterstützung oder Zustimmung von Facebook hindeutet.«
(Facebook-Zitat, Richtlinien zur Nutzung von Logos & Marken, Regel 1)

Das Netzwerk bietet Ihnen unterschiedliche visuelle Elemente an, die Sie für Ihre Zwecke nutzen, herunterladen und auf externen Seiten oder in anderen Kommunikationsmaßnahmen integrieren können. Darunter fallen die drei folgenden Markenwerte (Abbildung 11.21):

- »Gefällt mir«-Schaltfläche (links)
- Facebook-Logo (Mitte)
- »f«-Logo (rechts)

Beachten Sie die Richtlinien zur Nutzung der Facebook Markenwerte.
Gefällt mir
f
facebook

Abbildung 11.21 Facebook-Markenwerte – informieren Sie sich darüber, wie diese genutzt werden dürfen.

Für jedes dieser Motive gelten unter anderem angepasste Richtlinien. Ähnlich wie schon in der Regelung hinsichtlich der »Bezugnahme auf Facebook« sind die Verwendung von Logos und Marken (kurz Markenwerte) Regelungen unterworfen, die jegliche Form der angedeuteten Zusammenarbeit oder Kooperation mit dem Netzwerk untersagen. Sie werden die meisten der Richtlinien bereits kennen. Wieso? Weil sie mit einem gesunden Menschenverstand logisch und nachvollziehbar sind – hier in der gekürzten Fassung:

- Die Markenwerte von Facebook dürfen nicht in einer irreführenden, schädlichen, obszönen Form genutzt werden oder in einer anderweitigen unerwünschten Weise verwendet werden.
- Die Markenwerte dürfen nicht in Verbindung mit Inhalten der Pornografie, des Glücksspiels oder illegaler Aktivitäten gebracht werden.
- Kombinieren Sie nicht Ihren Namen oder den Namen Ihres Unternehmens mit den Markenwerten von Facebook.

- Verwirrende Elemente, die den Markenwerten des Netzwerks ähnlich sehen, dürfen nicht verwendet werden.
- Eine weitere Regelung besagt, dass alle Markenwerte nicht ohne Erlaubnis (die in der Regel nicht vorliegt) auf Ihren Werbemitteln angebraucht sein dürfen – unter anderem davon betroffen sind: Kleidungsstücke, Hüte, Tassen, Puppen und Spielzeuge.

Räumen Sie den Markenwerten ausreichend Platz ein

Eine Facebook-Richtlinie besagt, dass Sie den verwendeten Markenwerten auf Ihrer Seite genug Platz einräumen müssen. Damit ist gemeint, dass beispielsweise das Logo oder die »Gefällt mir«-Schaltfläche *sauber und ordentlich* angezeigt werden. Diese Regelung ist für Sie als Websitebetreiber dahingehend relevant, dass Sie für die Integration von Facebook Social Plugins ausreichend viel Platz für die einzelnen Funktionen einplanen sollten.

Wie bereits erwähnt, bietet Ihnen das Netzwerk Logos und andere Motive zum Download an, damit Sie diese für Marketingaktionen verwenden dürfen. Wie die unterschiedlichen Motive nun genutzt werden und ab wann man sich in einer Grauzone bewegt, muss von Fall zu Fall geklärt werden. In dem folgenden Beispiel in Abbildung 11.22 kann man aber davon ausgehen, dass die Verwendung des Logos nicht den Richtlinien entspricht.

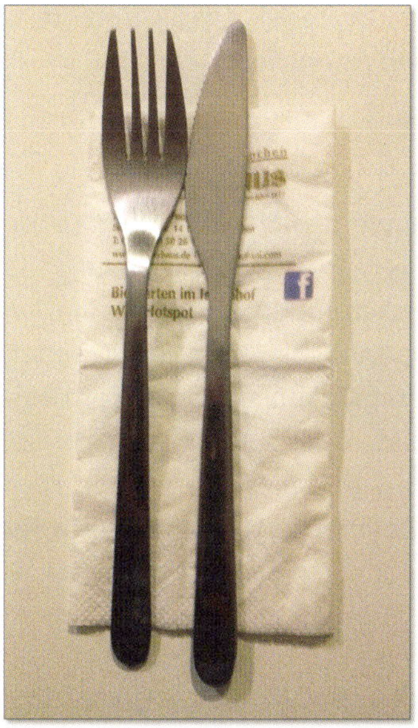

Abbildung 11.22 Restaurant verweist mit den eigenen Servietten auf Facebook.

Es ist zwar eine schöne Idee des Restaurantbetreibers mittels seiner Servietten auf Facebook zu verweisen, jedoch ist diese Art der Integration nicht erlaubt. Ähnlich wie eine Tasse ist die Serviette auch als eine Form Werbemittel anzusehen. Ich bezweifle stark, dass dem Wirtshaus eine Genehmigung oder eine Lizenz für diese Maßnahme vorliegt.

Gute Idee, schlechte Umsetzung

Um bei der Serviette zu bleiben, muss angemerkt werden, dass Sie das mit Sicherheit besser können! Die Idee, die eigenen Servietten mit dem Verweis auf Facebook zu versehen, ist eine gute. Abgesehen davon, dass diese Form gegen die Regeln verstößt (wegen fehlender Erlaubnis seitens Facebook), ist die Umsetzung auch deshalb mangelhaft, weil nur das Logo zu sehen ist. Gesetzt den Fall, der Gast interessiert sich tatsächlich für die Präsenz im Netzwerk, bekommt er keinerlei weitere Informationen darüber, unter welchem konkreten Namen er das Restaurant in Facebook findet. Wenn der User erst einmal dazu gezwungen werden muss, sich seine Informationen selbst zusammenzusuchen, dann haben Sie diesen User auch schon verloren. Eine fehlerfreie Integration müsste in diesem Fall also wie folgt aussehen: Verzicht auf das Logo, stattdessen wird der Gast mittels Text und dem Aufzeigen der Vanity-URL auf die eigene Facebook-Seite gelotst: *»Wir hoffen es schmeckt Ihnen. Besuchen Sie uns auf www.facebook.com/.... und werden Sie Fan. Wir freuen uns, Sie dort weiter bewirten zu dürfen.«*

Bitte vergewissern Sie sich sicherheitshalber immer vor der Integration von Facebook-Markenwerten in Ihre geplante Kampagne, ob diese überhaupt erlaubt ist. Diese und weitere Richtlinien zur Nutzung von Markenwerten finden Sie unter dem folgenden Link: *https://www.facebook.com/brandpermissions/logos.php*

11.5.3 Verwendung von Screenshots

Wenn Sie sich schon länger auf Facebook bewegen, werden Sie vermutlich schon bemerkt haben, dass die Verwendung von Facebook-Screenshots gang und gäbe ist. Häufig wird von ganzen Threads (Konversationsketten) zu einem Thema ein Screenshot erzeugt und als Foto wieder ins Netzwerk hochgeladen. Nicht selten werden diese Bilddaten noch zusätzlich bearbeitet, Anmerkungen in das Foto beigefügt oder in einer anderen Art und Weise verändert. Da Facebook auch für den Umgang mit Screenshots eigene Regeln formuliert hat, wird dieser Punkt hier auch aufgeführt. Das soll jedoch nicht bedeuten, dass Sie eben diese Praktiken für Ihr professionelles Marketing übernehmen sollen. Auf der einen Seite ist die Verwendung von dieser Art Content in den meisten Fällen verboten, und auf der anderen Seite ist diese Marketingmethode auch nicht seriös und somit unprofessionell. Die Nutzung von Screenshots ist meist nur im privaten Umfeld zu beobachten. Auch wenn Sie also die folgenden Punkte nicht zwingend für Ihre unternehmerischen Aktivitäten benötigen, ist es vielleicht auch aus privater Sicht interessant, zu erfahren, was erlaubt ist und was nicht. In gekürzter Fassung könnte man auch sagen: Lassen Sie es einfach:

- Screenshots, die sich in jedweder Form mit Facebook befassen, dürfen nicht verändert oder in einer anderen Art und Weise modifiziert werden.
- Wenn Sie Screenshots verwenden möchten, die das Profil einer Person, ihr Profilbild und/oder weitere persönlichen Angaben zeigen, benötigen Sie für die Nutzung bzw. Veröffentlichung eine schriftliche Genehmigung des jeweiligen Mitglieds.

Richtlinien für das Werben auf Facebook

Das Netzwerk hat selbstverständlich auch Richtlinien entwickelt, die die Verwendung und Nutzung der Marke innerhalb der Community regeln. Diese Regelungen unterliegen anderen Markenrichtlinien als die bereits erwähnten und sind sehr umfassend! Die Liste an Regelungen definiert in großem Umfang, wie beispielsweise eine Werbeanzeige auszusehen hat, welche Inhalte nicht verwendet oder thematisiert werden dürfen und viele weitere Details. Viele dieser Punkte verstehen sich von selbst und sollten jedem Nutzer selbstverständlich erscheinen. Nehmen Sie sich dennoch die Zeit, und lesen Sie sich diese Richtlinien aufmerksam durch. Das erspart Ihnen später mögliche Missverständnisse und etwaigen Ärger. Die stets aktuellsten Richtlinien finden Sie auf der folgenden Seite:

https://www.facebook.com/legal/terms

12 Monitoring und Krisenkommunikation – wenn die Konversation mit den Kunden aus dem Ruder läuft

Schlechte Nachrichten verbreiten sich schneller als gute Nachrichten – und noch schneller im Zeitalter des Social Webs. Setzen Sie auf Monitoring und Prozesse, um für den Fall der Fälle vorbereitet zu sein.

Die heutige Welt wird zunehmend komplexer. Umweltschutz, Ernährung, Mobilität, Konsumverhalten – diese und viele weitere Bereiche betreffen jeden Einzelnen von uns, wenn auch in individueller Intensität, und beeinflussen unser aktuelles und künftiges Verhalten. Jedes einzelne Interessengebiet verzweigt die Menschen noch in viele weitere Subkulturen, die ihre eigenen Für- und Widersprecher haben. Wenn wir über Facebook und Social Media Marketing sprechen, dann geht es nicht nur um die Entwicklung von neuen und innovativen Strategien und Konzepten. Es geht auch nicht nur um kreative Wege, diese in eine zielgerichtete Idee und Maßnahme umzusetzen. Es geht um weitaus mehr. Es geht auch um das Ermitteln und Managen der relevanten Subkulturen und ihrer Informationsströme.

Noch nie war Kommunikation schneller, vernetzter und impulsiver als heute. Millionen Menschen rund um den Globus treffen tagtäglich auf andere Menschen. Sie nutzen dazu die unterschiedlichsten Plattformen, die meist jede für sich eine überwältigende virale Kraft ausüben kann. Sie diskutieren über Beiträge, bewerten Inhalte, bilden Gruppen zu einer schier nicht enden wollenden Vielfalt an Interessengebieten. Sie treiben die Konversation und Interaktion im gesamten Netz voran, jeden Tag und jede Minute. Die filigrane Infrastruktur des Netzes sowie die individuelle Charakteristik, die dem Internet durch die User verliehen wird, macht es zu einem perfekten Nährboden für die Verbreitung von Neuigkeiten aller Art. Es gibt scheinbar keine Angelegenheit, die nicht zum Thema gemacht wird. Von inhaltlichen Beiträgen, die lediglich unterhalten sollen (beispielsweise »Cat-Content«), Neuigkeiten allgemeinen Interesses bis hin zu Ereignissen, die Unternehmen und ganze Staaten in Bedrängnis oder zum Sturz bringen können. Alles kann und alles wird behandelt und bewertet von Subkulturen und deren Anhängern bis hin zur Masse. Von diesem Wandel und der Schnelligkeit, mit welcher sich die Informationen verbreiten, sind jedoch nicht nur Konzerne oder Regierungen betroffen. Die Kommunikation schließt alles und jeden mit ein – ebenso Sie und mich.

Gut zu wissen: Was ist Cat-Content?

Der englische Begriff *Cat-Content* ist weltweit bekannt und beschreibt den Inhalt von Beiträgen, die lediglich eine zentrales Thema haben: eine oder mehrere Katzen in Aktion. Weltweit werden diese Tiere von Usern (bevorzugt von Katzenliebhabern) in ihren Aktivitäten gefilmt, fotografiert oder einfach nur beschrieben, und das Material dazu wird ins Internet gestellt. Ob die Katze einfach nur auf einem Sofa liegt, akrobatische Kunststücke vollführt oder schlicht nur da ist, spielt prinzipiell keine Rolle. Cat-Content-Beiträge haben meist keinen ernsten Hintergrund und sind grenzübergreifend sehr beliebt. Häufig führt diese Form von Inhalten zu einer (hoch) emotionalen Interaktion und Konversation unter den Usern. Eine wahre Fundgrube für solche Beiträge ist zweifellos die Facebook-Community.

Diese veränderte Situation in der Kommunikation ist nicht ohne Folgen für das Marketing. Die schnelle Verbreitung von Informationen kann Segen und Fluch zugleich bedeuten. Für die Streuung von Unternehmensbotschaften im Kampagnenkontext ist die virale Kraft nur dienlich. In Krisenfällen jedoch kann die rasende Verbreitung mittels Vernetzung zu einer unkontrollierbaren Herausforderung werden und ungeahnte Folgen für die Firma nach sich ziehen. Facebook dient in diesem Zusammenhang häufig als Schmelztiegel und Ausgangspunkt zugleich, in dem sich Subkulturen vereinen und mobilisieren, um eine Haltung zum Ausdruck zu bringen. Mit Hilfe von Content, diverser Facebook-Präsenzen (Facebook-Seiten, Facebook-Gruppen etc.), viraler Funktionen (Like, Share etc.) und der Power von Freundesnetzwerken kann diese Subkultur zu einer schwer beherrschbaren Community anwachsen.

Ob und wann welches Thema in der eigenen Community eventuell kippt und zu negativen Kommentaren auf der Facebook-Seite führt, ist selbstverständlich nicht vorherzusagen. Jedes Unternehmen, egal ob es sich im Social Web bewegt oder nicht, sollte jedoch für den eventuellen Fall der Fälle gewappnet sein. Prävention lautet hier das Stichwort. Diese besteht aus einem kontinuierlichen Monitoring und einem Plan, der die Organisation in dieser Situation definiert und festlegt.

12.1 Wann ist eine Krise eine Krise?

Wenn es ein Wort gibt, das Unternehmen den kalten Schauer über den Rücken jagt, dann ist es vermutlich: Krise. Wenn man zum Einstieg Wikipedia zu Rate zieht, dann bezeichnet eine Krise *»eine problematische, mit einem Wendepunkt verknüpfte Entscheidungssituation«* (Quelle: *http://de.wikipedia.org/wiki/Krise*).

12.1.1 Die Dynamik von Krisen hat sich verändert

Noch vor zehn Jahren war der Umgang mit diesen Situationen ein weitaus anderer, als in der heutigen Zeit. Das liegt insbesondere daran, dass der besagte *Wendepunkt* eine komplett andere Dynamik erreicht hat.

Gut zu wissen: Faktoren, die die Krisendynamik beeinflussen

Internet: Selbstverständlich gab es bereits vor zehn Jahren das Internet. Der Stellenwert und die Nutzung dieses Kommunikationskanals hatte bis zu diesem Zeitpunkt aber noch nicht flächendeckend Einzug gehalten. Laut der jährlich aktualisierten ARD/ZDF-Onlinestudie haben im Jahr 2001 gerade einmal 24,8 Mio. Deutsche das Internet genutzt. In 2011 hat sich diese Zahl auf 51,7 Mio. Nutzer mehr als verdoppelt (Quelle: *www.ard-zdf-onlinestudie.de*).

Breitband: Die Zeiten von 56K-Modems sind Geschichte. 2011 besaßen 77 % der privaten Haushalte einen Internetanschluss – 93 % gingen via eines Breitbandanschlusses ins Netz (Quelle: Statistisches Bundesamt, Pressemitteilung Nr. 474 vom 19.12.2011). Mit dem Blick auf die veränderte Dynamik hinsichtlich von Krisen bedeutet das, dass heute Content beispielsweise in Form von Videos mühelos ins Netz hochgeladen werden kann.

Mobil: Die Nutzung von mobilen Endgeräten wie Smatphones und Tablets steigt mit jedem Jahr an. Wenn 2009 lediglich 11 % mobil im Internet surften, lag dieser Wert 2011 bereits bei 20 %. Der Impuls für eine mögliche Krise wird also nicht mehr nur am heimischen PC oder Laptop gesetzt, sondern mobil und sofort am Ort des Geschehens, z. B. durch die Aufnahme einer unappetitlichen Szene in einem Restaurant.

User Generated Content: Wenn Sie sich vor dem Internetboom früher »nur« vor kritischen Zeitungsartikeln, TV-Berichten oder Radiobeiträgen fürchten mussten, sieht die Situation im Fall einer Krise heute sehr viel komplexer aus. Plötzlich ist es jedem User zuhause am Heim-PC oder von unterwegs via Smartphone möglich, Inhalte selbst zu erstellen, um seiner Haltung zu einem Thema Nachdruck zu verleihen. Ob nun Fotos, Videos oder designte Collagen mit einem klaren (kritischen) Statement, alles kann und wird von den Usern selbst produziert und ins Web hochgeladen.

Vernetzung: Das einstige lineare Internet ist mit dem Beginn vom Web 2.0 und spätestens mit dem Einzug von Facebook im Jahr 2004 zu einem vernetzten Raum geworden. Noch nie war es einfacher, mit anderen Menschen und Gruppen in Kontakt zu treten und sich über Themen unterschiedlicher Art zu unterhalten. Gerade die Social-Plugin-Funktionen von Facebook, wie Like & Share machen jedes Mitglied zu einem weiteren Verbreiter von Nachrichten.

Diese Faktoren stellen Unternehmen vor die Herausforderung, weitaus schneller auf mögliche Krisen reagieren zu müssen. Falls Ihnen schon allein beim Lesen dieser Zeilen unbehaglich werden sollte, dann möchte ich Sie beruhigen. Firmen, die mit einer negativen Situation konfrontiert werden, sehen aus der subjektiven Wahrnehmung heraus oft gleich eine Krise auf sich zu rollen. Nicht immer ist jedoch eine vermeintliche Krise auch tatsächlich eine.

12.1.2 Krise ist nicht gleich Krise – Unterscheidung von Issue und Krise

Wann eine Krise tatsächlich eine Krise ist, hängt von der internen Definition innerhalb der Marke ab. Dem einen mag vielleicht schon ein bloßes Uservideo mit einer schlechten Produktbewertung den Angstschweiß auf die Stirn treiben. Für den anderen ist auch der 100. negative Fanbeitrag in Folge auf der Pinnwand der Facebook-Präsenz noch kein Grund zur Beunruhigung. Abhängig von der Definition gilt aber für alle Arten von Krisen, dass dieser ein *Issue* vorausgeht. Ein Issue ist die Phase, in der eine negative Tendenz zu einem Thema entsteht. Im optimalen Fall wird dieser Zeitpunkt auch von dem Unternehmen selbst registriert. Es handelt sich also um eine Art »Krise im Frühstadium« und markiert den Augenblick, in dem sich entscheidet, ob sich der besagte negative Trend wieder relativiert oder fortsetzt. Letzteres kann im weiteren Verlauf das gesamte Stimmungsbild, beispielsweise auf einer Facebook-Seite, beeinflussen. Ob und wie das Unternehmen in dieser Phase auf das jeweilige Issue eingeht, entscheidet über den Ausgang.

Die folgenden Beispiele sollen verdeutlichen, wie negative Tendenzen und Situationen auf Facebook-Seiten einzuschätzen sind. Kritische Hinweise von Usern zu einem laufenden Projekt müssen nicht gleich die Apokalypse bedeuten. Aber auch bei vermeintlich wenigen und nicht so schwerwiegenden Kommentaren von Fans gilt immer: Gehen Sie auf diese ein, und bieten Sie Lösungsvorschläge an, wie Sie gedenken, die Situation wieder in den Griff zu bekommen.

Negatives Postingaufkommen

Einem Posting von ECCO Schuhe waren einige kritische Beiträge von Usern vorausgegangen, die sich über ein technisches Problem hinsichtlich einer angebotenen Weihnachtskalender-Applikation beschwert haben. Die Seitenbetreiber haben prompt reagiert und den aktuellen Status quo durchgegeben und darüber hinaus erste Lösungsvorschläge präsentiert (Abbildung 12.1). Die Community hat dies honoriert und sich geduldig gezeigt. In diesem Fall handelt es sich also lediglich um einen kurzen negativen Moment, der schnell aus der Welt geschafft werden konnte.

Abbildung 12.1 ECCO Schuhe reagierte schnell und bot erste Lösungsvorschläge an.

Issue – die Phase des entscheidenden Wendepunkts

Wie bereits erwähnt, kann die Einteilung in »lediglich ein negativer Post«, »Issue« oder gar eine »Krise« nur ein Unternehmen eindeutig für sich selbst definieren. Bei dem folgenden Szenario kann aber auch unter subjektiven Gesichtspunkten von einer Issue-Situation gesprochen werden. Das liegt nicht unbedingt an dem Sachverhalt bzw. der tatsächlichen Userkritik, sondern vielmehr an dem Zeitpunkt, an dem sich die negativen Postings auf der Pinnwand der Unternehmensseite häuften: 23.12.2011, Freitagabend. Das Facebook-Redaktionsteam des Unternehmens hat sich bereits am Freitagmittag in die Weihnachtspause verabschiedet.

Der erste negative Beitrag war der Auftakt für einen Thread mit weiteren elf überwiegend erbosten und das Unternehmen schlecht bewertenden Kommentaren (Abbildung 12.2). Die User beschwerten sich darüber, dass eine versprochene Leistung (Fotobücher, Grußkarten etc.) nicht zum versprochenen Termin geliefert wurden und somit bei dem ein oder anderen ein Geschenk unter dem Weihnachtbaum gefehlt hat. Erschwerend zu dem Problem der Nichtzustellung kam hinzu, dass es sich um einen, für die meisten Menschen, hoch emotionalen Zeitpunkt handelt: Weihnachten und Bescherung. Das war Grund genug für die Fans, ihrer Wut freien Lauf zu lassen. Glück im Unglück dieser Issue-Situation hat in diesem Fall nicht die fehlende Reaktion der Redaktion die Wogen wieder geglättet, sondern die Kraft der Selbstregulierung. Erst der Beitrag eines Fans hat die Wende im negativen Thread gebracht. Der Kommentar erhielt Zuspruch und sorgte für das schlussendliche Erlischen der Diskussion. Dieses Beispiel (Abbildung 12.3) zeigt, dass sich die Selbstregulierung durchaus positiv auf das Stimmungsbild einer Seite auswirken kann.

Nicole
Halli, Hallo, Hallöle^^ jetzt möchte ich mich aber auch mal einmischen. Ich denke mal nicht, dass das am Unternehmen liegt, dass manche Fotobestellungen nicht rechtzeitig kommen, es ist ja klar, dass ein Fotolabor zu Weihnachten einen größeren Aufwand hat und mehr Arbeit, als im Rest des Jahres. Da lohnt es sich auch wenn man Fotoarbeiten, die man PÜNKTLICH zu Weihnachten haben will, etwas früher ...
Mehr anzeigen
Gefällt mir · Kommentieren · 23. Dezember 2011 um 18:33

9 Personen gefällt das.

Jaqueline Endlich mal jemand, der es auch so sieht, danke Nicole. :)

man weiß nämlich nicht erst seit gestern, dass morgen Heiligabend ist. Bei dm, also von den "Fans" wird man wegen so ner Meinung gleich beschimpft - ai ai, armes Deutschland. ^^
23. Dezember 2011 um 18:46 · Gefällt mir · 1

Kristin diese richtlinien sind fristen..wenn man sie nicht einhalten kann soll man diese nicht setzen!!!!
23. Dezember 2011 um 21:35 · Gefällt mir

Nicole wer sagt, dass das Fristen sind? Komischerweise habe ich mir selber mal so ein Plakat durchgelesen und da steht nix drauf. Jeder ist doch selber verantwortlich und man muss nun mal nicht immer alles kurz vor knapp machen, nur damit man dann jemanden anderes die Schuld dafür geben kann, lächerlich.
23. Dezember 2011 um 23:21 · Gefällt mir · 2

Dana Ich hab meine Grußkarten 14 Tage vor Weihnachten und 6 Tage vor der von Rossmann selbst auf der Webseite veröffentlichten Weihnachts-Garantiefrist bestellt und erstellt. Der Kalender, den ich vier Tage später in Auftrag gegeben habe und der laut Rossmann länger in der Bearbeitung dauert, war gestern fertig. Auf die Grußkarten warte ich immer noch. Rossmann bzw. Orwo weiß doch auch, wann Weihnachten ist, und dass da viel los ist. Die wollen doch Geld verdienen, ich gehe nächstes Mal einfach zur Konkurrenz! Hätte ich diesesMal auch machen sollen, hatte noch überlegt, dumm von mir.
23. Dezember 2011 um 23:25 · Gefällt mir · 2

Abbildung 12.2 Issue? Negativer Beitrag wird von weiteren Usern »befeuert« und zur Diskussion ausgeweitet.

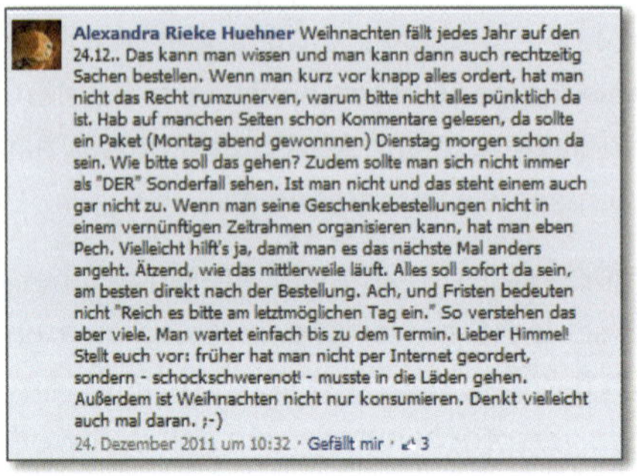

Alexandra Rieke Huehner Weihnachten fällt jedes Jahr auf den 24.12.. Das kann man wissen und man kann dann auch rechtzeitig Sachen bestellen. Wenn man kurz vor knapp alles ordert, hat man nicht das Recht rumzunerven, warum bitte nicht alles pünktlich da ist. Hab auf manchen Seiten schon Kommentare gelesen, da sollte ein Paket (Montag abend gewonnnen) Dienstag morgen schon da sein. Wie bitte soll das gehen? Zudem sollte man sich nicht immer als "DER" Sonderfall sehen. Ist man nicht und das steht einem auch gar nicht zu. Wenn man seine Geschenkebestellungen nicht in einem vernünftigen Zeitrahmen organisieren kann, hat man eben Pech. Vielleicht hilft's ja, damit man es das nächste Mal anders angeht. Ätzend, wie das mittlerweile läuft. Alles soll sofort da sein, am besten direkt nach der Bestellung. Ach, und Fristen bedeuten nicht "Reich es bitte am letztmöglichen Tag ein." So verstehen das aber viele. Man wartet einfach bis zu dem Termin. Lieber Himmel! Stellt euch vor: früher hat man nicht per Internet geordert, sondern - schockschwerenot! - musste in die Läden gehen. Außerdem ist Weihnachten nicht nur konsumieren. Denkt vielleicht auch mal daran. ;-)
24. Dezember 2011 um 10:32 · Gefällt mir · 3

Abbildung 12.3 Issue durch Selbstregulierung aufgehoben. Hilft, ist aber nicht planbar.

Krise

Krisen sind selten selbst verschuldet, können aber auftreten und das eigene Unternehmen betreffen, obwohl es selbst nur indirekt betroffen ist. Wie eingangs erwähnt, besteht die weltweite Netzwelt aus Tausenden und Abertausenden von Einzelpersonen, die jede für sich eine Meinung und Haltung zu den unterschiedlichsten Themen hat. Häufig schließen sich übereinstimmende Einstellungen zu losen oder festen Gruppierungen zusammen. Die erste Variante betreffen User, die sich einer Bewegung anschließen, indem sie ihre Meinung kundtun, ohne einer tatsächlichen Gruppe anzugehören. Aber schon allein durch die Übereinstimmung hinsichtlich des Themas gehören sie einem Kollektiv an. Die User, die einer festen Gruppierung angehören, sind der gleichen Meinung, aber sind zusätzlich Mitglied einer tatsächlichen Einheit, wie z. B. einer Facebook-Seite. Im Fall einer Krise sind beide Varianten aktiv, was es nicht einfacher macht, die Situation zu managen.

In der Krise agieren alle – User und Gruppen

Im November 2011 verbreitete sich eine Neuigkeit im Netz, die nicht nur die gesamte deutsche Facebook-Gemeinde in Aufruf gebracht hat. Beiträge von Hundstötungen in der Ukraine anlässlich der Fußball-Europameisterschaft 2012 machten die Runde und füllten die Newsfeeds der User. Neben dem eigentlichen Schuldigen (dem Gastgeberladen) wurden schnell Stimmen laut, die auch den Veranstalter und die Sponsoren des Events ins Visier nahmen. Binnen weniger Stunden und Tage waren die Facebook-Seiten der jeweiligen Sponsoren übersät mit negativen Beiträgen in Form von Bilder- und Videopostings leidender Hunde (Abbildung 12.4). Die User warfen den Unternehmen eine Mitschuld an der Situation vor.

Abbildung 12.4 Auswahl an Userpostings auf einer Facebook-Seite eines Sponsors der Fußball-Europameisterschaft 2012 in der Ukraine

Neben den Anschuldigungen durch einzelne User formierten sich in kürzester Zeit auch feste Gruppen, in Form von Facebook-Seiten, die ebenfalls auf die Situation in der Ukraine hinwiesen. Die Facebook-Seite Stop Killing Dogs – Euro 2012 in

UKRAINE hat in kürzester Zeit Tausende von Fans formieren können (Abbildung 12.5). Auch diese Mitglieder gaben nicht nur der ukrainischen Regierung die Schuld, sondern sahen auch die Sponsoren als Unterstützer dieser Praktiken an. Der Vollständigkeit halber sei an dieser Stelle noch erwähnt, dass sich diese Krise nicht nur auf die soziale Webwelt ausgewirkt hat. Neben den unzähligen Kommentaren und Aktivitäten auf Facebook, Twitter, YouTube und auf diversen Blogs erschienen zahlreiche Beiträge und (Online-)Artikel zu diesem Fall in den klassischen Kommunikationskanälen wie TV und Print.

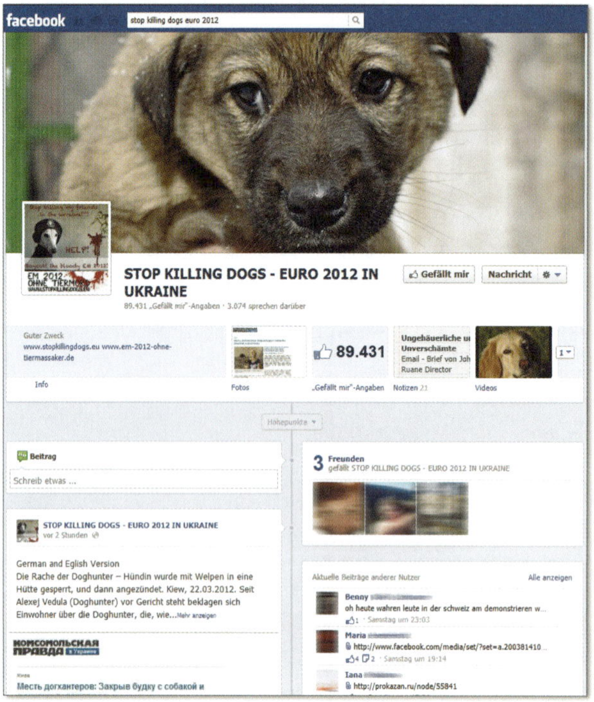

Abbildung 12.5 In Krisenzeiten entstehen auf Facebook häufig Anti-Seiten, die als Druckmittel verwendet werden.

Es muss nicht weiter erwähnt werden, dass sich selbstverständlich alle Sponsoren ganz klar gegen diese Praktiken ausgesprochen haben. Jedes Unternehmen hat unterschiedliche Instrumente und Prozesse angewendet, um der Lage Herr zu werden. Neben offiziellen Stellungnahmen und der Verurteilung der Vorgänge in der Ukraine hat beispielsweise der Sponsor McDonald's auf der Facebook-Deutschland-Seite eine Verlautbarung in Form einer Applikation installiert.

Auch Wochen nach dem Bekanntwerden der schrecklichen Vorgänge in dem Gastgeberland der Fußball-Europameisterschaft 2012 werden die Sponsoren täglich mit unzähligen negativen Beiträgen konfrontiert.

Vermutlich hätte diese Krise noch vor zehn Jahren einen ganz anderen Verlauf genommen. Negative Beiträge in Print, TV und Onlineartikeln hätten auch zu dieser Zeit das Stimmungsbild beeinflusst. Der breiten Masse hätten jedoch nur begrenzte Mittel zur Verfügung gestanden, um ihrer persönlichen Empörung wirkungsstark Ausdruck zu verleihen und sie mit anderen Menschen zu teilen. Drei der fünf Krisen-Dynamik-Faktoren *Internet*, *User Generated Content* und *Vernetzung* waren die treibende Kraft, diese Krise in solche Dimensionen zu katapultieren.

Umgang mit Inhalten in der Community

Wann und wieso eine Issue entsteht und sich im schlimmsten Fall zu einer Krise entwickelt, kann viele Gründe haben. Wie das EM2012-Beispiel zeigt, kann der erwähnte Wendepunkt durch äußeren Einfluss erfolgen. Das heißt, ein Unternehmen kann schon in den Fokus der Kritik geraten, wenn es nur inhaltlich im gleichen Themenfeld platziert ist, welches die Krise erfasst hat. Es muss also seitens der Marke kein direkter Fehler, wie beispielsweise ein Produktmangel, vorliegen. Eine unverschuldete Krise ist jedoch nicht die Regel. Ein Wendepunkt entsteht häufig eben durch Fehler, die das Unternehmen selbst zu verantworten hat. Technische Probleme von Produkten, ungerechte Behandlung von Mitarbeitern, Schadstoffe in Artikeln, Vernichtung von Ressourcen und Umweltschutzverstöße – die Liste an potenziellen Krisenherden lässt sich beliebig fortsetzen.

Aber auch das direkte Verhalten in Social Media kann einem Issue den entscheidenden Impuls für eine Krise geben. Im Fall Nestlé wurde dieser Fehler besonders deutlich. Im Frühjahr 2010 hat der Konzern und Produzent der Schokoladenmarke Kitkat versucht, einen Videobeitrag von Greenpeace auf der eigenen Facebook-Seite zu löschen. In diesem YouTube-Clip prangerte die Umweltorganisation das Unternehmen an, für die Produktion von Kitkat zur Vernichtung von Ressourcen und Tierräumen (von Orang-Utans) beizutragen. Abgesehen von der eigentlichen Kritik an den Praktiken des Unternehmens lag der maßgebliche Fehler in den Löschungsversuchen auf Facebook. In der bislang als Issue kategorisierte Phase brachte dieser Fehltritt den entscheidenden Wendepunkt und im weiteren Verlauf Hunderte und Tausende wütende Negativ-Beiträge auf der Facebook-Seite, in Anti-Nestlé Gruppen und in vielen anderen Teilen des Social Webs.

Gut zu wissen: Das Löschen von kritischen Beiträgen ist ein absolutes »No-go«!

Selbstverständlich hoffen wir alle, dass Ihre Seite von jeglicher Art von Krisen verschont bleibt und Ihnen die Fans stets wohlgesinnt sind. Falls Ihr Unternehmen jedoch wider Erwarten (und das ist in den meisten Fällen der Fall) doch in diese Situation geraten sollte, dann möchte ich Ihnen gleich vorweg einen gut gemeinten Rat mit auf den Weg geben:

Löschen Sie keine kritischen Beiträge! Der Fall Nestlé zeigt, was das zur Folge haben kann. Das Entfernen von Kommentaren und Inhalten wird von der Community nur geduldet, wenn klar ersichtlich ist, wieso Beiträge gelöscht werden. Sie müssen also bei eventuellen Nachfragen auf vorab definierte »Benimmregeln« verweisen können, die Ihnen bei der Argumentation helfen. Zur Wahrung der Transparenz gegenüber den Fans ist in diesem Zusammenhang eine veröffentlichte Netiquette auf der Facebook-Seite ein großer Vorteil. Ein Grund mehr für die langfristige Integration! Weitere Informationen hierzu finden Sie in Abschnitt 6.2.9, »Netiquette – zum guten Benehmen verpflichtet«.

Die Regel »Der Ton macht die Musik« kann eine Fehlerquelle für ein Issue sein, dass sich zu einer Krise entwickeln kann. Wenn aber »kein Ton die Musik bestimmt«, also der Seiteninhaber auf Kritik nicht reagiert, kann das auch zu Ärger in der Community führen. Ein wütender User kommt schließlich nicht ohne Grund auf eine Facebook-Seite. Er möchte seinem Ärger Luft verschaffen und sich aussprechen. Wenn auf diese Kritik nicht reagiert wird, kann sich daraus ebenfalls schnell eine Situation entwickeln, die weitere Kreise nach sich zieht.

Gut und doch nicht richtig gemacht – am Beispiel von »Dean and David«

Was hat nun die Restaurantkette »Dean and David« in dem folgenden Beispiel in Abbildung 12.6 richtig und zugleich falsch gemacht? Bezogen auf die eben erwähnten Regeln muss die korrekte Antwort lauten:

Abbildung 12.6 Dean and David: richtig und falsch verhalten zugleich

- Richtig: Der Beitrag des potenziellen Kunden Florian W. wurde trotz kritischen Inhalts nicht gelöscht.
- Falsch: Auf den Beitrag wurde auch nach fast einem Tag nicht reagiert.

Der zweite Punkt muss in diesem Fall nicht gleich bedeuten, dass demnächst ein Shitstorm die Facebook-Seite des Restaurantkettenbetreibers trifft, aber dennoch kann mit solch einer Situation anders umgegangen werden. Ihre Fans möchten ernst genommen werden – geben Sie Ihnen, auch bei kritischen Beiträgen, das Gefühl, dass Ihnen der Kunde am Herzen liegt. Auch wenn nicht eine unmittelbare Gefahr der Krise besteht, so haben Sie mit einem Zugang auf den Kunden die Chance, sein Vertrauen wiederzugewinnen.

Mehr zum Thema Shitstorm erfahren? Sascha Pallenberg (Blogger von netzpiloten.de) gibt weitere Einblicke. Das Video hierzu finden Sie auf Vimeo unter dem folgenden Link: *http://vimeo.com/22471264*

12.2 Das A und O – das richtige Monitoring

Eine Krise, beispielsweise in Form eines Shitstorms kommt meist unerwartet und trifft die betroffene Partei meist aus heiterem Himmel. Dass äußere Einflüsse oder aber auch die eigene Community sich plötzlich gegen das eigene Unternehmen richten, kommt vielleicht plötzlich, Lösungsansätze helfen aber, solche Situationen besser zu managen und gar mögliche Vorhersagen zu treffen. Es handelt sich dabei um eine Art »Frühwarnsystem«, das optimalerweise aus den beiden Säulen *Monitoring* und *Prozesse* bestehen sollte.

12.2.1 Monitoring

Man kann auf Einflüsse nicht reagieren, wenn man diese gar nicht kennt oder zur Kenntnis genommen hat. Ein professionelles Monitoring dient dazu, das »gesamte« Netz nach unternehmensrelevanten Themen und Schlagwörtern zu durchsuchen und zu verfolgen. Ein Monitoring ist keine Zauberbox, die eine eventuelle Krise von Ihrem Unternehmen abwenden kann. Es kann Sie aber in die vorteilhafte Position bringen, dass Sie bereits von einer Entwicklung »Wind bekommen«, bevor diese die breite Masse erreicht hat. Schon allein diese Erkenntnis können Sie im weiteren Verlauf für das eigene Issue-Management verwenden, um es erst gar nicht zu einem Problem/einer Krise werden zu lassen.

Aber auch abseits von Issue, Krisen und Problemen, von denen Ihr Unternehmen hoffentlich weitestgehend verschont bleibt, ist das Monitoring ein effektives Instrument für Ihre tägliche Arbeit. Es kann Ihnen generell sehr weiterhelfen, um

- neue themenrelevante Beiträge für das Community-Management und den Redaktionsplan auf der Facebook-Seite zu entwickeln,
- interessante Influencer und somit mögliche Kooperationspartner für Ihre Kommunikation zu finden,
- künftige Trends, die auch Ihre Fans interessieren könnten, zu recherchieren und
- neue Sichtweisen zu einem Thema zu erlangen und so als Inspiration für eigene Kampagnen und Aktionen zu nutzen.

12.2.2 Prozesse – die linke Hand weiß, was die rechte tut

Neben dem Monitoring ist die Definition der Prozesse eine zweite wichtige Säule im Issue- und Krisenmanagement. Mittels der Erkenntnisse, welche das Monitoring ergeben hat, wissen Sie nun also, ob und was auf das Unternehmen zukommen könnte. Was jedoch mit dieser Information als Nächstes geschieht, gilt es hier zu bestimmen. Dies kann nur durch eine klare Definition geschehen, die vorab formuliert wurde und allen beteiligten Personen/Kollegen bekannt ist. Ein präzise ausgearbeiteter Prozessplan enthält neben dem eigentlichen Monitoring viele weitere Regelungen, die bestimmte Szenarien und deren weitere Ver- und Bearbeitung definieren:

- Was sind für das Unternehmen kritische Themen, die fortlaufend im Auge behalten werden sollten?
- Welche Schlagwörter und Begriffe umreisen diese Themen besonders treffend?
- Welche Art von Kommentaren und Beiträgen werden vom Unternehmen als negativ eingeschätzt?
- Welches Szenario wird im Unternehmen als ein Issue oder als eine Krise angesehen?
- Wie kann sich das Unternehmen für bestimmte Szenarien vorab rüsten?
- Wer ist/sind im Fall der Fälle die richtigen Ansprechpartner in der Firma? Ist ein festes Krisenteam installiert?
- Wie ist die Kommunikationspolitik innerhalb der Firma/des Krisenteams? Wer muss wann in welchem Stadium wie informiert oder benachrichtig werden?

Für diese und weitere Fragen sollte ein definierter Issue- und Krisenprozessplan eine Antwort bieten. Denn nur wenn jede beteiligte Person im Unternehmen weiß, was wann zu tun ist, kann auch in hektischen Situationen eine effektive und möglichst reibungslose Kommunikation gewährleistet werden.

12.2.3 Instrumente, die beim Monitoring helfen

Wie schon eingangs erläutert, ist ein kontinuierliches Monitoring unerlässlich für die Kommunikationsarbeit. Das gilt nicht nur in Zeiten der Krise, sondern auch im Tagesgeschäft. Denn nur mit einem stets aktuellen Status quo der Medienlandschaft und der Entwicklung von Konversationen (über die Grenzen des Facebook-Netzwerks hinweg) kann ein Unternehmen angemessen agieren und reagieren.

Um sich einen möglichst breiten Überblick über die Lage zu Themen und Diskussionen zu verschaffen, steht Ihnen eine Reihe an Instrumenten zur Verfügung. Entsprechend Ihrer Ausgangslage und Situation können Sie diese Werkzeuge für die konstante Nutzung einsetzen. Hierzu werden diese Hilfsmittel in die folgenden zwei Gruppen eingeteilt:

- Grundrauschen-Monitoring
- individuelles Monitoring

Grundrauschen-Monitoring

Wie schon der Name andeutet, geht es bei dieser Art des Monitorings um die Ermittlung der aktuellen Berichterstattung zu einem Thema oder einer Situation sowie der Stimmungslage. Dieses Monitoring sollte grundsätzlich als ein konstanter und täglicher Aufgabenpunkt innerhalb des Unternehmens definiert sein. So wie Sie sich in Ihren Fachmedien über Neuigkeiten in der Branche informieren, sollten Sie das auch für die (soziale) Onlinewelt tun. Natürlich kommen Sie nicht drum herum, Zeit in dieses Monitoring zu investieren. Sehen Sie diese zusätzliche Zeit tatsächlich als eine Investition für das Unternehmen an, denn Sie werden einen neuen und umfassenderen Blick für die Themen der Firma erhalten.

Für das Ermitteln des Grundrauschens eignet sich die folgende Auswahl an Instrumenten, die jeweils unter diesen Gesichtspunkten vorgestellt werden: Name des Instruments und Beschreibung, Schwerpunkt, zeitlicher und finanzieller Aufwand.

Name des Instruments und Beschreibung: Eigene Facebook-Seite | Es mag vielleicht als selbstverständlich erachtet werden, aber nicht immer wird die nächstliegende Option auch tatsächlich gesehen und für das Monitoring verwendet. Gerade Seitenbetreiber, die Chef des Unternehmens und Community Manager in einem sind, schauen aus zeitlichen Gründen nicht unbedingt täglich auf die Facebook-Präsenz. Dieser Punkt betrifft im Übrigen auch alle anderen Social-Media-Kanäle, auf dem Ihr Unternehmen eventuell auch aktiv ist.

- **Schwerpunkt**: Ihre Mitglieder sind nicht nur Fans und eventuelle Kunden des Unternehmens, sondern auch ein guter Stimmungsbarometer. Wie die Community drauf ist, was sie nervt oder gut findet, können Sie nur herausfinden, wenn Sie den Gesprächen zuhören. Neben der aktuellen Lage können die Fans einer Facebook-Seite den Firmen wichtige Hinweise zu deren Angeboten und Leistungen geben. Produkte, die beispielsweise bei der Kundschaft nicht ankommen und auf der Präsenz besprochen werden, können mit diesem Wissen künftig optimiert werden.
- **Zeitliche Investition**: Abhängig von der Größe und dem Charakter der Seite sollten sie (mehrmals) täglich auf der Seite vorbeischauen. Wenn Sie das Gefühl haben, dass Sie das zeitlich nicht stemmen können, sollte diesen Job ein fest definierter Kollege von Ihnen übernehmen, oder Sie beauftragen gleich einen professionellen Community Manager.
- **Finanzieller Aufwand für die Nutzung**: 0,– €

Name des Instruments und Beschreibung: Facebook »Öffentliche Beiträge« | Über 20 Mio. User beheimatet Facebook in Deutschland, die immer wieder neue Posts zu den unterschiedlichsten Themen zum Besten geben. Nutzen Sie dieses Instrument, um zu erfahren, ob eines dieser Themen unternehmensrelevanter Natur ist. Wenn kritische Themen die Runde machen, die die Massen bewegen, dann tauchen diese hier als Erstes auf.

- **Schwerpunkt**: Alles und nichts. Nicht jedes Schlagwort gibt auch den gewünschten Treffer. Geben Sie einen Begriff in die Suchleiste von Facebook ein, und wählen Sie dann den Befehl WEITERE ERGEBNISSE FÜR XY ANZEIGEN. Nach einem weiteren Klick auf ÖFFENTLICHE BEITRÄGE listet Ihnen das Netzwerk die aktuellsten Postings von Usern auf, die diese als öffentlich markiert haben. Die Erkenntnisse aus diesem Grundrauschen können Ihnen zudem auch hilfreiche Insights für die laufenden Redaktionsplanungen bieten.
- **Zeitliche Investition**: In akuten (Issue-/Krisen-)Zeiten lohnt sich eine mehrmalige Nutzung täglich. Für ein generelles Monitoring reicht ein Besuch alle ein bis zwei Tage.
- **Finanzieller Aufwand für die Nutzung**: 0,– €

Name des Instruments und Beschreibung: Google News | Es ist nicht nur wichtig, was in den Netzwerken vor sich geht, sondern, auch außerhalb der sozialen Sphären. Auch wenn sich dieses Buch überwiegend um neue Kommunikationskanäle dreht, so ist der klassische Journalismus weiterhin ein wichtiger Meinungstreiber. Google News ist das optimale Instrument, um sich über aktuelle Themenfelder zu informieren. Hier können Sie nach Neuigkeiten recherchieren und sich einen personalisierten Suchfilter erstellen: *http://news.google.de/news*

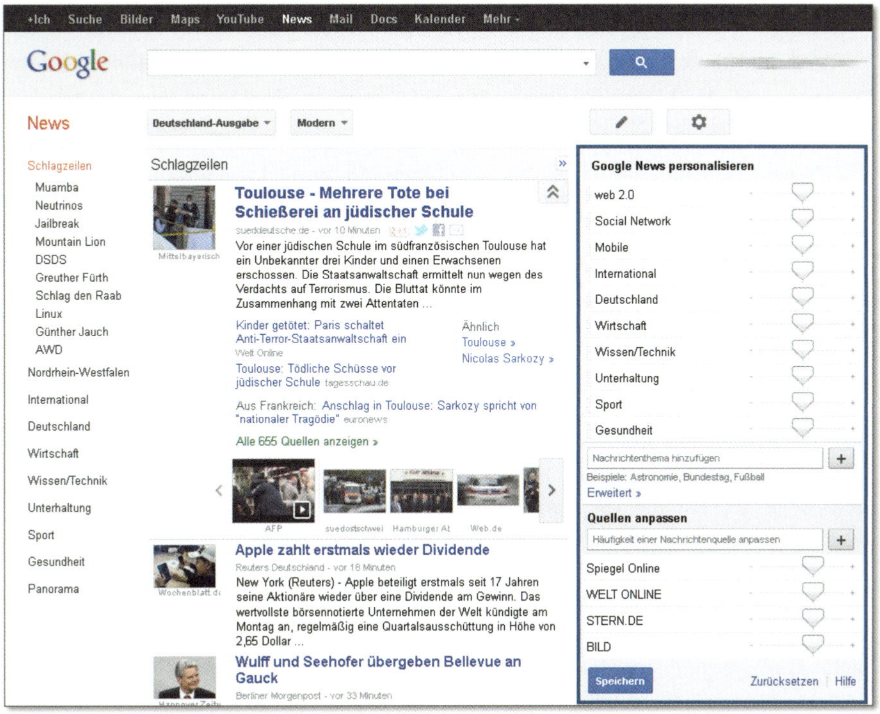

Abbildung 12.7 Mit personalisierten Google News neue Themen und Sichtweisen für den Facebook-Redaktionsplan ermitteln

- **Schwerpunkt**: Mit Google News haben Sie die Möglichkeit, sich Ihre Themen und Nachrichten personalisiert anzeigen zu lassen (Abbildung 12.7). Sie können sich also beispielsweise einen extra Filter einrichten, in dem Infos zu Ihren Mitbewerbern erscheinen oder relevante Trendthemen, zu denen Sie auch künftig keine Meldung verpassen möchten.
- **Zeitliche Investition**: Ein Klick, und Sie haben alles im Blick. Das Personalisieren Ihres Google-News-Kanals dauert einmalig nicht länger als 15 Minuten.
- **Finanzieller Aufwand für die Nutzung**: 0,– €

Name des Instruments und Beschreibung: Google Blogsearch & RSS | Die heutige Medienlandschaft wird jedoch nicht mehr nur von den klassischen Kanälen geprägt. Beiträge und Artikel von Bloggern beeinflussen längst die Berichterstattung und das Stimmungsbild mit. Daher sollten Sie unbedingt auch in diesen Sphären aktiv sein und relevante Blogger im Blick behalten.

- **Schwerpunkt**: Blogbeiträge zu den unterschiedlichen Themen (von Nische bis hin zu Masse). Im Zuge des Monitorings auf Google Blogsearch werden Sie vielleicht auch über den ein oder anderen Blogger stolpern, der themenrelevante Beiträge schreibt, die für das Unternehmen wichtig sein könnten. Mittels der RSS-Funktion können Sie einzelne Blogs abonnieren, die Ihnen dann beispielsweise via E-Mail zugeschickt werden. So verpassen Sie keinen neuen Artikel.
- **Zeitliche Investition**: Stark abhängig von der Anzahl der Themen – planen Sie im ersten Schritt eine halbe Stunde täglich ein, danach können Sie besser einschätzen, wie hoch die zeitliche Investition tatsächlich ist.
- **Finanzieller Aufwand für die Nutzung**: 0,– €

Gut zu wissen: Zeitlichen Aufwand des Monitorings effizienter gestalten

Die oben aufgeführten Möglichkeiten zum Monitoren sind zwar wirkungsvoll, aber auch meist zeitintensiv. Daher ist es durchaus sinnvoll auf zusätzliche Dienste und Technologien zurückzugreifen, die Ihnen diese Arbeiten zwar nicht abnehmen, aber zumindest erleichtern. Alle Google-Nachrichtendienste beispielsweise können Sie über die Funktion *Google Alerts* bündeln. Mit diesem Feature haben Sie die Möglichkeit, sich die neuesten Nachrichten aller Art (Medienberichte, Blogbeiträge etc.) individuell an eine von Ihnen definierte E-Mail-Adresse schicken zu lassen.

Eine weitere Möglichkeit bietet sich mit dem Google-Dienst *Google-Reader*. Um diese Funktion nutzen zu können, benötigen Sie einen Account bei dem Suchmaschinenanbieter. Der Google-Reader listet Ihnen übersichtlich alle Blogs auf, die Sie via RSS abonniert haben. Wenn neue Beiträge und Artikel auf den jeweiligen Blogseiten erscheinen, werden diese automatisch dementsprechend markiert bzw. angezeigt. Das erspart Ihnen immens viel Zeit, da Sie nicht jeden Blog einzeln »ansurfen« müssen, um zu erfahren, ob der Autor einen neuen Beitrag veröffentlicht hat.

Individuelles Monitoring

Neben der Ermittlung des Grundrauschens können Sie aber auch ein individualisiertes Monitoring durchführen. Hierbei richtet sich der Blick jedoch tiefer in die eigentliche Social-Media-Sphäre. Ob nun die Ermittlung von einzelnen Stimmungsbildern und Konversationsverläufen zu einem Thema auf einzelnen Web 2.0-Plattformen (wie Twitter und YouTube) oder ein genereller Verlauf von Dialogen und die wichtigsten Bezugsquellen, es gibt Instrumente, die Ihnen bei dieser detaillierten Analyse helfen können. Da die meisten Dienste entweder gar nicht oder nur im begrenzten Maße unentgeltlich nutzbar sind, stellt sich hier die Frage, ob eine Account-Eröffnung ein finanzielles Engagement rechtfertigt.

Individuelles Monitoring – tiefe Recherche zu Unternehmen und Themen

Für ein tiefes und individuelles Monitoring stehen Ihnen eine Reihe von Anbietern zu Verfügung, die die folgenden Leistungen abdecken:

- Ermittlung der wichtigen Subthemen zu einem definierten Thema
- Diskussionsverläufe von Themen auf den wichtigsten Social-Media-Kanälen und deren Tonalität
- Ermittlungen von relevanten Meinungsbildern
- Analyse der Wettbewerber im Social Web
- Analyse von Zielgruppen und deren Bedürfnissen (anhand von Schlagwörtern und Konversationen)
- Zusendung eines individualisierten Berichts oder kontinuierlich wiederkehrende Reports
- u.v.m.

Je nach Dienstleister können die einzelnen Angebote abweichen. Die »Grundversorgung« ist jedoch meist die gleiche. Hier finden Sie drei der populärsten Anbieter:

- **Heartbeats von Sysomos**
  http://www.sysomos.com/products/overview/heartbeat/
- **Radian6**
  http://www.radian6.com/see-demo/
- **Brandwatch**
  http://www.brandwatch.com/

Erfahren Sie mehr über Heartbeats von Sysomos, indem Sie den QR-Code mit Ihrem Smartphone scannen.

Monitoring bedeutet auch: Mitbewerber im Blick behalten!

Nicht nur das Grundrauschen und das individuelle Themen-Monitoring helfen Ihnen, die wichtigsten und wesentlichen Entwicklungen im Blick zu behalten. Wenn wir von Facebook-Monitoring sprechen, dann sollte darin auch eine kontinuierliche Wettbewerbsanalyse mit enthalten sein. Es ist entscheidend, zu wissen, was Ihre Mitstreiter nicht nur außerhalb der Netzwerksphären umsetzen, sondern auch wie sie innerhalb der größten Community der Welt agieren. Dazu gibt es unterschiedliche Herangehensweisen: Sie ermitteln den Facebook-Auftritt Ihrer Mitbewerber und führen Buch darüber, wie sich die jeweiligen Präsenzen entwickeln. Oder Sie greifen gleich auf einen Dienstleister zurück, der Ihnen einen Großteil dieser Arbeit abnimmt. Ein (unentgeltlicher) Anbieter heißt beispielsweise Wildfire – Social Media Marketing. Das Portal ermöglicht es Ihnen z. B., sich mehrere Facebook-Seiten von anderen Unternehmen im Fananzahlvergleich anzeigen zu lassen.

Welche Insights Sie aus so einer kontinuierlichen Analyse herausziehen können, soll das Beispiel von Coca Cola und Pepsi demonstrieren (Abbildung 12.8). Es ist unschwer zu erkennen, dass Coca Cola Pepsi hinsichtlich der Fanzahlen auf Facebook (bei beiden Seiten handelt es sich um die internationalen Präsenzen) weit überlegen ist. Dies wird Pepsi vermutlich nicht weiter überraschen, da man die Zahlen der Mitbewerber meist doch mitverfolgt. Die eigentliche und möglicherweise wichtige Info ist der Entwicklungsverlauf der beiden Seiten.

Abbildung 12.8 Wildfire: Coca Cola und Pepsi im direkten Vergleich

Während die Seite von Pepsi nur eher langsam neue Fans generieren kann, verfolgt Coca Cola eine weitaus erfolgreichere Strategie. Besonders an bestimmten Zeitpunkten (wie hier am 26. Mai 2011) deutet der sprunghafte Anstieg an neuen Fans auf eine Aktion oder Kampagne hin, die in der Community mit viel Zuspruch belohnt wurde.

Was bedeutet das für Sie? Checken Sie Ihre wichtigsten Mitbewerber darauf hin, ob sie bereits eine Präsenz auf Facebook haben. Falls dem so ist, informieren Sie sich über den Verlauf der Seite:

- Wie groß ist die Fangemeinde im Vergleich zu Ihrer?
- Sind signifikante Unterschiede und Ausprägungen (sowohl positive als auch negative) im Verlauf zu erkennen?
- Falls ja: Was ist an dem jeweiligen Tag auf der Seite der Mitbewerber passiert? Wurde eine neue Kampagne kommuniziert? Wurde eine Kooperation oder ein Gewinnspiel durchgeführt?

Wenn Sie sehen, dass Ihr Mitbewerber an einem entscheidenden Tag in der Vergangenheit an Ihrer Seite (hinsichtlich der Anzahl der Fans) vorbeigezogen ist, dann können Sie dies selbstverständlich nicht rückgängig machen, aber Sie können daraus lernen und besser werden!

Für welchen Anbieter Sie sich schlussendlich entscheiden, ist von Ihrer jeweiligen Situation und nicht zuletzt von der Unternehmensgröße abhängig. Auch wenn Sie sich vielleicht entscheiden sollten, mit einem individualisierten Monitoring noch warten zu wollen, sollten Sie das Grundrauschen definitiv in Ihren Prozessablauf einbauen. Die Verwendung der Instrumente ist schnell umgesetzt und gewährleistet Ihnen einen guten ersten Überblick über die relevantesten Themen.

12.3 Stoppen Sie die Lawine – Prozesse innerhalb des Issue- und Krisenmanagements

Um für den Fall der Fälle gerüstet zu sein, können vordefinierte Prozesse über den Verlauf der gesamten Krisenkommunikation entscheiden. Auch wenn jeder Prozess stakt abhängig von der Unternehmensgröße und der Situation ist, sind die Überlegungen im Vorfeld adaptierbar auf viele Branchen.

12.3.1 Das Monitoring

Wie schon erwähnt, kann auf nichts reagiert werden, wenn kein Wissen über eine Veränderung vorhanden ist. Ein kontinuierliches Monitoring ist daher unabdingbar. Erstellen Sie einen Monitoring-Plan:

- **Instrumente**: Installieren Sie unterschiedliche Tools, die Sie über die wichtigsten Neuigkeiten und Aktivitäten informieren. Lesen Sie hierzu bitte Abschnitt 12.2.3, »Instrumente, die beim Monitoring helfen«.
- **Schlagwörter**: Definieren Sie zusammen mit Ihrem Team, was die wichtigsten Schlagwörter für die relevanten Unternehmensbereiche und für die Branche sind. Mit Hilfe dieser Schlagwörter werden die diversen Suchmaschinen und Monitoring-Instrumente »gefüttert«. Die Schlagwörter können einzelne Produkte betreffen (z. B. Schuh XY), einzelne Themen (z. B. Fußball) oder aber auch Umfelder, die Sie im Auge behalten möchten (z. B. Fußball-Euromeisterschaft 2012). Die Auswahl der »richtigen« Schlagwörter kann nicht nur darüber entscheiden, wie gut Sie künftig informiert bleiben, sondern auch in welcher Intensität. Am Beispiel von »Fußball« sehen Sie, dass es mitunter sinnvoll ist, den Begriff ein wenig mehr einzugrenzen, da Ihnen Google mit diesem Schlagwort eine so hohe Anzahl an Neuigkeiten und Treffern schicken wird, dass Sie aus

dem Lesen (von nicht relevanten Inhalten) nicht mehr herauskommen. Das sollte nicht der Sinn eines effizienten Monitorings sein.

Das Team ist eine der wichtigsten Säulen in der Krise!

Ohne ein gut funktionierendes Team ist eine gute (Krisen-)Kommunikation nicht möglich. Sie sollten daher vor dem Ernstfall ein Team um sich wissen, das Ihnen hilft, die Situationen zu meistern. Abhängig von der Größe der Firma lohnt es sich hierzu auch, ein Organigramm zu erstellen. Diese Übersicht sollte aus der relevanten Division mindestens einen Ansprechpartner enthalten – wie z. B. Leiter Kommunikations- und Presseabteilung, Leiter Produktmanagement, Leiter Kundenservice etc. Aber auch wenn das eigene Unternehmen nicht so groß sein sollte, dass es gleich eine Heerschar an Krisenstäben braucht, ist es empfehlenswert, Personen zu definieren, die kontaktiert werden können. Folgende Fragen können Ihnen bei diesem Punkt weiterhelfen:

- Wer hat das »Lead« im Krisenteam?
- Wer trägt die Verantwortung für welches Aufgabenfeld?
- Welche Kollegen aus welcher Abteilung sollten dem Team angehören?
- Bei welchem Szenario wird welcher Kollege informiert?
- Unter welcher Nummer erreiche ich die einzelnen Mitglieder?

Der Vollständigkeit halber sollte an dieser Stelle noch erwähnt werden, dass eventuell nicht jeder Mitarbeiter auch für ein Krisenteam geeignet ist. In hitzigen Situationen ist Nervenstärke und Entscheidungsfähigkeit gefragt. Daher sollten dieser Gruppe auch nur Kollegen angehören, die in solchen Stressmomenten einen kühlen Kopf bewahren können. Das Interesse am (Facebook-)Krisenbereitschaftsdienst sollte vom Mitarbeiter kommen oder erfahrenen, stressfähigen Kollegen übertragen werden.

Gut zu wissen: Was ist ein Krisenbereitschaftsdienst?

In der heutigen Zeit verbreiten sich Nachrichten jeglicher Art in kürzester Zeit durch das Internet. Oft können Stunden oder gar Minuten über den weiteren Verlauf in der Userkonversation entscheiden. Ein Krisenbereitschaftsdienst garantiert eine 24-stündige Erreichbarkeit (auch an Wochenenden und Feiertagen) und kann entweder von Ihnen, einem Firmenkollegen oder von Ihrer Agentur geleistet werden. Der diensthabende Mitarbeiter/Berater wird mit einem zusätzlichen Handy ausgestattet, das nur in Ernstfällen angerufen werden darf. Die Person, die Krisenbereitschaft hat, ist meist auch für das Informieren aller anderen Teilnehmer verantwortlich und leitet die ersten Schritte im Fall eines Issues oder einer Krise ein.

12.3.2 Der Kommunikationsprozess

Das Monitoring steht und das Team ist definiert. Beide Komponenten werden in einem weiteren finalen Schritt zusammengeführt.

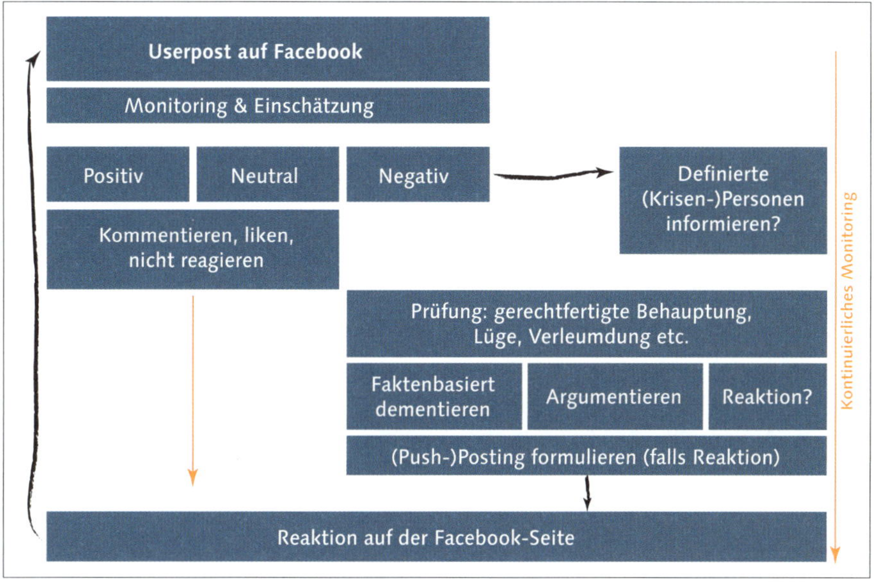

Abbildung 12.9 Arbeitsprozesse im Fall der Fälle

Erstellen Sie für Ihr Unternehmen einen Prozessplan

Bezogen auf das Facebook-Monitoring können der Prozess und die jeweiligen Schritte wie folgt aussehen (Abbildung 12.9). Ein User postet einen Beitrag auf der Unternehmensseite der Marke. Der Community Manager hat die Seite im Blick und schätzt ein, um was für eine Art von Posting es sich handelt. Positive und/oder neutrale Beiträge werden dementsprechend kommentiert, mit einem Daumen belohnt oder unkommentiert zur Kenntnis genommen. Das Involvieren von weiteren Mitarbeitern ist hier nicht notwendig.

Empfehlung: Ein möglicher Prozess bei kritischen Beiträgen

Falls ein Posting kritischer Natur ist und somit von dem diensthabenden Administrator als negativ eingeschätzt wurde, empfiehlt es sich, die folgenden Arbeitsschritte zu beachten:

- Alle relevanten Personen werden über die vorab definierten Informationswege informiert.
- Zusammen mit den Verantwortlichen werden Gründe für die Kritik recherchiert. Handelt es sich um einen gerechtfertigten Beitrag? Wird das Unternehmen oder dessen Partner auf der Facebook-Seite verunglimpft? Welche Art von Mangel steht im Fokus?

- Basierend auf der Prüfung des kritischen Kommentars muss geklärt werden, wie schwerwiegend dieser ist und ob und wie darauf reagiert werden muss.
- Falls die Entscheidung für eine Reaktion fallen sollte, dann sollte für das Posting zusätzliches Material verwendet werden, das die Kritik entkräftet. Dieser Content kann beispielsweise in Form von Videos und Fotos präsentiert werden und nach Möglichkeit von einer objektiven/neutralen Partei erstellt worden sein (Zeitungsartikel, Kommentare/Äußerungen von Dritten, Stellungnahmen etc.).
- Nach dem Push-Posting oder der Reaktion auf den Kommentar des Users muss ein intensives und lückenloses Monitoring folgen, das dort anfängt, wo es aufgehört hat, auf der Pinnwand der Facebook-Unternehmensseite. Sollte sich eine weitere Diskussion entfachen, müssen auch diese Beiträge, gemeinsam mit dem Krisenteam, bearbeitet werden.

Dieser Prozesse zeigt schemenhaft auf, welche Schritte in einer (potenziellen) Krisensituation berücksichtigt werden sollten. Ein Issue oder eine Krise ist in den seltensten Fällen mit einem einzigen Post beigelegt. Erst die Reaktionen auf den Push-Post des Unternehmens zeigen in den kommenden Stunden und Tagen, ob sich der/die User mit dem Beitrag zufriedengeben. Beachten Sie aber, dass eine Krise meist nicht nur innerhalb der eigenen vier Wände stattfindet. Je nach Schwere des jeweiligen Falls können Konversationen auch das Netzwerk verlassen und auf andere Communitys (Twitter) und Influencer (z. B. Blogger) übergehen. In diesem Fall muss dementsprechend auch das Monitoring ausgeweitet und im weiteren Schritt darüber nachgedacht werden, ob eine professionelle Kommunikationsagentur zu Rate gezogen werden sollte.

12.4 Tipps im Krisenfall

Wenn ein Issue oder eine Krise bereits voll im Gange ist, dann gibt es kein Allheilmittel, das diese Situation wieder ungeschehen macht. Wenn Unternehmen aber die folgenden Tipps beherzigen, kann ein weiteres Ausufern verhindert werden:

- **Kennen Sie die Prozesse**
  Im Fall der Fälle muss jeder »Handgriff« sitzen. Wenn erst noch die Verantwortlichkeiten geklärt und Kompetenzen besprochen werden müssen, verstreicht unnötig Zeit, die besser genutzt werden kann.
- **Sagen Sie immer die Wahrheit**
  Es gibt immer einen User, der sich genau umschaut und recherchiert. Lügen werden meist über kurz oder lang enttarnt. Unwahrheiten sollten generell nicht die Praxis sein und im Krisenfall erst Recht nicht.

- **Reagieren Sie schnell**
  Das Zeitempfinden in Facebook ist schneller als in der »realen« Welt. Ein User verlangt meist sehr schnell eine Reaktion. In Krisenfällen sollten Sie daher einen User nicht allzu lange warten lassen. Wenn Sie mehr Zeit zur Prüfung brauchen, dann sollte zumindest ein solcher oder ähnlicher Kommentar als Überbrückung folgen: *»Hallo Username, danke für Deinen Beitrag. Wir prüfen diesen gerade und melden uns schnellstmöglich bei Dir zurück. Danke für Deine Geduld.«*
- **Kommunizieren Sie auf Augenhöhe**
  Sprechen Sie mit den Fans auf »Augenhöhe« und nicht von oben herab. Ein ungemessener Ton oder ein schlecht formulierter Post kann das Feuer nur weiter anfachen
- **Streuen Sie Objektivität ein**
  Auch wenn Sie die Anschuldigungen entkräftet haben und auf die Kommentare der User eingegangen sind, kann es sein, dass weiterhin keine Ruhe in die Community kommt. Das liegt meist daran, weil vielleicht eine objektive Sichtweise nicht klar herausgekommen ist. Versuchen Sie, mit seriösen Quellen und Stellungnahmen den Wendepunkt einzuleiten und sich so mehr Objektivität zu verschaffen.
- **Bewahren Sie einen kühlen Kopf**
  Nicht alles ist so heiß, wie es gekocht wird. Es lohnt sich immer in der ersten Schrecksekunde tief durchzuatmen, sich die Fakten anzuschauen und danach mit aufgeräumten Gedanken zu reagieren. Meist ist das schon der Schlüssel für den weiteren Verlauf.
- **Selbstregulation**
  Wir sind in diesem Buch schon häufig über Situationen gestolpert, in denen sich die User selbst vor das Unternehmen gestellt und es verteidigt haben. Natürlich sollte das nicht das einzige Ass im Ärmel sein, aber manchmal reicht es auch aus, einen Moment innezuhalten und die Reaktion der übrigen Fans abzuwarten. Bei selbst verschuldeten Krisen hilft aber meist auch nicht einmal mehr die Kraft der Selbstregulierung.

13 Das erfolgreiche Messen Ihrer Aktivitäten

Viele Fans zu haben freut das Unternehmen und den Chef. Doch im Facebook-Marketing zählen nicht nur quantitative Messwerte, sondern auch eine Reihe von qualitativen Kennzahlen, die erst mit dem Einzug des Internets die Herzen der Entscheider höher schlagen lassen.

Eine Kampagne kann noch so kreativ sein oder eine Aktion noch so viele neue Fans generieren – ob Sie mit Ihrer Maßnahme erfolgreich waren und sind, können Sie nur ermitteln, wenn Sie die Kennzahlen deuten können. Ein sprunghafter Anstieg der Fananzahl mag den Seitenbetreiber im ersten Moment vielleicht erfreuen, kann aber auch gefährlich für die Sichtbarkeit der Seite sein. Eine Reihe von Faktoren entscheiden darüber, ob eine Seite auf Facebook erfolgreich ist. Auf einen gemeinsamen Nenner heruntergebrochen, hängt das davon ab, wie häufig die Beiträge einer Marke im Newsfeed der User erscheint. Dies wiederum steht im direkten Zusammenhang mit der Attraktivität der Postings und deren viraler Kraft. Doch nicht immer ist »mehr« und »größer« gleich besser. Dieses Kapitel unterscheidet quantitative von qualitativen Zielen auf Facebook und erläutert die wichtigsten Kennzahlen für ein professionelles Reporting.

13.1 Quantität versus Qualität – was ist wichtiger?

Das Marketing hat sich grundlegend verändert. Das zeigt sich nicht nur darin, wie sich die Beziehung zwischen Unternehmen und Kunde verändert hat, sondern auch darin, wie diese bewertet wird. Das Ziel einer Printanzeige beispielsweise war es, mit Hilfe von griffigen Texten und ansprechenden Motiven so viele Menschen wie möglich mit der Werbebotschaft zu erreichen. Wo und wann diese Anzeige geschaltet wurde, entschied ebenfalls darüber, wie viele Personen die Kampagne zu Gesicht bekamen. Die Quantität in Form der Reichweite war (und ist weiterhin) entscheidend. Nach dem ähnlichen Prinzip funktionierten auch die Sparten TV- und Radiowerbung. Mit Einzug der digitalen Medien und dem ausgeübten Mitspracherecht jedes einzelnen Users haben sich die Techniken, die Ziele und die Beziehungen komplett gewandelt. Selbstverständlich hat sich weiterhin nichts daran geändert, dass Unternehmen den Radius an maximaler Aufmerksamkeit innerhalb Ihrer Zielgruppe stetig erweitern möchten. Im Netzwerk wird diese quantitative

Zahl in der Anzahl der Fans bzw. Likes auf der Facebook-Seite ausgedrückt. Diese Form der Reichweite entscheidet aber schon lange nicht mehr allein über den Erfolg oder Misserfolg in der Community. Wie sehr sich die User auf der Seite einbringen, kommentieren, Beiträge liken oder anders aktiv werden, ist mittlerweile mindestens genauso wichtig. Denn diese Interaktion entscheidet darüber, wie sichtbar die Seite eines Unternehmens auch künftig auf Facebook ist. Diese Sichtbarkeit wird sichergestellt, wenn die Informationen im Newsfeed angezeigt werden. Um der großen Informationsflut Herr zu werden, zeigt aber das Netzwerk dem User schon lange nicht mehr alle Updates an. Meldungen und andere Neuigkeiten werden von zwei Algorithmen (EdgeRank und GraphRank) bestimmt. Diese haben den Job, den Mitgliedern Informationen anzuzeigen, die sie interessant finden könnten, und nicht relevante Beiträge zu unterdrücken. Die Vorschläge, die auf dem Newsfeed fortwährend angezeigt werden, sind eine Schlussfolgerung von Facebook aus dem Klickverhalten jedes Users. Der Grad der Faninteraktion auf Ihrer Seite beeinflusst also die Algorithmen, die wiederum darüber entscheiden, ob und welche Informationen jedem User vorgelegt werden.

13.2 Facebook EdgeRank und GraphRank

Alle 60 Sekunden werden weltweit über 700.000 Statusmeldungen produziert, knapp 100.000 Beiträge von Unternehmensseiten gestreut und über 500.000-mal kommentiert (Quelle: go-globe.com, Juni 2011). Diese Zahlen sind auf die gesamte Facebook-Welt bezogen, geben jedoch ein erstes grobes Gefühl darüber, wie viele Informationen stündlich, minütlich und gar sekündlich über die Newsfeeds strömen. Ein deutscher Facebook-User hat durchschnittlich 130 Freunde im Netzwerk, und zudem verfolgt er ein oder mehrere Seiten. Nicht allen Informationen, die täglich durch jede einzelne Partei produziert und gestreut werden, schenkt der User die gleiche Aufmerksamkeit. Manche Beiträge werden angeklickt, manche kommentiert oder geliket und wieder andere werden im Newsfeed ignoriert. Der letzten Variante geht es an den Kragen. Mit dem EdgeRank hat Facebook eine Filterung eingebaut, die den User vor »unnötigen« oder nicht relevanten Informationen schützen soll.

$$\sum u_e w_e d_e$$

Abbildung 13.1 Die Facebook-EdgeRank-Formel bestimmt, was in Ihrem Newsfeed angezeigt wird.

Gut zu wissen: Wie funktioniert der Facebook EdgeRank?

Der EdgeRank besteht aus drei Faktoren, die in Kombination einen Wert ermitteln, der darüber entscheidet, ob und welche Informationen Ihnen im Newsfeed angezeigt werden. Diese »Berechnung« geschieht natürlich nicht wahllos, sondern basiert auf der Klickhistorie des Users im Netzwerk. Folgende Bestandteile sind im Zusammenhang mit dem EdgeRank entscheidend (Abbildung 13.1):

- **Affinität (ue)**: Dieser Faktor misst die Beziehung zwischen dem User und der jeweiligen Seite, der er/sie folgt, oder zu Freunden, die Inhalte auf einer Seite eingestellt haben. Je mehr Ihrer Freunde der gleichen Seite folgen wie Sie und dort interagieren, desto häufiger werden Sie darüber informiert, dass diese auf der Seite aktiv sind (Abbildung 13.2).

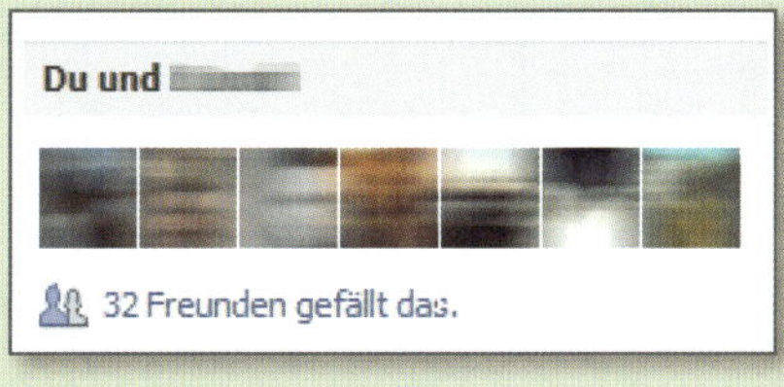

Abbildung 13.2 Je mehr Ihrer Freunde einer Seite folgen, desto höher wird die Affinität zu der jeweiligen Seite bemessen.

- **Gewicht (we)**: Das Gewicht wird durch die Art des Contents oder der Meldung bemessen. So wird ein hochgeladenes Video oder Foto anders bewertet als das Einstellen einer Statusmeldung oder das Kommentieren eines Beitrags eines Freundes. Funktionen, die tendenziell zu mehr Interaktion führen können, werden vom Netzwerk ebenfalls stärker gewichtet (wie z. B. Facebook Frage). Nach welchen Kriterien und in welchen Einheiten diese Gewichtung vonstattengeht, ist von User zu User unterschiedlich und ist pauschal nicht ermittelbar.
- **Zeit (de)**: Wie häufig ein User postet oder andere Aktivitäten durchführt, fließt mit Hilfe dieses Faktors ebenfalls in den EdgeRank ein.

Wenn mehr Fans den EdgeRank gefährden

Wie schon eingangs erwähnt, sollten optimalerweise die Anzahl der Fans und der Grad der Interaktion auf der Seite im Einklang zueinander stehen. Das musste auch die Facebook-Seite vom Onlineshop notebookbilliger.de schmerzlich erfahren. Im September 2011 führte das Unternehmen eine Gewinnspielverlosung auf der Facebook-Präsenz durch, mit dem Ziel, neue Fans zu genieren. Die Aktion lockte mit dem Verkauf von 1.000 vergünstigten Laptops. Erwartungsgemäß hat sich die Verlosung in Windeseile rumgesprochen, was dazu führte, dass der Shop allein am ersten Tag über 54.000 neue Fans für sich gewinnen konnte (Abbildung 13.3).

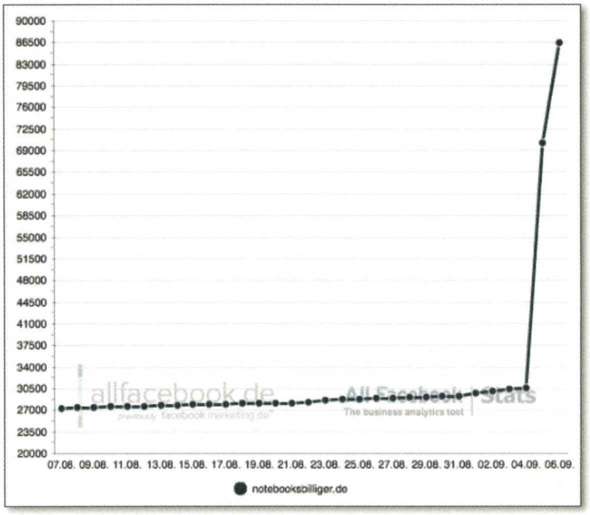

Abbildung 13.3 Zu viele Fans in zu kurzer Zeit bleiben nicht ohne Folgen für den EdgeRank (Quelle: AllFacebook.de).

Der Ansturm was so gewaltig, dass die Server schon in der ersten Stunden zusammengebrochen sind und das Geschrei dementsprechend groß war. Die aber vermutlich größere Herausforderung lag darin, dass sich das Gleichgewicht zwischen Fananzahl und Grad der Interaktion verändert hat. Bis zu der Verlosungsaktion besaß die Seite ca. 30.000 Fans, die an dem Unternehmen und dessen Themen interessiert waren. Sie lasen die Postings, kommentierten diese oder likten sie. Mit dem sprunghaften Ansturm von Fans hat sich jedoch die Zielgruppe grundlegend verändert. Diese (neuen) User sind nicht aus Interesse auf die Seite gekommen, sondern der Seite lediglich beigetreten, um am Gewinnspiel teilzunehmen. An einer weiteren oder tiefergehenden Interaktion oder Diskussion hatten sie kein Interesse – was sich auch negativ auf den EdgeRank ausgewirkt haben müsste.

Der EdgeRank beeinflusst also nicht nur die Sichtbarkeit der Informationen, die auf dem Newsfeed angezeigt werden, sondern im Umkehrschluss natürlich auch die Sichtbarkeit Ihrer Unternehmensseite und deren Fans. Aus diesem Grund ist es so wichtig, einen guten und professionellen Redaktionsplan zu pflegen und zu verfolgen.

Gut zu wissen: Wie funktioniert der Facebook GraphRank?

Der GraphRank wurde im September 2011 eingeführt und ist somit der neuere Algorithmus von den beiden. Im Zuge seiner Einführung und der stark wachsenden Anzahl von Open-Graph-Anwendungen hat der EdgeRank nicht mehr ausgereicht, um die Relevanz für jeden User zu ermitteln.

Der GraphRank stellt eine Verbindung zwischen Anwendungen her, die beispielsweise auf externen Seiten eingebettet werden, der Timeline und dem Newsticker (Abbildung 13.4).

Abbildung 13.4 Facebook GraphRank – wer nutzt welche Anwendung wie häufig und in welcher Intensität? (Bildquelle: Facebook Social Graph Anwendung).

Welche Freundesaktivitäten, die über eine Anwendung erfolgen, Ihnen angezeigt werden und welche nicht, werden von vier Faktoren bewertet. Die ersten drei verwenden die gleichen Begrifflichkeiten wie beim EdgeRank, jedoch ist deren Funktion unterschiedlich:

- **Affinität**: Welche Interaktion zwischen zwei Facebook-Nutzern besteht, fließt hier in den Wert mit ein.
- **Gewicht**: Facebook-Freunde, die in engem Kontakt zueinander stehen und sich häufig austauschen, werden auch für Informationen hinsichtlich Neuigkeiten in Open-Graph-Anwendungen höher eingestuft. Sprich, wenn der eine Freund eine Anwendungen nutzt, wird der andere darüber informiert.
- **Interaktion**: Wie der Name schon andeutet, geht es hierbei darum, ob auf eine Aktualisierung reagiert wird. Werden Anwendungen, die beispielsweise im Newsticker auftauchen, von den Freunden nicht weiter »beachtet«, sinkt auch die Wahrscheinlichkeit, dass diese Art des Beitrags weiter angezeigt wird.
- **Zeit**: Wie häufig eine Anwendung verwendet wird ist hier maßgeblich. Wenn die App nur selten von Ihnen genutzt wird, wird diese nach einem bestimmten Zeitraum nicht mehr angezeigt.

13.3 Messverfahren und Instrumente

Wenn sich früher die Marketingverantwortlichen über eine Aktion und deren Verlauf informieren wollten, waren Sie gezwungen, sich mit den damals verhältnismäßig wenigen Daten zufriedenzugeben. Natürlich haben die Entscheider in der Vergangenheit auch Mediadaten zur Verfügung gestellt bekommen. Diese gaben Auskünfte darüber, wie hoch die potenzielle Reichweite eines Mediums ist und wer dieses überhaupt nutzt. Die Erhebung und Bereitstellung von demografischen Angaben zu den Rezipienten war sehr zeit- und kostenintensiv und war daher auch in der Tiefe und Aktualität stark schwankend. Im Zeitalter des Internets kann aber nun jeder Klick zurückverfolgt werden und dank Facebook kann das Marketing 2.0 völlig neue Wege der Messung und Erfolgskontrolle beschreiten. Wie häufig welche Beiträge angeschaut und kommentiert wurden, welche Altersgruppe und welches Geschlecht die Facebook-Seite beheimatet und wie stark sich Ihre Informationen über welche Wege und Postingarten (viral) verteilen, ist mit dem Facebook-Statistiktools alles kein Problem mehr. Dies hat den riesigen Vorteil für Sie, Ihre Zielgruppe und deren Bedürfnisse noch besser kennenzulernen und so die eigenen Maßnahmen und Kampagnen dem anzupassen.

13.3.1 Statistiken und Zahlen

Wie sich die eigene Seite entwickelt, kann jeder Seiteninhaber und Administrator einer Page einfach über die Facebook-Statistik ermitteln. Der Zugriff auf diese statistischen Daten ist für jeden Berechtigten frei zugänglich. Diese Informationen gehen weit über Angaben zu der Anzahl von Fans hinaus. Der Blick in die Vergangenheit und der Ermittlung der Ist-Situation macht einen Entwicklungsverlauf möglich – nicht nur hinsichtlich der Fanzahlen. Sehr hilfreiche Daten zu der eigenen Zielgruppe, deren Demografie und Verhalten bzw. Aktivität machen es erst möglich: das Messen der gesetzten Ziele und somit des Erfolgs.

Der Vollständigkeit halber möchte ich erwähnen, dass nur Sie und Ihre Kollegen/Berater (die zu Administratoren erklärt wurden) Einsicht in die Statistik der Facebook-Seite haben. Fans haben hier keinen Zugriff – genauswenig können Sie die Daten von fremden Seiten einsehen.

Den Zugang zur Statistik finden Sie im Administrationsbereich Ihrer Facebook-Seite (Abbildung 13.5). Drücken Sie ALLE ANZEIGEN, um sich die Informationen zu Ihrer Seite anzeigen zu lassen.

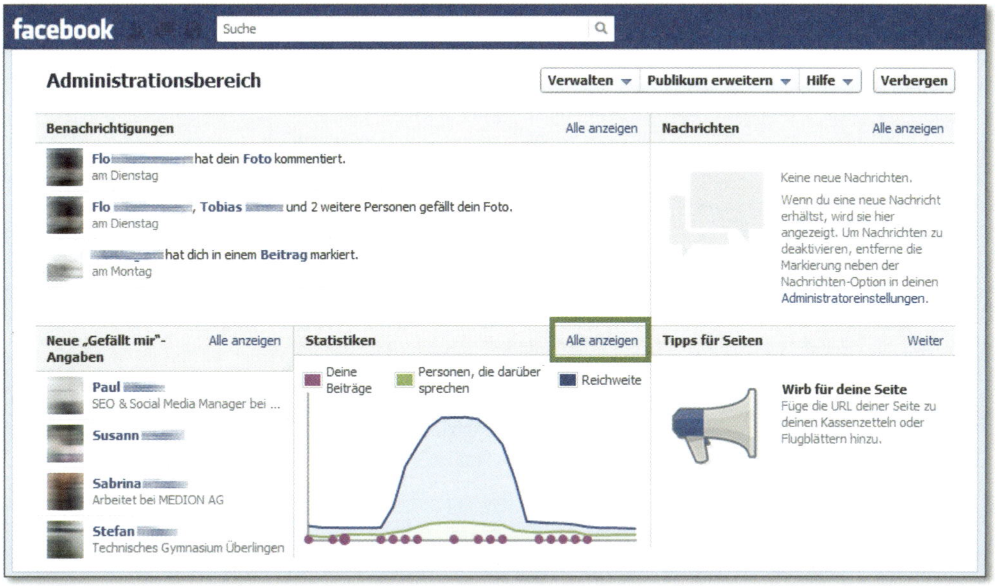

Abbildung 13.5 Hier finden Sie den Zugang zu Ihrer Facebook-Statistik

Wenn Sie die Statistikseite aufgerufen haben, wird Ihnen eine Seite gezeigt, die einen ersten groben Überblick über den Stand der Dinge vermitteln soll. Diese Informationen können aber im weiteren Verlauf noch detaillierter analysiert werden. Dazu sind die Daten im Statistikbereich in weitere drei Bereiche unterteilt (Abbildung 13.6):

- erste Unterseite »Gefällt mir«-Angaben
- zweite Unterseite Reichweite
- dritte Unterseite Personen, die darüber sprechen

Bevor wir uns diesen Unterseiten und deren Funktionen zuwenden, folgen grundlegende und relevante Informationen zur Struktur der Startseite des Statistiktools.

So, nur mit anderen Werten, sieht die Startseite Ihres Facebook-Statistik-Instruments aus. Wie schon erwähnt, finden Sie bereits hier eine Fülle von Informationen zur Facebook-Seite. Der Aufbau der Elemente ist wie folgt gegliedert:

1. Kennzahlen
2. Entwicklung
3. Interaktion

Abbildung 13.6 Facebook-Statistik: Startseite und Elemente

Messkriterien und deren Bedeutung für Ihr Marketing

Facebook nennt diesen Bereich auch Informationen zur Gesamtleistung deiner Seite (Abbildung 13.7). Diese Leistungen werden in vier unterschiedlichen Rubriken ermittelt.

Abbildung 13.7 Wie sind diese Zahlen zu deuten?

»Gefällt mir«-Angaben insgesamt

Dieser Wert wird Ihnen vermutlich am geläufigsten sein. Die Zahl steht für die Anzahl der Einzelpersonen bzw. Fans Ihrer Facebook-Seite. Wenn der Pfeil nach oben zeigt, sind Sie erst einmal auf der sicheren Seite, weil das bedeutet, dass Ihr Unternehmen neue Fans genieren konnte. Anfangs reicht diese Entwicklung vielleicht noch aus, weil ein Seitenstart (wenn dieser richtig geplant wurde) immer mit Zuwächsen beginnt. Erst im weiteren Verlauf zeigt sich, wie erfolgreich die eigene Strategie tatsächlich ist und ob diese mit stetigem Zuwachsen von Fans belohnt wird.

Freunde von Fans

Facebook addiert bei dieser Kennzahl die Fans und die Summe ihrer Freunde zusammen. Je mehr Freunde eine Einzelperson (bzw. ein Fan) hat, desto breiter werden Informationen in seinem Newsfeed gestreut, die er auf der Facebook-Seite geliket und/oder kommentiert hat oder wo er auf andere Art und Weise aktiv geworden ist. Wenn man diese Zahl rein vom strategischen Kommunikationsstandpunkt aus betrachtet, muss also eine kleine, aber netzwerkstarke Community gegenüber einer großen, aber weniger viralen Gemeinde, nicht unbedingt ein Nachteil sein.

PERSONEN, DIE DARÜBER SPRECHEN

Nicht jeder User ist redselig. Dieser Wert sagt Ihnen, wie viele Ihrer Fans eine Meldung über die Seite oder die Inhalte erzeugt haben. Als Meldung wird jede Art der Interkation auf der Seite gewertet, wie z. B.:

- das Liken eines Postings
- das Kommentieren eines Beitrags
- das Abgeben einer Antwort bei einer Facebook Frage
- die Bestätigung oder Absage einer Facebook Veranstaltung
- das Markieren von Usern in Fotos, die sich auf der Seite befinden
- das Einchecken oder Weiterempfehlen eines Facebook-Orts

Diese Zahl ermittelt sich immer aus den letzten sieben Tagen. Das bedeutet: Wenn Ihre Präsenz heute einen besonders guten Lauf hat (mit vielen Likes und Kommentaren auf ein Posting), dann schlägt sich das in einer Woche in einem höheren DARÜBER SPRECHEN-Wert nieder.

WÖCHENTLICHE REICHWEITE INSGESAMT

Die Summe aller Einzelpersonen, die in den letzten sieben Tagen Meldungen potenziell wahrgenommen haben, die mit Ihrer Facebook-Präsenz verknüpft sind. Darunter fallen auch beispielsweise Facebook-Werbeanzeigen und Gesponserte Meldungen.

Im Gegensatz zu FREUNDE VON FANS und WÖCHENTLICHE REICHWEITE INSGESAMT sind die beiden anderen Kennzahlen »GEFÄLLT MIR«-ANGABEN INSGESAMT und PERSONEN, DIE DARÜBER SPRECHEN für jeden User sichtbar und können auch nicht ausgeblendet werden.

Was kann ich aus dem Entwicklungsverlauf ablesen?

Kennzahlen sind wichtig für die Ermittlung des Erfolgs. Eine Zahl allein zeigt jedoch »lediglich« das Resultat auf, nicht den Weg dorthin. Das folgende Tool zeigt eben diesen Verlauf auf. Ihnen ist es also möglich, die Gründe für eine erfolgreiche oder weniger erfolgreiche Phase der Facebook-Seite besser ermitteln zu können. Dieses Statistikinstrument zeigt die folgenden drei Faktoren und stellt sie in einen Kontext (Abbildung 13.8):

- BEITRÄGE
  Der lila Punkt markiert den Tag, an welchem der Seiteninhaber oder Administrator einen Beitrag abgesetzt hat. Je größer der Punkt, desto häufiger wurde täglich ein Post erstellt. Aber Achtung, das bedeutet noch lange nicht, dass ein großer Punkt im Vergleich zu einem kleinen besser ist. Es zeigt Ihn lediglich die Ausprägung des jeweiligen Tages. Je häufiger Sie oder Ihr Community Manager täglich Meldungen veröffentlichen, desto mehr müssen Sie damit rechnen, dass sich die Fans davon eventuell belästigt fühlen und die Beiträge auf Dauer als Spam empfinden.

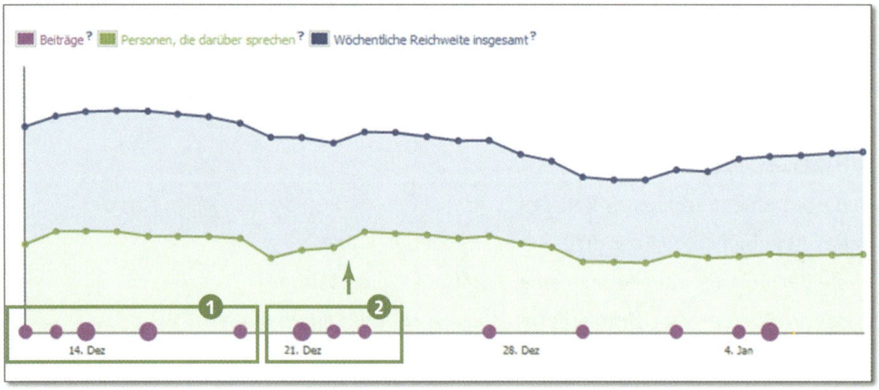

Abbildung 13.8 Analysieren Sie die Entwicklung Ihrer Facebook-Seite.

Gut zu wissen: Mehr Postings erfordern mehr Entertainment

Nicht nur was, sondern auch wie oft proaktive Postings auf der Seite kommuniziert werden, ist maßgeblich für den langfristigen Erfolg einer Facebook-Seite. Wenn Sie sich also entschließen sollten, mehrmals am Tag Ihre Fans mit Informationen zu füttern, sollten Sie stets beachten, dass mit jedem neuen Beitrag die Information auch spannender und interessanter werden sollte, da alles andere von den Usern als »zu viel des Guten« bewertet wird. Nur wenn die Mitglieder immer wieder aufs Neue überrascht und unterhalten werden, machen solche Posting-Strategien Sinn.

- PERSONEN, DIE DARÜBER SPRECHEN
  Die grüne Verlaufslinie zeigt auf, wie sich daraufhin (bezogen auf die Beiträge) die Interaktion der User verändert hat. Geht die Kurve hoch, hat/haben den Fans scheinbar Ihr Beitrag/Ihre Beiträge gefallen, da sie diesen/diese geliket, kommentiert oder geteilt haben und so die Meldung mehr zum Thema in deren Freundeskreis gemacht haben. Geht die Kurve runter, ist das ein Zeichen dafür, dass etwas nicht nach »Plan« läuft. Überprüfen Sie daher, um was für ein Posting es sich damals gehandelt hat und wieso dieses bei der Gemeinde nicht gezündet hat. Die Gründe hierfür können vielfältiger Natur sein: gewählter Tag und Uhrzeit oder schlichtweg das (langweilige) Thema sind nicht selten die Gründe für eine schlechte Interaktion.
- WÖCHENTLICHE REICHWEITE INSGESAMT
  Der blaue Verlauf präsentiert alle Meldungen (inklusive möglicher Werbeanzeigen und gesponserter Meldungen) und die damit zusammenhängende potenzielle Reichweite von Usern, die diese wahrgenommen oder genutzt haben.

Mit der Facebook-Statistik den Verlauf ablesen und das Marketing optimieren

Beispiel: Wie eingangs erwähnt, zeigen die lila Punkte, wann und wie häufig an einem Tag ein Push-Post seitens des Seitenbetreibers abgesetzt wurde. Je nachdem wie die Beiträge aufbereitet werden (Video, Bild, reiner Text) und ob es den Geschmack der User trifft, werden diese Meldungen an die eigenen Freunde weitergeleitet oder anderweitig ver-/bewertet (Kommentare, Likes). In Abbildung 13.8 (Kasten 2) ist zu erkennen, dass besonders der Beitrag vom 21. Dezember 2011 die Aufmerksamkeit der Fans erregt hat, hingegen die Meldung davor (Kasten 1) die Interaktion schwächeln ließ. Die Gründe hierfür können vielfältiger Natur sein. Eine Ebene darüber ist zudem auch zu erkennen, dass sich die insgesamte Reichweite ebenfalls um die Weihnachtszeit gesenkt hat. Diese Entwicklung muss jedoch nicht unbedingt etwas mit der Qualität der Postings oder anderer Meldungen zu tun haben. Wie schon erläutert, setzt sich dieser Wert aus allen Meldungen und deren potenzieller Reichweite zusammen. Da aber gerade die Weihnachtszeit traditionell ein Fest der Familie ist, das gemeinsam und offline verbracht wird, wirkt sich das auch automatisch auf die Reichweite in diesem Zeitraum aus.

Interaktionsbereich

Im letzten Bereich auf der Startseite der Statistikübersicht finden Sie eine Auflistung aller Seitenbeiträge (Abbildung 13.6, 3), die vom Seiteninhaber abgesetzt wurden. Die Informationsdichte ist hier sehr groß und lässt fast keine Wünsche offen. Je nachdem welche Daten besonders im Fokus stehen, kann die Liste dementsprechend chronologisch angezeigt werden. Die Datensätze können Sie durch das jeweilige Anklicken in den folgenden Rubriken sortieren lassen:

- Datum
- Beiträge
- Reichweite
- Eingebundene Nutzer
- Personen, die darüber sprechen
- Viralität

Unter Beiträge finden Sie alle Arten von Postings, die getätigt wurden. Für jede Art (reines Textposting, Bilder-oder Videoposting, Umfrage, Links) wird ein definiertes Icon markiert. Der Betrachter kann so auf den ersten Blick schon einmal erkennen, um was für eine Kategorie es sich handelt. Mit dem Klick auf einen der Beiträge wird eine Meldung eingeblendet, die das Originalposting anzeigt.

Die Reichweite legt offen, wie häufig ein Beitrag angeklickt wird. Wie sich diese Zahl zusammensetzt, kann sich der Betrachter aufgesplittet anzeigen lassen.

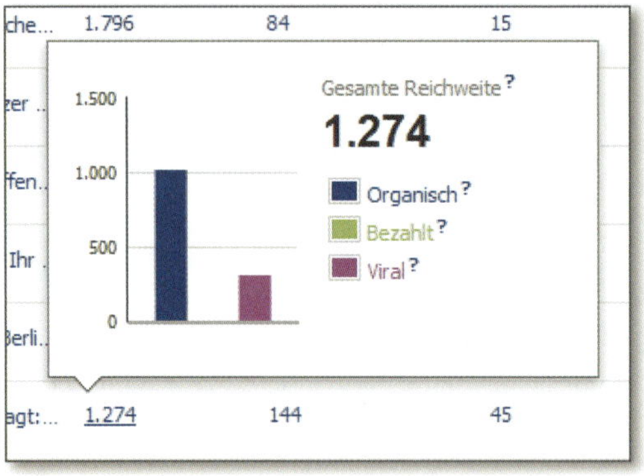

Abbildung 13.9 Gründe für die erreichte Reichweite eines Beitrags

Die Gründe oder besser gesagt, die Herkunft der Klicks auf einen Beitrag teilt Facebook in drei Faktoren ein: ORGANISCH, BEZAHLT und VIRAL (Abbildung 13.9)

Gut zu wissen: Unterscheidung von organisch, bezahlt, viral

Die gesamte Reichweite wird in diese drei Kategorien aufgeteilt. Der Wert ORGANISCH beinhaltet alle Einzeluser, die den Beitrag auf der Facebook-Seite oder unter den eigenen Neuigkeiten gesehen haben. Ob ein Netzwerkmitglied die Facebook-Seite geliket hat oder nicht, hat ebenfalls Auswirkungen auf diesen Wert. Falls Sie eine Facebook-Ad-Schaltung beispielsweise für ein bestimmtes Posting durchgeführt haben, wird Ihnen die Resonanz mit dem Wert BEZAHLT angezeigt. VIRAL hat für das Empfehlungsmarketing einen hohen Stellenwert. Die Zahl zeigt an, wie viele Einzelpersonen durch das Kommentieren, Liken, Teilen oder Beantworten einer Facebook Frage, einen Beitrag gesehen haben und so auf die Facebook-Seite aufmerksam gemacht wurden. Die »virale Zahl« ist somit vermutlich die ehrlichste Kennzahl, da sie Ihnen vermittelt, wie interessant Ihre Strategie tatsächlich ist. Je relevanter die Inhalte, desto besser verteilen Sie sich aus eigener Kraft weiter.

Alle Beiträge und deren erzielte Werte sind auf Wiedervorlage jederzeit anzuschauen. Jedoch sind für die Ermittlung der Summen die ersten 28 Tage des jeweiligen Postings entscheidend. Spätere Aufrufe oder Interaktionen fließen im weiteren Verlauf nicht mehr in das Ergebnis ein.

EINGEBUNDENE NUTZER sind User, die unmittelbar mit der Meldung einer Facebook-Seite in Kontakt gekommen sind. Dies kann über die bereits erwähnten Wege wie Liken, Kommentieren etc. erfolgt sein. Auch dieser Gesamtwert kann vom Seiteninhaber weiter aufgeschlüsselt werden. Je nachdem, um welche Art des Postings es sich handelt (Bild, Video, Text, Link, Umfrage), wird dementsprechend ein Kuchendiagramm in unterschiedlichen Ausprägungen angezeigt (Abbildung 13.10).

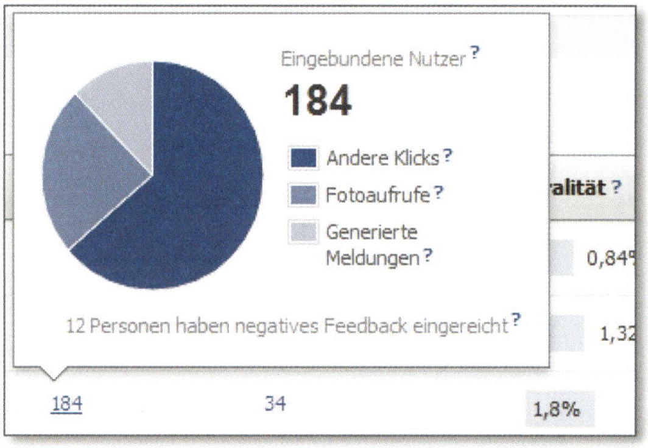

Abbildung 13.10 Eingebundene Nutzer eines Bilderpostings

Der Wert EINGEBUNDENE NUTZER liegt meist weit unter dem Wert der REICHWEITE. Das liegt daran, dass die zweite Zahl »lediglich« eine Hochrechnung der potenziell erreichten User darstellt. Wobei die Kennzahl der eingebundenen Nutzer einem Seiteninhaber die wahre Nutzung der Meldungen verdeutlicht.

Gut zu wissen: Unterscheidung der Aufrufarten

Unter GENERIERTE MELDUNGEN werden alle Interaktionen gezählt, die aufgrund eines Push-Postings andere User zum Handeln bewegen (Kommentieren, Liken, Veranstaltung bestätigen etc.). FOTOAUFRUFE zählt alle tatsächlichen Klicks auf das Foto. Das bedeutet, der User bemerkt nicht nur das Bild (in der Flut des Newsfeed), sondern setzt sich mit dem Content auch explizit auseinander und lässt sich das Foto in Großansicht anzeigen. ANDERE KLICKS führt alle restlichen Aufrufe auf, die sich nicht klar zuordnen lassen. Besteht Ihr Kuchendiagramm überwiegend aus den beiden ersten Kategorien, ist das ein Zeichen dafür, dass Ihr Beitrag und Text gut angekommen ist oder zumindest die Neugierde weckt und für kontroversen Gesprächsstoff sorgt.

Das möchte jeder Seiteninhaber – viele PERSONEN, DIE DARÜBER SPRECHEN. Wie über einen bestimmten Beitrag tatsächlich gesprochen wurde kann mittels dieser Funktion ermittelt werden. Zwei Faktoren fließen in die Auswertung ein: KOMMENTARE und »GEFÄLLT MIR«-ANGABEN.

Auch dieser Wert wird in einem Kuchendiagramm angezeigt (Abbildung 13.11). Naturgemäß liegt die Anzahl der »Gefällt mir« über der Anzahl der Kommentare. Das liegt schlicht und ergreifend daran, dass sich User schneller zu einem Like hinreißen lassen, als eine Meinung zum Posting abzugeben.

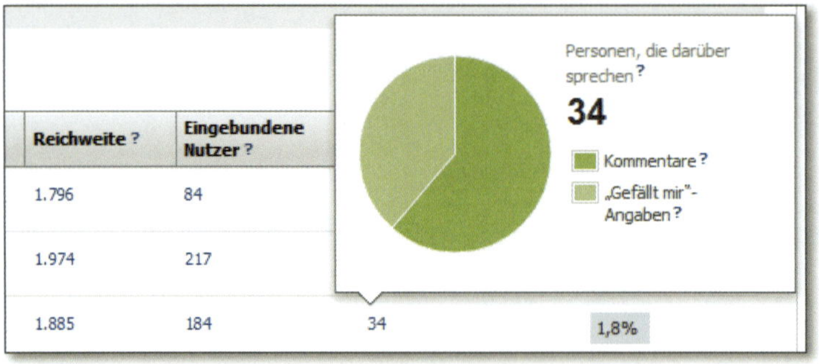

Abbildung 13.11 Personen, die darüber sprechen, in Form von Kommentaren und dem Daumen hoch

»Viralität« als feste Kennzahl?

Der letzte Wert in der Auflistung der Seitenbeiträge beschäftigt sich mit der Viralität eines jeden abgesetzten Beitrags. Besonders gut konzipierte und getextete Postings verbreiten sich in der Regel besser durch das Netz. Wie viral ein Beitrag nun aber schlussendlich ist, hat zum einen viel mit der eigenen Kreativität und zum anderen mit dem Aufruf zur Interaktion zu tun. Die Interaktion muss aber wiederum so einfach sein, dass es den User keine Mühe kostet, daran teilzunehmen. Die Postingart FACEBOOK FRAGE kann der Viralität förderlich sein, da sie den User direkt zum Mitmachen auffordert (Abbildung 13.12). Selbstverständlich müssen die Wahl der Frage und die Antwortmöglichkeiten auch ansprechend sein, um den User zur Handlung zu bewegen.

Abbildung 13.12 Gute Facebook-Fragen können die Viralität von Beiträgen steigern.

Den Prozentsatz der Viralität ermittelt Facebook wie folgt (offizielle Facebook-Sprachregelung, Stand: Januar 2012): »*Der Prozentsatz der Personen, die eine Meldung über Deine Seite generiert haben, und Teil der Gesamtzahl der Einzelpersonen sind, die diese gesehen haben.*«

Bitte gehen Sie jetzt nicht her und setzen nur noch Postings in Form einer Facebook Frage um. Auf lange Sicht wird das keinen Erfolg bringen und kann sogar den Verlust von Fans zur Folge haben. Fakt ist jedoch, dass dieses Tool bei einer dosierten Nutzung der Interaktion und somit der Viralität Ihrer Seite helfen kann.

Gut zu wissen: Daten lassen sich exportieren

Informationen und Kennzahlen zu Seiten- und Beitragsdaten können Sie auch exportieren (Abbildung 13.13). Mit dem gleichnamigen Befehl (siehe in der Kopfzeile auf der Statistikseite) können Sie entscheiden, welche Daten Sie benötigen und ob alles oder nur ein bestimmter Zeitraum exportiert werden soll (in den Formaten *.xls* oder *.csv*). Mit Hilfe dieser Rohdaten können Sie zusätzliche Analysen durchführen und Reports erstellen.

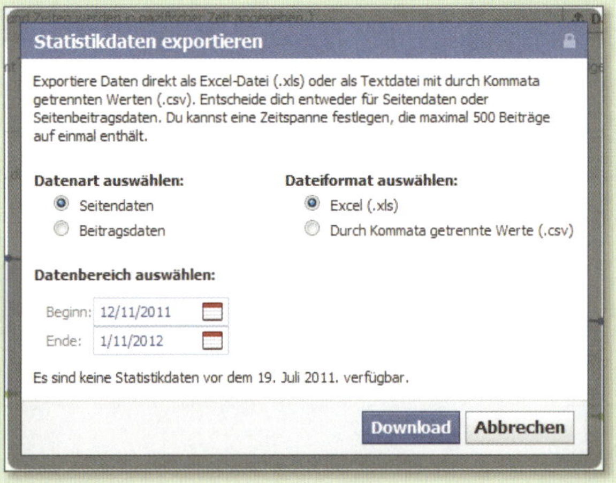

Abbildung 13.13 Die Statistikdaten lassen sich auch exportieren.

Unterseiten Ihrer Facebook-Statistikseite und deren Inhalte

Wie bereits erwähnt, besteht die Statistikseite nicht nur aus der Start-bzw. Übersichtsseite. Drei weitere Unterseiten ermöglichen Ihnen noch einen weitaus tieferen Blick in die eigene Fangemeinde (Zielgruppe), deren Herkunft und Aktivitäten, die im Zusammenhang mit der Facebook-Seite stehen.

Demografische Fanangaben helfen Ihnen, die Kunden besser kennenzulernen | Die erste Unterseite »Gefällt mir«-Angaben zeigt Ihnen auf, wer Ihre Fans sind, wie die Altersverteilung aussieht, aus welchen Ländern und Städten sie kommen und in welcher Sprache sie sprechen (Abbildung 13.14). Die Herkunft und die Information zur Sprache werden jeweils in Form eines Rankings angezeigt. Der Seitenbetreiber bekommt so einen schnellen Überblick darüber, wie sich die Fans verteilen und in welcher Region vielleicht noch etwas nachgeholfen werden sollte. Gerade bei Facebook-Seiten, die international aufgesetzt werden, können Länder und Städte-Rankings besonders interessant und relevant sein.

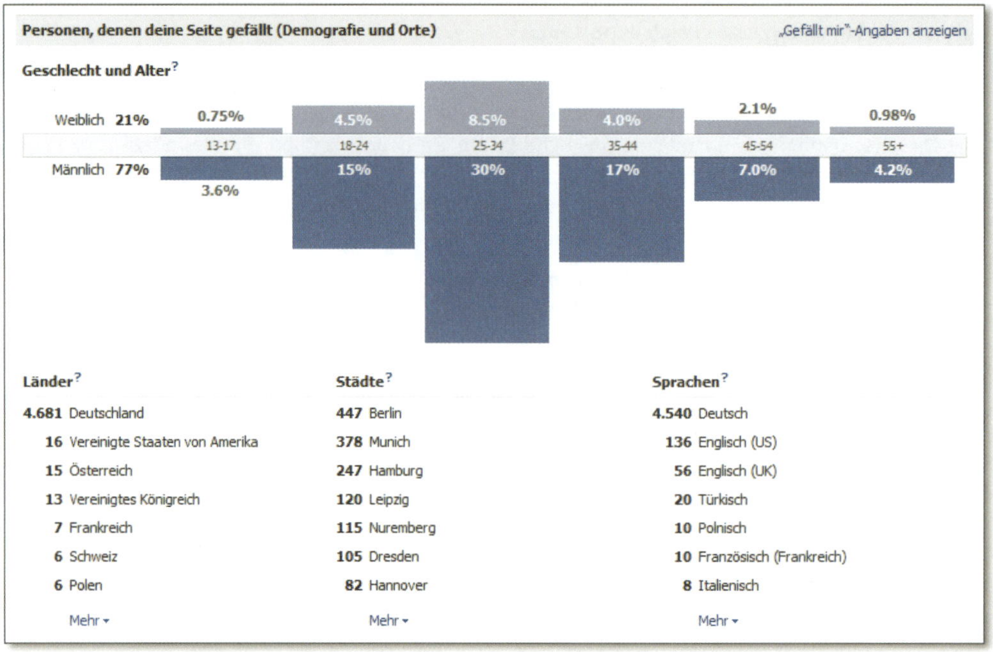

Abbildung 13.14 Wer sind Ihre Fans?

Diese Angaben sagen aber noch nichts darüber aus, ob und wie aktiv Ihre Fans auf der Seite sind. Hierbei geht es lediglich um die tatsächliche Ist-Situation quantitativer Natur. User, die einmal der Seite beigetreten sind und sonst weiter nichts tun, werden hier gleich gewertet wie die »Heavy-User«.

Auf dieser Unterseite können Seiteninhaber des Weiteren analysieren, an welchem Tag Facebook-Angaben am meisten geliket wurden und ob bereits getätigte »Gefällt mir«-Befehle wieder rückgängig gemacht wurden. In dem in Abbildung 13.15 aufgeführten Beispiel handelt es sich um ein Weihnachtsposting an die User, das am Freitag, den 23. Dezember 2011, abgesetzt wurde. »Fröhliche Weihnachten«-Beiträge wirken auf User besonders, da die emotionale Sprache sehr stark ist. Mit dem Like wünscht der Fan dem Team der Unternehmensseite ebenfalls schöne Weihnachten.

Für mache Seiteninhaber ist es vielleicht auch entscheidend, zu erfahren, über welchen Weg und welche Quelle ein Like auf der Facebook-Seite getätigt wurde. Das Netzwerk ermittelt hierfür die Herkunft und zeigt diese Anzahl nach Häufigkeit absteigend an.

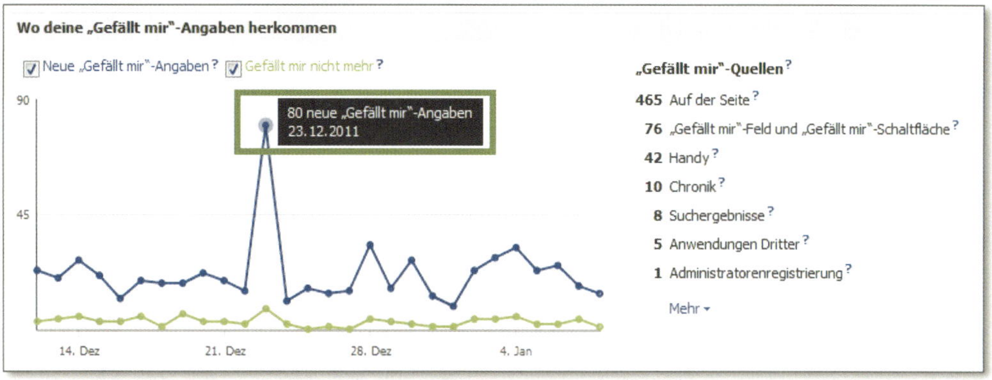

Abbildung 13.15 »Gefällt mir«- und »Gefällt mir nicht«-Angaben

Gut zu wissen: Weitere Informationen zu Quellenangaben

Die meisten Quellen der »Gefällt mir«-Angaben sind selbsterklärend und werden hier daher nicht weiter erörtert. Zwei Faktoren sind jedoch eventuell nicht so ganz geläufig und werden hier separat aufgeführt. Die Quelle SUCHERGEBNISSE betrifft User, die innerhalb der Suchfunktion zufällig oder gewollt auf die Facebook-Präsenz stoßen. Ohne erst die eigentliche Seite aufzurufen, betätigen sie schon die Like-Schaltfläche und werden Fan. Das kommt meist nur vor, wenn der User die Marke bereits kennt und weiß, was sich auf der Seite abspielt und was ihn erwartet. Bei ANWENDUNGEN DRITTER wird das »Gefällt mir« für die Seite über eine Anwendung getätigt, die beispielsweise auf einer anderen (externen) Webseite eingebunden ist. Ist dieser Wert hoch, ist das ein Zeichen dafür, dass die Applikation an einem aufmerksamkeitsstarken »Ort« platziert ist.

Welche Verbreitungsart hat sich in der Reichweite bewährt? | Die zweite Unterseite REICHWEITE ist der ersten zum Verwechseln ähnlich, die Aussage ist jedoch eine völlig andere. Auch hier werden dem Betrachter Geschlecht, Alter, Herkunft und Sprache von den Usern angezeigt. Die Reichweite zeigt Ihnen auf, welche Fangemeinde Sie potenziell erreicht haben, welches die stärksten/schwächsten Altersgruppen sind und wo sie leben. Darüber hinaus können Sie aber auch erfahren, über welchen Weg Sie die Fans erreicht haben (Abbildung 13.16).

Wie bereits eingangs vorgestellt, teilt das Netzwerk die Herkunft des Fans und seine Likes in die drei Wege auf:

- ORGANISCH
- BEZAHLT
- VIRAL

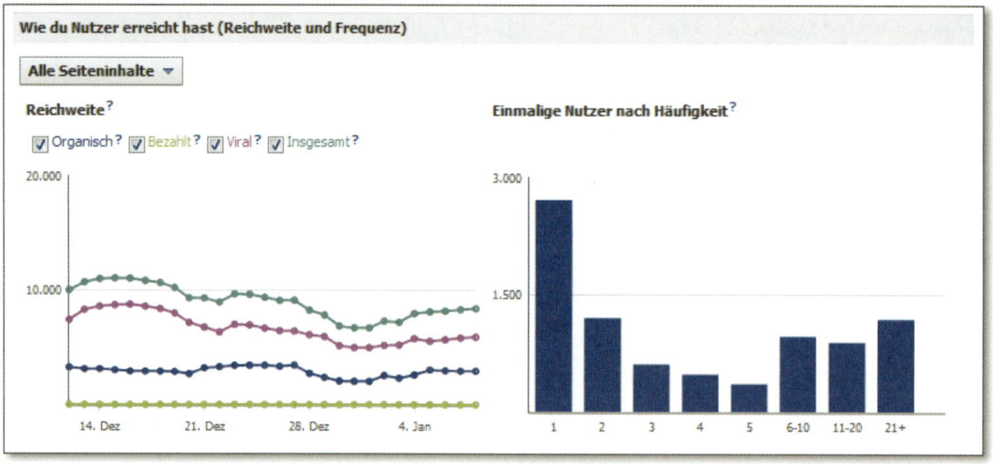

Abbildung 13.16 Wie die Reichweite erzielt wurde.

Im absolut optimalen Fall haben Sie keinen User, der über den bezahlten Weg zu Ihnen findet und aktiv ist, weil Ihre Kampagnen und Redaktionspläne für die nötige Aufmerksamkeit und Zuwächse sorgen. Wie häufig ein User/Fan bei Ihnen auf der Facebook-Seite vorbeischaut, ist ebenfalls ein starkes Indiz dafür, wie interessant die angebotenen Inhalte sind. Immer wiederkehrende, gut recherchierte, spannende, witzige, informative oder einfach herausragende Postings sorgen dafür, dass Ihre Fans Sie auch weiterhin immer wieder gerne besuchen.

Aber nicht nur das Wieso, sondern auch das Woher ist häufig ein wichtiger Insight für künftige Redaktionspläne und Aktionen. Der externe Reiterverweis beispielsweise zeigt dem Administrator auf, von welcher Webseite die meisten User auf die Facebook-Seite weitergeleitet wurden (Abbildung 13.17). Treten viele Mitglieder über eine Homepage ein, die Ihnen nicht bekannt ist, könnte das möglicherweise ein Kandidat für eine strategische Partnerschaft sein. Merken Sie jedoch, dass seit dem starken Andrang über diese fremde Seite zunehmend kritische User mit negativen Kommentaren auf die Facebook-Präsenz drängen, sollten Sie dem nachgehen und prüfen, in welchem Kontext der Firmenlink den Usern angeboten wird. Weitere Informationen zum richtigen Umgang in hektischen Zeiten finden Sie in Kapitel 12, »Monitoring und Krisenkommunikation – wenn die Konversation mit den Kunden aus dem Ruder läuft«.

Die Analyse zeigt darüber hinaus auch auf, welche Reiter wie häufig verwendet werden. Erfahrungsgemäß liegt die Nutzung der Pinnwand auf Platz eins, weil hier auch tatsächlich die meiste Interaktion stattfindet. An zweiter Stelle steht dann meist der Reiter, der als Startseite für die jeweilige Präsenz definiert wurde. Neue User landen also nicht auf der Pinnwand, sondern werden in diesem Beispiel zuerst auf dem Willkommensreiter begrüßt. Hieran können Sie auch gut ablesen, wie eine neue (Kampagnen-)Applikation von der Userschaft angenommen wird. Liegt die Anwendung abgeschlagen tief in der Auflistung, ist das ein Indiz dafür, dass die App entweder noch nicht ausreichend publik gemacht wurde oder schlicht und ergreifend die Fans leider nicht interessiert (weil sie an deren Bedürfnissen vorbeizielt).

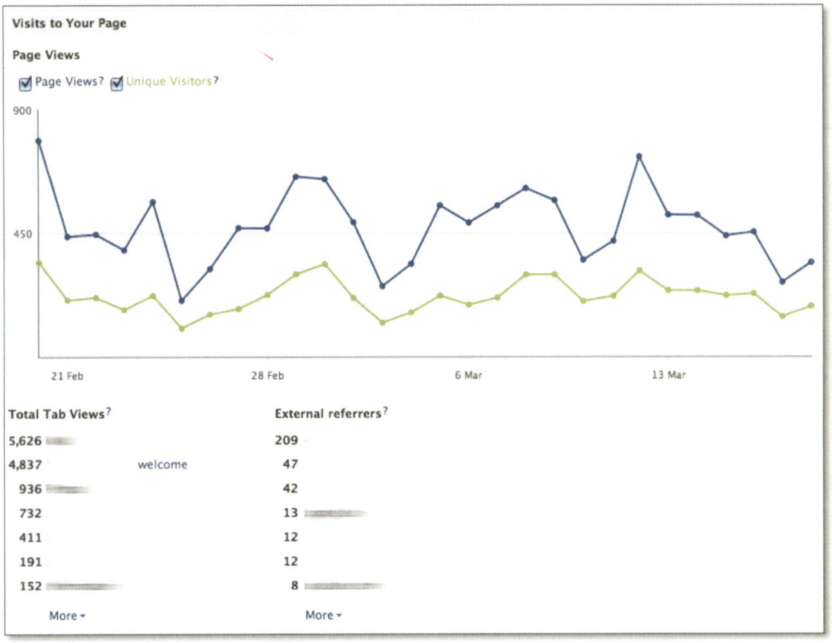

Abbildung 13.17 Externe Verweise – über welchen Weg kommen die User?

Dritte Unterseite Personen, die über Deine Seite sprechen | Diese Gruppe(n) von Menschen sorgen dafür, dass über Ihre Seite im Netz tatsächlich gesprochen wird. Sie kommentieren, liken, teilen, beantworten Fragen, markieren Fotos und vieles mehr. Wie die Demografie dieser User aussieht und woher diese kommen, veranschaulicht diese letzte Unterseite. Auch hier werden die gleichen Visualisierungen verwendet, wie schon bei den beiden vorausgegangenen Unterseiten. Mit dieser Analyse können Sie bestimmen, ob beispielsweise die Ziele hinsichtlich der Zielgruppe erreicht wurden oder sich möglicherweise neue Zielgruppen aufzeigen, an die Sie im ersten Moment vielleicht gar nicht gedacht haben.

Darüber hinaus können Sie exakt nachvollziehen, wann und in welcher Intensität Sie Bestandteil der Konversation waren (Abbildung 13.18). Die Filterfunktion ALLE MELDUNGEN können Sie weiter nach den folgenden Befehlen aufschlüsseln: »GEFÄLLT MIR«-ANGABEN AUF SEITEN, MELDUNGEN VON DEINEN BEITRÄGEN, ERWÄHNUNGEN UND FOTOMARKIERUNGEN, BEITRÄGE VON ANDEREN, FRAGEN.

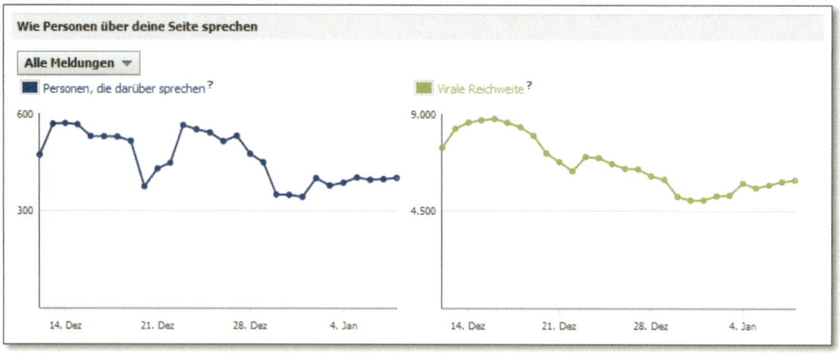

Abbildung 13.18 Wann und in welcher Reichweite waren die Facebook-Seite und/oder deren Themen Bestandteil der Konversationen?

13.3.2 Zeitlicher und finanzieller Aufwand

Vertrauen ist gut, Kontrolle ist besser. Diese Regel gilt auch für Facebook und Ihre Marketingkommunikation. Das Netzwerk gibt Ihnen eine Fülle an Möglichkeiten, um den Verlauf einer Kampagne und der Seite zu verfolgen. Der finanzielle Aufwand bleibt hier (je nach Größe der Seite) häufig gleich null oder hält sich auf einem sehr geringen Niveau. Wie bereits in Kapitel 12, »Monitoring und Krisenkommunikation – wenn die Konversation mit den Kunden aus dem Ruder läuft«, erwähnt, ist das Monitoring das A und O jeder Social-Media-Aktivität. Dabei spielt es keine Rolle, ob es sich um eine große Kampagne oder lediglich um das gängige Tagesgeschäft handelt. Den zeitlichen Aufwand, sich kontinuierlich mit der Statistik zu befassen, sollten Sie als Investition in das Monitoring ansehen.

13.3.3 Erfolgsfaktoren zur Steigerung der Interaktion auf der Facebook-Seite

Wie erfolgreich Ihre Seite ist, ist also nicht nur damit zu bemessen, wie viele Fans die Präsenz hat. Ein professioneller und gut durchdachter Redaktionsplan ist hierfür unabdingbar. Die folgenden Tricks und Anmerkungen sollen Ihnen aber darüber hinaus helfen, die Fans bei Laune zu halten und sie zu mehr Interaktion zu animieren – denn nur ein hoher Grad an Interaktion macht die Seite auch in Zukunft sichtbar im Newsfeed und beliebt:

- **Mehr Interaktion durch weniger Text**
  Die Regel von 420 Zeichen im Facebook-Textfeld ist längst aufgehoben. Das bedeutet aber nicht, dass es sinnvoll ist, den Raum komplett auszureizen. Nur selten überzeugt ein Facebook-Post dadurch, dass er sich durch lange Romane auszeichnet. Sie müssen sich immer in die Situation hineinversetzen, dass der User wenig Zeit hat oder wenig Zeit aufbringen möchte, um eine Information

aufzunehmen. Textblöcke, die schon auf den ersten Blick lang erscheinen, werden ignoriert.

- **Bildsprache**
  Nicht immer können Beiträge so kurz gehalten werden, wie im Beispiel des Zeitmagazins (Abbildung 13.19). Um längere Textposts für die User attraktiver im Newsfeed zu gestalten, lohnt es sich, den Text als Bildposting zu platzieren. Das Bild »verschönert« nicht nur das eigentliche Posting, sondern dient auch als visueller Stopper im Newsfeed.

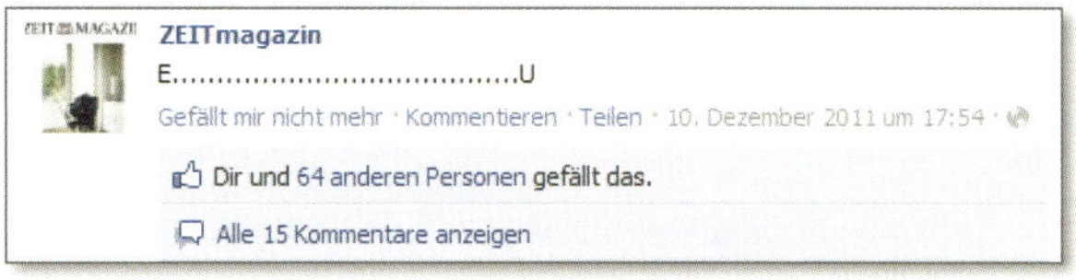

Abbildung 13.19 Das ZEITmagazin ist immer für einen kreativen Post gut – wenig Text, viel Inhalt.

- **Aktive Ansprache**
  Fragen an die User können sehr zur Steigerung der Interaktion auf der Facebook-Seite führen. Dabei sollten Sie jedoch darauf achten, dass es sich um einfach zu beantwortende Postings handelt. Verwenden Sie nach Möglichkeit geschlossene Fragen, und verzichten Sie auf Fragestellungen, die eine lange Beantwortung nach sich ziehen (z. B. warum habt ihr …). Eine ebenfalls äußerst wirkungsvolle Methode kann es auch sein, das Posting direkt mit dem »Gefällt mir« in Verbindung zu setzen (Abbildung 13.20). Da es sich hierbei um kein Gewinnspiel handelt, ist eine Durchführung seitens Facebook erlaubt. Diese Form der Ansprach sollten Sie aber nicht allzu oft ausreizen.

Abbildung 13.20 Klicke-»Gefällt mir«-Postings können wirken.

- **Verwendung von Facebook Frage**
  Die Funktion Facebook Frage ist ein einfaches Feature, das Ihnen hilft, die Fans direkt anzusprechen. Mit jedem User, der sich zu einem Klick oder einer Beantwortung hinreißen lässt, ist diese Information im Newsfeed der Freunde sichtbar (sofern es das Mitglied in den Einstellungen zulässt). Die Funktion ist auf Ihrer Facebook-Seite voreingestellt und befindet sich in der Leiste der Statusmeldung und der Posting- und Uploadmöglichkeiten für Fotos, Links und

Videos (Abbildung 13.21). Wie auch schon in den vorangegangenen Tipps sollten Sie auch hier an eine kreative Ansprache in der Frage und in den Antwortmöglichkeiten denken. Die Funktion allein ist allerdings kein Garant für ein erfolgreiches Posting.

Abbildung 13.21 Verwenden Sie Facebook-Fragen, um die Interaktion zu steigern.

- **Tagesaktuelle Themen**
  Auch wenn Sie sich einen Redaktionsplan zurechtgelegt haben, sollten Sie doch offen für ad-hoc-Themen sein. Das Aufgreifen von relevanten und tagesaktuellen Themen kann Ihnen helfen, den Schwung der Konversationen für Ihre Seite zu nutzen. Natürlich muss die Neuigkeit auch zu der Seite passen.
- **Vermeiden Sie Verlinkungen**
  Links zu anderem Content oder anderen Seiten sollten Sie nach Möglichkeit nur dann platzieren, wenn der User auch auf Ihrer Seite bleibt. Klassisches Beispiel: eingebettete YouTube-Videos. Die User haben es mittlerweile gelernt, welche Links sie aus dem Netzwerk herausleiten und welche innerhalb der Community nutz-/lesbar sind. Da die Mitglieder es nicht mögen, von einem Ort zu einem anderen verlinkt zu werden, wird diese Art von Posting tendenziell seltener angeklickt.
- **Einfache Verwendung von Applikation**
  Anwendungen, die nicht fehlerfrei funktionieren oder für die User nicht intuitiv nutzbar sind, werden von den Fans ignoriert und können sich so negativ auf die Interaktion auf der Seite auswirken. Die Herausforderung ist in diesem Fall nicht, dass das zu keinen Kommentaren führt, sondern vielmehr, dass die Tonalität verfehlt wurde.
- **Tonalität der Seite**
  Sprechen Sie in der Sprache der User. Zu Ihrer Zielgruppe können Sie in der Facebook-Statistik viel herauslesen, woher sie kommt und wie sie tickt.

14 »Bei mir tut sich nichts!« – Public-Relations-Tipps für Ihre Facebook-Präsenz

Von nichts kommt nichts: Machen Sie »Lärm«, und nutzen Sie die Möglichkeiten der PR, um auf Ihre Facebook-Präsenz aufmerksam zu machen.

Sie haben es geschafft! Ihr Unternehmen ist auf Facebook vertreten. Die Facebook-Seite ist online, die Willkommensseite (Landing Page) ist implementiert, die Vanity-URL ist hübsch gemacht, und die ersten Beiträge und Links in Form von Texten, Videos und Fotos sind auf der Wall gepostet. Ein Redaktionsplan für die ersten zwei Wochen steht ebenfalls schon fest. Kurzum, dem Eintritt in die direkte Face-to-Face-Kommunikation mit Ihren Kunden und Fans steht theoretisch nichts mehr im Wege. Doch trotz aller Bemühungen scheint die Präsenz Ihrer Marke bislang noch niemand wirklich wahrgenommen zu haben, was sich unter anderem an der nicht steigenden Anzahl von Fans und der geringen Interaktion auf der Seite abzeichnet. Hierfür kann es selbstverständlich viele Gründe geben. Doch häufig liegt es schlicht an der eigenen Nicht-Sichtbarkeit. Stellt sich also die Frage, ob Sie der Mann, in Form eines Unternehmens, sind, der dem Mädchen zuwinkt, die davon jedoch nichts weiß? Dieses Kapitel zeigt Ihnen auf, wie Sie solche ersten Startschwierigkeiten noch vor ihrem Auftreten umgehen können, was Sie tun können, um Ihre *Awareness* auf Facebook zu steigern, und welche Instrumente Ihnen dabei helfen, effektiver und gezielter über Ihre Firma zu sprechen und potenzielle Kunden auf sich aufmerksam zu machen. Betreiben Sie mehr Eigen-PR für Ihre Seite auf Facebook!

14.1 Die Bekanntheit der eigenen Seite steigern

Ganz im Sinne von »tue Gutes und sprich darüber« geht es bei einer erfolgreichen Facebook-Seite schon lange nicht mehr nur um den Inhalt, sondern viel mehr um das Erscheinungsbild. Das Marketing-Blog Facebook-Marketing.de hat im Juli 2010 ermittelt, dass Facebook weltweit über 900.000.000 Seiten, Gruppen und Events anbietet. Auf ein Facebook-Mitglied fallen durchschnittlich 80 Präsenzen von Unternehmen, Firmen und Organisationen, die gemacht und kommentiert werden möchten. Alle diese Markenauftritte buhlen um die Gunst oder vielmehr um den Daumen des Kunden. Die genannten Zahlen sind zwar auf die gesamte (weltweite) Userschaft bezogen, jedoch ist das für den Nutzer nicht weiter relevant. Das Netz kennt keine Grenzen. Das bedeutet, wenn Sie sich aus strategischen Gründen entscheiden, mit Ihren Fans in englischer Sprache zu kommunizieren, dann haben Sie zwar eine deutsche Facebook-Präsenz, aber auf den ersten Blick haben Sie einen Unternehmensauftritt ohne jegliche Ländergrenzen. Um in diesem Strom der Massen nicht unterzugehen, sondern vielmehr aus dieser herauszustechen, können Sie auf eine Vielzahl von klassischen und modernen Instrumenten zurückgreifen.

14.1.1 Pressemitteilung

Eine Pressemitteilung (auch Pressemeldung genannt) dient dazu, Neuigkeiten über Ihr Unternehmen an die gewünschte Zielgruppe zu kommunizieren. Wichtig ist in diesem Zusammenhang, dass oftmals nicht der Endkonsument bzw. Ihre Kundschaft die Zielgruppe dieser Meldung ausmacht, sondern vielmehr die Kontakte, die Ihre Fans über Neuigkeiten informieren. Diese Kontakte sind in aller Regel die Pressevertreter der Ressorts und Genres, die an Ihrem Unternehmen interessiert sind und immer auf der Suche nach relevanten Themen sind. Welches Medium für Ihre Firma und Ihre Meldung interessant ist, ist meist abhängig von den Produkten und Dienstleistungen, die Sie anbieten.

Thematischer Aufhänger für Ihre Facebook-Meldung

Der Start Ihrer Facebook-Präsenz ist eine Erfolgsmeldung, die nicht nur für die Medien, sondern auch für deren Leser relevant sein kann. Sie sollten jedoch abwägen, wie diese Neuigkeit kommuniziert wird. Ist sie als eine allein stehende Meldung »stark« genug, oder ist es sinnvoll, sich an ein bevorstehendes Highlight dranzuhängen?

- Ladeneröffnung
- Produkt-Launch
- neuer TV- und/oder Radio-Spot
- Firmenjubiläum

Diese und weitere Highlights können Sie als Aufhänger nutzen, um im Rahmen dieser Meldung auch auf Ihre neue Präsenz auf Facebook zu verweisen.

Wenn Sie sich aber dafür entscheiden sollten, nur und ausschließlich den Start der Seite zum Thema zu machen, dann bietet sich zusätzlich an, diese Aktion mit einer Gewinnspielmaßnahme auf Facebook zu verknüpfen, aber achten Sie hierbei auf die Facebook Promotion Guidelines (mehr dazu finden Sie in Kapitel 5, »Ihre Ziele brauchen eine Strategie«).

14.1.2 Multiplikatoren

Nutzen Sie Blogger und weitere stark vernetzte User, kurz Social-Media-Influencer, um auf Ihren Start in Facebook aufmerksam zu machen. Diese Internetmultiplikatoren sind meist auf vielen unterschiedlichen Plattformen, Communitys und Portalen unterwegs und weisen durch ihre sehr starke und dichte Vernetzung mit anderen Usern eine hoch virale Kraft auf. Manche von ihnen sind bereits so groß und einflussreich, dass sie selbst in der klassischen Medienlandschaft Gehör finden, zitiert werden oder gar von dort auf ihre Blogs und Kanäle verwiesen wird. Im Gegensatz zu den traditionellen Pressevertretern lassen sich die Meinungsbildner im Internet zwar einem Dachthema (Politik, Gesellschaft, Kunst etc.) zuordnen, da hört aber meist auch schon die Gemeinsamkeit auf. Eine Ansprache von Multiplikatoren sollte daher dringend eine vorherige Recherche ihrer Blogs und Plattformen und der dazugehörigen Themenschwerpunkte mit einbeziehen, und die Kontaktaufnahme im Anschluss sollte individuell erfolgen. Die Ansprache mit Hilfe einer Pressemeldung, die über einen Massenverteiler oder per Post verschickt wird, kann unter Umständen mit einer öffentlichen Rüge bestraft werden (Abbildung 14.1).

Abbildung 14.1 Der Blogger StyleSpion.de rügt auch gerne mal öffentlich.

Idee: Multiplikatoren in den Facebook-Start mit einbinden

Blogger Relations: Um mehr auf das eigene Unternehmen und im weiteren Verlauf auf die eigene Facebook-Seite aufmerksam zu machen, sollten Sie prüfen, ob es vielleicht sinnvoll ist, sich gezielt an Blogger zu wenden, die Ihnen helfen, Ihre Reichweite auf Facebook zu erhöhen und so auch für mehr Interaktion sorgen. Dies kann beispielsweise über ein sogenanntes Blogger-Loan-Programm (Loan bedeutet im Deutschen in etwa Leihgabe) erfolgen. Dabei handelt es sich um ein Testprogramm zu einem bestimmten Produkt, das Sie vertreiben und verkaufen. Im Zuge der Bloggeransprache können Sie im weiteren Verlauf vereinbaren, ob die Bloggerin/der Blogger auf die Fanseite des Unternehmens verweisen kann. In diesem Fall sollten Sie und Ihre Mitarbeiter immer darauf achten, dass bereits die erste Bloggeransprache authentisch, echt und originell vermittelt wird. Eine plumpe und unkreative Herangehensweise wird schnell enttarnt und bestraft (siehe Abbildung 14.1). Fußt die Kooperation jedoch auf Sympathie, Ehrlichkeit und Vertrauen, kann sich daraus eine lange und strategische Partnerschaft entwickeln, die sich auch positiv auf Ihre Facebook-Seite auswirkt (Abbildung 14.2).

Abbildung 14.2 Der Blogger boschblog.de verlinkt sich mit der Community von Senseo Deutschland auf Facebook.

Social-Media-Influencer: Eine ähnliche Herangehensweise bietet sich auch bei der Ansprache der Social-Media-Influencer an. Auch in dieser Ansprache sollten Sie darauf achten, dass das Thema passt und die Idee, mit der Sie an die Multiplikatoren herantreten, interessant ist und einen Mehrwert für die Fans bietet. Im Gegensatz zu den Bloggern kommunizieren die Social-Media-Influencer häufig über eigene YouTube-Channels (= Kanäle), die eine noch stärkere Einbindung Ihrer Produkte ermöglichen. Wie schon erwähnt, geht es in dieser Art der Ansprache um folgende Ziele:

- das Produkt des eigenen Unternehmens mit Hilfe eines Testprogramms authentisch vorzustellen
- Verweis auf die Unternehmensseite auf Facebook und die Generierung von neuen Fans
- Steigerung der Interaktion auf der Facebook-Seite durch die Einbeziehung der Fans der Multiplikatoren

Für jeden Topf gibt es einen Deckel – auch im Netz

Die Möglichkeiten, die sich für Ihr Unternehmen ergeben, indem Sie mit Multiplikatoren zusammenarbeiten, sind vielfältig. Und eines ist gewiss – Ihr Thema wird mit Sicherheit schon im Netz besprochen! Wie z. B. das Thema »Schweißen«. Ein Onlineshop für Schweißerausrüstung ist auf Facebook mit einer eigenen Seite gestartet. Die Themen rund ums Schweißen sind sehr spitz und fachspezifisch und somit bei Weitem nicht relevant für die meisten User auf Facebook. Das Unternehmen entschloss sich daher, an leidenschaftliche Heimwerker und Garagenbastler heranzutreten, die darüber hinaus ihre Erfahrungen mit eigenen YouTube-Videos kommunizieren. Manche dieser Experten mit den spitzen Themen sind bereits so groß und beliebt, dass sie Tausende von Videoviews verzeichnen können. Mit diesen Multiplikatoren vereinbarte der Onlineshop Kooperationen: ein Teil der Zusammenarbeit war, via YouTube auf die Facebook-Seite der »Schweisshelden« zu verweisen (Abbildung 14.3).

Abbildung 14.3 Der leidenschaftliche Handwerker verweist mit Hilfe von YouTube auf Facebook.

14.2 Tricks für mehr Interaktion

Es gibt Wege und Möglichkeiten, die Ihnen helfen können, für mehr Interaktion auf Ihrer Facebook-Seite zu sorgen. Diese Interaktion kann sich in der folgenden Art ausdrücken: in Form eines »Gefällt mir« unter einem Beitrag, den der Administrator Ihrer Firmenseite eingestellt hat, oder in Form von re- und proaktiven Posts und Kommentaren von Ihren Fans. Die Erlangung von mehr Interaktion erfordert zwei Herangehensweisen, die im Folgenden erläutert werden. Die erste ist technischer

Natur und wird hier unter dem Punkt »Mit fremden Facebook-Seiten befreunden« abgehandelt. Die zweite Methodik »Mehr Interaktion mit Konversation« ist eher themenbezogen und wagt mehr den Schritt in die psychologische Herangehensweise.

14.2.1 Mit fremden Facebook-Seiten befreunden

Stellen Sie sich folgende Situation vor: Sie sitzen mit einer Gruppe von sechs Leuten im Biergarten an einem eigenen Tisch. Eine andere Gruppe, die nicht zu Ihrer dazugehört, sitzt ein paar Meter weiter an einem anderen Biertisch. Sie und Ihre Freunde unterscheiden sich sehr von der Gruppe, die eine Bank weiter sitzt, in puncto Kleidung, Auftreten und Dialekt. Auf den ersten Blick gibt es also keine Gemeinsamkeiten und offensichtlich auch keinen Anlass, miteinander in Kontakt zu treten. Nach einer Weile wird jedoch klar, dass sich ein paar der einen Gruppe für das gleiche Thema (z. B. Fußball) interessieren wie ein paar von Ihren Bekannten. Es entsteht eine rege Diskussion über Zurufe. Ein, zwei Mitglieder der anderen Gruppe finden die nach einer weiteren Weile so interessant, dass sie aufstehen und sich zu Ihrem Tisch dazusetzen, um ein wenig über Fußball zu sprechen. Die Diskussion und Stimmung wird so interessant, dass sich immer mehr Menschen zu Ihnen an den Tisch gesellen. Es wird zusammen geprostet und ist manchmal der Beginn einer neuer Freundschaft. Jetzt übertragen Sie doch mal diese Mechanik auf Ihre Facebook-Seite!

Und so wird es gemacht – am Beispiel eines fiktiven Einrichtungsgeschäfts, dass eine eigene Seite auf Facebook führt. Ihr Laden hat ein neues Sofa und neue Kissen hereinbekommen, die Sie gerne via Facebook ankündigen möchten. Um nicht nur die Aufmerksamkeit Ihrer Fangemeinde zu erlangen, sondern auch die der Facebook-Mitglieder, die noch nicht Ihre Fans sind, können Sie folgendermaßen vorgehen:

1. Recherchieren Sie in Facebook, ob es extra Seiten zu den Themen »Sofa« und »Kissen« gibt. Alltagsgegenstände sind meist von anderen Mitgliedern bereits als Fanseite angelegt worden.
2. Sie haben Glück, denn es gibt tatsächlich bereits die Seiten SOFA (mit über 1.600 Mitgliedern) und KISSEN (mit 65 Mitgliedern). Folgen Sie diesen beiden Seiten, indem Sie mit Ihrem persönlichen und Ihrem Fanseitenprofil die jeweilige »Gefällt mir«-Schaltfläche drücken.
3. Nun, nachdem Sie den beiden Seiten folgen, können Sie Ihren Beitrag auf Facebook schreiben. Die Wörter Sofa und Kissen werden nun automatisch in Ihrer Statusmeldung mit den jeweiligen Fanseiten verlinkt und angezeigt, sobald Sie das @-Zeichen vor das Wort setzen (z. B. @Sofa, @Kissen, Abbildung 14.4).

Abbildung 14.4 Verlinken Sie Ihre Beiträge mit »fremden«, aber thematisch nahen Facebook-Seiten

4. Den Usern der »fremden« Seite (z. B. SOFA) wird nun ebenfalls Ihr Facebook-Seitenbeitrag anzeigt, und so wird die Anzahl Ihrer Post-Empfänger um über 1.600 Rezipienten erhöht. Wenn diese Mitglieder nun auf den Beitrag klicken, landen sie automatisch auf Ihrer eigenen Facebook-Ladenseite für Einrichtungsgegenstände (Abbildung 14.5) und können bei Gefallen ein neuer Fan Ihrer Seite werden.

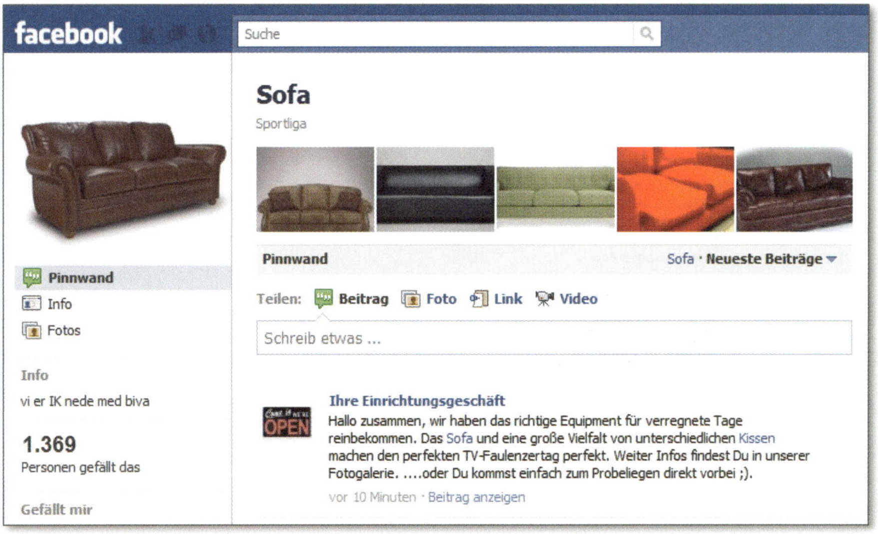

Abbildung 14.5 Durch die Verlinkung Ihres Beitrags erreichen Sie neue potenzielle Zielgruppen und Fans

14.2.2 Mehr Interaktion mit Konversation

Sehen Sie Ihre Fans als tatsächliche Freunde an, denen Sie eine spannende Geschichte erzählen möchten und an deren Meinung Sie interessiert sind. Diese Themen können eine Vielzahl von unterschiedlichen Schwerpunkten haben. Ein ausgewogener Mix aus Unternehmensnachrichten und vermeintlich Belanglosem macht den Erfolg einer authentischen Konversation auf Ihrer Seite aus. Wie auch im richtigen Leben sprechen Sie mit Ihren Bekannten nicht immer nur über den Beruf und Ihre Kollegen, sondern auch gerne mal über kleine Nebensächlichkeiten wie das Wetter, die bevorstehenden Wochenendpläne oder aber auch über saisonale Themen, die beispielsweise in den Medien gerade rauf und runter besprochen werden. Falls sich eine Stagnation im Grad der Konversation auf Ihrer Facebook-Seite einschleichen sollte, dann kann es an der eben nicht ausgewogenen Themenvielfalt und fehlender Authentizität liegen. Befreien Sie Ihre Kommunikation von einer zu starken Unternehmenskommunikation, und hauchen Sie ihr mehr »echtes« Leben ein. Themen, die für mehr Interaktion auf der Seite sorgen:

- **Neuigkeiten**: Sie haben einen Preis gewonnen, sind erfolgreich auf einer Messe aufgetreten oder feiern ein Jubiläum Ihrer Firma? Zeigen Sie es mit Fotos und Videos auf Facebook. Dokumentation der eigenen Party oder Aufnahmen vom eigenen Stand auf einer wichtigen Messe gehören genauso auf die Facebook-Seite wie Fotos von lachenden Kollegen und Angestellten (nur mit deren Einverständnis) – diese Beiträge zeigen, wer Ihre Firma tatsächlich ist, und führen auf eine sympathische Art und Weise zu einer authentischen Eigen-PR (Abbildung 14.6). Ihre Fans werden das mit Kommentaren und vielen Daumen hoch honorieren.

Abbildung 14.6 Die Firma präsentiert sich leger und authentisch.

- **Wetter**: Das Dauerthema schlechthin! Bestimmt kennen Sie diese Situation: Auch wenn es in einem Moment kein Thema gibt, das es lohnt, anzusprechen – das Wetterthema zieht immer (natürlich in Maßen). Ob Sonnenschein, Regen oder Schnee – das Wetter scheint ein unerschöpflicher Gral zu sein, zu dem auch Menschen eine Meinung haben, die sonst keine Meinung äußern (Abbildung 14.7). Natürlich sollten sie in diesem Zusammenhang aber nicht vergessen, dass nicht überall in Deutschland das gleiche Wetter herrscht.

Abbildung 14.7 Das Wetter zum Thema machen

- **Wochenende**: Ein Phänomen – Sie kennen es vielleicht. Es scheint fast so, als kennt die Community ab Freitagmittag nur noch das TGIF-Thema: Wochenende. Beteiligen Sie sich an dieser Diskussion (Abbildung 14.8), und machen Sie es zu einem Thema auf Ihrer Facebook-Seite: »Wochenende steht vor der Tür. Habt ihr etwas Spannendes vor?«

Abbildung 14.8 Real wünscht ein schönes Wochenende und sorgt so für Interaktion.

Gut zu wissen: Was bedeutet TGIF?

Diese Abkürzung kommt aus dem englischen Sprachgebrauch und ist in Facebook und weiten Teilen des Internets immer wieder zu beobachten. TGIF steht für »Thanks God It's Friday« (»Gott sei Dank, es ist Freitag«) und drückt lediglich die Freude aus, dass endlich das Wochenende vor der Tür steht.

- **Mediale Highlights**: Bewegende Momente, Super-Events, das und viele andere mediale Highlights bewegen die Massen offline und online. Nutzen Sie Aufhänger, die Ihnen geboten werden, und machen Sie daraus eine Statusmeldung auf Ihrer Facebook-Seite. Das mediale Thema muss im ersten Moment auch nicht immer gleich zu Ihrem Unternehmen gehören. So verwendet beispielsweise der

Otto-Konzern den »Internationalen Tag des Kusses« für seine eigenen Zwecke und fragt dazu seine Fans (Abbildung 14.9). An dieser Stelle muss aber auch erwähnt werden, dass gerade mit dieser Art von Frage nicht erwünschten und vielleicht auch vulgären Antworten Tür und Tor geöffnet wird. Daher gilt: Vorsicht bei Fragen zu zwischenmenschlichen Beziehungen!

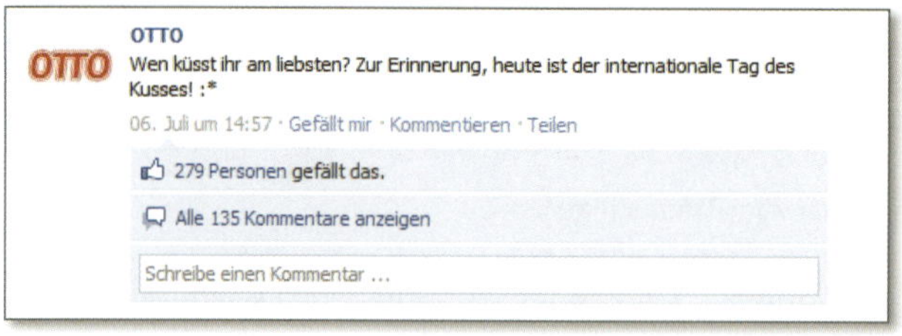

Abbildung 14.9 Otto nutzt den »Internationalen Tag des Kusses« für mehr Interaktion.

- **Sex sells**: Dieser Marketingleitspruch gilt nicht nur für die klassischen Kanäle wie TV und Print. Auch in Social Media und im besonderen Fall in Facebook kann und wird auf dieses altbewährte Instrument zurückgegriffen. Ob wir uns nun im Jahr 1990 oder im Jahre 2012 befinden – das Interesse für Menschen mit wenig Bekleidung ist und bleibt ungebrochen. Das bedeutet nicht (!), dass Sie oder Ihre Kollegen die Hose runterlassen sollten. Der Griff in diese Marketingkiste muss wohlüberlegt, passend und stets seriös und ansprechend sein! Darüber hinaus sollten Sie dringend sicherstellen, dass dieser Geschmack auch der Ihrer Fangemeinde und der Zielgruppe ist. Für Marken und Produkte, die bereits bestimmte »Eigenschaften« von Natur aus mitbringen und bei denen eine Ausrichtung gegeben ist, kann diese Art der Community-Ansprache durchaus sinnvoll sein (Abbildung 14.10).

Abbildung 14.10 Die Unterwäschenmarke aussieBum sorgt mit den »aB Summer Rules«-Aktionen für viel Interaktion.

- **Tiere**: Ähnlich stark in der Wirkung sind Motive von Tieren. Ob nun kleine Katzen, Hundewelpen oder andere Haus- und Zootiere: Der Beschützerinstinkt scheint gerade bei den pelzigen Wesen besonders stark ausgeprägt zu sein, der mittels eines sofortigen Klicks auf »Gefällt mir« und/oder eines Kommentars aktiviert wird (Abbildung 14.11). Auch in diesem Fall sollten Sie natürlich vorab prüfen, ob ein Beitrag mit großen Katzenaugen so dienlich ist. Beachten Sie zudem, dass ein Tierbild nicht immer ein Garant für Erfolgt ist. Wenn aus Ihrer Facebook-Seite nach und nach eine Zoohandlung wird, dann verschreckt das mit Sicherheit Kunden und Fans, die eigentlich aus einem anderen Grund auf Ihrer Präsenz zu Besuch sind.

Abbildung 14.11 Große Hundeaugen und andere »knuffige« Tierbilder sorgen für viel Interaktion auf Facebook.

- **Bilderrätsel**: User lieben es (einfach), gefordert zu werden. Selbstverständlich ist auch hier entscheidend, um welche Art von Facebook-Seite es sich handelt. Eine Möglichkeit bietet sich in der Mechanik des Bilderrätsels. Dabei wählen Sie einfach einen Ausschnitt aus einem Produktbild eines Ihrer Artikel aus und fragen die Fans, um was für einen Bildausschnitt es sich wohl handelt. Häufig überschlagen sich die User im darauffolgenden Moment mit Antworten. Neben dem Spaß, den die Fans haben, bringt diese Postingart auch noch drei weitere Vorteile mit sich:
  - Der Fan setzt sich mit Ihren Produkten auseinander.
  - Die angeregte Interaktion wirkt sich positiv auf den EdgeRank aus.
  - Die User machen mit und verlangen auch keine Gegenleistung (Gewinn oder Ähnliches) für ihr Engagement.

Wie so ein Bilderrätsel umgesetzt aussehen kann, sehen Sie am Beispiel von Kabel Deutschland (Abbildung 14.12). Das Unternehmen hat ein Produkt zum Teil des Rätsels gemacht und die User hierzu befragt.

Abbildung 14.12 Kabel Deutschland nutzt Bilderrätsel für mehr Interaktion unter den Fans.

- **Facebook Frage**: Dieses bereits erwähnte Tool kann Ihnen ebenfalls helfen, die Interaktion spürbar ansteigen zu lassen. Der Vorteil an dem Feature Facebook Frage liegt darin, dass der User nicht mehr machen muss, als eine Antwort anzuklicken (sofern nicht anders eingestellt). Dass der User bei der Befragung mitgemacht hat, wird in dem Newsfeed der Freunde angezeigt und animiert diese möglichweise auch dazu, an der Befragung teilzunehmen. Der Onlineshop Schweisshelden.de hat in dem folgenden Beispiel gleich zwei Fliegen mit einer Klappe geschlagen. Die Befragung zielte auf die künftigen Themen der eigenen Facebook-Seite ab. Die Administratoren bekommen so wertvolle Einblicke darin, was die User gerne in Zukunft verstärkt auf der Seite lesen wollen. Insights, die im Redaktionsplan eingebaut werden können (Abbildung 14.13).
- **Aufforderungen**: Sie werden es vielleicht schon öfter gesehen haben, die User in Facebook werden nahezu immer und überall aufgefordert, irgendwo irgendwas zu tun. Dies erfolgt entweder über das Liken oder das Teilen von Inhalten. Diese Form der Ansprache hat jedoch schon so stark zugenommen, dass Sie sich gute Konzepte und Ideen ausdenken sollten, damit die Aufforderungen von Erfolg gekrönt sind. Spätestens jetzt wird auch klar, dass das Entwickeln von Postings keine 5-minütige Aktion ist, sondern viel Kreativität und Gespür erfordert. In dem folgenden Beispiel von adidas OUTDOOR wird gut deutlich, wie Postingideen aussehen können, wenn Sie erfolgreich angenommen werden sollen (Abbildung 14.14).

Abbildung 14.13 Facebook Frage erhöht die Interaktion.

Abbildung 14.14 adidas OUTDOOR erklimmt mit den Fans das Matterhorn.

14.2.3 Immer wieder mal etwas Neues

Nutzen Sie die Möglichkeiten Ihrer Unternehmensseite auf Facebook voll aus. Auch Fans freuen sich über die eine oder andere Überraschung. Nichts ist langweiliger, als bereits eingetretenen Pfaden zu folgen. Locken Sie Ihre Mitglieder und Kunden mit kleinen Nettigkeiten und Neuerungen zur Herausgabe eines Kommentars oder eines »Gefällt mir«. Für diese kleine Überraschung können Sie beispielsweise saisonale oder mediale Aufhänger zur Unterstützung nehmen und mit den Funktionen der Facebook-Seite kombinieren.

Idee für mehr Abwechslung auf der Seite – Profilbild der Facebook-Seite wechseln

Es besteht die Annahme, dass die Fans ihnen zwar weiterhin die Treue halten – sprich Ihre Seite Ihnen weiterhin »gefällt« –, sie aber nicht wirklich proaktiv vorbeischauen? Dann rütteln Sie sie doch auf, mit Hilfe eines Profilbildes in einer »Special Edition«-Ausgabe. Wie schon bei den Statusmeldungen können sich die individuellen Profilbilder an aktuellen Highlights orientieren. Dass sich etwas Neues auf der Facebook-Seite getan hat, wird mit dem Einstellen des neuen Profilbildes automatisch in dem Newsfeed aller Abonnenten angezeigt – der Miniaturansicht sei Dank.

14.3 Bestehende Kommunikationsmittel effektiv nutzen

Es kommt vor, dass sich die offensichtlichsten und effektivsten Instrumente zur Steigerung der Marken-Awareness einem präsentieren, ohne dass dies zur Kenntnis genommen wird. Um die Bekanntheit auf Facebook zu erhöhen und die Anzahl der Mitglieder auf der eigenen Seite zu steigern, sollten Sie die folgenden hausinternen Bereiche abklopfen und gegebenenfalls optimieren:

- interne Unternehmenskommunikation
- externe Unternehmenskommunikation
- Kommunikation mit bestehenden Mitteln

14.3.1 Interne Unternehmenskommunikation

Sind Sie sich sicher, dass Ihre Mitarbeiter und Kollegen über den Firmenauftritt auf Facebook informiert sind? Je größer das Unternehmen ist, für das Sie tätig sind, desto mehr Mitarbeiter hat es in der Regel und desto verstreuter sitzen die Kollegen in unterschiedlichen Büros und an unterschiedlichen Standorten. Stellen Sie sicher, dass alle Mitarbeiter über die Präsenz auf Facebook informiert sind, und ermutigen Sie sie, sich der Unternehmensseite anzuschließen und mitzudiskutieren. Durch die aktive Teilnahme Ihrer Mitarbeiter an der Diskussion im Netz kann sich die Anzahl ihrer Fans sprunghaft erhöhen. Selbstverständlich ist die Einhaltung der »Spielregeln«, der Sprachregelungen und der Netiquette (siehe Abschnitt 6.2.9, »Netiquette – zum guten Benehmen verpflichtet), eine Maßnahme, die vor der Verkündung der Facebook-Seite an die Kollegen vermittelt werden muss! Je nach Arbeitnehmerzahl des Unternehmens kann der Prozess bzw. die Definition der Netiquette mit den Kollegen gemeinsam erarbeitet und abgestimmt werden. Das hat den großen Vorteil, dass die »Spielregeln« ein gemeinschaftliches Projekt darstellen und so das Potenzial für spätere Einwände verringert werden kann und zudem den Mitarbeitern ein Gefühl der Selbstbestimmung vermittelt wird.

14.3.2 Externe Unternehmenskommunikation

Neben der klassischen Presse- und Öffentlichkeitsarbeit (siehe Abschnitt 14.1.1, »Pressemitteilung«) bietet sich auch an, die eigenen Partner ins Boot zu holen. Ihre Geschäftspartner sind wichtige Multiplikatoren, die unbedingt über die eigene Facebook-Präsenz informiert werden sollten. Sie kooperieren mit Ihren Partnern bereits – wieso dann auch nicht gleich in Facebook und sich von ihnen ein »Gefällt mir« abholen? Es könnte sogar sein, dass Ihre Geschäftspartner ebenfalls mit ihrer Firma aktiv sind. In diesem Fall ist eine gegenseitige Verlinkung der Seiten unter Empfohlene Seiten sehr zu empfehlen (Abbildung 14.15).

Abbildung 14.15 Verlinken Sie kooperierende Partner in Ihren Facebook Status Updates.

So gehen sie vor: Sich gegenseitig auf Facebook-Seiten empfehlen

- Fragen Sie Ihren Partner nach dem exakten Seitennamen der Firma, oder lassen Sie sich die URL (*facebook.com/...*) durchgeben.
- Gehen Sie auf Ihre Unternehmensseite in Facebook, und wechseln Sie Ihr Profil auf das Profil der Seite (Funktion rechts: Facebook unter dem Namen XY verwenden).

- Tragen Sie den Namen des Partners oder direkt seine komplette Facebook-Adresse in den Browser ein, und drücken Sie die »Gefällt mir«-Schaltfläche. Ihre Firmenseite hat den Newsfeed von Ihrem Partner abonniert.
- Um den Partner an der Seite dauerhaft anzeigen zu lassen, gehen Sie auf Seite bearbeiten und klicken im Anschluss in der linken Spalte auf den Befehl Empfohlen.
- Im weiteren Verlauf klicken Sie auf Empfohlene »Gefällt mir«-Angaben hinzufügen, und wählen Sie bis zu fünf Facebook-Seiten (z. B. ihrer Partner) aus, die auf Ihrer Seite permanent angezeigt werden sollen (Abbildung 14.16).

Abbildung 14.16 Bestimmen Sie bis zu fünf Partner.

14.3.3 Kommunikation mit bestehenden Mitteln

Sie und Ihre Firma kommunizieren tagtäglich bereits mit und im Namen des Unternehmens. Alle Kommunikationsmittel, die von Ihnen verwendet werden, um mit Ihren Partnern und Kunden in Verbindung und im Austausch zu bleiben, sind auch eine Art Werbeformate, die jetzt auch für Ihre neue Facebook-Präsenz genutzt werden sollten. Viele der Formate können mit nur wenigen Klicks und ohne großen Aufwand so optimiert werden, dass jeder Kommunikationsweg effektiv genutzt wird und Ihre potenziellen Fans informiert werden. Im Folgenden finden Sie je eine Auflistung von Möglichkeiten in drei verschiedenen Kategorien.

Mit nur wenigen Klicks optimiert

Wie viele E-Mails und Briefe verlassen täglich Ihren und die Tische Ihrer Kollegen und Mitarbeiter? Da kommt einiges zusammen! Sehen Sie diese Kommunikation als eine kostenlose Werbeform für Ihre Facebook-Seite an, und integrieren Sie mit wenigen Klicks die URL Ihrer Facebook-Präsenz:

- Nehmen Sie die URL Ihrer Facebook-Seite in die E-Mail-Signatur Ihres Unternehmens auf.

- Integrieren Sie die URL in den Briefkopf Ihrer ausgehenden Schreiben und Rechnungen.
- Aktualisieren Sie Ihr Profil in anderen Netzwerken, wie z. B. XING, und tragen Sie die URL in der Rubrik WEITERE PROFILE VON MIR IM WEB ein (ähnlich wie bei Facebook werden Ihre Kontakte auf XING automatisch über Ihre Profiländerung informiert und so auf die Facebook-Seite aufmerksam gemacht).
- Schreiben Sie die URL auf die Adressetiketten Ihrer Firma – Sie wissen gar nicht, wie viele Menschen Ihren Brief auf dem Weg zum Empfänger in die Hand bekommen (Abbildung 14.17).

Abbildung 14.17 Adressetiketten sind ein kostenloses Werbeformat, das auch für Ihre Facebook-Aktivitäten genutzt werden kann.

Jetzt schon an später gedacht

Manche Maßnahmen können nicht von heute auf morgen umgesetzt werden und erfordern eine längere Planung. Daher denken Sie doch jetzt schon an die nächste Bestellung von Bürobedarf, und integrieren Sie auch hier die URL Ihrer Facebook-Dependance:

- Immer noch gilt die Visitenkarte als eines der wichtigsten Werbeformate und ist unabdingbar für Meetings, Messen und andere Treffen aller Art. Auf ihr darf die URL der Facebook-Präsenz nicht fehlen.
- Integrieren Sie die URL in Ihren Informationsbroschüren, Prospekten und anderen Arbeitsmitteln Ihres Unternehmens.
- Machen Sie in Form eines Aufstellers am Eingang Ihres Unternehmens auf Facebook aufmerksam.

- Veranlassen Sie bei Ihrer IT-Abteilung und/oder Agentur die Integration des Facebook-Buttons auf Ihrer Website.
- Die nächste Newsletter-Ausgabe an Ihre Kunden und Partner ist geplant? Ein integrierter Facebook-Seiten-Button darf bei der nächsten Aussendung nicht fehlen (Abbildung 14.18).

Abbildung 14.18 Der Onlineschuhhändler Zalando nutzt seinen Newsletter, um unter anderem auf seine Präsenz auf Facebook aufmerksam zu machen.

Nicht kleckern, sondern klotzen

Sie planen einen regionalen oder gar nationalen Werbeauftritt, der auch klassische Kommunikationskanäle einbinden soll (Abbildung 14.19)? Dann vergewissern Sie sich, dass Ihre Agentur auch an die Facebook-Einbindung gedacht hat. Wenn der

TV- oder Radio-Spot erst einmal gelaufen ist, ist dieser Fehler nicht mehr wiedergutzumachen, und eine großartige Chance für mehr Fans und Interaktion auf Ihrer Facebook-Seite ist dahin.

Abbildung 14.19 Der Spirituosenhersteller Captain Morgan verweist im August 2011 Fernsehzuschauer auf seine deutsche Facebook-Seite.

Sie sollten ebenfalls auch an die anderen »üblichen Verdächtigen« denken, wie z. B.:

- Plakate, Flyer
- Flying Banner (die beispielsweise häufig für Outdoor-Kampagnen oder Messen verwendet werden)
- Werbebotschaften auf Lieferwagen

Gehen Sie in sich, und prüfen Sie alle erdenklichen Kommunikationsmittel, die Ihnen und Ihren Kollegen zur Verfügung stehen. Es gibt viele Möglichkeiten, auf das eigene Unternehmen aufmerksam zu machen, auch mit Mitteln, die Ihnen bislang als solche vielleicht noch nicht in den Sinn gekommen sind.

Ausblick

In weiteren sieben Jahren werden Sie das Facebook-Netzwerk nicht mehr wiedererkennen: Facebook Timeline, Facebook Chroniken, Open Graph & Co. markieren hier nur den Anfang!

Noch vor ein paar Jahren war das Netzwerk Facebook lediglich eine Plattform für User, deren Freunde entweder weltweit zerstreut lebten oder die zu den Early Adopters gehörten oder bei denen einfach beides der Fall war. Mit der Konsolidierung der Massen-Communitys (MySpace, StudiVZ & Co.) war die Zeit für den längst prognostizierten Platzhirschen Facebook gekommen. Massenhaft flüchteten User aus den unterschiedlichsten Netzwerken in die One-and-only-Community. Der einstige Spielplatz wurde zu einem der wichtigsten Taktgeber für die Kommunikation unter den Freunden, für die Kommunikation zwischen Marke und Kunde und nicht zuletzt für das gesamte Marketing. Diese Omnipräsenz kann schnell zu dem Eindruck führen, dass erfolgreiche Kommunikation nur noch über das Netzwerk laufen kann und muss. Selbstverständlich ist Facebook einer der wichtigsten Treiber in Sachen Marken- und Unternehmenskommunikation, doch bewahren Sie sich das freie Denken, und versuchen Sie auch über den Facebook-Tellerrand zu schauen. Sie sollten das Netzwerk benutzen und nicht andersherum. Sehen Sie Facebook als ein (wichtiges) unterstützendes Element Ihrer Kommunikation an. Nicht jede Kampagne muss zwangsläufig in der Community ihren zentralen Anker haben, sondern kann auch lediglich über das Netzwerk gestreut werden, damit noch mehr Menschen und User von Ihrer Aktion erfahren.

Wenn Sie noch keinen Facebook-Auftritt haben, dann sollten Sie ihn spätestens jetzt angehen. Die Entwicklungen rund um die Community sind atemberaubend schnell. Beachten Sie jedoch, dass ein Engagement nicht mit dem Tagesangedapunkt »mache ich mal eben schnell« zu bewerkstelligen ist. Was einst einfach nur eine Plattform war, auf der sich Freunde getroffen und ausgetauscht haben, ist zu einem professionellen Business gereift. Je schneller Sie sich des Themas annehmen und sich sukzessive einarbeiten, desto schneller erhalten Sie den allumfassenden Durchblick. Denn die Entwicklung macht nicht Halt!

Allein in Deutschland gilt der Markt innerhalb der Altersgruppe 13 bis 34 Jahre als nahezu gesättigt. Fragen Sie Menschen in dieser Altersgruppe auf der Straße, ob sie in Facebook registriert sind, werden Sie vermutlich häufig fragen müssen, ehe Sie ein »Nein« zu hören bekommen. Künftig ist das Mitgliederwachstum also nur noch in den älteren Altersgruppen möglich. Die sogenannten *Best Ager* (Internetnutzer

50+) und *Silver Surfer* (User ab 60 Jahre) nutzen immer häufiger, souveräner und selbstverständlicher das Netz. Sie stehen an der Schwelle, sich ebenfalls massenhaft im Netzwerk anzumelden und aktiv zu werden (schließlich ist bereits die gesamte Familie, einschließlich der Enkelkinder, in der Community aktiv). Dieser demografische Wandel im Netzwerk wird sich auch in der Art des Marketings und der Ansprache innerhalb der Facebook-Gemeinde wiederspiegeln. Je nachdem, was für ein Unternehmen oder eine Unternehmung Sie führen, kann das schon jetzt ein entscheidendes USP für Ihren Facebook-Auftritt gegenüber dem Ihrer Mitbewerber sein. Machen Sie sich bereit für eine Generation neuer Netzwerkbewohner, die im Gegensatz zu den »Jungen« über ausreichend Geld verfügt und dieses in der Regel auch ausgeben möchte. Aber unlängst ist klar, dass ein Mitgliederwachstum nicht unendlich möglich ist. Die natürliche Barriere wird damit markiert, dass es schon bald keine Internetnutzer mehr gibt, die noch keine Facebook-User sind (ausgenommen China, Russland & Co.).

Unlängst hat die Community damit begonnen, über organisches Wachstum ihre Führungsrolle weiter auszubauen. Die Einführung der Facebook-Open-Graph-Technologie beispielsweise ist ein Meilenstein in der Geschichte des Unternehmens. Künftig werden User und Kunden von jedem virtuellen »Ort« im Netz aus mit der Plattform und somit mit den Freunden in Kontakt stehen. Facebook spinnt sich ein Netz, welches über das eigene Netzwerk hinausgeht. Die unterschiedlichsten Arten von Aktivitäten (wie zum Beispiel Social Reading, also das Lesen von Onlinebeitragen auf Nachrichtenseiten) und jene, die wir uns bislang noch gar nicht vorstellen können, werden automatisiert an das Netzwerk weitergeleitet und an die Freunde kommuniziert. Wir werden wissen, was wer wann wo macht. Die sich daraus entwickelnde Empfehlungskraft ist enorm und wird auch das Facebook-Marketing der Zukunft entscheidend beeinflussen. Sie werden in der Lage sein, Ihren Kunden mittels F-Commerce unterschiedliche Produkte direkt über das Netzwerk zum Verkauf anzubieten. Die Einkäufe Ihrer Kunden (die eigentliche Aktivität) werden zu einem weiteren Treiber für die Bekanntheitssteigerung Ihrer Produkte. Machen Sie jede (relevante) Handlung zwischen Ihnen und Ihren Kunden zu einer Empfehlung für deren Freunde, und der Erfolg wird Ihrer sein.

Ein guter Rat zum Schluss: Die Zeiten im Netz sind schnell, und auch in Zukunft wird die Geschwindigkeit nicht ab-, sondern eher noch an Fahrt aufnehmen. Lassen Sie sich von dieser Rasanz nicht überrollen, und vermeiden Sie hektische (Re-)Aktionen. Denn eines gilt gestern, heute und morgen: Vor der Ausführung steht immer ein Plan, der mit einem Ziel definiert ist!

Ich hoffe, Ihnen mit diesem Buch einen umfassenden Einstieg in die Facebook-Marketingwelt ermöglicht zu haben, und wünsche Ihnen Erfolg und viele glückliche Kunden und Fans!

Das Coverbild

Sabine Tress in ihrem Atelier.
Das Portraitfoto ist von Gilbert Flöck (*www.gilbert-floeck.de*).

Das Titelbild dieses Buchs stammt von Sabine Tress, die 1968 in Ulm geboren wurde und von 1989–1994 Malerei an der Ecole nationale supérieure des Beaux Arts de Paris studierte. Anschließend arbeitete sie freiberuflich als Malerin in Ateliers in London und Berlin. Seit 2004 mietet sie einen Arbeitsraum im KunstWerk in Köln-Deutz. Ihre Arbeiten haben sich mehr und mehr zu einer Auseinandersetzung mit der Farbe als Materie und der Fläche entwickelt. Viele Übermalungen und Farbschichten kennzeichnen ihre Acrylbilder, in denen sie oftmals auch mit Sprayfarbe interveniert. Bereits vorhandene Farbflächen werden bis zur Unkenntlichkeit überdeckt, andere werden so verführerisch und hauchzart verschleiert, dass man umso neugieriger wird auf das immer noch offenkundige Darunter. Sabine Tress stellt keine Welt von außen in ihren Bildern dar, sondern schafft eigene und persönliche Bildebenen. Diese lassen dem Betrachter genug Platz für individuelle Assoziationen. Die Bildtitel sind in diesem Sinne nur Hinweise auf mögliche Inspirationsquellen oder Gedankenblitze.

Mehr Infos unter: *www.sabinetress.de*

Index

A

G

L

M

Q

R

S

T

U

V

W

X

Y

Z

Grundlagen, Praxisbeispiele, Referenz

Modernes Webdesign mit CSS, inkl. HTML5 und CSS3

CSS-Layouts, YAML, Mobiles Webdesign u. v. m.

Kai Laborenz

CSS

Das umfassende Handbuch

Endlich findet sich das vollständige Wissen zu CSS und Co. in einem Band. Einsteiger erhalten eine fundierte Einführung, professionelle Webentwickler einen Überblick über alle CSS-Technologien und Praxislösungen für CSS-Layouts sowie Tipps, um aus dem täglichen Webeinerlei herauszukommen. Inkl. HTML5 und CSS3

804 S., mit DVD und Referenzkarte, 39,90 Euro
ISBN 978-3-8362-1725-5

>> www.galileocomputing.de/2556